Praktikum der Metallkunde
und Werkstoffprüfung

Praktikum der Metallkunde und Werkstoffprüfung

für Studierende der Fachrichtungen Metallkunde und Metallphysik, Hüttenwesen, Maschinenkunde und Werkstoffkunde

Herausgegeben von

Günter Wassermann

unter Mitarbeit von

H. Ahlborn, H. Böhm, G. Elsen, H.-J. Engell, J. Grewen, H. Richter, A. Segmüller, E. Wassermann, G. Wassermann, P. Wincierz

Mit 158 Abbildungen

Springer-Verlag
Berlin / Heidelberg / New York
1965

ISBN-13: 978-3-540-03384-4 e-ISBN-13: 978-3-642-94932-6

DOI: 10.1007/ 978-3-642-94932-6

Softcover reprint of the hardcover 1st edition 1965

Library of Congress Catalog Card Number: 65–28082

Titelnummer 1297

Vorwort

Das vorliegende Buch ist aus den Clausthaler Praktika in Metallkunde und Werkstoffprüfung entstanden. Ein Bedürfnis nach einem solchen Hilfsmittel für den metallkundlichen Unterricht liegt u. E. um so mehr vor, als auch ein für den Unterricht geeignetes und allgemein anerkanntes Lehrbuch der Metallkunde in deutscher Sprache bisher fehlt.

Es zeigte sich bei der Planung des Buches, daß die bei uns durchgeführten Praktikumsaufgaben mit den an anderen Hochschulen üblichen weitgehend übereinstimmen. Obwohl nicht überall ein gesondertes Praktikum über Werkstoffprüfung existiert, war es bei der Bedeutung dieses Gebietes — nicht nur für die Praxis, sondern für wissenschaftliche Untersuchungsverfahren der Metallkunde — unerläßlich, auch die wichtigsten Verfahren der Werkstoffprüfung zu berücksichtigen. Ferner wurde besonderer Wert auf die kristallographischen Grundlagen der Metallkunde bzw. Metallphysik gelegt.

Das Buch ist nicht nur für den Gebrauch an wissenschaftlichen Hochschulen bestimmt, es soll in gleicher Weise für Studierende an Hüttenschulen und an Ingenieurschulen für Maschinenbau geeignet sein. Vielleicht ist es auch für den schon in der Praxis Tätigen zum Nachschlagen brauchbar.

Meinen Kollegen auf den Lehrstühlen für Metallkunde, Metallphysik und Werkstoffkunde danke ich, daß sie mich bei der Aufstellung der zu behandelnden Versuche beraten haben. Dabei ergaben sich eine ganze Reihe von Vorschlägen auf Erweiterung der Versuchsliste. Leider war es nur in geringem Maße möglich, diesen Anregungen zu folgen, weil sonst der Umfang und damit der Preis auf eine für ein Praktikumsbuch nicht zumutbare Höhe gestiegen wäre. Verbesserungsvorschläge werden wir gern entgegennehmen.

Clausthal-Zellerfeld, im September 1965 **Der Herausgeber**
Institut für Metallkunde und Metallphysik
der Bergakademie Technische Hochschule Clausthal

Inhaltsverzeichnis

1 Metallkundliche Arbeitsverfahren

2 Versuche zu metallkundlichen Vorgängen

Verzeichnis der Versuche und Aufgaben

Verzeichnis der Autoren

Ahlborn, Hans, Dr.-Ing., Privatdozent, Institut für Metallkunde und Metallphysik, Clausthal — Kap. 111 bis 113, 115, 116, 142

Böhm, Horst, Dr.-Ing., Privatdozent, Laboratorium für Metallurgie, Kernforschungszentrum Karlsruhe — Kap. 141, 21, 22, 232

Elsen, Guido, Dr.-Ing., Edelstahlwerk Reckhammer GmbH., Remscheid-Lüttringhausen — Kap. 143, 252, 253

Engell, Hans-Jürgen, Dr. rer. nat., o. Professor, Max-Planck-Institut für Metallforschung, Stuttgart — Kap. 261 bis 264

Grewen, Johanna, Dr.-Ing., Privatdozentin, Institut für Metallkunde und Metallphysik, Clausthal — Kap. 121 bis 124, 233, 234, 251

Richter, Herbert, Dr.-Ing., Vereinigte Deutsche Metallwerke A.G., Duisburg — Kap. 311 bis 323

Segmüller, Armin, Dr. rer. nat., Forschungslaboratorium Zürich der International Business Machines Corporation, Rüschlikon — Kap. 131 bis 138

Wassermann, Eberhard, Dr. rer. nat., z. Z. Western University, Evanston (Illinois) — Kap. 144, 145

Wassermann, Günther, Dr. phil., o. Professor, Institut für Metallkunde und Metallphysik, Clausthal — Kap. 231, 241, 242, 252 bis 254

Wincierz, Peter, Dr.-Ing., Metallaboratorium der Metallgesellschaft AG., Frankfurt/M. — Kap. 144

Vorbemerkungen zum Gebrauch des Buches

Praktika werden im allgemeinen in der Weise durchgeführt, daß die zu bearbeitende Aufgabe dem Studenten vorher bekanntgegeben wird. Er kann sich dann an Hand des Praktikumsbuches unterrichten und vorbereitet zum Praktikum erscheinen. Die Vorbereitung ist insbesondere dann wichtig, wenn die Studierenden in kleine Gruppen eingeteilt werden, die jeweils zugleich verschiedene Aufgaben bearbeiten. Die Kapitel dieses Buches sind daher im allgemeinen so aufgebaut, daß zunächst eine Einführung in das Thema gegeben wird. Da ein Praktikum stets nur zur Ergänzung der Vorlesung dient, diese aber nicht ersetzen soll, haben wir den Einführungen keinen lehrbuchartigen Charakter gegeben. Es wird vielmehr nur das Notwendigste gebracht, um den Studenten auf die auszuführenden Versuche vorzubereiten; aus diesem Grunde wurden auch die Literaturangaben auf das unbedingt Erforderliche beschränkt.

Die durchzuführenden Versuche sind in einer Reihe von Kapiteln nur in Form von Vorschlägen oder Anregungen gebracht worden. Dies trifft vor allem für diejenigen Fälle zu, bei denen die Einführung so eng mit der Beschreibung des Versuches verknüpft ist, daß eine Trennung unzweckmäßig erschien. Weiterhin wurde aber auch eine allzu detaillierte und bestimmte Aufgabenstellung vermieden, um die Individualität der verschiedenen Hochschulinstitute zu respektieren. Schließlich lassen auch rein praktische Gesichtspunkte eine allzu enge Aufgabenstellung unzweckmäßig erscheinen, da oft die zur Verfügung stehenden Apparate und Maschinen in den einzelnen Instituten verschieden sind. Für einen Versuch eignen sich meistens verschiedene Werkstoffe gleich gut. Auch dann, wenn bestimmte Metalle und Legierungen angegeben werden, sind sie nur als Beispiel zu werten und lassen sich selbstverständlich durch andere, gleichwertige ersetzen.

Dem am Praktikum teilnehmenden Studenten sei gesagt, daß das Wesentliche am Praktikum ist, den ausgeführten Versuch zu verstehen und selbst Messungen durchzuführen. Selber messen ist wichtiger als das Ergebnis. Man kann nicht erwarten, in allen Fällen schon beim ersten Versuch zu guten und einwandfreien Resultaten zu gelangen. Dazu sind oft umfangreiche Erfahrung und Übung erforderlich, die in einem kurzen Praktikumsversuch nicht erworben werden können.

Wichtig dagegen, und auch vom Anfänger zu verlangen, ist die sorgfältige Führung eines Versuchsprotokolls. Es soll mit dem Namen des Studierenden und dem Datum versehen sein, kurze Angaben über die verwendeten Apparate sowie über den untersuchten Werkstoff (Bezeichnung, Zusammensetzung, Zustand, Form, Abmessungen) enthalten. Wesentlich ist auch eine übersichtliche Anordnung der Zahlen in Tabellenform und klare, leserliche Schrift.

Die ein Praktikum betreuenden Assistenten mögen bedenken, daß Verständnis für das Wesentliche der Aufgabe und die selbständige Durchführung der Messungen wichtiger sind als die Erzielung richtiger Werte. Ein selbst erarbeitetes Versuchsprotokoll sollte besser beurteilt werden als eine mehr oder weniger abgeschriebene, aber schon „bewährte" Ausarbeitung mit richtigen Werten und schönen Kurven.

Alle Temperaturen sind in °C angegeben, alle Zusammensetzungen in Gew.-%. Die Abbildungen sind fast alle schematisch, ohne daß dies im Einzelfall besonders erwähnt wird.

1 Metallkundliche Arbeitsverfahren

11 Probenherstellung und Probenvorbereitung

111 Öfen

Zu den wichtigsten Ausstattungsstücken eines Metallaboratoriums gehören die Öfen. Sie dienen entweder als Schmelzöfen zur Verflüssigung der Metalle oder als Glühöfen zur Wärmebehandlung fester Metalle. Zwischen beiden Ofenarten besteht kein grundsätzlicher Unterschied, wenn man von der besonderen Gestaltung der Schmelzöfen zwecks Aufnahme des Schmelztiegels absieht.

Wegen ihrer einfachen Handhabung, der Sauberkeit der Ofenatmosphäre, der leichten Regelbarkeit und der Möglichkeit einer automatischen Steuerung auch bei kleinster Bauart, werden heute nur noch Elektroöfen verwendet.

Die Lichtbogenöfen sind wegen ihrer schlechten Regelbarkeit und des erheblichen apparativen Aufwandes für das Laboratorium wenig geeignet. Für einige spezielle Fälle, insbesondere zum Verflüssigen hochschmelzender Metalle, wie Mo, W, Ti, Zr und U, die zur Reaktion mit den üblichen Tiegelmaterialien (Keramik oder Kohle) neigen, hat sich der Lichtbogenofen mit Abschmelzelektrode bewährt. Bei ihm bildet das zu schmelzende Metall die eine Elektrode, die unter der Wärmeentwicklung des Lichtbogens flüssig wird und in den darunter befindlichen wassergekühlten Kupfertiegel (Gegenelektrode) tropft. Da der Schmelzprozeß im Vakuum vorgenommen wird, ergibt sich eine besonders gute Entgasung und Reinigung der Schmelze.

Von den Induktionsöfen werden im Laboratorium nur Mittel- und Hochfrequenzöfen verwendet. Bei den *Mittelfrequenzöfen* wird der mit dem Schmelzgut gefüllte Keramik- oder Kohletiegel in das Innere einer Primärspule gesetzt. Zur Speisung der Primärspule ist ein Wechselstrom von etwa 10000 Hz erforderlich, dessen Feld den Einsatz zum Schmelzen bringt.

Zum Glühen und Schmelzen sehr kleiner Metallmengen haben sich *Hochfrequenzöfen* bewährt. Um eine gute Anpassung zu gewährleisten, darf die Hochfrequenzspule nur eine oder wenige Windungen haben und muß das zu erwärmende oder einzuschmelzende Metall möglichst eng umschließen.

Die meisten Laboratoriumsöfen sind Widerstandsöfen. Bei ihnen erzeugt ein elektrischer Strom in einem Heizleiter JOULEsche Wärme. Als Heizleiter finden Werkstoffe Verwendung, die einen hohen spezifischen Widerstand besitzen. Sie sollen außerdem einen hohen Schmelzpunkt haben und formbeständig sowie unempfindlich gegen Ofengase (zunderbeständig) sein (s. Tab. 11.1).

Tabelle 11.1. *Widerstandsmaterialien*

Widerstandsmaterial	Anordnung	Betriebstemperatur [°C]	Höchsttemperatur [°C]	Atmosphäre	elektrisches Zubehör	Bemerkungen
Metalle und Legierungen						
Cr-Ni Cr-Ni-Fe Cr-Al-Fe	Draht, Band	1100 1100 1200	1250 1250 1350	Luft (kein S oder C) Luft (kein C)	Netzanschluß möglich (Regelung mit Widerstand oder Transformator)	handelsüblich, billig
Mo Ta W	Draht, Band, Rohr	1400 1800 2500	1500 2200 3000	nur in Schutzgas oder Vakuum	Niederspannungstransformator	teuer, schwer verarbeitbar
Pt, Rh, Ir	Draht, Band	1300	entsprechend Schmelzpunkt	beliebig, aber keine Metalldämpfe	Netzanschluß möglich	sehr teuer, aber beständig
Halbleiter						
SiC	Stäbe, Rohr	1200	1400	Luft	Niederspannungstransformator	bruchempfindlich
Mo_2Si	Stäbe, Band	1400	1600	Luft		
C	Rohr	2000	3000	Luft oder reduzierend		starker C-Abbrand

In Glühöfen für Temperaturen bis etwa 1000° werden als Widerstandsmaterialien evtl. auch Legierungen verwendet, die Cr, Ni, oft auch Fe und Al enthalten. Öfen dieser Art kann man sich ohne Schwierigkeit selbst herstellen. Dazu wird der als Draht oder Band käufliche Heizleiter auf ein aus Porzellan oder einer anderen keramischen Masse bestehendes Rohr gewickelt (das auch einseitig geschlossen sein kann), das mit einem Keramikrohr größeren Durchmessers umgeben wird. Die Heizzone wird nach außen durch feuerfestes Füllmaterial (je nach

Temperatur Glas- oder Asbestwolle, kollodiales Kieselgel u. ä.) abgeschirmt. Um das Ganze wird ein Blechmantel gelegt. Solche Öfen sind im Dauerbetrieb nur für Temperaturen bis etwa 1000° geeignet. Etwas höhere Temperaturen lassen sich mit Heizleitern aus Pt, Rh oder Ir erreichen. Für Temperaturen über 1000° haben sich auch Halbleiter-Widerstandsmaterialien wie C, SiC und Mo_2Si bewährt. Abb. 11.1

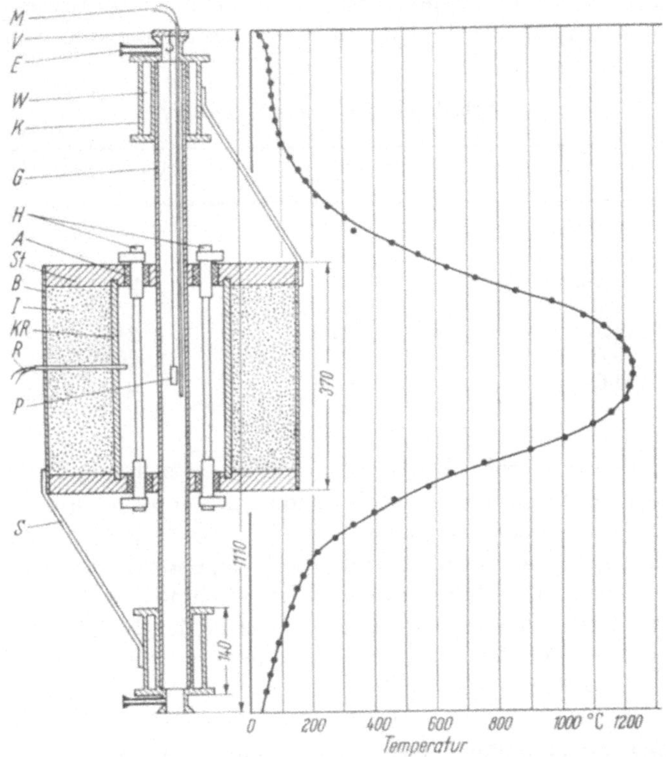

Abb. 11.1. Aufbau und Temperaturverteilung eines Silitstab-Rohrofens

M Meßthermoelement; *V* gasdichter Verschluß; *E* Einleitungsrohr für Schutzgas, auch Vakuumanschluß; *W* Kühlwasser; *K* gasdichter Kühlkopf; *G* Glührohr; *H* 6 Heizstäbe aus SiC mit Anschlußschellen; *A* Asbestschnur; *St* feuerfeste Steine; *B* Blechmantel; *I* Isoliermasse; *KR* Keramikrohr; *R* Regelthermoelement; *P* Probe; *S* 3 bewegliche Stützen auf Umfang verteilt

zeigt einen Rohrofen mit SiC-Heizleitern (*H*), mit dem Temperaturen bis 1350° erreicht werden können. Wegen der beim Anheizen auftretenden starken Widerstandsänderungen erfordern solche Öfen einen regelbaren Transformator. Temperaturen über 1500° lassen sich mit Wicklungen aus den hochschmelzenden Metallen Mo, Ta und W erreichen. Diese Wicklungen müssen sich aber zum Schutz gegen Verzundern beim Glühen im Vakuum oder unter strömendem Wasserstoff bzw. Formiergas befinden.

Ein typischer Widerstandsofen mit Halbleiterheizung ist der TAMMANN-Ofen, der als Schmelzofen für Temperaturen über 1000° geeignet ist. Ein niedrig gespannter Strom hoher Stärke wird direkt durch das aus Kohle bestehende Ofenrohr geleitet, in das der Tiegel mit dem Schmelzgut eingesetzt wird.

Bei hohen Arbeitstemperaturen ist es erforderlich, statt Porzellan Keramikmassen mit entsprechend hohen Erweichungstemperaturen zu verwenden. In Tab. 11.2. sind einige keramische Baustoffe aufgeführt.

Tabelle 11.2. *Keramische Baustoffe*

Werkstoff	Schmelzpunkt [°C]	Arbeitstemperatur [°C]
Porzellan. . . .	1700	1600
Al_2O_3 (rein) . .	2050	1800
Al_2O_3MgO . . .	2100	2000
BeO	2500	2300
ZrO_2.	2700	2400
MgO.	2800	2600
ThO_2	3030	2700

Bei Glühtemperaturen über 2000° empfiehlt es sich, die Wicklung frei hängend im Ofenraum unterzubringen oder ein unmittelbar stromdurchflossenes W-Rohr zu verwenden.

Sehr wichtig ist bei allen Öfen die Temperaturkonstanz innerhalb des Glühraums. Bei Öfen, die mit einer gleichmäßigen Wicklung über die ganze Rohrlänge versehen sind, ist sie in der Regel schlecht (vgl. z. B. den Rohrofen Abb. 11.1). Es ist deshalb erforderlich, das Thermoelement möglichst nahe der Probe anzuordnen. Beim Selbstbau von Rohröfen mit drahtförmigen Heizleitern verbessert man die Temperaturverteilung zweckmäßigerweise durch dichtere Wicklung des Widerstandsdrahtes zu den Rohrenden hin. Auch das Anbringen einer Zusatzwicklung auf den Enden eines zweiten, das Heizrohr umgebenden Keramikrohres wird zuweilen angewendet.

Eine genaue Einhaltung der Solltemperatur und schnelles Aufheizen kann mit Hilfe von Temperaturbädern erreicht werden. Hierzu wird im Glühraum ein Tiegel mit einer Flüssigkeit untergebracht. Als Bäder können für Temperaturen unter 150° Öle, für höhere Temperaturen Salz- oder Metallschmelzen verwendet werden. Wegen des hohen Wärmeinhalts solcher Bäder wird die Einhaltung einer gleichbleibenden Temperatur erleichtert. Vor Reaktionen mit dem Salz wird die Probe durch Einwickeln in Al- oder Cu-Folie geschützt. Eine Zusammenstellung gebräuchlicher Salze gibt die Tab. 11.3.

Oft ist eine besondere Ofenatmosphäre notwendig, um ein Verzundern, Aufkohlen, Entkohlen oder andere störende Probenreaktionen zu vermeiden. In vielen Fällen läßt sich dies durch Verwendung eines Salzbades erreichen. In Rohr- oder Muffelöfen verwendet man zweckmäßigerweise Vakuum oder ein Schutzgas, das mit geringem Überdruck den Glühraum durchströmt. Dafür ist allerdings ein vakuumdichter Glühraum erforderlich, wie ihn beispielsweise der in Abb. 11.1 gezeigte

Tabelle 11.3. *Salzbäder*[1]

Zusammensetzung	Schmelztemperatur [°C]
55,2% KNO_3 + 44,8% $NaNO_2$ . .	150
50,5% KNO_3 + 49,5% $NaNO_3$ . .	218
35% BaCl + 65% $CaCl_2$.	600
NaCl	801
$BaCl_2$	940
$CaSO_4$	1360

[1] Zu beachten ist, daß Nitrat-Salzbäder nicht bei Temperaturen oberhalb 500° verwendet werden dürfen, weil sie sich zersetzen. Außerdem sind die Bäder möglichst sauberzuhalten und von Zeit zu Zeit zu erneuern (Explosionsgefahr). Auch Überhitzung einzelner Stellen des Tiegelbodens und das Einsetzen feuchter Proben können zu Unfällen führen. Beim Arbeiten an Salzbädern sind stets Schutzbrillen zu tragen.

Rohrofen aufweist. Die vom Kühlwasser (*W*) durchflossenen Köpfe (*K*) sind dort mit Hilfe eines Kunstharzklebers vakuumdicht mit dem Porzellanrohr verbunden.

Die in Stahlflaschen käuflichen Schutzgase enthalten allerdings etwa 1% Fremdgase (insbesondere Sauerstoff). Bei den kostspieligen nachgereinigten Gasen ist dieser Anteil auf 0,01% verringert. Zur Verhinderung einer Oxydation wird zweckmäßigerweise Wasserstoff als Schutzgas verwendet, da bei diesem der als Fremdgas enthaltene Sauerstoff verbrennt. Wegen der Explosionsgefahr ist darauf zu achten, daß niemals das gefährliche Knallgasgemisch entsteht. Wasserstoff ist deshalb stets am Einleitungsrohr vor dem Einführen in den Ofen anzuzünden; auch beim Entweichen aus dem Ofen wird das Gas wieder angezündet.

Ist Wasserstoff störend, beispielsweise wegen seiner Löslichkeit in Cu, so muß auf Stickstoff oder ein Edelgas, z. B. Ar, zurückgegriffen werden. In diesem Falle ist der in geringen Mengen vorhandene Sauerstoff durch Überleiten über sauerstoff-affine Reagenzien (z. B. glühende Cu-Späne) zu entfernen.

Zur Temperaturregelung von Widerstandsöfen verwendet man Schiebewiderstände oder Regeltransformatoren. Lang dauernde Glühungen verlangen eine selbsttätige Regelung des Ofens. Sie ist bei niedrigen Temperaturen am einfachsten mit Hilfe von Kontaktthermometern möglich. Wird die Temperatur, wie im Schaltschema Abb. 11.2, mittels Thermoelement (*Th*) gemessen, so empfiehlt sich die Verwendung eines selbsttätigen Fallbügelreglers (*F*). Dieser vergleicht die Thermospannung mit einem eingestellten Wert. Beim Überschreiten des Sollwertes öffnet der Regler ein Schaltschütz (*S*) im Stromkreis (*St*), so daß der Heizstrom des Ofens (*O*) ausgeschaltet wird; nach Unterschreiten des Sollwertes wird der Ofenstrom wieder eingeschaltet. Bei dieser sog. Ein-Aus-Regelung macht sich die Trägheit der Wärmeübertragung vom Heizdraht auf das Ofeninnere ungünstig bemerkbar. Da die Temperatur nach dem Ausschalten stark abfällt, treten erhebliche Abweichungen vom Sollwert auf. Diese Regelschwankungen lassen sich durch Anbringen eines zweiten Regelthermoelements nahe dem Heizleiter etwas verringern. Besser ist jedoch, eine sog. Vollast-Teillast-Schaltung anzuwenden. Bei dieser wird der Strom beim Überschreiten des oberen Sollwerts nicht völlig unterbrochen. Es wird nur noch ein Teil des Stromes der Heizwicklung zugeführt, während der Rest in einem, im Nebenschluß liegenden Widerstand (*R*) verbraucht wird (in Abb. 11.2 gestrichelt gezeichnet). Je besser die Teillast dabei dem tatsächlich benötigten Energieverbrauch des Ofens entspricht, desto geringer sind die Temperaturschwankungen.

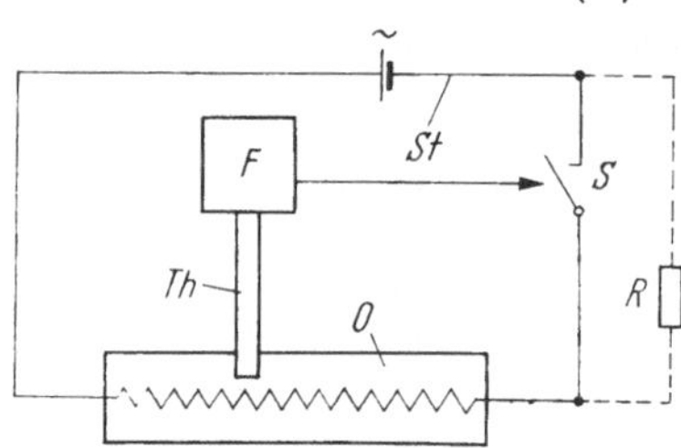

Abb. 11.2. Schema der Ein-Aus- und der Vollast-Teillast-Schaltung eines Ofens

Für vorgeschriebene Aufheiz- bzw. Abkühlungsprogramme dienen sog. Programmregler, bei denen die im Laufe der Glühzeit erforderlichen Temperaturänderungen auf einer Kurvenscheibe festgelegt werden, die eine entsprechende Sollwertverstellung eines Fallbügelreglers bewirkt.

Versuch: Es ist die Temperaturverteilung des in Abb. 11.1 gezeigten vertikalen Rohrofens zu bestimmen. Außerdem sind die Temperaturschwankungen in der Heizzone dieses Ofens bei Ein-Aus-Regelung und Vollast-Teillast-Schaltung festzustellen. Dazu wird der Ofen auf 1250° aufgeheizt und nach Einstellung des Temperaturgleichgewichts ein genügend langes Thermoelement (vgl. Kap. 112,) im Ofenrohr abgesenkt. In Abständen von 2 cm wird die Temperatur gemessen. Die gefundene Temperaturverteilung ist wie in Abb. 11.1 über die Ofenlänge abzutragen. Aus der erhaltenen Kurve ist zu erkennen, wie groß die Zone konstanter Temperatur ist (in diesem Fall nur 2 cm). Zur Messung der Temperaturschwankungen wird das Thermoelement in der Glühzone angeordnet und die Änderung der Temperatur in Abhängigkeit von der Zeit bei beiden Regelungen verfolgt. Im untersuchten Ofen ergaben sich bei der Ein-Aus-Regelung Temperaturschwankungen von 27° um den Sollwert von 1250°, die sich durch die Vollast-Teillast-Schaltung auf 9° verringern ließen.

112 Temperaturmessung

Aus der Vielzahl der Temperaturmeßverfahren seien hier nur einige, für metallkundliche Untersuchungen wichtige besprochen.

Im Bereich zwischen −200 und +1500°[1] wird in der Regel mit Thermoelementen gemessen. Ein Thermoelement besteht aus zwei zusammengeschweißten Drähten verschiedener Metalle oder Legierungen. Setzt man die Verbindungsstelle eines solchen Thermopaares einer anderen Temperatur aus als die freien Enden, so entsteht zwischen diesen Enden eine Thermospannung. Ihre Höhe hängt von den Werkstoffen der Schenkel und dem Temperaturunterschied zwischen der Verbindungsstelle und den freien Enden ab. Die auftretende Spannung wird in mV gemessen.

Als Werkstoff zur Herstellung von Thermoelementen eignen sich viele Metalle und Legierungen, von denen die in Tab. 11.4 aufgeführten genormt sind. Durch die Normung der zulässigen Abweichungen der Thermospannung ist ein Austauschen der einzelnen Schenkel bzw. der Ersatz eines Schenkels ohne weiteres möglich. Zum Messen einer Thermospannung gibt es mehrere Möglichkeiten. Man kann die freien Enden des Elementes direkt an ein Millivoltmeter legen und mißt dann die Temperaturdifferenz zwischen der Lötstelle und den auf Raumtemperatur befindlichen freien Enden. Hierbei besteht die Gefahr, daß die Instrumentenklemmen in Ofennähe zu stark erwärmt werden. Eine Verlängerung der Thermoelementleitung kann durch eine sog. Ausgleichsleitung erfolgen (A_L in Abb. 11.3). Die Aus-

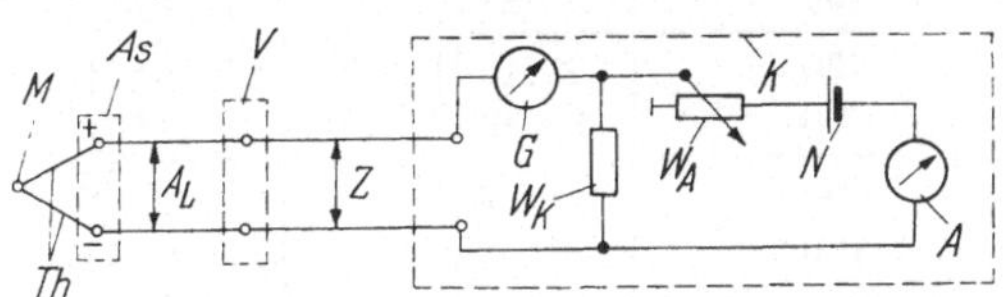

Abb. 11.3. Schaltschema der Temperaturmessung mittels Thermoelement *Th* nach der Kompensationsmethode
M Meßstelle; *As* Anschlußstelle; A_L Ausgleichsleitung; *V* Vergleichsstelle (0°); *Z* Zuleitungen; *K* Kompensator; *G* Galvanometer; *N* Normalelement; *A* Amperemeter; W_K Kompensationswiderstand; W_A Abgleichswiderstand

[1] In den angelsächsischen Ländern wird außer °C die Fahrenheitskala benutzt. Bei ihr liegt der Siedepunkt des Wassers bei 212°F, der Eispunkt bei 32°F. 1° Fahrenheit ist $^1/_{180}$ der Temperaturdifferenz zwischen diesen Punkten. Zur Umrechnung der beiden Skalen gilt die Formel:

$$t_1[°\mathrm{C}] = \frac{(t_2[°\mathrm{F}] - 32) \cdot 5}{9}.$$

gleichsleitung besteht aus einer Legierung, die nach DIN 43710 zwischen 0 und 200° dieselbe Thermospannung wie das Thermoelement liefert. Die Anschlußstelle (A_s) muß sich also innerhalb dieses Temperaturbereichs befinden.

Tabelle 11.4. *Spannungen der gebräuchlichsten Thermoelemente für eine Bezugstemperatur von 0 °C (nach DIN 43710)*

Bezeichnung des Thermopaares	Cu-Konstantan		Fe-Konstantan		NiCr – Ni		PtRh – Pt	
+ -Schenkel	Kupfer		Eisen		Nickelchrom (90% Ni, 10% Cr)		Platinrhodium (90% Pt, 10% Rh)	
– -Schenkel	Konstantan (46% Cu, 54% Ni)				Nickel		Platin	
Meßtemperatur	Thermospannung und zulässige Abweichung in mV							
[°C]	Grundwert	zulässige Abweichung	Grundwert	zulässige Abweichung	Grundwert	zulässige Abweichung	Grundwert	zulässige Abweichung
–200	–5,70	0,5	–8,15	0,5				
–100	–3,40	0,3	–4,60	0,4				
0	0	—	0	—	0	—	0	—
100	4,25	0,3 (100–200)	5,37		4,04		0,64	
200	9,20		10,95		8,14		1,44	
300	14,89		16,55		12,24	0,3 (100–500)	2,32	
400	20,99	0,4 (300–500)	22,15	0,4 (100–600)	16,38		3,26	
500	27,40		27,84		20,64		4,22	
600	34,30	0,6	33,66		24,94		5,23	
700			39,72		29,15	0,4 (600–900)	6,27	
800			46,23	0,8 (700–900)	33,27		7,34	
900			53,15		37,32		8,45	0,05 (100–1600)
1000					41,32	0,5	9,60	
1100					45,22	0,6 (1100–1200)	10,77	
1200					49,02		11,97	
1300							13,17	
1400							14,38	
1500							15,58	
1600							16,76	
Korrekturfaktor k (s. Text, Formel 11.1)	0,040		0,053		0,041		0,006	

Man kann das Thermoelement (oder die Ausgleichsleitungen) auch mit Cu-Draht verlängern. Dabei entstehen an den Übergangsstellen ebenfalls temperaturabhängige Thermospannungen. Das Meßgerät zeigt dann die Spannungsdifferenz (d. h. die Temperaturdifferenz) zwischen der Meßstelle und den Vergleichsstellen an. Daher müssen die Vergleichsstellen auf gleicher und konstanter Temperatur sein. Zweckmäßigerweise taucht man sie in eine Thermosflasche mit Eiswasser.

Hat die Vergleichsstelle nicht die Bezugstemperatur 0°, so müssen die in Tab. 11.4 angegebenen Thermospannungen nach folgender Formel korrigiert werden:

$$E_0 = E_1 + k\,t_2. \tag{11.1}$$

Dabei sind: E_0 die Thermospannung (mV) bei der Bezugstemperatur 0°, E_1 die Thermospannung (mV) bei der Bezugstemperatur t_1 [°C], t_2 die Temperatur der Vergleichsstelle und k eine vom Werkstoff des Thermopaares abhängige Konstante, deren Wert für Vergleichstemperaturen zwischen 0 und 50° ebenfalls in Tab. 11.4 aufgeführt ist.

Die in Tab. 11.4 eingezeichneten starken waagerechten Linien geben die höchsten Dauerbenutzungstemperaturen der Thermopaare an. Bei höheren Temperaturen muß mit Alterungsfehlern gerechnet werden. Auch mechanische Beschädigungen durch Biegen und Knicken sowie Materialveränderungen durch Verwendung in reduzierender, oxydierender, S-, C-, Si- und P-haltiger Atmosphäre können die Thermokraftkurven beeinflussen. Da die hierdurch entstehenden Fehler bis zu 80% betragen können, ist bei genaueren Messungen in schädigender Atmosphäre häufigere Nacheichung erforderlich.

Gegen schädigende Einflüsse lassen sich die Thermoelemente weitgehend durch gasdichte keramische Innen- und metallische Außenrohre schützen. Diese sind nach DIN 43720 (Außenschutzrohre) und DIN 43724 (keramische Schutzrohre) genormt. Die Auswahl erfolgt nach dem Werkstoff des Thermopaares, der Meßstellentemperatur und der Ofenatmosphäre.

Die mit normalen Thermoelementen nicht mehr meßbaren, höheren Temperaturen bestimmt man optisch mit Pyrometern. Bei den Pyrometern wird die ausgesandte Strahlung des Glühguts zur Temperaturbestimmung benutzt. Nach dem STEPHAN-BOLTZMANNschen-Gesetz nimmt die Strahlung mit der 4. Potenz der absoluten Temperatur zu.

Alle optischen Temperaturmeßverfahren sind mit erheblichen Fehlern behaftet. Das Strahlungsgesetz gilt streng nur für den Idealfall des absolut schwarzen Körpers, wie es z. B. ein allseitig geschlossener Glühofen darstellt. Bei freier Strahlung ist dagegen das Reflektionsvermögen des Glühguts zu berücksichtigen, das von der Art des Werkstoffs und dessen Oberflächenbeschaffenheit abhängig ist. Aber auch bei Berücksichtigung aller notwendigen Korrekturen ist ein Gesamtfehler von etwa 1% unvermeidbar. Temperaturen mißt man daher nur dort optisch, wo keine anderen Verfahren anwendbar sind.

Versuch: Herstellung und Eichung eines Thermoelements. Je ein Stück eines im Handel erworbenen NiCr-Drahtes und eines Ni-Drahtes werden an einem Ende miteinander verdrillt und dann in der oxydierenden Flamme eines Schweißbrenners oder Gebläses verschweißt. Zur Isolierung und als Schutz werden auf die Schenkel Keramikröhrchen gezogen. Das so vorbereitete Thermoelement wird in ein metallisches Außenschutzrohr eingeführt. Die beiden freien Enden werden mit einer Ausgleichsleitung verlötet. Beide Lötstellen müssen sich bei der Messung auf derselben Temperatur befinden. Sie werden deshalb in Watte eingepackt und auf Raumtemperatur gehalten. An das Ende der Ausgleichsleitungen werden die Cu-Zuleitungen gelötet und diese Vergleichsstellen in einer Thermosflasche mit Eiswasser konstant auf 0° gehalten. Auch ein selbsttätiger Temperaturregler kann verwendet

Tabelle 11.5. *Metalle zur Eichung von Thermoelementen*

Metall	Schmelzpunkt [°C]	Bei der Eichung gemessene Thermospannung [mV]
Blei	327,4	13,5
Zink	419,4	17,2
Antimon	630,0	26,1
Aluminium . .	660,2	27,6
Silber	960,5	39,9
Gold.	1063,0	43,7

werden. Die entstehende Thermospannung läßt sich am einfachsten mit einem an die freien Zuleitungsenden angeschlossenen, als Millivoltmeter geeichten Drehspulinstrument messen. Als Fixpunkte dienen die Schmelztemperaturen der in Tab. 11.5 aufgeführten Metalle.

Für niedrigere Temperaturen sind auch Eiswasser, siedendes Wasser und Salze, deren Erstarrungspunkte genau bekannt sind, verwendbar.

Von den Metallen werden jeweils etwa 150 g mit Hilfe eines kleinen Wicklungsofens in einem Graphittiegel eingeschmolzen und das Thermoelement in die Schmelze eingetaucht. Dabei ist darauf zu achten, daß keinerlei Verunreinigungen in das Metall gelangen, da die Schmelzpunkte nur für reine Metalle gelten. Eine Schmelzpunktserniedrigung durch O_2-Aufnahme der Schmelze, wie sie besonders beim Ag leicht auftritt, ist durch Abdecken der Oberfläche mit Graphit oder Kohlepulver zu verhindern.

Nach genügender Wartezeit, in der das Thermoelement die Temperatur der Schmelze annehmen soll, wird der Ofen abgeschaltet. Die Schmelze muß dann mit etwa 2 bis 5° pro Minute abkühlen. Mit Hilfe einer Stoppuhr wird nach je 20 Sekunden die Anzeige des Millivoltmeters abgelesen, notiert und gegen die Zeit aufgetragen. Beim Erstarrungspunkt bleibt die Thermospannung über einen längeren Zeitraum konstant, da die frei werdende latente Schmelzwärme die Schmelze auf der Erstarrungstemperatur hält. Diese Thermospannung wird für jedes der Metalle bestimmt. Manche Metalle, wie z. B. Sb, zeigen Unterkühlungserscheinungen, d. h., die Temperatur der Schmelze fällt vor dem Erstarren auf eine tiefere Temperatur als dem Schmelzpunkt entspricht; dadurch werden zu geringe Thermospannungen gemessen. Man kann diese Erscheinungen umgehen, indem man am Erstarrungspunkt die Schmelze durch Impfen mit einem Stück festen Metalls zur Kristallisation anregt.

Soll auch der Erstarrungspunkt des Au als Eichpunkt verwendet werden, so empfiehlt es sich, nach der Drahtmethode zu arbeiten. Dazu wird die Schweißstelle des Thermoelements getrennt und mit einem Stück Au-Draht verbunden. Beim Schmelzen des Au-Drahtes wird der Thermostrom unterbrochen. Die höchste abgelesene Thermospannung entspricht der Schmelztemperatur. Danach wird das Thermopaar neu verschweißt.

Die Eichkurve des Thermoelements ergibt sich, wenn die gemessenen Thermospannungen gegen die Erstarrungstemperaturen der Metalle (vgl. Tab. 11.5, S. 10) aufgetragen werden. Aus der durch Verbinden der Meßpunkte erhaltenen Kurve läßt sich dann für jede beliebige Thermospannung die zugehörige Temperatur ablesen. Abb. 11.4 zeigt die Eichkurve für ein handelsübliches NiCr-Ni-Thermoelement. Aus der ebenfalls eingetragenen Thermospannung nach DIN 43710 läßt sich die gute Übereinstimmung der Werte erkennen.

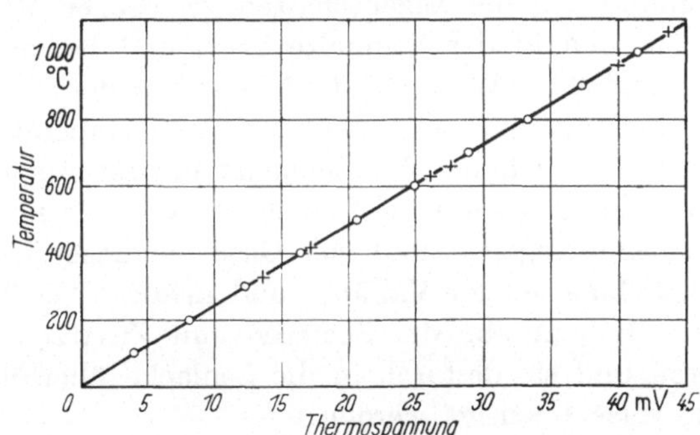

Abb. 11.4. Eichkurve eines NiCr-Ni-Thermoelements
+ durch Schmelzpunkte bestimmte Thermospannung; ○ Thermospannung nach DIN 43710

Wird die Messung der Thermospannung in der beschriebenen Art mit einem als Millivoltmeter geeichten Drehspulinstrument vorgenommen, so sind Fehler durch Änderungen des Instrumentenwiderstandes und des Leitungswiderstandes möglich. Für eine sehr genaue Messung empfiehlt es sich daher, diesen Fehler ganz auszuschalten und nach der

Kompensationsmethode zu messen, deren Schaltschema Abb. 11.3 zeigt. Dabei wird die Thermospannung mit der bekannten Spannung eines Normalelements (N) kompensiert. Da im Meßkreis bei der Messung Stromlosigkeit herrscht, spielt der Widerstand keine Rolle. Die Messung kann dadurch auf 0,001 mV genau vorgenommen werden. Zweckmäßigerweise wird ein selbst registrierender Kompensator benutzt.

113 Schmelzen, Legieren und Gießen

Der Schmelzvorgang beginnt bei der Schmelztemperatur an der Oberfläche der Kristalle, d. h. an den Korngrenzen, und schreitet bei fortlaufender Wärmezufuhr in das Kristallinnere vor. Eine Auflösung der in der Schmelze verbliebenen Kristallkerne findet aber in zunehmendem Maße erst statt, wenn die Schmelze auf Temperaturen oberhalb des Schmelzpunktes erhitzt wird. Eine solche Schmelzüberhitzung ist für die reinen Metalle und viele Legierungen ungünstig, da die Gasaufnahme der Schmelze, die als Schwindung bezeichnete Schrumpfung des Metalls beim Abkühlen und die Korngröße des erstarrten Metalls zunehmen.

Während des Schmelzens können durch Verdampfen, Oxydation oder durch chemische Reaktionen mit den Schmelzmitteln bzw. Tiegelmaterialien Metallverluste eintreten, die als Abbrand, Krätze oder Schlacke bezeichnet werden. Bei Legierungen kann ein besonders starker Abbrand einzelner Elemente zu einer Änderung der Sollzusammensetzung führen; dies ist bei der Einwaage zu berücksichtigen.

Großen Einfluß auf die Eigenschaften gegossener Metalle können Gase haben, die sich in der Schmelze lösen und bei der Erstarrung nicht wieder entweichen. Während die Löslichkeit der Metalle für Gase im festen Zustand nur gering ist und mit der Temperatur nur wenig zunimmt, erhöht sie sich bei der Schmelztemperatur sprunghaft und steigt mit weiterer Temperaturerhöhung stark an. Deshalb ist beim Schmelzen das Eindringen schädlicher Gase möglichst zu verhindern; dies ist durch Schmelzen im Vakuum und niedrige Gießtemperaturen möglich. Durch Behandlung der Schmelze mit Zusätzen, die mit den Gasen reagieren und sie dadurch in die Schlacke überführen, können eingedrungene Gase beseitigt werden.

Beim Legieren ist zu beachten, daß nur solche Metalle unmittelbar der Schmelze zugesetzt werden, die sich leicht auflösen und deren Schmelzpunkt nicht zu weit von dem des Grundmetalls entfernt ist. Elemente, die diese Bedingungen nicht erfüllen, werden zweckmäßigerweise in Form einer Vorlegierung, d. h., einer vorher erschmolzenen Legierung mit anderem Schmelzpunkt, zugesetzt. Zur Erzeugung einer möglichst homogenen Schmelze empfiehlt es sich, das Einschmelzen in einem Induktionsofen vorzunehmen, dessen starke Badbewegung für eine gute Durchmischung des flüssigen Metalls sorgt (vgl. Kap. 111, S. 1).

Von besonderer Bedeutung für die Eigenschaften eines gegossenen Metalls sind die Erstarrungsbedingungen. Sie wirken sich bei den reinen Metallen vor allem auf das Gefüge, d. h. auf Kornform und -größe aus.

Bestimmend für das bei der Kristallisation einer Metallschmelze entstehende Gefüge sind *Keimzahl* und *Kristallisationsgeschwindigkeit.* Beide Vorgänge sind temperaturabhängig, haben aber unterschiedliche Aktivierungsenergien. Ihre Abhängigkeit von der Unterkühlung, d. h. ihre Änderung mit zunehmender Abkühlungsgeschwindigkeit, ist schematisch in Abb. 11.5 dargestellt.

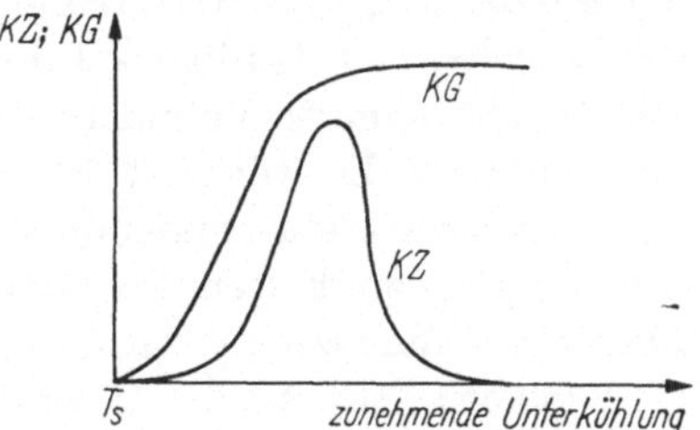

Abb. 11.5. Schematische Darstellung der Abhängigkeit der Keimzahl *KZ* und der Kristallisationsgeschwindigkeit *KG* von der Unterkühlung
T_S Schmelztemperatur

Je tiefer die Temperatur einer Schmelze unter ihren Erstarrungspunkt sinkt, desto größer wird die Wahrscheinlichkeit der Bildung eines stabilen Keims, so daß die Keimzahl (*KZ*), d. h., die Zahl der pro Zeit- und Volumeneinheit gebildeten Kristallisationszentren, mit steigender Unterkühlung stark zunimmt. Mit sinkender Temperatur nimmt aber auch die Beweglichkeit der Atome ab. Die Keimzahl durchläuft daher, wie Abb. 11.5 zeigt, ein Maximum und fällt bei sehr starker Unterkühlung wieder ab. Metallschmelzen sind im allgemeinen nur wenig unterkühlbar; für sie gilt daher nur der linke Teil der Abb. 11.5.

Als Maß für das Wachstum der gebildeten Keime dient die Kristallisationsgeschwindigkeit (*KG*), d. h., die pro Zeiteinheit erfolgende Verschiebung der Kristallgrenze gegenüber der Schmelze. Wie Abb. 11.5 erkennen läßt, steigt sie mit der Unterkühlung stark an und bleibt dann temperaturunabhängig.

Für Legierungen, die Mischkristalle bilden, d. h. innerhalb eines Temperaturbereichs erstarren, sollte stets eine besonders langsame Abkühlung angestrebt werden, da diese Legierungen zu *Seigerungen* neigen. Beim Abkühlen scheiden sich nämlich zunächst Kristalle aus, die reicher an der höher schmelzenden Komponente sind. Da bei einer schnellen Abkühlung kein Ausgleich der Zusammensetzung durch Konvektion in der Restschmelze bzw. Diffusion in den bereits erstarrten Kristalliten möglich ist, reichert sich die Restschmelze ständig mit der niedrig schmelzenden Komponente an, so daß sich ein zonaler Aufbau der einzelnen Kristallite ergibt. Diese Inhomogenität innerhalb der Körner wird als Kristallseigerung bezeichnet.

Die Neigung einer Legierung zur Bildung von Seigerungen nimmt mit steigender Abkühlungsgeschwindigkeit, abnehmender Diffusionsgeschwindigkeit der vorhandenen Elemente und größer werdendem Erstarrungsintervall zwischen Liquidus- und Soliduslinie zu.

Von Bedeutung ist auch die Volumenverminderung der Metalle bei der Abkühlung und Erstarrung, da sie zur Bildung von Hohlräumen, sog. *Lunkern*, im Gußblock führt. Für die Größe der Lunker ist nicht nur die sprunghafte Volumenverminderung beim Erstarren maßgebend, sondern auch die während der Abkühlung von der Gießtemperatur bis zur Erstarrung stattfindende Schwindung. Um den Lunker so klein wie möglich zu halten, soll die Gießtemperatur dabei nicht zu hoch über der Schmelztemperatur liegen.

Versuch: Aus Abb. 11.5 wird verständlich, daß in einem gegossenen Metall, je nach Abkühlungsbedingungen, ein sehr unterschiedliches Gefüge entstehen kann. Dies soll durch folgenden Versuch an Al gezeigt werden: Technisch reines Al (99,5%) wird in einem Tiegelofen eingeschmolzen und in Stahlkokillen vergossen. Durch Anwärmen der Kokillen auf unterschiedliche Temperaturen läßt sich die Unterkühlung beim Erstarren in weiten Grenzen verändern.

Zunächst wird die Schmelze auf 700° erhitzt und in eine „kalte“ (auf Raumtemperatur befindliche) Kokille vergossen. Der so erhaltene zylindrische Gußbolzen wird nach dem Abkühlen quer zur Längsachse durchgetrennt, angeschliffen und mit Hilfe des „Dreisäurengemisches“ ($HCl + HNO_3 + HF$ im Verhältnis 2 : 2 : 1) angeätzt. Er zeigt das typische Gußgefüge der reinen Metalle, wie es schematisch in Abb. 11.6a wiedergegeben ist.

An der Kokillenwandung hat sich zunächst ein sehr feinkörniges Gefüge mit regellos orientierten, *globularen Kristalliten* gebildet. Dieses ist durch die an der Kokillenwand auftretende starke Unterkühlung bedingt, die zu einer hohen Keimzahl führt. Außerdem wirken Verunreinigungen und Rauhigkeiten der Kokillenwand keimbildend.

Das feinkristalline Gebiet wird durch eine Zone langgestreckter Kristallite, sog. *Stengelkristalle*, abgelöst. Wegen der geringeren Unterkühlung findet in dieser Zone kaum noch Keimbildung statt. Die Kristallisationsgeschwindigkeit ist aber so hoch, daß die vorhandenen Kristalle in Richtung des Wärmeflusses (radial) weiterwachsen. Bei diesem als Transkristallisation bezeichneten Vorgang wachsen diejenigen Keime bevorzugt, deren höchste Wachstumsgeschwindigkeit in Richtung des Wärmeflusses liegt. Die ungünstiger orientierten Kristalle werden zurückgedrängt. Die gleichartige Orientierung der Stengelkristalle wird als *Gußtextur* bezeichnet.

In der Mitte der Probe kommt es zu neuer Keimbildung. Das Temperaturgefälle und die Unterkühlung sind hier gering. Auch die von den wachsenden Kristalliten vor der Erstarrungsfront hergeschobenen Verunreinigungen können zur Keimbildung beitragen. Das im Innern gebildete Gefüge ist gröber als das äußere, an der Kokillenwand entstandene.

Im zweiten Teil des Versuchs wird die Al-Schmelze in eine auf 600° vorgewärmte Kokille vergossen. Jetzt ist keine Abschreckwirkung der Kokillenwand mehr vorhanden und das Temperaturgefälle Mitte-

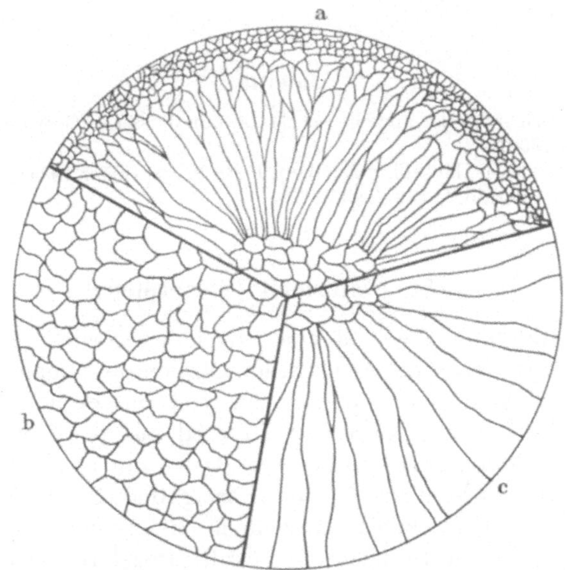

Abb. 11.6. Änderung des Gußgefüges von technisch reinem Aluminium (Al 99,5) mit der Unterkühlung (schematisch)
a Gießtemperatur 700°, in kalte Kokille vergossen; b Gießtemperatur 700°, Kokillentemperatur 600°; c Gießtemperatur 900°, in kalte Kokille vergossen

Rand stark vermindert. Der ganze Gußbolzen erstarrt ohne große Unterkühlung, d. h. bei niedriger Keimzahl und mäßiger Kristallisationsgeschwindigkeit. Es entsteht ein Gefüge mit großen globulitischen Körnern, wie es Abb. 11.6b zeigt. Schließlich wird die Schmelze auf 900° erhitzt und in eine kalte Kokille vergossen. Durch die Überhitzung wird die Keimzahl erheblich herabgesetzt, so daß keine feinkristallinen Randkristalle, sondern nur größere Stengelkristalle entstehen, wie dies Abb. 11.6c zeigt. Bei der durch die Überhitzung verminderten Keimzahl handelt es sich nicht um einen Einfluß der erhöhten Gießtemperatur. Dies läßt sich leicht dadurch nachweisen, daß eine zunächst überhitzte, wieder auf 700° abgekühlte und dann erst vergossene Schmelze ein ähnliches Gefüge wie die direkt von der Überhitzungstemperatur vergossene Schmelze hat.

Wie schon erwähnt, ist in der Praxis ein grobes Korn unerwünscht. Man versucht daher stets, feinkörniges Gefüge zu erreichen. Das ist, außer durch starke Unterkühlung, auch durch künstliche Erhöhung der Keimzahl der Schmelze mittels Fremdkeimen möglich. Wird beispielsweise der Al-Schmelze Fe oder Si in Mengen von etwa 1% oder Ti bzw. B in Mengen von 0,01% zugesetzt, so wirken diese Elemente keimbildend, und es entsteht auch bei geringerer Unterkühlung ein feines Gefüge.

Literatur

Masing, G.: Lehrbuch der allgemeinen Metallkunde. Berlin/Göttingen/Heidelberg: Springer 1950.
Sachs, G.: Praktische Metallkunde, Band I. Berlin: Springer 1933.
Scheil, E.: Z. Metallkde. 29 (1937) 404.

114 Umformen (Verformen)[1]

Für metallkundliche Untersuchungen verwendete Proben sollen möglichst homogen sein. Aus diesem Grunde geht man in der Regel nicht vom Gußzustand, sondern von verformtem und anschließend geglühtem, also rekristallisiertem Material aus (s. Kap. 234, S. 154). Auch in der Praxis erhalten die Werkstücke nur in besonderen Fällen ihre endgültige Form durch Gießen (Formguß als Sand-, Kokillen- oder Druckguß). In der Regel werden vielmehr Blöcke oder Barren gegossen und zu Band, Blech, Stangen oder Draht umgeformt. Die wichtigsten spanlosen Formgebungsverfahren sind Walzen, Strangpressen und Ziehen. Häufig folgen zwei Verfahren aufeinander, so z. B. bei der Drahtherstellung Strangpressen oder Walzen und Ziehen.

Bei diesen Umformungsprozessen wird das Material in einer Richtung (Umformungsrichtung) stark gelängt, und zwar entweder durch unmittelbaren Druck (Walzen), durch mittelbaren Druck (Strangpressen) oder aber durch Zug (Ziehen). Beim Walzen (Abb. 11.7a) fließt der durch die rotierenden Walzen W verdrängte Werkstoff in Richtung des geringsten Widerstandes, d. h. in Längsrichtung (Walzrichtung), ab. Beim Strangpressen (Abb. 11.7b) drückt der Preßstempel P das im Rezipienten R befindliche Material durch eine Matrize M, deren Öffnung ihm eine bestimmte Querschnittsform (Stangen, Rohre, Profile) gibt. Der Werkstoff steht dabei unter allseitigem Druck. Bei Drähten, Stangen und Profilen wird die Querschnittsverminderung im allgemeinen durch

[1] Die spanlose Formgebung in der Technik bezeichnet man heute meistens als Umformung, die Formänderung der Kristalle im Gefüge weiterhin als Verformung.

Ziehen durch eine Düse bewirkt. Neben der Zugkraft in der Umformungsrichtung übt die Düse einen Querdruck auf das Material aus (Abb. 11.7c).

Als weiteres Umformungsverfahren ist das Schmieden mit Hammer oder Schmiedepresse zu erwähnen, das sowohl zur Vorbereitung für einen anderen Formgebungsprozeß dienen kann (z. B. Reckschmieden) als auch zur Herstellung von Fertigprodukten (Gesenkschmieden).

Neben den vom Gußzustand ausgehenden Formgebungsverfahren sind für die Weiterverarbeitung von blechförmigem Material

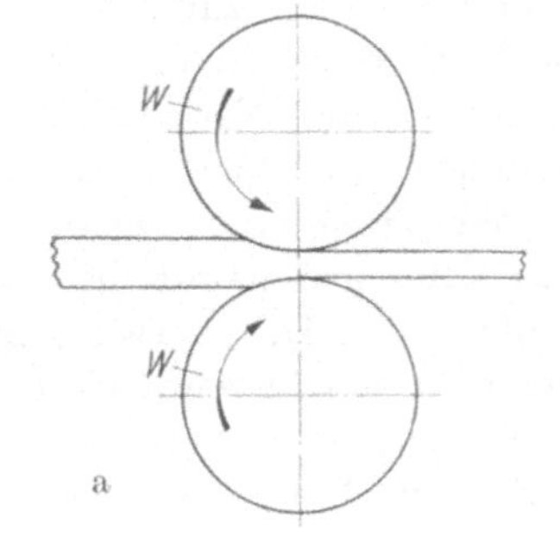

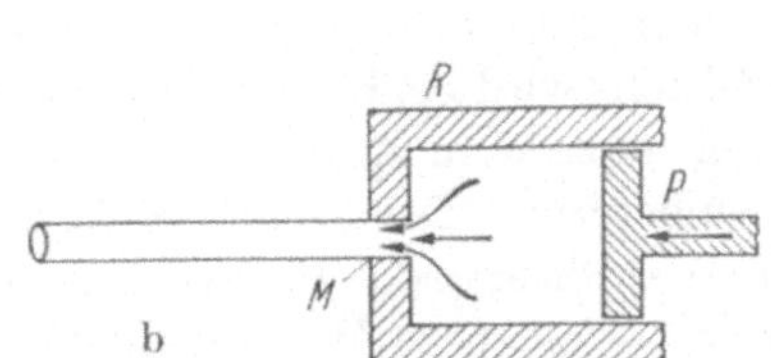

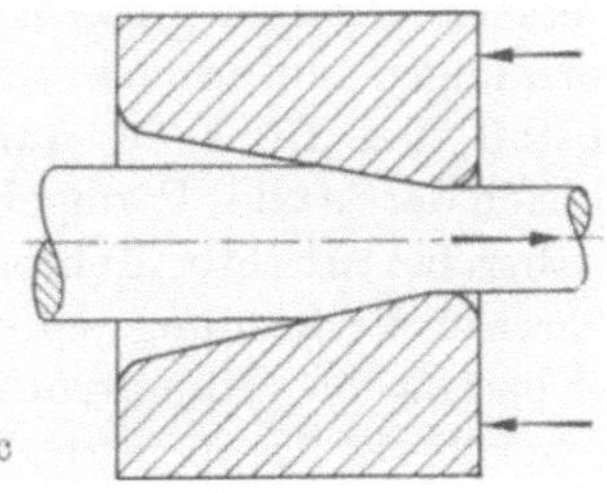

Abb. 11.7 a—c. Verschiedene Umformungsverfahren
a Walzen; b Strangpressen; c Ziehen

Drücken, Fließpressen und Tiefziehen von besonderer Bedeutung. Beim Tiefziehen (das auch für Untersuchungen der Zipfelbildung Verwendung findet), drückt ein Ziehstempel einen ebenen Blechzuschnitt von meistens kreisförmiger Gestalt (Ronde) durch einen Ziehring, es entsteht dadurch ein Hohlkörper vom Durchmesser des Stempels. Im allgemeinen wird dabei die Ronde durch einen Faltenhalter dem Ziehring angedrückt (s. Kap. 3182, S. 241).

Abgesehen vom Strangpressen wird die Gesamtverformung meistens in mehreren Stichen oder Zügen aufgebracht. Dabei wird entweder in einer Richtung umgeformt oder aber reversierend, d. h., unter Wechsel der Umformungsrichtung um 180° nach jedem Stich.

Der Umformungsgrad wird aus der Querschnittsabnahme (bei Blechen auch aus der Dickenabnahme) berechnet. Für die Querschnittsabnahme gilt:

$$\frac{f_0 - f}{f_0} \cdot 100 = \text{Umformungsgrad in } \%. \qquad (11.2)$$

Hierbei ist f_0 der Ausgangsquerschnitt und f der Querschnitt nach der Umformung.

Der Formänderungswiderstand eines Werkstoffs nimmt mit steigendem Umformungsgrad immer mehr zu, der Werkstoff verfestigt sich (s. Kap. 233, S. 150). Dies führt schließlich dazu, daß die zur Verfügung stehenden Kräfte für eine weitere Verformung nicht mehr ausreichen oder infolge Erschöpfung der Formänderungsfähigkeit Risse im Material auftreten. Erst nach einer rekristallisierenden, zumindest aber erholenden Zwischenglühung, bei der die Verfestigung ganz oder teilweise abgebaut wird (s. Kap. 234, S. 154), kann der Werkstoff weiter umgeformt werden. Eine Erholungsglühung wird einer Rekristallisationsglühung immer dann vorzuziehen sein, wenn der zweite Umformungsgrad nur niedrig gewählt werden kann und damit die durch eine Rekristallisationsglühung hervorgerufenen, u. U. unerwünschten Eigenschaftsänderungen nicht mehr rückgängig gemacht werden können.

Da der Formänderungswiderstand mit steigender Verarbeitungstemperatur abnimmt, lassen sich bei erhöhter Temperatur stärkere Verformungen aufbringen als bei Raumtemperatur. Je nach dem Werkstoff, der Höhe der aufzubringenden Umformung und teilweise auch nach der Art des Formgebungsverfahrens wird bei Raumtemperatur oder aber bei erhöhter Temperatur, d. h. nach dem Aufheizen auf die gewünschte Verformungstemperatur, umgeformt. Das leicht verformbare, bereits bei Raumtemperatur rekristallisierende Pb wird z. B. auch bei dieser Temperatur, das schwer verformbare W dagegen vornehmlich bei hohen Temperaturen (beginnend bei etwa 1500°) bearbeitet; aber auch bei Werkstoffen, bei denen eine Kaltverformung durchaus möglich ist, wird im allgemeinen zuerst warmverformt. So geht dem Walzen bei Raumtemperatur in der Regel Warmwalzen mit starken Stichen voran. Geschmiedet und stranggepreßt wird vornehmlich bei erhöhten Temperaturen, gezogen dagegen — wegen der Empfindlichkeit der Werkstoffe gegen Zugbeanspruchung in der Wärme — bei Raumtemperatur.

Die durch Umformung bei erhöhten Temperaturen herbeigeführten Eigenschaftsänderungen müssen nicht übereinstimmend sein mit denen, die durch Umformung bei Raumtemperatur erzielt werden. Von Warmverformung spricht man nur, wenn der Umformungsprozeß keine nennenswerte Verfestigung (z. B. Härtesteigerung) bewirkt. Die Ursache der verfestigungslosen Umformung bei erhöhter Temperatur dürfte in erster Linie einer gleichzeitig bei der Umformung erfolgenden Rekristallisation zuzuschreiben sein. Weiterhin können aber auch Erholung, Subkornbildung und — in manchen Fällen (Al) — auch das Auftreten neuer Gleitsysteme eine besondere Rolle spielen.

Es sei noch erwähnt, daß Rekristallisationserscheinungen im Gefüge nicht immer auf eine Rekristallisation während der Umformung zurückzuführen sind. Es kann vielmehr auch bei der Abkühlung nach der

Umformung und während des Lagerns Rekristallisation eingetreten sein. Eine nachträgliche Rekristallisation noch warmer Proben läßt sich durch Abschrecken in Wasser vermeiden.

Versuche: Bezüglich der Versuche für die Umformung vgl. die Probenherstellung durch Walzen (Versuch 1) und Ziehen (Versuch 2) in Kap. 233, S. 152.

Literatur

SACHS, G.: Praktische Metallkunde. Band II. Berlin: Springer 1934.

CHALMERS, B.: Physical Metallurgy. New York: Wiley & Sons, u. London: Chapman & Hall 1959.

SIEBEL, E.: Werkstoffhandbuch Nichteisenmetalle. 2. Aufl. Düsseldorf: VDI-Verlag 1961, Beiträge II C 5 und 6.

115 Warmbehandlung

Als Warmbehandlung (Anlassen oder Glühen) bezeichnet man ein Erwärmen der Metalle auf Temperaturen unterhalb ihres Schmelzpunktes, durch das sich ihre Eigenschaften verändern lassen. Man macht sich hierbei die mit der Temperatur steigende Beweglichkeit der Atome und die in manchen Metallen auftretenden Umwandlungen zunutze, um Zustände zu erreichen, die in der Praxis erwünscht sind. Dabei kann es sich sowohl darum handeln, instabile Zustände durch Glühen aufzuheben, wie z. B. bei der Rekristallisation (vgl. Kap. 234, S. 154), als auch darum, durch Abschrecken instabile Zustände absichtlich zu erzeugen, wie z. B. bei der Aushärtung und der Stahlhärtung (vgl. Kap. 24 u. 25, S. 157 u. S. 168)

Häufig besteht die erforderliche Warmbehandlung nicht nur aus einem, sondern aus mehreren Glüh- und Abkühlungsvorgängen, für die sich eine Vielzahl von Fachausdrücken eingeführt haben. Hier kann nur auf die wichtigsten Glühverfahren eingegangen werden, die zwar für alle Metalle gleich benannt sind, jedoch unterschiedliche, dem jeweiligen Metall angepaßte Glühtemperaturen und -zeiten erfordern. Bezüglich spezieller Glühverfahren sei auf die in der Literatur festgelegte Nomenklatur verwiesen [vgl. z. B. DAEVES u. SCHRADER].

Das sog. Homogenisieren oder Lösungsglühen ist eine für Legierungen wichtige Warmbehandlung, durch die das dem Zustandsschaubild der Legierung entsprechende Gefügegleichgewicht erzeugt werden soll. Da sich dieses Gleichgewicht durch Diffusion einstellen muß und die Diffusionsgeschwindigkeit mit der Temperatur zunimmt, wird die Glühung möglichst dicht unter dem Schmelzpunkt der Legierung vorgenommen. Eine wichtige Anwendung findet das Homogenisieren bei der Beseitigung von Seigerungen (vgl. Kap. 21, S. 130).

Die erforderliche Glühzeit ist nicht nur vom örtlichen Konzentrationsgefälle, sondern auch vom Diffusionskoeffizienten der Elemente abhängig. Für manche Legierungen genügt zur Beseitigung der Seigerungen schon eine Glühzeit von wenigen Minuten, während in anderen auch nach wochenlangem Glühen keine vollständige Auflösung der Inhomogenitäten möglich ist. Bei der Beseitigung von Seigerungen ist weiterhin darauf zu achten, daß die Glühtemperatur zu Beginn nicht zu hoch liegt, da sich örtlich Zusammensetzungen gebildet haben können, die niedriger schmelzen als für die Legierung nach dem Zustandsschaubild zu erwarten ist.

Eine Übersicht über die speziellen Glühverfahren, die zur Warmbehandlung von Stahl Anwendung finden, gibt Kap. 251, S. 167.

Eine Rekristallisationsglühung führt im verformten Metall zu einer Gefügeneubildung, durch die die Verfestigung beseitigt und das Metall wieder leicht verformbar wird (vgl. Kap. 234, S. 154).

Das Spannungsfreiglühen wird bei Temperaturen vorgenommen, bei denen noch keine merkliche Entfestigung durch Rekristallisation eintritt. Durch diese Glühung werden sog. Eigenspannungen oder innere Spannungen beseitigt. Man versteht darunter durch ungleichmäßige Abkühlung oder auch infolge von Kaltverformungen oder Umwandlungen in Teilen eines Werkstücks gebildete Spannungen, die durch Spannungen entgegengesetzten Vorzeichens in anderen Teilen des Werkstücks im Gleichgewicht gehalten werden. Um das Entstehen neuer Spannungen zu vermeiden, wird beim Spannungsfreiglühen möglichst langsam (am besten im Ofen) abgekühlt.

Zum Erreichen bestimmter Gefügezustände (insbesondere im Stahl nach dem Härten) dient das Anlassen. Darunter versteht man ein Glühen bei verhältnismäßig niedrigen Temperaturen. In diesem Sinne wird der Ausdruck auch bei der Warmbehandlung der Nichteisenmetalle verwendet.

Allgemein ist bei der Durchführung von Glühungen zu beachten, daß Erhitzen und Abkühlen nicht zu schnell vorgenommen werden, da sich sonst zwischen dem auf unterschiedlichen Temperaturen befindlichen Werkstückkern und der Oberfläche, bedingt durch die verschiedene Wärmedehnung, Eigenspannungen bilden, die Formänderungen oder sogar Risse hervorrufen können. Aus dem gleichen Grunde ist auf eine gleichmäßige Temperaturverteilung im Ofenraum und damit im Werkstück hinzuarbeiten, wie sie am besten im Salzbad gewährleistet ist.

Von großer Bedeutung ist auch die Ofenatmosphäre, da durch Verzundern, Entkohlen, Aufkohlen oder Gasaufnahme Eigenschaftsänderungen des Glühguts entstehen können (vgl. Kap. 111, S. 5).

Bei hohen Temperaturen stabile Gefügezustände von Legierungen lassen sich bei Raumtemperatur durch Abschrecken fixieren. Die Abkühlung muß dabei so rasch erfolgen, daß kein Konzentrationsausgleich durch Diffusion möglich ist. Abschrecken erfolgt normalerweise durch rasches Eintauchen der Probe in kaltes Wasser. Die Abschreckwirkung von Wasser läßt sich noch erhöhen, wenn Eiswasser verwendet wird. Starke Badbewegung oder verdünnte, wäßrige Lösungen von NaCl oder NaOH erhöhen die Abkühlungsgeschwindigkeit, weil Dampfblasenbildung an der Probenoberfläche verhindert wird.

Verringern läßt sich die Abkühlungsgeschwindigkeit durch Eintauchen der Probe in warmes Wasser oder Öl.

Versuch: Die Wirkung einer Homogenisierung auf das Gefüge wird am Beispiel einer Cu-Sn-Legierung mit 10 % Sn untersucht. Diese Legierung wird eingeschmolzen und in eine Stahlkokille vergossen. Von dem Gußbolzen wird ein Schliff angefertigt (vgl. Kap. 12, Tab. 12.2, S. 34). Er zeigt ein Gefüge (Abb. 11.8 a, S. 262) mit starken Kornseigerungen.

Deutlich sind die bei der Erstarrung zuerst ausgeschiedenen Cu-reichen Dendriten (*D*) erkennbar. Die in den Zwischenräumen befindliche Restschmelze hatte sich dadurch so stark an Sn angereichert, daß sich eine unregelmäßig geformte, intermetallische Verbindung (*V*) bildete. Durch eine zehnstündige Homogenisierungsglühung bei 650° wird das Gefüge völlig verändert. Wie Abb. 11.8 b, S. 262, zeigt, sind die Seigerungen verschwunden; es ist, dem Zustandsschaubild entsprechend, ein homogener Mischkristall gebildet worden.

Literatur

Wever, F.: Arch. Eisenhüttenw. 5 (1931) 367.
Daeves, K., u. H. Schrader: Stahl und Eisen 64 (1944) 685.
Sachs, G.: Praktische Metallkunde. Band III. Berlin: Springer 1935.
Grewen, J., u. G. Wassermann: Werkstoffhandbuch Nichteisenmetalle. 2. Aufl. Düsseldorf: VDI-Verlag 1960, Beitrag II B 7.

116 Herstellen von Einkristallen

Als Einkristalle bezeichnet man Metallproben, die aus einem einzigen Kristall bestehen; sie sind für viele metallkundliche Untersuchungen von Bedeutung, da ihnen die Korngrenzen fehlen. Auch für die Messung der Richtungsabhängigkeit bestimmter Eigenschaften sind sie unentbehrlich.

Große Einkristalle lassen sich nach zahlreichen Verfahren herstellen, bei denen Voraussetzung ist, daß entweder sich nur ein Keim bildet oder ein einzelner Keim bevorzugt schnell wächst. Das läßt sich sowohl durch Erstarren einer Schmelze wie auch im festen Zustand bei der Rekristallisation erreichen.

In Tab. 11.6 sind die für die einzelnen Metalle und einige Legierungen geeigneten Verfahren zur Herstellung von Einkristallen zusammen-

Tabelle 11.6. *Verfahren zur Herstellung von Einkristallen*

Metall	Verfahren	Temperatur [°C]	Zieh-, Absenk-geschwindigkeit*	Bemerkungen (besondere Verfahren)
Ag	Bridgman	1050	3—10 cm/h	Kohletiegel
Al 99,99	Bridgman	750	0,5 cm/h	Kohletiegel
	Czochralski	700	3 cm/h	
	Rekristall.	460	1,5 cm/h	Einlaufen in Salzbad
Al 99,5	Bridgman	750	0,5 cm/h	Kohletiegel
	Rekristall.	600	1—2 cm/h	Einlaufen in Salzbad
Au	Bridgman	1150	3—5 cm/h	Kohletiegel
Bi	Bridgman	350		
	Czochralski	290	0,1—1 mm/sek	Kühlung
Cd	Bridgman	400		
	Czochralski	340	0,1—1 mm/sek	Kühlung
Co	Bridgman	1550		Phys. Rev. 55 (1939) S. 673
Cu	Bridgman	1100	3—5 cm/h	Kohletiegel
Fe	Bridgman	1590		Phys. Rev. 55 (1939) S. 673
	Rekristall.	880	1,5—2 mm/h	Einlaufen in Salzbad
Mg	Bridgman	750		
	Czochralski	720	5—8 cm/h	Karnallit-Abdeckung
Ni	Bridgman	1500		Phys. Rev. 55 (1939) S. 673
Pb	Bridgman	430		
	Czochralski	340	0,1—1 mm/sek	Kühlung
Sb	Bridgman	700		
Sn	Bridgman	300		
	Czochralski	240	0,1—1 mm/sek	Kühlung
Te	Bridgman	500		
W	Rekristall.	2500		Sekundär-Rekristallisation
Zn	Bridgman	500		
	Czochralski	440	3,5 cm/min	Kühlung
Ag-Au	Bridgman	100° über Smp.		
Al-Cu (4%)	Rekristall.	540	1 cm/h	Einlaufen in Salzbad
Au-Cu	Bridgman	100° über Smp.		
Au-Sn	Bridgman	100° über Smp.		
Cu-Ag	Bridgman	100° über Smp.		
Cu-Al	Bridgman	100° über Smp.	3—5 cm/h	
Cu-Pd	Bridgman	100° über Smp.		

* Die Zieh- bzw. Absenkgeschwindigkeit ist nur aufgenommen, wenn sie in der Literatur angegeben oder selbst ausprobiert wurde.

Tabelle 11.6. (Fortsetzung)

Metall	Verfahren	Temperatur (°C)	Zieh,- Absenkgeschwindigkeit*	Bemerkungen (besondere Verfahren)
Cu-Si	Bridgman	100° über Smp.		
Cu-Sn	Bridgman	100° über Smp.	3 cm/h	
Cu-Ni	Bridgman	100° über Smp.	3,5 cm/h	
Cu-Zn	Bridgman	100° über Smp.		Zn-Verdampfung beachten
	Rekristall.			
Fe-Ni	Bridgman	150° über Smp.		mit 15—20°/min im Ofen abkühlen
Mg-Sn	Bridgman	100° über Smp.		

* Die Zieh- bzw. Absenkgeschwindigkeit ist nur aufgenommen, wenn sie in der Literatur angegeben oder selbst ausprobiert wurde.

gestellt. Die Übersicht wurde auf Grund der angegebenen Literatur und nach eigenen Versuchen zusammengestellt. Hinsichtlich der Temperaturen sei bemerkt, daß sie in erheblichem Maße von dem Temperaturgefälle des verwendeten Ofens abhängen.

Ist die Wachstumsgeschwindigkeit anisotrop, so können zur Herstellung von Einkristallen mit bestimmten Orientierungen Abweichungen von der angegebenen Zieh- bzw. Absenkgeschwindigkcit crforderlich sein. Auf eine Angabe des kritischen Reckgrades beim Rekristallisationsverfahren wurde verzichtet, da dieser erheblich durch die Korngröße, d. h. durch die Vorbehandlung beeinflußt werden kann und deshalb von Fall zu Fall neu ermittelt werden muß.

Da die Streckgrenzen aller Einkristalle weit unter der des vielkristallinen Werkstoffs liegen, sind sie äußerst empfindlich gegenüber mechanischen Beanspruchungen und deshalb entsprechend vorsichtig zu behandeln. Um die bei der Handhabung, aber auch durch Temperaturunterschiede beim Erstarren und Abkühlen entstandenen Spannungen zu beseitigen, ist es zweckmäßig, die Kristalle vor der Verwendung für Versuche einer Entspannungsglühung zu unterwerfen, die bei Legierungen auch gleichzeitig zur Homogenisierung dient.

1161 Herstellung aus der Schmelze

Stabförmige Einkristalle mit kreisförmigem Querschnitt werden am einfachsten durch Erstarren aus der Schmelze im Temperaturgefälle (BRIDGMAN-Verfahren) hergestellt. Die in einem röhrenförmigen Tiegel befindliche Schmelze wird mit einer konstanten, der Kristallisationsgeschwindigkeit des Metalls angepaßten Geschwindigkeit durch ein 10 bis 100°/cm betragendes, den Schmelzpunkt einschließendes Temperaturgefälle bewegt. Man kann auch so vorgehen, daß das Temperaturgefälle, d. h. der Ofen, über die Schmelze bewegt wird.

In der Regel wird das vertikal arbeitende Verfahren angewandt, bei dem der Tiegel mit der Schmelze langsam durch einen Ofen abgesenkt wird, der in seinem heißesten Teil eine Temperatur etwa 100° über der Schmelztemperatur des Metalls hat.

Für niedrig schmelzende Metalle dienen Glas oder Quarz, für höher schmelzende Graphit als Tiegelmaterial. Besteht die Gefahr der C-Aufnahme durch die Schmelze (Ni), so können auch Tiegel aus anderen hochschmelzenden Werkstoffen, z. B. Tonerde, verwendet werden. In vielen Fällen empfiehlt es sich, unter Schutzgas oder im Vakuum zu arbeiten. Zum Absenken sind Geschwindigkeiten von 0,1 bis 5 cm/h günstig.

Für die Herstellung flacher oder rechteckiger Einkristalle empfiehlt sich eine horizontale Versuchsanordnung. In diesem Falle werden oben offene Schiffchen verwendet, die eine wesentlich bessere Entgasung der Schmelze gestatten. Bei dieser Anordnung sind überdies hohe Ziehgeschwindigkeiten (6 bis 60 cm/h) möglich.

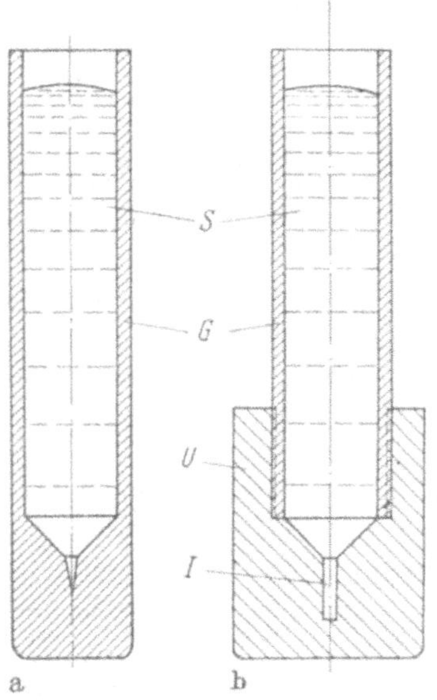

Eine besondere Art der horizontalen Anordnung, die in Ausnahmefällen auch vertikal durchgeführt wird, stellt das *Zonenschmelzen* dar. Während normalerweise das gesamte Material eingeschmolzen wird, arbeitet man hier mit festem Einsatz und schmilzt nur eine schmale „Zone" auf, die langsam durch den Kristall wandert. Für dieses Verfahren eignen sich Hochfrequenz- oder Elektronenstrahlheizung besonders gut. Niedrig schmelzende Metalle lassen sich aber auch mit Widerstandsheizung zonenschmelzen.

Abb. 11.9 a u. b. Kohletiegel zur Einkristallherstellung aus der Schmelze a ohne Impfkristall; b mit Impfkristall

Versuch: Herstellung zylinderförmiger Cu-Einkristalle. Als Tiegel, dessen Schnitt Abb. 11.9a zeigt, dient ein etwa 25 mm starker, massiver Graphitstab (*G*), der mit einer 15 mm-Bohrung versehen wird. Die nach unten konisch zulaufende Spitze soll bewirken, daß bei der Erstarrung der Schmelze (*S*) möglichst nur ein Keim entsteht, der sich dann im gesamten Querschnitt ausbreitet. Sollen die Kristalle eine bestimmte Orientierung haben, so wird ein Tiegel gemäß Abb. 11.9b benutzt, in dessen abschraubbares, ebenfalls aus Graphit bestehendes Unterteil (*U*) als Keim ein Impfkristall (*I*) mit der gewünschten Orientierung eingesetzt werden kann. Der Impfkristall darf nur zum Teil aufschmelzen, da an ihm die Kristallisation unter der vorgegebenen Orientierung beginnen soll.

Der mit Cu (Stangenform) gefüllte Tiegel wird an einem hitzebeständigen (z. B. Heizleiter) Draht aufgehängt und mit Hilfe eines stark untersetzten Synchronmotors oder einer mechanischen Zeituhr (Wecker) aus der auf etwa 1080° befindlichen Glühzone eines senkrecht stehenden Rohrofens mit etwa 30 mm/h abgesenkt. Zur Verhinderung einer O_2-Aufnahme und zur Vermeidung des Tiegelabbrandes strömt nachgereinigter N_2 durch das Glührohr. Da sich der Einkristall wegen der Schrumpfung beim Abkühlen leicht aus der Bohrung entfernen läßt, ist der Tiegel bei geringem Abbrand mehrmals zu verwenden. Bei weniger stark schrumpfenden Metallen verwendet man zweckmäßigerweise längsgeteilte Tiegel.

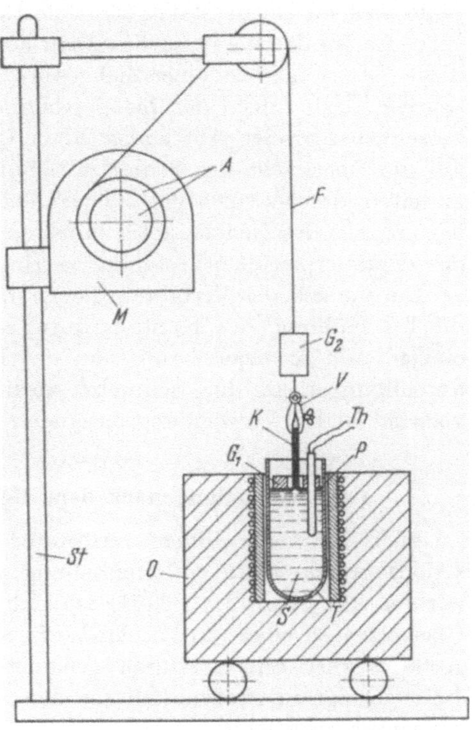

Abb. 11.10. Apparatur zum Ziehen von Einkristallen aus der Schmelze nach CZOCHRALSKI

Beim Ziehen aus der Schmelze (nach CZOCHRALSKI) wird ein kleines einkristallines Stück des Metalls in eine Metallschmelze getaucht und nach Einstellung des Temperaturgleichgewichts an der Grenzfläche flüssig/fest mit konstanter Geschwindigkeit aus der Schmelze gezogen. Dabei kristallisiert ständig weiteres Metall am unteren Ende des entstehenden Einkristalldrahts an.

Versuch: Herstellung eines Zn-Einkristalls. Einen sehr einfachen Versuchsaufbau zur Herstellung von Zn-Einkristallen nach diesem Verfahren zeigt Abb. 11.10. In einem widerstandsbeheizten Ofen (*O*) befindet sich ein Tiegel (*T*) mit flüssigem Zn (*S*), dessen Temperatur mittels Thermoelement (*Th*) und Regler möglichst konstant auf etwa 480° gehalten wird. Auf der Schmelze liegt ein durchgebohrtes Glimmerplättchen (*P*), das mit einem Gewicht (G_1) beschwert ist. Die Dicke des herzustellenden Einkristalls (K) richtet sich nach der Bohrung des Glimmerplättchens, ist aber auch von der Temperatur der Schmelze, der Kristallisationsgeschwindigkeit und dem Temperaturgefälle entlang dem Einkristall abhängig. In der zur Straffhaltung des Fadens (F) mit einem Gewicht (G_2) versehenen Klemmvorrichtung (V) wird ein Impfkristall eingespannt, in die Schmelze eingetaucht und dann mit Hilfe des an einem Stativ (St) befestigten Synchronmotors (M) hochgezogen. Mit diesem Versuchsaufbau können beispielsweise bis zu 4 mm dicke Einkristalle bei einer Ziehgeschwindigkeit von 25 cm/h hergestellt werden. Änderungen der Ziehgeschwindigkeit sind durch Verwendung verschieden großer Abtriebsscheiben (A) möglich. Es empfiehlt sich, auf die Oberfläche der Schmelze Schutzgas, z. B. nachgereinigten N_2, zu leiten, da sich sonst der Querschnitt des Einkristalls, bedingt durch die während des Ziehens stetig zunehmende Oxydschicht an der Bohrung des Glimmerplättchens, ständig verringert.

Die Vorteile des Verfahrens liegen in der hohen Ziehgeschwindigkeit, die bei Kühlung des Kristalls durch Anblasen mit Schutzgas bis zu einigen m/h betragen kann, und der Reinheit der Kristalle, da Verunreinigungen in der Schmelze zurückbleiben. Eine Orientierungsvorwahl ist bei Verwendung geeigneter Impfkristalle leicht möglich.

1162 Herstellung nach dem Rekristallisationsverfahren

Auch der beim Glühen verformter Metalle ablaufende Rekristallisationsvorgang kann zur Herstellung von Einkristallen herangezogen werden. Im Kap. 234, S. 155, ist näher beschrieben, daß sich nach Überschreiten eines „kritischen Verformungsgrades" beim Glühen sehr große Körner bilden. Durch geeignete Methoden braucht also nur dafür gesorgt zu werden, daß von den sich bildenden Keimen nur einer bevorzugt auswächst.

Für die Herstellung der Einkristalle ist ein möglichst gleichmäßiges, feinkörniges Ausgangsgefüge erforderlich, das gegebenenfalls durch eine sehr starke Verformung mit nachfolgender Rekristallisation erreicht wird. Das so vorbereitete Material wird dann einer geringen Verformung unterworfen, die möglichst genau dem kritischen Verformungsgrad entspricht. Da dieser von der Reinheit und der Korngröße abhängig ist, verwendet man zunächst mehrere Proben mit etwas unterschiedlichen Verformungsgraden, um den bestgeeigneten bestimmen zu können. Dabei ist zu beachten, daß die Verformung homogen über den ganzen Querschnitt erfolgt. Günstig ist Recken in einer Zerreißmaschine unter Verwendung einer Feindehnungsapparatur.

Die Rekristallisationsglühung kann nun so erfolgen, daß man dicht unter der Rekristallisationstemperatur beginnt und die Temperatur ganz allmählich etwa 20 bis 30° pro Tag steigert. Günstig wirkt sich ein Temperaturgefälle im Ofen aus, da dadurch die Keimbildung in der Probe einseitig beginnt und der zuerst gebildete Keim durch die ganze Probe wächst. Nach mehrtägiger Glühung wird die Temperatur bis dicht unter den Schmelzpunkt erhöht, so daß evtl. vorhandenes feinkristallines Gefüge durch Kornwachstum aufgezehrt wird. Um Abschreckspannungen zu vermeiden, geschieht die Abkühlung am besten im Ofen. Ein Vergleich der durch Ätzen sichtbar gemachten Körner in den einzelnen Proben läßt den günstigsten Verformungsgrad erkennen, mit dem die weiteren Proben zu recken sind.

Eine andere Möglichkeit zur Rekristallisation besteht darin, die kritisch verformte Probe durch ein sehr starkes Temperaturgefälle (etwa 100°/cm) hindurchzubewegen. Dies ist verhältnismäßig leicht dadurch zu erreichen, daß man den Kristall in ein Salzbad einlaufen läßt. Insbesondere zur Herstellung drahtförmiger Al-Einkristalle hat sich dieses Verfahren bewährt. Dies soll in folgender Übung gezeigt werden.

Versuch: Der Al-Draht muß dabei so vorbereitet sein, daß er über den gesamten Querschnitt ein möglichst gleichmäßiges, feinkristallines Gefüge aufweist. Er wird zunächst mit der Zerreißmaschine unter Verwendung einer Feindehnungsapparatur kritisch gereckt (1 bis 3%, die genau dem kritischen Verformungsgrad entsprechende Dehnung ist auszuprobieren) und nach Abtrennung der eingespannten Enden mit einer Geschwindigkeit von etwa 50 mm/h in ein auf einer konstanten Temperatur von 620° gehaltenes Salzbad abgesenkt.

Von den zunächst gebildeten Kristallen wächst bei dünnen Querschnitten (bis zu etwa 3 mm^2) der für das Wachstum am günstigsten orientierte schneller als seine Nachbarn und nimmt bald den gesamten Querschnitt ein. Bei dickeren Querschnitten läßt sich eine Beschränkung auf einen Keim dadurch erzielen, daß der Stab nach einer kurzen Einlaufzeit, in der sich in dem rekristallisierten Ende die ersten neuen Körner bilden konnten, aus dem Salzbad herausgezogen und angeätzt wird. Von den nunmehr sichtbaren Kristallen wird dann ein einzelner, gegebenenfalls auf Grund einer Orientierungsbestimmung, für das Weiterwachsen ausgewählt. Dazu werden die anderen, störenden Keime durch vorsichtiges Ansägen des Stabes mit einer Laubsäge von dem noch nicht rekristallisierten Teil getrennt, so daß nur der ausgewählte Kristall durch die beim Sägen entstandene Lasche weiterwachsen kann. Wichtig ist dabei, daß das beim Ansägen verformte Material vollständig abgeätzt wird, da sich sonst beim erneuten Absenken neue Keime bilden. Ob der Kristall die Lasche überwachsen hat, ohne daß es zur Entstehung neuer Kristalle kam, kann nach kurzer Einlaufzeit durch erneutes Anätzen festgestellt werden.

Die beschriebene Orientierungsvorwahl ist allerdings nur in engen Grenzen möglich, da die meist vorhandene Textur des Ausgangsgefüges und das bevorzugte Wachstum der Kristalle in bestimmten kristallographischen Richtungen stets zu den gleichen Orientierungen führen. Dieser Nachteil läßt sich durch ein Abbiegen der Proben vor der Kristallisationsfront umgehen. Der Kristall wächst dann in einer um den Biegewinkel veränderten, neuen Orientierung weiter. Damit sich durch die beim Biegen aufgebrachte Verformung keine neuen Keime bilden, darf nur mit einem großen Radius gebogen werden. Bei dickeren Querschnitten empfiehlt sich auch hier, den Stab zunächst bis auf eine leicht zu biegende, dünne Lasche abzuarbeiten. Es sei jedoch bemerkt, daß sich sehr langsam wachsende Orientierungen (z. B. $\langle 100 \rangle$ in Al) nur schwierig herstellen lassen, da sich beim Einlaufen leicht anders orientierte Kristalle bilden, die schnell den langsamer wachsenden Kristall aufzehren.

Die Vorteile des Rekristallisationsverfahrens liegen darin, daß kein Mosaikgefüge entsteht, wie es aus der Schmelze hergestellte Einkristalle vielfach aufweisen. Auch Seigerungen und Lunker können ebensowenig auftreten wie durch den Tiegel eingebrachte Verunreinigungen. Aus kubisch-flächenzentrierten Metallen, die zur Bildung von Rekristallisationszwillingen neigen, lassen sich auf diese Weise allerdings keine Einkristalle herstellen, da Zwillingsgrenzen entstehen. Für Metalle, die wegen einer Umwandlung während der Abkühlung aus der Schmelze nicht oder nur sehr schwer einkristallin erhalten werden können, z. B. Fe, ist es jedoch das einfachste und sicherste Verfahren.

Literatur

Lawson, W. D., u. S. Nielsen: Preparation of Single Crystals. New York: Acad. Press 1958.

Pfann, W. G.: Zone Melting. New York: Wiley and Sons 1958.

Smakula, A.: Einkristalle. Berlin/Göttingen/Heidelberg: Springer 1962.

12 Metallographie

Bei der metallographischen Prüfung der Werkstoffe unterscheidet man zwischen makroskopischen und mikroskopischen Methoden. Während die makroskopischen Untersuchungen neben der Beurteilung des Makrogefüges (z. B. Gußblock) vorwiegend der Untersuchung größerer Fehlstellen wie Lunkern, Rissen, Poren, Seigerungen usw. dienen, sind die mikroskopischen Methoden auch für die Grundlagenforschung von Bedeutung. Hierzu sind sowohl Beobachtungen des Gefügeaufbaus (Gefügebestandteile, Korngestalt, gegenseitige Anordnung der Kristalle,

Zwillingskristalle, Gleitlinien usw.), Bestimmungen von Phasengrenzen und Umwandlungen im festen Zustand als auch Untersuchungen zur Aushärtung, Stahlhärtung, Diffusion, Verformung, Rekristallisation, Subkornbildung und den Problemen der Versetzungen zu erwähnen. Außerdem können durch Ätzverfahren, insbesondere bei grobkörnigem Material, Orientierungen bestimmt werden. In der Praxis werden mikroskopische Untersuchungen zur Beurteilung von Fehlstellen kleineren Ausmaßes herangezogen (z. B. Zeilen, Einschlüssen, Inhomogenitäten, Rissen usw.). Auch Schichtdickenbestimmungen, Messungen der Mikrohärte (Kap. 3114, S. 201) und der Korngröße (Kap. 123, S. 42) werden am Mikroskop durchgeführt. Bei der metallographischen Gefügeuntersuchung handelt es sich daher um ein sehr wichtiges Arbeitsverfahren, das für viele metallkundliche Untersuchungen von grundlegender Bedeutung ist; es setzt allerdings eine genaue Kenntnis der Probenvorbereitung sowie der Technik des Mikroskopierens im sichtbaren Licht und manuelles Geschick voraus.

121 Makroskopische Untersuchungen

Für die Probenvorbereitung für makroskopische Untersuchungen von Gußteilen genügt es häufig, die Oberfläche vor dem Anätzen gründlich zu säubern und zu entfetten. Schnittflächen werden abgedreht oder abgefräst und erst dann — u. U. nach Einschieben eines Schleifvorgangs — geätzt. Insbesondere bei weichen Werkstoffen empfiehlt es sich, den spanabhebenden Arbeitsgang durch Schneiden mit dem Mikrotom zu ersetzen.

Vor dem Ätzen ist stets eine gründliche Säuberung des Schliffes erforderlich (vgl. S. 32). Die Ätzmittel dürfen chemisch nicht zu aktiv sein, damit an den Fehlstellen keine Überätzung auftritt. In Tab. 12.1

Tabelle 12.1. *Ätzmittel für Makroätzungen**

Werkstoff	Ätzmittel	Anwendung/Bemerkungen
Al	Salzsäure (1,19) 43 Teile Salpetersäure (1,40) 43 Teile Flußsäure (20% ig) 14 Teile	Blei oder Hartgummischale, Abzug!
Al-Legierungen:		
Cu-haltige Legierungen (Duralumin)	10% ige Natronlauge bei 70°	Kupferschwamm auf Oberfläche kann durch Nachätzen mit 10—20% iger Salpetersäure (1,40) entfernt werden
Si-haltige Legierungen (Silumin)	15% ige wäßrige Kupferchloridlösung	Kupferniederschlag durch Bürsten oder wie vorstehend entfernen

* Ätzmittel für Nichteisenmetalle vornehmlich nach E. Schulz, Ätzmittel für Stahl nach A. Schrader.

Tabelle 12.1. (Fortsetzung)

Werkstoff	Ätzmittel		Anwendung/Bemerkungen
Cu	Ammoniumpersulfat Wasser, dest.	10 g 100 cm³	Geringer Zusatz von Ammoniak oder Wasserstoffsuperoxyd erhöht Klarheit des Gefügebildes
Cu-Legierungen	Eisenchlorid Salzsäure Wasser, dest.	4 g 24 cm³ 80 cm³	
Zn	Salzsäure (1,19) Kaliumchlorat	100 cm³ max. 0,5 g	Ätzung mit Wärmeentwicklung verbunden, daher kurz ätzen, anschließend in starkem Wasserstrahl abspülen, dann in Alkohol und unter warmer Luft trocknen. Abzug!
Zn-Legierungen	Chromsäure (85% ig) Natriumsulfat, krist. Wasser, dest.	20,0 g 1,5 g 100 cm³	
Stahl	Kupferammonchlorid Wasser, dest.	10 g 120 cm³	Insbesondere für Phosphorseigerungen (dunkel). Kupferniederschlag unter fließendem Wasser abwischen
	Zinnchlorür Kupferchlorid Eisenchlorid Salzsäure (1,19) Alkohol Wasser, dest.	0,5 g 1 g 30 g 42 cm³ 500 cm³ 500 cm³	Ätzung nach OBERHOFFER, auch für Sonderstähle. Nachweis von Seigerungen eisenreiche Stellen dunkel, geseigerte hell. Schliff polieren
	Schwefelsäure (1,84) Wasser, dest. Zum Fixieren: Natriumthiosulfat Wasser	5 cm³ 100 cm³ 6 g 100 cm³	BAUMANN-Abdruck zum Nachweis von Schwefel. Bromsilberpapier in Ätzmittel anfeuchten, Schliffläche darauf drücken und 1—5 Minuten einwirken lassen. Fixieren, wässern. Lage der Eisen- und Mangansulfideinschlüsse wird wiedergegeben, da sie Bromsilber in braunes Schwefelsilber umwandeln
	Kupferchlorid Eisenchlorid Salzsäure (1,19) Alkohol	6 g 6 g 10 cm³ 100 cm³	Nachweis von Kraftwirkungsfiguren bei kohlenstoffarmem, höher stickstoffhaltigem und langsam abgekühltem Stahl nach geringer Kaltverformung. Bei 200° (1 Std.) anlassen und langsam abkühlen, nach dem Ätzen in angesäuertem (Salzsäure) Alkohol und anschließend unter Wasser spülen.

sind für eine Reihe von Werkstoffen Ätzmittel für Makroätzungen zusammengestellt. Teilweise können die für mikroskopische Untersuchungen erprobten Ätzmittel (Tab. 12.2) ebenfalls verwendet werden. Dabei kann es zweckmäßig sein, die Konzentration der Lösung zu erhöhen oder die Ätzzeit zu verlängern.

Häufig ist es notwendig, beispielsweise von einem Anschliff oder von Probestücken eine fotografische Total- oder eine Ausschnittsaufnahme geringerer Vergrößerung (Übersichtsaufnahme) zu machen. Bei kleineren Stücken lassen sich derartige Aufnahmen mit Hilfe besonderer Einrichtungen am Metallmikroskop anfertigen. Handelt es sich jedoch um größere Objekte, die verkleinert oder aber nur wenig vergrößert werden sollen, so wird man die Aufnahme mit einer Plattenkamera anfertigen. Es kann jede Kamera verwendet werden, die einen längeren Balgenauszug hat und für die neben den Normalobjektiven für stärkere Vergrößerung auch Objektive kürzerer Brennweite zur Verfügung stehen. Auch mit der Kleinbildkamera können Makroaufnahmen hergestellt werden. Dabei eignen sich Spiegelreflexkameras wegen der Möglichkeit der Mattscheibeneinstellung besonders gut.

Die lineare Vergrößerung n auf der Mattscheibe errechnet sich aus

$$n = \frac{A}{a} \tag{12.1}$$

wobei a die Größe des Objektes und A die Größe des Bildes auf der Mattscheibe sind.

Die lineare Vergrößerung n hat mit der Brennweite des Objektivs f und dem Objektabstand b folgende Beziehung:

$$n = \frac{f}{b - f}\,. \tag{12.2}$$

Es sei noch bemerkt, daß eine Nachvergrößerung des Negativs, die insbesondere für Kleinbildaufnahmen in Frage kommt, stets eine „leere Vergrößerung" ist, da nicht weiter aufgelöst werden kann, als es das Negativ zuläßt.

Versuch: Es ist nach den Angaben in Tab. 12.1 ein Baumann-Abdruck an einer Schiene aus Walzstahl (z. B. handelsüblicher St 37) anzufertigen. Zur Untersuchung nimmt man eine Querschnittsfläche.

122 Mikroskopische Untersuchungen

1221 Vorbereitung der Proben durch mechanisches Schleifen und Polieren sowie Ätzen

Mikroskopische Untersuchungen erfordern eine äußerst sorgfältige Vorbereitung der Proben. Diese schließt ein Abdrehen und Schleifen, das auch durch ein Schneiden mit dem Mikrotom ersetzt werden kann, sowie ein Polieren und Anätzen der Proben ein. Durch das Schleifen und Polieren soll die durch die vorangegangene Bearbeitung der Probe entstandene, verformte Schicht möglichst vollständig entfernt werden.

Wenn ein Gefüge verschiedene Bestandteile unterschiedlicher Färbung oder stark unterschiedlichen Reflexionsvermögens besitzt, kann der Schliff direkt nach dem Polieren betrachtet werden (z. B. hellblaues Kupferoxydul in hellem Untergrund aus Cu-Cu_2O-Eutektikum). Auch für die Beurteilung der Form und der Anordnung nichtmetallischer Einschlüsse ist die Untersuchung am ungeätzten Schliff vorzuziehen. Im allgemeinen ist es jedoch notwendig, das Gefüge durch Ätzen freizulegen. Bei der Korngrenzenätzung werden die Korngrenzen besonders stark angegriffen und dadurch sichtbar gemacht. Bei der Kornfelderätzung werden dagegen bei homogenen Werkstoffen die einzelnen Kristalle infolge ihrer unterschiedlichen Orientierung verschieden stark angegriffen. Es entsteht somit ein Relief, durch das bei der Betrachtung im Mikroskop die Korngrenzen sichtbar gemacht werden. Überdies leuchten die Kristalle, je nach ihrer Orientierung, unterschiedlich stark auf. Bei heterogenen Werkstoffen werden die einzelnen Bestandteile verschieden stark angegriffen. Weiterhin kann ein Ätzmittel die Bildung von Niederschlägen in der Art chemischer Reaktionsprodukte oder Oxydschichten unterschiedlicher Färbung auf verschiedenen Bestandteilen oder Kristallen unterschiedlicher Orientierung hervorrufen. Derartige Kornfärbungsätzungen können bei nicht homogenen Werkstoffen auch nur auf bestimmten Bestandteilen hervorgerufen werden.

Bei mechanischer Bearbeitung der Probe muß eine plastische Verformung der Probenoberfläche vermieden werden. Bei vorsichtiger Probenherstellung kann die verformte Schicht 5 μm und mehr betragen. Außerdem ist zu beachten, daß Gefügebestandteile, wie z. B. eine zweite Phase oder Schlackeneinschlüsse, beim Schleifen und Polieren nicht herausgerissen werden und daß sich keine Schmirgelkörner in den Schliff eindrücken. Es empfiehlt sich, die Schmirgelpapiere mit Wachs oder Paraffin leicht zu bestreichen. In jedem Falle ist auch zu trockenes Polieren zu vermeiden. Bei empfindlichen Werkstoffen hat sich ein Poliervorgang mit Einschiebung von Ätzungen sehr bewährt.

Bei den mechanischen Vorbereitungsverfahren und beim Ätzen darf sich der Schliff nicht zu stark erwärmen, da dies zu Gefügeveränderungen und damit zu Fehldeutungen führen kann. Eine weitere, wichtige Voraussetzung, um einen ordentlichen Schliff zu erhalten, ist größte Sauberkeit. Vor Beginn eines jeden neuen Bearbeitungsvorgangs müssen die Proben abgespült werden. Vor und nach dem Ätzen ist eine gründliche Reinigung in Alkohol mit anschließender Trocknung unter warmer Luft durchzuführen. Die Proben werden beim Eintauchen in die Ätzflüssigkeit am besten mit einer Platinzange gehalten, damit keine unerwünschten elektrochemischen Reaktionen auftreten.

Die Schleif- und Polierzeit der Proben richtet sich nach deren Größe. Es ist daher zweckmäßig, kleine Proben zu verwenden (1 bis 2 cm^2). Diese, sowie Proben, bei denen die Randzone untersucht oder aber Schichtdickenbestimmungen (Plattierwerkstoffe) durchgeführt werden sollen, befestigt man in Schliffhaltern aus möglichst gleichwertigem Material oder bettet sie in Kunstharze ein. Gießkunstharze, wie z. B. Araldit, benötigen gewisse Zeit zum Aushärten; Preßkunstharze, wie Plexigum, werden bei Temperaturen von 120 bis 160° unter schwachem Druck (hydraulische Presse) gehärtet.

Als Schleifmittel kommen Schmirgelpapiere, die im Handel erhältlich sind, in Frage. Verschiedene, vor allem unterschiedlich harte Metalle, sollen nicht auf demselben Papier geschliffen werden. Bei weichen Werkstoffen, wie Cu und Al, empfiehlt sich ein Schleifen von Hand, und zwar nacheinander auf mehreren Papieren mit abnehmendem Körnungsdurchmesser. Bei jedem Papierwechsel wird die Schleifrichtung um 90° geändert; es muß so lange geschliffen werden, bis die Schleifriefen des vorangegangenen Papieres verschwunden sind. Bei härteren Werkstoffen kann auf einer rotierenden Scheibe geschliffen werden. Werden die Schliffe nach dem Trennen abgefräst, so erübrigt sich ein Schleifen auf Papier grober Körnung ($>$1 F).

Nach dem Schneiden auf einem Mikrotom, das vor allem bei weichen Metallen, wie z. B. Pb, unerläßlich ist, erübrigt sich das Schleifen. Es ist jedoch auch möglich, harte Werkstoffe und Legierungen mit spröden Phasen zu schneiden. Dies hat vor allem den Vorteil der Zeitersparnis; überdies fallen Fehldeutungen durch eingedrückte Schmirgelteile weg.

Beim P o l i e r e n richten sich das zu verwendende Mittel, die Umdrehungsgeschwindigkeit der Scheibe und ihre Bespannung nach dem zu untersuchenden Material. Die Tab. 12.2 enthält für eine Reihe von Werkstoffen nähere Angaben für die Schliffherstellung.

Als Vorpoliermittel dienen insbesondere Chromoxydpaste oder aufgeschlämmter Schmirgel mit Kernseifenlösung. Die Scheibe ist mit einem Wolltuch bespannt, das bei Verwendung von Chromoxyd mit Alkohol feucht gehalten werden muß. Auf das Vorpolieren kann ein Polieren mit Magnesia usta (Magnesiumoxyd) und einer Kernseifenlösung folgen. Die in heißem Wasser aufgeschlämmte und durchgesiebte Magnesia usta-Lösung muß in einem abgeschlossenen Gefäß aufbewahrt werden, damit die Bildung von Magnesiumkarbonat verhindert wird, das wegen seiner Härte zu Kratzern auf den Schliffen führt. Bei hohen Anforderungen an die Güte des Schliffes wird im Anschluß an diesen Poliervorgang mit Tonerde Nr. 1, 2 oder 3 (bei weichen Werkstoffen)

Tabelle 12.2. *Schliffherstellung und Ätzmittel für die mikroskopische Untersuchung**

Werkstoff	Schliffherstellung	Ätzmittel
Al und Legierungen	Schleifen von Hand auf eingewachstem Papier, Vorpolieren und Polieren auf langsam umdrehender Scheibe mit Tonerde Nr. 3 auf Leder (~100 U/min). Kurze Polierzeit, insbesondere bei Legierungen mit harten Bestandteilen	1. Nach DIX und KEISER: Flußsäure (40% ig) 0,5 cm³ Wasser, dest. 100 cm³ 2. Nach KELLER und WILCOX: Flußsäure (40% ig) 5 cm³ Salzsäure (1,19) 15 cm³ Salpetersäure (1,40) 25 cm³ Wasser, dest. 955 cm³
Cu und Legierungen	Schliffherstellung ähnlich Al, nicht ganz so empfindlich. Ammoniak zum Polierwasser. Bei reinem Cu abwechselnd Ätzen und Polieren	1. Allgemein anwendbar: 10% ige Ammoniumpersulfatlösung mit geringem Ammoniakzusatz 2. Allgemein anwendbar, insbesondere für α-β-Ms, Sonder-Ms, Al-Bz und Rotguß: Kupferammonchlorid 10 g Wasser, dest. 120 cm³ Ammoniak zusetzen bis weißer Niederschlag wieder verschwunden. Evtl. mit Wasser verdünnen
Mg und Legierungen	Wegen großer Korrosionsempfindlichkeit ist Schliffherstellung sehr schwierig. Am günstigsten: Schneiden mit Mikrotom, kurzes Vorpolieren mit Tonerde und verdünnter Seifenlösung (~300 U/min) auf Tuch, Feinpolieren mit Tonerde Nr. 3 und verdünnter Seifenlösung (100 U/min) wiederum auf Tuch. Kurz polieren, schnell unter stark fließendem Wasser abspülen und trocknen, Schliffe gleich ätzen!	1. Allgemein anwendbar: Salpetersäure (1,40) 3 cm³ Äthylalkohol (96%) 97 cm³ 2. Insbesondere für Gußlegierungen: Äthylenglykol 75 cm³ Salpetersäure (1,40) 1 cm³ Wasser, dest. 24 cm³
Zn und Legierungen	Schleifen von Hand, Vorpolieren, Feinpolieren auf Wolltuch mit kolloidalem Siliziumoxyd. Kurze Polierzeit! Poliermittel bringt u. U. Anätzen, dann Vorpolieren und Feinpolieren wiederholen. Feinzink kann sehr gut ungeätzt im polarisierten Licht untersucht werden	1. Allgemein anwendbar: Salzsäure (1,19) 5 cm³ Wasser, dest. 95 cm³

* Vornehmlich nach E. SCHULZ und A. SCHRADER.

Tabelle 12.2. (Fortsetzung)

Werkstoff	Schliffherstellung	Ätzmittel
Fe und Legierungen	Schleifen auf Scheibe, Vorpolieren (Chromoxyd) und Polieren (Tonerde Nr. 1) auf Scheibe mit ~200—300 U/min	1. Allgemein anwendbar für Fe, Stahl, niedrig legierte Sonderstähle und Grauguß: Salpetersäure (1,40) 1 cm³ Alkohol 100 cm³ 2. wie unter 1, aber auch für höher legierte und austenitische Ni-Stähle: Pikrinsäure 4 g Alkohol 100 cm³

nachpoliert. Die Scheibe läuft langsam; sie ist mit weichem Leder oder Seidensamt bespannt. Bei empfindlichen Werkstoffen empfiehlt es sich, auf stehender Scheibe nachzupolieren. Häufig wird der Vorpoliergang weggelassen oder aber direkt im Anschluß an das Vorpolieren mit Tonerde gearbeitet. Bei Hartmetallen und bei Werkstoffen mit weichen und harten Bestandteilen hat sich ein Polieren mit Diamantpaste bewährt.

Beim Polieren kann bereits mit dem bloßen Auge das Verschwinden der Schleifriefen beobachtet werden. Es empfiehlt sich jedoch eine Kontrolle auf Kratzerfreiheit und Klarheit des Schliffes im Mikroskop.

Geeignete Ätzmittel werden rein empirisch gefunden. Es ist daher zweckmäßig, auf bereits bekannte und erprobte Rezepte zurückzugreifen, von denen in Tab. 12.2 eine Anzahl aufgeführt sind. Über die Ätzzeiten läßt sich nichts Bindendes sagen. Im allgemeinen sind die Ätzzeiten, die bei wenigen Sekunden bis Minuten liegen, um so größer, je länger das Material geglüht worden war. Bei verformten Werkstoffen sind die Ätzzeiten kürzer. Ist der Angriff des Ätzmittels zu stark, so kann es mit Alkohol, Glyzerin oder Glykol verdünnt werden.

1222 Vorbereitung der Proben durch elektrolytisches Polieren und Ätzen

Eine wesentliche Zeitersparnis und die Ausscheidung von Fehlerquellen bei der Schliffbeurteilung wird durch elektrolytisches Polieren erzielt. Die Proben werden entweder durch Schneiden mit dem Mikrotom oder aber durch Schleifen bis zur Körnung 2/0, bei größeren Anforderungen an die Güte des Schliffes bis zur Körnung 4/0, vorbereitet und dann elektrolytisch poliert. In vielen Fällen ist es auch möglich, elektrolytisch zu ätzen.

Elektropoliergeräte mit oder ohne Beobachtungsmikroskop mehrerer Firmen sind im Handel. Die Probe wird als Anode geschaltet. Die Kathode (Cu, Graphit, nichtrostender Stahl) soll symmetrisch zur

Anode angebracht sein. Um eine Berührung der nicht zu polierenden Probenoberfläche mit dem Elektrolyten zu vermeiden, wird diese abgedeckt oder aber der Schliff wird gegen eine Blende gedrückt. Für die Reproduzierbarkeit des Poliervorgangs ist es wichtig, daß der zu polierende Probenbereich stets gleich groß ist, damit eine immer gleiche Stromdichte garantiert ist. Eingebettete Proben werden mit einem stromleitenden Kontakt versehen (Fe-Stift oder Zugabe von Fe-Pulver zum Einbettmittel im Verhältnis 1 : 2).

Die Zusammensetzung des Elektrolyten und die zum Polieren notwendige Stromdichte sind je nach Werkstoff unterschiedlich. Letztere liegt zwischen 1,5 und 4,5 A/cm^2. Bei geringerer Stromdichte werden die Proben angeätzt. Die richtige Spannung hängt von der Zusammensetzung des Elektrolyten und der Lage der Anode ab; sie ist dann eingestellt, wenn Gasentwicklung beginnt. Die optimalen Polierbedingungen findet man durch Aufstellen einer Kurve der Stromstärke (I) in Abhängigkeit von der Spannung (V). Derartige Kurven zeigen im allgemeinen einen waagerechten Teil, an dessen oberem Ende (gegen größere Spannungen) die beste Einebnung der Schliffoberfläche erzielt wird.

Von Wichtigkeit für das elektrolytische Polieren sind weiterhin die Temperatur des Elektrolyten, die 30° nicht überschreiten soll, die Bewegung des Elektrolyten und die Polierzeit. Eine Ablagerung von Gasblasen auf der Schliffoberfläche muß verhindert werden. Bessere Polierbedingungen erreicht man durch die Zugabe von Inhibitoren zum Elektrolyten.

Der waagerechte Teil der Kurve der Stromstärke in Abhängigkeit von der Spannung ist mit der Entstehung eines Filmes auf der Schliffoberfläche verbunden, der reich an Lösungsprodukten ist und einen hohen Widerstand hat. An den Erhöhungen des Schliffes ist infolge der geringeren Dicke dieser Schicht gegenüber den Vertiefungen die Stromdichte und damit die Lösungsgeschwindigkeit besonders groß. Dies führt dazu, daß die hervorragenden Teile der Schliffoberfläche bevorzugt abgetragen werden.

Angaben über die Zusammensetzungen von Elektrolyten und die Polierbedingungen (Stromdichte, Spannung, Temperatur, Zeit) finden sich in der Literatur (s. S. 43). Es sei noch erwähnt, daß Elektrolyten auf Basis Überchlorsäure und Essigsäureanhydrid zu explosiver Zersetzung neigen. Es gibt jedoch eine große Anzahl ungefährlicher Elektrolyte.

1223 Mikroskopie im sichtbaren Licht

Über die bei mikroskopischen Arbeiten notwendigen Grundlagen unterrichten die Abb. 12.1 und 12.2. In Abb. 12.1 sind zusammen mit einer Skizze die Beziehungen zwischen Abbildungsmaßstab, Gegenstandsweite, Bildweite und Brennweite angeführt.

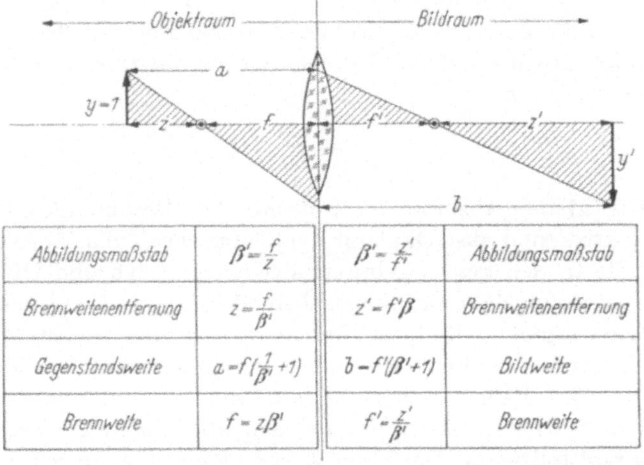

Abb. 12.1. Zusammenstellung einiger wichtiger optischer Beziehungen (nach MICHEL)
y Gegenstandsgröße; y' Bildgröße; $y'/y = \beta'$ Abbildungsmaßstab; a Gegenstandsweite; b Bildweite; f Brennweite; z Brennweitenentfernung des Gegenstandes; z' Brennweitenentfernung des Bildes

Die Abb. 12.2 behandelt die **mikroskopische Vergrößerung**. Ein Mikroskop besteht aus zwei Linsensystemen, dem Objektiv und

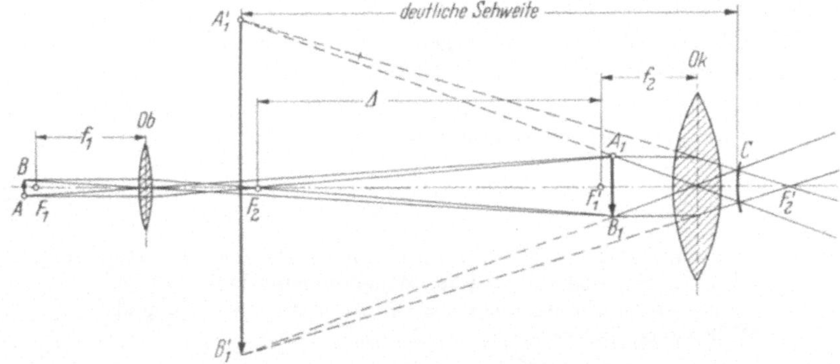

Abb. 12.2. Darstellung der Mikroskopvergrößerung (aus GOERENS: Einführung in die Metallographie)
F Brennpunkt; f Brennweite; Δ Abstand der benachbarten Brennpunkte von Objektiv Ob und Okular Ok; C Auge

dem Okular, die zum besseren Verständnis auch als je eine Sammellinse aufgefaßt werden können. Das Objektiv Ob entwirft von dem zu betrachtenden Gegenstand AB, der sich außerhalb der einfachen (f_1), aber innerhalb der doppelten Brennweite des Objektivs befindet, ein reelles, umgekehrtes, vergrößertes Bild A_1B_1 innerhalb der Brennweite f_2 des Okulars *Ok*. Das Okular wirkt wie eine Lupe. Es entwirft von dem Zwischenbild ein nochmals vergrößertes, virtuelles Bild $A_1'B_1'$, das etwa im Abstand der deutlichen Sehweite ($s = 250$ mm) vor dem am Okular angelehnten Auge entsteht. Die Gesamtvergrößerung des Mikroskops errechnet sich aus:

$$v = \frac{\Delta s}{f_1 f_2}. \tag{12.3}$$

Hierbei ist Δ der Abstand der benachbarten Brennpunkte F_2 und F_1' des Objektivs und des Okulars, auch optische Tubuslänge genannt.[1]

Für die in der Praxis gebräuchlichen Objektive und Okulare sind die Vergrößerungsfaktoren angegeben. Die Gesamtvergrößerung des Mikroskops ergibt sich durch Multiplikation der beiden Werte. Bei fotografischen Aufnahmen ist der so gewonnene Wert außerdem mit der Länge des Balgenauszugs in mm dividiert durch den Wert der deutlichen Sehweite (250 mm), auf den alle anderen Werte bezogen sind, zu multiplizieren. Die Vergrößerung kann auch durch ein Objektmikrometer, das anstelle des Präparates aufgelegt wird, bestimmt werden. Es sei noch erwähnt, daß bei manchen Mikroskopen Tubuslinsen (Zwischenoptiken) eingebaut sind, die bei Berechnung der Gesamtvergrößerung mit berücksichtigt werden müssen. Zwischenoptiken sind dann nötig, wenn die mechanische Tubuslänge, für die die Optiken berechnet sind, aus baulichen Gründen nicht eingehalten werden kann.

Maßgebend für die Leistungsfähigkeit eines Mikroskops ist das Auflösungsvermögen des Objektivs. Dieses ist um so besser, je kleiner der Abstand d zweier benachbarter Punkte ist, die gerade noch voneinander getrennt werden können:

$$d = 0{,}6 \frac{\lambda}{n \sin\omega} \tag{12.4}$$

n Brechungsindex des Mediums zwischen Objekt und Objektivlinse (z. B. für Luft = 1, Cedernöl = 1,52, Monobromnaphthalin = 1,66),
2ω Öffnungswinkel, unter dem das Objekt betrachtet wird und
λ Wellenlänge des verwendeten Lichtes.

Das Auflösungsvermögen ist bei Verwendung von sichtbarem Licht nur von der numerischen Apertur ($n \sin\omega$) des Objektivs abhängig; es nimmt mit größer werdender Apertur zu. Das Okular hat lediglich die Aufgabe, die vom Objektiv aufgelösten Einzelheiten des Gefüges nochmals zu vergrößern.

[1] Nicht zu verwechseln mit der mechanischen Tubuslänge, d. h. der Entfernung zwischen Anlagefläche des Objektivs am Tubus und dem anderen Tubusrand.

Wird kein besonderes Medium zwischen Objekt und Objektivlinse eingeführt ($n_{\text{Luft}} = 1$), so erreicht man eine um so bessere Auflösung, je größer der Öffnungswinkel ist, d. h. also, je näher man das Objektiv an das Objekt bringt. Dieses Vorhaben erfordert aber eine immer kürzer werdende Brennweite des Objektivs, der aus konstruktiven Gründen Grenzen gesetzt sind.

Es ist jedoch auch möglich, einen Stoff mit höherem Brechungsindex zwischen Objekt und Objektiv zu bringen und somit das Auflösungsvermögen zu steigern. Bei Verwendung von Monobromnaphthalin ($n = 1{,}66$) und einem Spezialobjektiv kürzester, technisch noch herstellbarer Brennweite erreicht man die höchstmögliche Apertur. Die Gesamtvergrößerung soll innerhalb des 500- bis 1000fachen der Apertur des verwendeten Objektivs liegen (förderliche Vergrößerung). Wird das 1000fache überschritten, so ist keine Steigerung des Auflösungsvermögens mehr zu erwarten; es ergibt sich eine leere Vergrößerung. Unterhalb der förderlichen Vergrößerung wird die Leistungsfähigkeit des Objektivs nicht voll ausgenutzt.

Bei der Mikrofotografie beziehen sich die Angaben über die förderliche Vergrößerung auf die deutliche Sehweite, die im allgemeinen demjenigen Abstand entspricht, aus dem eine Aufnahme von der Größe 9×12 betrachtet wird. Bei Aufnahmen mit der Kleinbildkamera wird der Bereich der förderlichen Vergrößerung unterschritten. Das Objektiv muß unter Berücksichtigung der nachträglichen Vergrößerung des Negativs ausgesucht werden. Soll z. B. eine Kleinbildaufnahme nachträglich um das Vierfache vergrößert werden, so muß ihr Abbildungsmaßstab $^1/_4$ der förderlichen Vergrößerung betragen.

Bei den Objektiven unterscheidet man zunächst zwischen den *Trocken-* und den *Immersionssystemen*, die numerische Aperturen bis zu etwa 0,95 bzw. 1,6 haben. Es sei erwähnt, daß Immersionsobjektive anders berechnet sind als Trockenobjektive, d. h. daß sie jeweils nur mit dem für sie angegebenen Zwischenmedium verwendet werden können.

Eine weitere Unterteilung der Objektive richtet sich nach ihrem Korrektionszustand. Durch *Achromate* wird die chromatische Aberration, die durch den unterschiedlichen Brechungskoeffizienten optischer Gläser für die verschiedenen Bestandteile des weißen Lichtes entsteht und zu farbigen Rändern im Bild führt, im gelbgrünen Bereich korrigiert. Da in diesem Bereich das Empfindlichkeitsmaximum des Auges liegt, genügen Achromate für fast alle Anforderungen bei subjektiver mikroskopischer Betrachtung bis zu mittleren Vergrößerungen (Aperturen bis etwa 0,40). Bei der Mikrofotografie müssen zusätzlich zu Achromaten gelbe oder grüne Filter verwendet werden, damit die randliche Unschärfe korrigiert wird, die durch das Fehlen der Korrektur im rotblauen Spektralbereich entsteht.

Fluoritsysteme sind Objektive mit einem guten allgemeinen Korrektionszustand und bereits besserer Farbkorrektur als die Achromate.

Apochromate sind Linsensysteme mit der höchstmöglichen Farbkorrektur. Sie finden bei sehr hohen Ansprüchen, insbesondere bei Dunkelfelduntersuchungen und Farbaufnahmen Verwendung. Ihre Apertur erreicht bei Verwendung von Monobromnaphthalin den Wert 1,6.

Die sphärische Aberration, bei der als Folge der kleineren Brennweite der äußeren Linsenzonen gegenüber der Mitte unscharfe Bilder entstehen, läßt sich durch Abblenden oder aber durch spezielle Kombinationen einer Sammel- und einer Zerstreuungslinse beheben. Achromate und Apochromate sind auch für die sphärische Aberration korrigiert. Unter den Objektiven seien weiterhin noch die *Planchromate* erwähnt, die nicht nur eine Farbkorrektur geben, sondern auch die Bildfeldwölbung korrigieren.

Eine weitere Steigerung des Korrektionszustandes erreicht man durch Verwendung von Spezialokularen. Zur Erhöhung der Bildebnung genügt bei schwachen Objektiven mit Ausnahme der Apochromate eine Kombination mit einem HUYGENS-Okular. Für Objektive mit größeren Aperturen (> 0,30) und Apochromate sind dagegen kompliziertere Okulare nötig, die insbesondere auch für die Mikrofotografie entwickelt wurden. Es sind hier vor allem die Periplanokulare zu erwähnen, die eine besonders hohe Feldleistung haben und außerdem — ebenso wie die Kompensationsokulare — eine weitere Farbkorrektur bringen.

Abschließend sei noch auf die sog. Mikroanastigmate hingewiesen. Es sind dies Objektive für fotografische Übersichtsaufnahmen. Sie werden zur Verbesserung der Tiefenschärfe mit einer Irisblende kombiniert.

Für Metallmikroskope kommt nur eine Untersuchung im Auflicht in Frage. Bei den aufrechtstehenden Metallmikroskopen, bei denen der Schliff unter dem Objektiv liegt, genügt sowohl für die subjektive Betrachtung als auch für die fotografische Aufnahme eine Punktlichtlampe (Niedervoltlampe). Die umgekehrten Metallmikroskope (nach LE CHATELIER), bei denen der Schliff auf einer Blende über dem Objektiv liegt, benötigen wegen der größeren Wege, die das Licht zurücklegen muß, für fotografische Aufnahmen eine stärkere Lichtquelle (Bogenlampe oder Gasentladungslampe).

Der Strahlengang ist bei allen Mikroskopen ähnlich. Als wichtigste Blenden für das eintretende Strahlenbündel sind die *Aperturblenden*, durch die der Öffnungswinkel der beleuchtenden Strahlen verändert werden kann, und die *Sehfeld-* oder *Leuchtfeldblende* zu nennen, durch die die Größe des Gesichtsfeldes bestimmt wird. Die Aperturblende hat nur auf die Helligkeit, die Sehfeldblende dagegen nur auf die Größe des Gesichtsfeldes einen Einfluß. Bei zu starker Öffnung dieser Blenden entstehen Bilder ohne guten Kontrast sowie Reflexe. Die Folge von zu weit geschlossenen Blenden sind Beugungserscheinungen. Das Bild der Aperturblende wird nach dem Herausnehmen des Okulars sichtbar. Beim Schließen der Sehfeldblende ist die Verkleinerung des Gesichtsfeldes auf dem Schliff zu erkennen. Beide Blenden müssen so weit geschlossen werden, daß ihre Ränder soeben verschwinden.

Je nachdem, ob das Licht senkrecht oder aber schräg mit großem Einfallswinkel auf den Schliff trifft, unterscheidet man zwischen Hellfeld- und Dunkelfeldbeleuchtung. Für metallkundliche Untersuchungen kommt insbesondere die Hellfeldbeleuchtung in Frage. Nachdem die von der Lichtquelle kommenden Strahlen die Apertur- und die

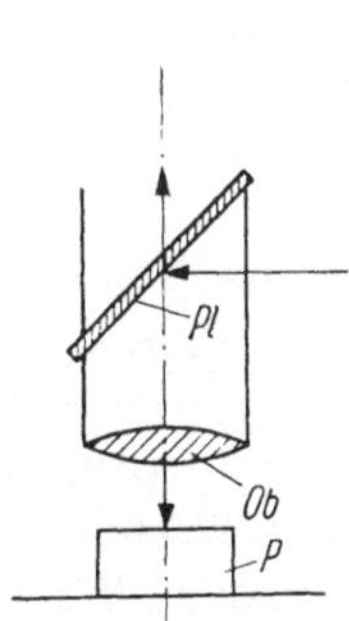

Abb. 12.3. Senkrechte Beleuchtung mittels Planparallelglas
Pl Planparallelglas; *Ob* Objektiv; *P* Präparat

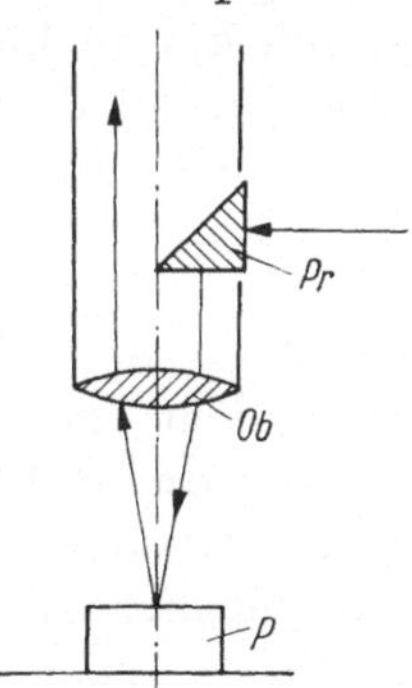

Abb. 12.4. Senkrechte Beleuchtung mittels totalreflektierendem Prisma
Pr Prisma; *Ob* Objektiv; *P* Präparat

Sehfeldblende passiert haben, werden sie in dem sog. Vertikalilluminator um 90° aus ihrer Einfallsrichtung abgelenkt. Dies geschieht entweder durch ein planparalleles Glas (nach Beck) oder ein total reflektierendes Prisma (nach Nachet). In den Abb. 12.3 und 12.4 sind schematische Darstellungen der Hellfeldbeleuchtung mit Planparallelglas oder Prisma wiedergegeben, aus denen auch bereits die Vor- und Nachteile der beiden Ausführungen des Vertikalilluminators hervorgehen. Die Anordnung mit Planparallelglas zeichnet sich durch eine geringere Beleuchtungsstärke aus als die Bauart mit Prisma, da nur ein Teil des einfallenden Lichtes reflektiert wird. Sie ist aber trotzdem vorzuziehen, da die volle Apertur des Objektivs ausgenutzt wird. Bei Verwendung des Prismas ist das halbe Objektiv verdeckt, wodurch die Auflösung verringert wird.

Die Dunkelfeldbeleuchtung kommt nur für sehr wenige Untersuchungen in Frage. So lassen sich im Dunkelfeld beispielsweise nichtmetallische Einschlüsse sowie Aufrauhungen und Kratzer besonders gut erkennen; diese leuchten hell auf, während das Gesichtsfeld dunkel erscheint. Eine Dunkelfeldbeleuchtung wird dadurch erzielt, daß das ankommende Strahlenbündel zunächst rohrförmig ausgeblendet wird. Nach der Umlenkung um 90° trifft der rohrförmige Strahl unter 45° auf einen Spiegel, der das Objektiv umgibt. Von diesem werden die Strahlen auf das Präparat reflektiert.

Das vom Objekt reflektierte Licht geht zunächst wieder durch das Objektiv, sodann durch das Planparallelglas oder aber am Prisma vorbei (Abb. 12.3 und 12.4) und gelangt anschließend nach mehreren Umlenkungen, die von der Bauart des Mikroskops abhängen, zum Okular bzw. zur Mattscheibe oder der fotografischen Platte. Beim horizontal angeordneten, umgekehrten Metallmikroskop wird beispielsweise das reflektierte Licht durch ein Prisma oder einen Spiegel umgelenkt und gelangt durch das Fotoobjektiv auf die Mattscheibe oder die an ihrer Stelle befindliche fotografische Platte. Für die subjektive Betrachtung wird ein zweites Prisma eingeschaltet, das die reflektierten Strahlen in den Beobachtungstubus lenkt.

Abschließend sei noch auf die Möglichkeit der Untersuchung im polarisierten Licht und auf das Phasenkontrastverfahren hingewiesen. Im polarisierten Licht werden optisch anisotrope, also nichtkubische Metalle und Legierungen im ungeätzten Zustand untersucht. Außerdem besteht die Möglichkeit, Einschlüsse und die kubischen und nichtkubischen Phasen von Legierungen zu unterscheiden. Für die Untersuchung im polarisierten Licht sind zwei Prismen (Nicols) erforderlich, von denen das eine, der Polarisator, vor dem Objektiv, und das andere, der Analysator, zwischen Objektiv und Okular angebracht sind. Bei gekreuzten Nicols leuchten die einzelnen Kristalle eines optisch anisotropen Werkstoffs je nach ihrer Orientierung unterschiedlich stark auf. Bei Drehung des Objekttischs um 360° wird jeder Kristall abwechselnd hell und dunkel. Kubische Kristalle bleiben sowohl bei gekreuzten Nicols als auch bei Drehung des Objekttischs dunkel.

Beim Phasenkontrastverfahren werden die Kontraste zwischen den einzelnen Bestandteilen des Gefüges erhöht. Es ist vor allem für ungeätzte Proben geeignet.

Unter den Zusatzgeräten zu Mikroskopen sind die Mikrohärteprüfer (Kap. 3114, S. 201) und Einrichtungen zur Betrachtung bei hohen und bei tiefen Temperaturen zu erwähnen.

Versuch: Es ist ein Schliff nach den in Tab. 12.2 gemachten Angaben herzustellen und zu ätzen, im Mikroskop zu betrachten und bei einer Vergrößerung, die alle Details klar erkennen läßt, zu fotografieren. Für den Anfänger empfiehlt es sich, kein zu weiches Material, wie Al, für den ersten Versuch zu verwenden, sondern härtere Werkstoffe, wie Messing oder untereutektoide Stähle (vgl. Kap. 251, S. 164) zu untersuchen.

Literatur

Allgemein:

BERGLUND, T., u. A. MEYER: Handbuch der metallographischen Schleif-, Polier- und Ätzverfahren. Berlin: Springer 1940.

GOERENS, P.: Einführung in die Metallographie. 7. u. 8. Aufl. Halle: Wilhelm Knapp 1948.

SCHRADER, A., in: Werkstoffhandbuch Stahl u. Eisen. 3. Aufl. Düsseldorf: Verlag Stahleisen 1953.

SCHRADER, A.: Ätzheft. 4. Aufl. Berlin: Gebrüder Bornträger 1957.

SCHULZ, E., in: Werkstoffhandbuch Nichteisenmetalle. 2. Aufl. Düsseldorf: VDI-Verlag 1961, Beitrag II E 5a und 5b (Probenvorbereitung und Mikroskopie).

SMITHELLS, C. J.: Metal Reference Book, Bd. 1, 2. Aufl. London: Butterworths Scientific Publication, 1955, S. 252—269 (Probenvorbereitung).

Elektrolytisches Polieren:

GEBHARDT, E., u. G. WINKHARDT: Der Elektrotechn. 4 (1952) 1.

KNUTH-WINTERFELD, E.: Mikroskopie 5 (1950) 184.

TEGART, W. J. M. G.: The Electrolytic and Chemical Polishing of Metals, 2. Aufl. London: Pergamon Press 1959.

WAISMANN, J. L.: Metal Progr. 57 (1947) 606.

Spezialliteratur:

CONN, G. K. T., u. F. J. BRADSHAW: Polarized Light in Metallography. London: Butterworths 1952.

KEHL, G. L., in: Modern Res. Techn. in Phys. Metallurgy, Amer. Soc. Met. Cleveland 1955, S. 1 (Phasenkontrast).

MICHEL, K.: Grundzüge der Mikrophotographie. Zeiß-Nachrichten 1940, Sonderheft 4.

MITSCHE, R.: Z. Metallkde 47 (1956) 171 (Hoch- u. Tieftemperatur-Mikroskopie).

123 Korngrößenbestimmung

Eine Reihe von metallkundlichen Untersuchungen, so z. B. die Aufstellung von Rekristallisationsdiagrammen oder die Beurteilung des Härteverhaltens bei der Zementation (s. w. u.), erfordern Korngrößenbestimmungen. Im allgemeinen wird dabei aus dem Gefügebild das arithmetische Mittel der Korngröße, d. h. der Schnittfläche der Körner, bestimmt. Nur in Ausnahmefällen, insbesondere bei einem Gefüge mit starken Korngrößenunterschieden, ist es notwendig, durch Ausmessen der einzelnen Körner (Planimetrieren bei starker Vergrößerung) eine Korngrößenhäufigkeitskurve aufzustellen, für die zweckmäßigerweise ein logarithmischer Maßstab gewählt wird.

Die im Schliffbild meßbare Korngröße hängt zunächst von der räumlichen Lage der Schlifffläche ab; selbst bei gleicher Korngröße können die einzelnen Körner, je nachdem wie sie angeschnitten worden sind, unterschiedlich groß erscheinen. Weiterhin ist zu berücksichtigen, daß die einzelnen Körner eines Gefüges meist nicht nur unterschiedlich groß, sondern auch unregelmäßig geformt sind. Aus diesem Grunde gelangt man zu einem hinreichend genauen Wert der mittleren Korngröße nur, wenn möglichst viele Körner (mindestens 100 bis 150) und verschiedene Stellen im Schliff (mindestens 3) vermessen werden. Überdies müssen die Korngrößenunterschiede im gesamten Werkstück einheitlich sein. Ist die Korngrößenverteilung inhomogen, so sollte für die unterschiedlichen Stellen die mittlere Korngröße gesondert ermittelt werden. Haben die Körner in ihrer Form eine bestimmte Vorzugsrichtung, sind sie also beispielsweise parallel zur Walzrichtung gelängt, so sollte dies mit Hilfe von Schliffen in verschiedenen Ebenen berücksichtigt werden.

Praktische Voraussetzung für eine hinreichend genaue Bestimmung der mittleren Korngröße sind eine gute Hervorhebung der Korngrenzen im Schliffbild und eine ausreichende Vergrößerung, damit alle Einzelheiten klar erkennbar sind. Die meßbare Korngröße ist von der Vergrößerung abhängig, da bei starker Vergrößerung mehr kleine Kristalle erfaßt werden als bei geringer. Vor Beginn der Korngrößenbestimmung soll der ganze Schliff betrachtet und erst dann an typischen Stellen gemessen werden. Da eine hohe Genauigkeit ohnehin nicht zu erreichen ist, erübrigt sich die Verwendung eines besonders exakten Meßverfahrens; Meßfehler von $\pm 10\%$ sind durchaus noch tragbar.

Die Korngrößenbestimmung kann am Schliffbild (es genügt ein Bromsilberpapiernegativ) oder aber am Metallmikroskop vorgenommen werden. Für die Arbeit am Metallmikroskop befestigt man ein Pauspapier auf der Mattscheibe und markiert darauf die Bezugsfläche und die Körner.

Beim Flächenmeßverfahren wird für eine bestimmte Anzahl von Körnern (n) die Fläche, die sie einnehmen (f in mm²), mit einem Planimeter umfahren. Die mittlere Korngröße (γ) errechnet sich dann aus diesen Werten unter Berücksichtigung der linearen Vergrößerung (V) zu:

$$\gamma = \frac{f \cdot 10^6}{n V^2} \, [\mu m^2]. \tag{12.5}$$

Beim Kreisverfahren wird von einer kreisförmigen Bezugsfläche (f in mm²) ausgegangen. Die Kornzahl (n) in dieser Fläche setzt sich aus den vom Rand geschnittenen und mit dem Kreisfaktor 0,67 zu multiplizierenden Körnern und den vom Rand nicht geschnittenen Körnern zusammen. (Der Kreisfaktor ist nur bei genügend großer Kornzahl gültig.)

Die mittlere Korngröße kann auch durch Vergleich mit Korngrößenrichtreihen bestimmt werden, die gegenüber dem Auszählverfahren eine erhebliche Vereinfachung und damit Zeitersparnis bringen. Richtreihen zur Korngrößenbestimmung sind Gefügedarstellungen (Mikroaufnahmen oder Zeichnungen) mit steigender Korngröße in ganz bestimmter Abstufung.

Die von der AMERICAN SOCIETY FOR TESTING MATERIALS herausgegebene Korngrößenrichtreihe mit Schliffbildern, die insbesondere für die McQUAID-EHN-Probe Verwendung findet, ist auf folgender Beziehung aufgebaut:

$$Z = 2^{N-1}. \tag{12.6}$$

Hierin bedeuten Z die Anzahl der Körner in einem Quadratzoll bei 100facher Vergrößerung und N die ASTM-Nummer. Zur Anwendung kommen vornehmlich die Stufen 1 bis 8, bei denen die Korngröße von 1 Korn/Quadratzoll (16 Körner/mm^2) auf 128 Körner/Quadratzoll (2048 Körner/mm^2) abfällt.

Zwei wesentlich vielseitiger anwendbare Verfahren wurden von DEDERICHS und KOSTRON ausgearbeitet. Sie ermöglichen für alle gebräuchlichen Vergrößerungen die Bestimmung unterschiedlichster mittlerer Korngrößen (Meßbildverfahren) und die Aufstellung von Korngrößenhäufigkeitsverteilungskurven über die Ermittlung einzelner Kornquerschnitte (Rechteckverfahren). Für die Bestimmung der mittleren Korngröße dienen gezeichnete Meßbilder. Einzelne Kornquerschnitte können mit Hilfe von rechteckigen Vergleichsflächen ermittelt werden. In beiden Fällen steigert sich die Korngröße je Bezugsbild um 1 : 1,78. Ein besonderer Vorteil der beiden Verfahren liegt in der Berücksichtigung verschiedener Streckungsverhältnisse der Körner.

Versuch: Korngrößenbestimmung nach dem Kreisverfahren bei McQUAID-EHN-Probe (s. Kap. 124).

Literatur

BAIN, E. C., u. J. R. VILELLA, in: Metals Handbook, 1948 Edition, herausgegeben von T. LYMAN, Amer. Soc. Metals, Cleveland, S. 399.

DEDERICHS, R., u. H. KOSTRON: Zwei neue Schnellverfahren zur Kornquerschnittsbestimmung. Weinheim/Bergstraße: Verlag Chemie 1950.

KOSTRON, H.: Arch. Metallkde. 3 (1949) 193, 229.

124 Die McQuaid-Ehn-Prüfung

Die metallurgisch, also durch die Herstellung bedingte Austenitkorngröße des Stahls spielt sowohl bei der normalen Härtung (vgl. Kap. 25, S. 168) als auch bei der Einsatzhärtung eine wesentliche Rolle. Ihre Bestimmung ermöglicht die McQUAID-EHN-Zementationsprüfung. Hierzu wird ein Stück des zu untersuchenden Stahls 8 Stunden bei 925° in einem Gemisch aus Holzkohle und Bariumkarbonat (60 : 40) geglüht und sodann langsam abgekühlt. Dabei scheidet sich an den

Korngrenzen der zu Perlit zerfallenden Austenitkristalle Sekundärzementit (s. Kap. 251, S. 166) ab. Durch das Zementitnetz (vgl. Abb. 25.5, S. 266) wird die Austenitkorngröße sicht- und meßbar. Die Auswertung erfolgt im allgemeinen mit Hilfe der ASTM-Korngrößenrichtreihe bei 100facher Vergrößerung (s. Kap. 123, S. 45). Der Schliff wird mit alkoholischer Natriumpikratlösung geätzt, die den Perlit hell läßt, während sie den Korngrenzenzementit dunkel färbt.

Die Austenitkorngröße wird als McQuaid-Ehn-Korngröße des Stahls bezeichnet. Die Korngrößen 1 und 2 umfassen Grobkornstähle, die Korngrößen 7 und 8 dagegen Feinkornstähle. In den Gruppen 4 bis 6 ist die Korngröße häufig sehr unterschiedlich und sollte daher nicht über eine Richtreihe bestimmt, sondern ausgemessen werden.

Die McQuaid-Ehn-Prüfung ist nicht immer eindeutig, da sie nur für eine bestimmte, sehr hoch liegende Temperatur durchgeführt wird und sowohl die Härte- als auch die Zementationstemperatur im allgemeinen niedriger liegen und überdies variieren können.

Versuch: Von einem C-Stahl ist eine McQuaid-Ehn-Probe anzufertigen. Die Korngröße soll nach der ASTM-Richtreihe und mit dem Kreisverfahren (3 Stellen im Schliff) bestimmt werden.

Im hier besprochenen Fall wurde ein Stahl mit 0,49% C verwendet. Die Probe wurde zusammen mit dem Zementationsmittel in einen mit einem Deckel verschlossenen Graphittiegel gepackt und geglüht. Die Schliffherstellung erfolgte nach den Angaben in Tab. 12.2 in Kap. 1221, S. 35.

Die Abb. 12.5a (S. 262) zeigt eine der drei untersuchten Stellen im Schliff, die Tab. 12.3 gibt die Ergebnisse wieder. Sowohl auf Grund der Korngrößenbestimmung mit dem Kreisverfahren als auch durch Vergleich mit der ASTM-Richtreihe ergibt sich eine McQuaid-Ehn-Korngröße von 7 bis 8 (Abb. 12.5b, S. 262). Es handelt sich also um einen Feinkornstahl.

Tabelle 12.3. *Auswertung der Korngrößenbestimmung des in Abb. 12.5 wiedergegebenen Schliffes. Neben der in Abb. 12.5 bezeichneten Stelle (1) wurden noch zwei weitere (2 und 3) untersucht*

1.	2.	3.
$n_{\text{ganz}} = 223$ $n_{\text{geschn.}} = 48$	$n_{\text{ganz}} = 156$ $n_{\text{geschn.}} = 43$	$n_{\text{ganz}} = 209$ $n_{\text{geschn.}} = 45$

Mittelwerte: $n_{\text{ganz}} = 196$

$n_{\text{geschn.}} = 45$

$V = 100$; Radius des Kreises $= 20$ mm

$$\gamma = \frac{400\pi \cdot 10^6}{(0{,}67 \cdot 45 + 196) \cdot 10^4} = 550 \mu\text{m}^2.$$

Die entsprechende ASTM-Korngröße ist 7 bis 8 (980 bis 490 μm²).

Literatur

BAIN, E. C., u. J. R. VILELLA, in: Metals Handbook, 1948 Edition, herausgegeben von T. LYMAN. Am. Soc. Metals, Cleveland, S. 399.
HOUDREMONT, E.: Handbuch der Sonderstahlkunde. 3. Aufl. Berlin/Göttingen/Heidelberg: Springer u. Düsseldorf: Verlag Stahleisen 1956.
McQUAID, H. W., in: Metals Handbook, 1948 Edition, herausgegeben von T. LYMAN. Am. Soc. Metals, Cleveland, S. 407.

13 Röntgenfeinstrukturuntersuchungen

131 Allgemeine Grundlagen und Hilfsmittel der Röntgenfeinstrukturuntersuchungen

1311 Erzeugung von Röntgenstrahlen

In der Röntgenröhre entsteht beim Aufprall schneller Elektronen auf die Anode Röntgenstrahlung, die vom Brennfleck oder Fokus ausgeht und die Röhre durch die Strahlenfenster verläßt. Die Strahlung wird nach ihrer spektralen Zusammensetzung in Bremsstrahlung und charakteristische Strahlung unterteilt.

Die eigentliche Strahlenquelle, der Brennfleck, hat die Form eines Striches von etwa 1×10 mm. Bei Feinfokusröhren beträgt seine Größe nur $0{,}4 \times 8$ mm und weniger. In einer Vierfensterröhre wird der Brennfleck bei einem Strahlenaustrittswinkel gegenüber der Anodenfläche von etwa 6° von zwei gegenüberliegenden Fenstern perspektivisch verkürzt als Quadrat von etwa 1 mm Kantenlänge (bei Feinfokusröhren etwa 0,4 mm) und von den anderen zwei Fenstern als Strich von etwa $0{,}1 \times 10$ mm bzw. $0{,}04 \times 8$ mm gesehen[1].

Die Bremsstrahlung oder das weiße Röntgenlicht ist der stets vorhandene Strahlungsanteil mit kontinuierlichem Spektrum. Man benötigt sie im wesentlichen nur für LAUE-Aufnahmen (Kap. 136, S. 78). Zur Erzeugung von Bremsstrahlung verwendet man vorteilhaft Röhren mit Wolfram- oder Goldanode, da die Intensität der Bremsstrahlung proportional der Ordnungszahl des Anodenelements ist. Die Wellenlängenverteilung der Bremsstrahlung hängt von der Anodenspannung ab; bei steigender Spannung nimmt der Anteil der kürzeren Wellenlängen zu, die Strahlung wird „härter". Die zur Feinstrukturuntersuchung meistens verwandte charakteristische K-Strahlung wird neben der Bremsstrahlung ausgestrahlt, sobald die Anodenspannung

[1] Bei DEBYE-SCHERRER-, LAUE- und Rückstrahlaufnahmen wird der quadratische Fokus, für Zählrohr-Goniometer der strichförmige benutzt.

der Röhre die K-Anregungsspannung des Anodenelementes überschreitet. Normalerweise wählt man die Anodenspannung etwa vier- bis fünfmal so hoch wie die Anregungsspannung. Die charakteristische K-Strahlung besteht aus mehreren Linien verschiedener Wellenlänge, von denen die wichtigsten die das K_α-Dublett bildenden α_1- und α_2-Linien sind. Falls man diese möglichst rein erhalten will, benützt man zur bevorzugten Abschwächung der kurzwelligeren K_β-Linien ein Filter, dessen Anregungsspannung etwas niedriger ist als die des Anodenelements. Tab. 13.1 gibt eine Zusammenstellung der gebräuchlichsten charakteristischen Strahlungen mit Wellenlängen, Anregungsspannungen und Filtern zur Unterdrückung der K_β-Strahlung.

Tabelle 13.1. *Wellenlängen der gebräuchlichsten charakteristischen K-Strahlungen, Anregungsspannungen und Filter*[1] (nach TAYLOR)

Anode	Cr	Fe	Co	Cu	Mo
λ_{α_1}(Å)	2,28962	1,93597	1,78892	1,54050	0,70926
λ_{α_2}	2,29351	1,93991	1,79278	1,54433	0,71354
$\bar{\lambda}_\alpha$ *	2,2909	1,9373	1,7902	1,5418	0,7107
λ_{β_1}	2,08480	1,75653	1,62075	1,39217	0,63225
Anregungsspannung (kV)	5,99	7,11	7,71	8,98	20,00
Filter	V	Mn	Fe	Ni	Zr

[1] Alle Wellenlängen und Gitterkonstanten werden in diesem Buch in der Maßeinheit des absoluten Å angegeben: 1 Å $= 10^{-8}$ cm. Zur Umrechnung in Å sind die in älteren Arbeiten in kX angegebenen Größen mit dem Faktor 1,00202 zu multiplizieren.

* $\bar{\lambda}_\alpha = \frac{(2\lambda_{\alpha_1} + \lambda_{\alpha_2})}{3}$ (13.10) s. S. 62.

1312 Kristallographische Beziehungen

Ein Kristall ist aufgebaut durch Aneinandersetzen kleinster Bausteine in Form eines Parallelepipeds, der sog. Elementarzelle. Die Kantenlängen der Elementarzelle a, b, c und die Winkel zwischen den Kanten α, β, γ (Abb. 13.1) bestimmen das Kristallsystem (Tab. 13.2). Die 3 Vektoren $\mathbf{a}$, $\mathbf{b}$, und $\mathbf{c}$ der 3 Kanten der Elementarzelle sind die Grundvektoren des Raumgitters des Kristalls, dessen Gitterpunkte durch alle möglichen Vektoren $\mathbf{r}_{uvw} = u \cdot \mathbf{a} + v \cdot \mathbf{b} + w \cdot \mathbf{c}$ mit einem Gitterpunkt als Nullpunkt verbunden sind, wobei u, v, w beliebige, ganze Zahlen sind. Der Vektor $\mathbf{r}_{uvw}$ definiert

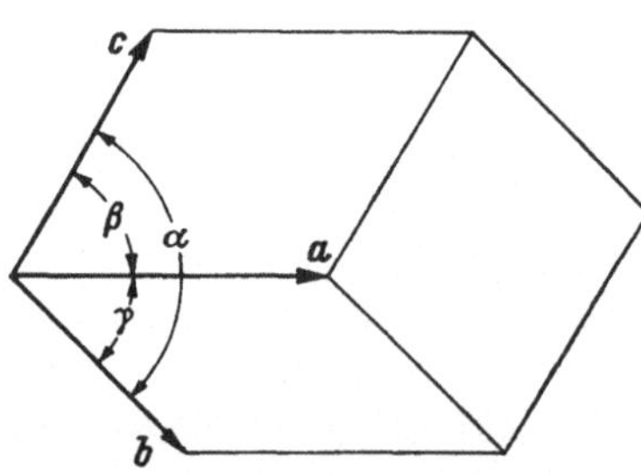

Abb. 13.1. Elementarzelle eines Kristalls mit den Achsenvektoren a, b, c und den Achsenwinkeln α, β, γ

eine kristallographische Richtung, die mit $[u\ v\ w]$ gekennzeichnet wird; zu ihrer Angabe kann man sich auf drei teilerfremde Zahlen u, v, w beschränken, da es nur auf deren Verhältnis ankommt.

Tabelle 13.2. *Bedingungen für Kanten a, b, c und Kantenwinkel α, β, γ der Elementarzelle in den sieben Kristallsystemen*

Kristallsystem	Bedingungen für a, b, c	Bedingungen für α, β, γ
triklin	keine	keine
monoklin	keine	$\beta = 90°$
rhomboedrisch	$a = b = c$	$\alpha = \beta = \gamma$
hexagonal	$a = b$	$\alpha = \beta = 90°$; $\gamma = 120°$
orthorhombisch	keine	$\alpha = \beta = \gamma = 90°$
tetragonal	$a = b$	$\alpha = \beta = \gamma = 90°$
kubisch	$a = b = c$	$\alpha = \beta = \gamma = 90°$

Die Kantenlängen a, b, c heißen auch Gitterkonstanten

Drei Gitterpunkte definieren eine Netzebene, die zusammen mit vielen, ihr parallelen und in regelmäßigen Abständen d angeordneten Netzebenen eine Netzebenenschar des Kristallgitters bildet und die ebenfalls durch drei ganze Zahlen (hkl), die sog. MILLERschen Indizes, bezeichnet wird.[1] Man erhält diese auf folgende Weise: Man schneide irgendeine der Netzebenen der Schar mit einem Achsenkreuz der Grundvektoren $\mathbf{a}$, $\mathbf{b}$, $\mathbf{c}$, dessen Ursprung nicht auf dieser Ebene liegt, und messe die Achsenabschnitte S_a, S_b, S_c vom Ursprung bis zu den Schnittpunkten mit der Ebene ab (Abb. 13.2). Man erhält dann die MILLERschen Indizes aus folgender Beziehung:

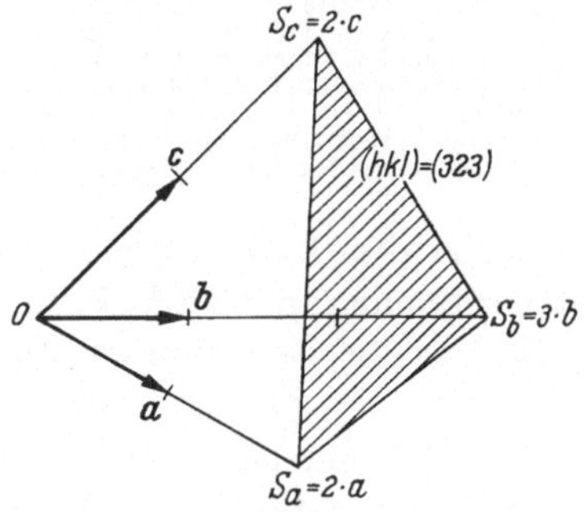

Abb. 13.2. Bestimmung der MILLERschen Indizes (hkl) einer Netzebenenschar

$$h = C\,a/S_a \qquad k = C\,b/S_b \qquad l = C\,c/S_c. \tag{13.1}$$

C ist eine Normierungskonstante, die so gewählt wird, daß die h, k, l teilerfremde, ganze Zahlen sind.

Die Röntgenbeugung kann als Reflexion des Röntgenstrahls an einer Netzebenenschar $(h\,k\,l)$ gedeutet werden. Allerdings wird infolge gegenseitiger Interferenz der an den einzelnen Ebenen der Schar reflektierten Strahlen nur für bestimmte, diskrete Werte des Reflexionswinkels, die sog. BRAGGschen Glanzwinkel, ein meßbarer Anteil des

[1] Richtungen werden grundsätzlich durch drei Zahlen in eckigen Klammern $[uvw]$ und Netzebenenscharen durch drei Zahlen in runden Klammern (hkl) bezeichnet.

Primärstrahls reflektiert (Abb. 13.3). Diese diskreten Winkel ϑ sind durch die BRAGGsche Beziehung gegeben:

$$\sin\vartheta = \frac{n\lambda}{2d}. \tag{13.2}$$

Hier ist λ die Wellenlänge der Röntgenstrahlung, d der Abstand zweier benachbarter Netzebenen der Schar und n eine positive ganze Zahl, die Ordnung der Interferenz. Die Ablenkung des Primärstrahls durch Reflexion an einer Netzebenenschar erfolgt unter dem doppelten Glanzwinkel 2ϑ.

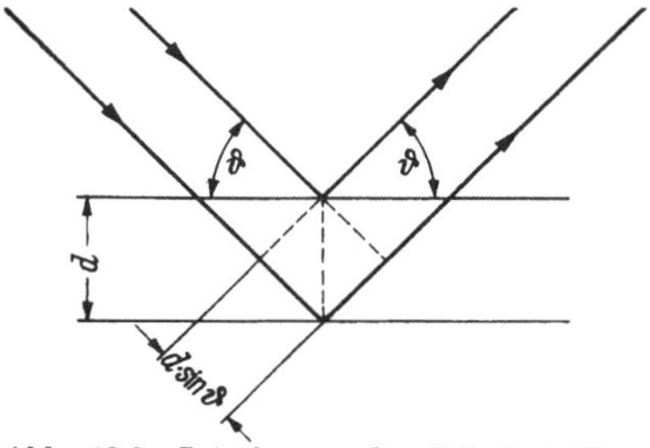

Abb. 13.3. Interferenz des Primärstrahls durch Reflexion an zwei aufeinander im Abstand d folgenden Netzebenen. Der Wegunterschied der beiden Strahlen beträgt $2d \cdot \sin\vartheta$ und ergibt, einem ganzzahligen Vielfachen der Wellenlänge gleichgesetzt, die BRAGGsche Beziehung (13.2)

In Tab. 13.3 sind für das kubische, tetragonale, orthorhombische und hexagonale Kristallsystem wichtige geometrische Beziehungen des Gitters zusammengestellt.

Hierzu ist erläuternd zu sagen:

1. Der aus Tab. 13.3 erhaltene Wert von d_{hkl} stimmt nur dann mit dem für die BRAGGsche Gleichung (13.2) benötigten Abstand zweier benachbarter Netzebenen überein, wenn h, k, l teilerfremd sind. Zur Angabe der Indizes einer Reflexion multipliziert man allerdings die teilerfremden Zahlen h, k, l mit der Ordnung n der Reflexion, z. B. (222) ist die Reflexion zweiter Ordnung an der Netzebenenschar (111) mit dem Netzebenenabstand d_{111}.

2. Bei zentrierten Gittern muß der aus der Tabelle erhaltene Wert von d_{hkl} für bestimmte Werte von $(h\,k\,l)$ halbiert werden, da durch Zentrierung in bestimmten Netzebenenscharen zusätzliche Netzebenen in die Mitte zwischen zwei vorhandene eingeführt werden. Die Halbierung der Netzebenenabstände hat zur Folge, daß gemäß der BRAGGschen Beziehung (13.2) die erste Ordnung einer solchen Interferenz eines zentrierten Gitters bei einem Glanzwinkel ϑ beobachtet wird, der zur zweiten Ordnung der Interferenz an derselben Netzebenenschar eines nicht zentrierten oder primitiven Gitters gleicher Abmessungen gehört. Man sagt dann, die erste Ordnung, ebenso wie alle anderen ungeraden Ordnungen dieser Interferenz sei im zentrierten Gitter „ausgelöscht". Solche Auslöschungen treten auch bei Strukturen mit „Basis" auf, das sind Strukturen, bei denen in die Elementarzelle zusätzliche Atome eingeführt werden, ohne jedoch die Zelle zu zentrieren. In Tab. 13.4 sind die wichtigsten Fälle von Auslöschungen angegeben. Für kompliziertere Fälle ist ein Studium des Strukturfaktors notwendig, hierfür sei jedoch auf die Fachliteratur verwiesen.

Tabelle 13.3. *Geometrische Beziehungen des Kristallgitters*

Kristallsystem	kubisch	orthorhombisch; tetragonal, wenn $a = b$	hexagonal
$\frac{1}{d^2_{hkl}}$ *	$\frac{h^2+k^2+l^2}{a^2}$	$\frac{h^2}{a^2}+\frac{k^2}{b^2}+\frac{l^2}{c^2}$	$\frac{4}{3}\,\frac{h^2+hk+k^2}{a^2}+\frac{l^2}{c^2}$
I^2_{uvw} **	$a^2(u^2+v^2+w^2)$	$a^2u^2+b^2v^2+c^2w^2$	$a^2(u^2-uv+v^2)+c^2w^2$
$\cos\varrho\,(hkl,\ HKL)$ ***	$\frac{hH+kK+lL}{\sqrt{(h^2+k^2+l^2)(H^2+K^2+L^2)}}$	$\left(\frac{hH}{a^2}+\frac{kK}{b^2}+\frac{lL}{c^2}\right)d_{hkl}d_{HKL}$	$\left[\frac{4}{3}\,\frac{hH+\frac{1}{2}(hK+kH)+kK}{a^2}+\frac{lL}{c^2}\right]d_{hkl}d_{HKL}$
$\cos\varrho\,(uvw,\ UVW)$ ***	$\frac{uU+vV+wW}{\sqrt{(u^2+v^2+w^2)(U^2+V^2+W^2)}}$	$\frac{a^2uU+b^2vV+c^2wW}{I_{uvw}I_{UVW}}$	$\frac{a^2[uU-\frac{1}{2}(uV+vU)+vV]+c^2wW}{I_{uvw}I_{UVW}}$
$\cos\varrho\,(hkl,\ uvw)$ ***	$\frac{hu+kv+lw}{\sqrt{(h^2+k^2+l^2)(u^2+v^2+w^2)}}$	$(hu+kv+lw)\frac{d_{hkl}}{I_{uvw}}$	
V****	a^3	$a\,b\,c$	$a^2c\sqrt{3}/2$

* d_{hkl} = Abstand der Netzebenen (hkl), $1/d^2_{hkl}$ = quadratische Form

** I_{uvw} = Identitätsperiode in Richtung $[uvw]$

*** ϱ = Winkel zwischen 2 Flächenpolen (hkl), (HKL) oder 2 Richtungen $[uvw]$, $[UVW]$ oder Flächenpol (hkl) und Richtung $[uvw]$

**** V = Volumen der Elementarzelle.

Tabelle 13.4. *Auslöschungsregeln für wichtige Gittertypen*

Gittertyp	Interferenz (hkl) ist ausgelöscht, wenn
kubisch, tetragonal raumzentriert	$h + k + l = 2n + 1$
kubisch, tetragonal flächenzentriert	h, k, l gemischt sind, d. h., sowohl gerade als auch ungerade Zahlen enthalten
hexagonal dichteste Kugelpackung	$h - k = 3n$ und gleichzeitig $l = 2n + 1$
Diamant	h, k, l gemischt sind oder wenn $h + k + l = 4n + 2$

Außer den in Tab. 13.3 zusammengestellten Beziehungen sind die Zonenbeziehungen für röntgenographische Untersuchungen häufig wichtig. Sie lauten:

1. Die Fläche (hkl) enthält die Richtung [uvw] dann und nur dann, wenn

$$h\,u + k\,v + l\,w = 0. \tag{13.3}$$

2. Die Zone der zwei Flächen (hkl) und (HKL), d. i. die beiden Flächen gemeinsame Richtung [uvw], enthält man aus den 3 Gleichungen

$$u = k\,L - l\,K; \quad v = l\,H - h\,L; \quad w = h\,K - k\,H. \tag{13.4}$$

3. Die durch die zwei Richtungen [uvw] und [UVW] definierte Fläche (hkl) erhält man aus den zu (13.4) analogen Gleichungen:

$$h = v\,W - w\,V; \quad k = w\,U - u\,W; \quad l = u\,V - v\,U. \tag{13.5}$$

Die Beziehungen (13.3 bis 13.5) gelten für alle Kristallsysteme.

1313 Die stereographische Projektion

Ein wichtiges Hilfsmittel zur Darstellung von Richtungen und Flächen eines Kristalls ist die stereographische Projektion der Lagenkugel, denn durch sie wird die Bestimmung von Winkeln, Flächen- und Zonenindizes sowie von Zonenbeziehungen ermöglicht; weiterhin ist sie zur Darstellung von Kristallorientierungen und Texturen unentbehrlich.

Bei der stereographischen Projektion wird von der Lagenkugel ausgegangen. Sie ist eine um den Kristall als Zentrum beschriebene Kugel, deren Radius groß gegen die Abmessungen des Kristalls ist, so daß also Flächen, Flächennormalen und Richtungen praktisch durch den Mittelpunkt der Lagenkugel gehen.

Die Netzebene eines Kristalls schneidet somit die Lagenkugel in einem Großkreis, und ihre Normale sticht in einem 90° von diesem Großkreis entfernten Punkt, dem Pol der Netzebene, auf der Lagenkugel aus. Netzebenen werden also entweder durch ihre Schnittkreise, die mit Großkreisen übereinstimmen, oder durch ihre Flächenpole repräsentiert, Richtungen durch ihre Schnittpunkte mit der Lagenkugel. Die Zone zweier Flächen entspricht dann dem Schnittpunkt der beiden Großkreise. Den Winkel zwischen zwei Flächen erhält man entweder als Schnittwinkel der zwei Großkreise auf der Lagenkugel oder als Abstand der beiden Pole, gemessen längs eines Großkreises.

Die stereographische Projektion ermöglicht nun die Übertragung der Lagenkugel auf eine ebene Darstellung. Sie ist eine Zentralprojektion der Lagenkugel, deren Projektionszentrum auf der Oberfläche der Lagenkugel liegt und deren Projektionsebene die zum Projektionszentrum als Pol gehörige Ebene ist. Der Schnittkreis der Projektionsebene mit der Lagenkugel ist der Grundkreis der stereographischen Projektion. Die durch den Schnittkreis begrenzte, dem Projektionszentrum abgewandte Halbkugelfläche wird innerhalb des Grundkreises abgebildet, die andere außerhalb. Um die ganze Lagenkugel innerhalb des Grundkreises abzubilden, werden normalerweise für die zwei Halbkugelflächen zwei diametral gelegene Projektionszentren und verschiedene Bezeichnungen der Flächenpole verwendet.

Die stereographische Projektion hat folgende Eigenschaften:

1. Ein Kreis auf der Lagenkugel wird als ebener Kreis abgebildet. Sein Mittelpunkt wird allerdings nur dann in den des ebenen Kreises projiziert, wenn er im Projektionszentrum oder diametral dazu liegt.

2. Großkreise der Lagenkugel werden als Kreise abgebildet, die den Grundkreis in zwei diametralen Punkten schneiden. Großkreise durch das Projektionszentrum werden als Durchmesser des Grundkreises abgebildet.

3. Die Projektion ist winkeltreu; die Schnittwinkel zweier Großkreise der Lagenkugel können daher auf der stereographischen Projektion gemessen werden.

4. Die Projektion ist nicht flächentreu. Die an den Grundkreis grenzenden Gebiete sind gegenüber den Gebieten in der Nähe des Zentrums perspektivisch vergrößert.

Das praktische Arbeiten mit der stereographischen Projektion wird durch Benützung von Koordinatennetzen, namentlich der Polarprojektion und vor allem des Wulffschen Netzes, erleichtert.

Bei der in Abb. 13.4 gezeigten Polarprojektion handelt es sich um die stereographische Projektion einer mit Längen- (Meridian) und Breitenkreisen im Abstand von 2 zu 2° versehenen Kugel auf die Äquatorebene vom Nordpol aus. Dieses Netz wird vor allem für die Texturbestimmung benutzt (s. Kap. 138, S. 84).

Liegt das Projektionszentrum auf dem Äquator des hier beschriebenen Koordinatennetzes der Lagenkugel, die Projektionsebene also parallel der Nord-Süd-Richtung des Netzes, so erhält man das Wulffsche Netz der Abb. 13.5. Dieses Netz wird für viele stereographische Aufgaben verwendet. Es wird mit einem Transparentpapier belegt, auf dem die stereographische Projektion der Kristallflächen gezeichnet werden kann. Netz und Papier werden mit einem durch den Mittelpunkt des Grundkreises gehenden Reißbrettstift verbunden. Zweck-

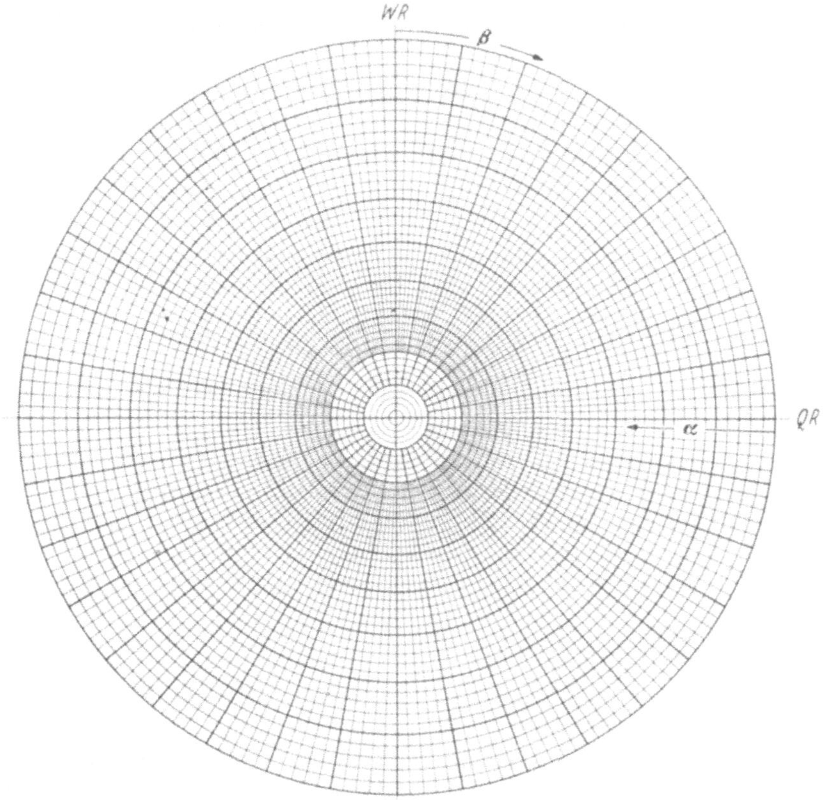

Abb. 13.4. Polarnetz mit Winkelangaben für das Zählrohrverfahren zur Texturbestimmung

mäßigerweise verstärkt man das Papier an dieser Stelle, evtl. durch Aufkleben eines Stückchens Röntgenfilm oder Folie. Mit Hilfe des Wulffschen Netzes lassen sich folgende Aufgaben durchführen:

Aufgabe 1. Winkelmessungen zwischen zwei Flächenpolen oder Richtungen. In Abb. 13.6a ist die Projektion einer Reihe von Flächenpolen wiedergegeben, und es sollen nun die Winkel zwischen den mit gleichen Buchstaben bezeichneten Polen bestimmt werden. Hierzu sind die beiden Pole durch Drehung der Projektion auf dem Wulffschen Netz auf einen Großkreis zu bringen, wie dies die Abb. 13.6b

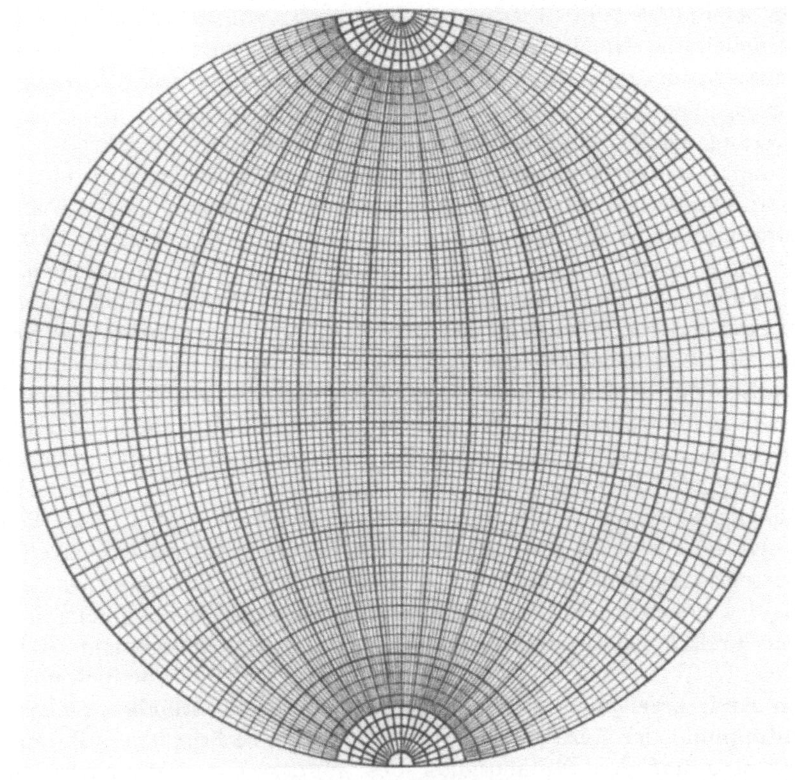

Abb. 13.5. WULFFsches Netz

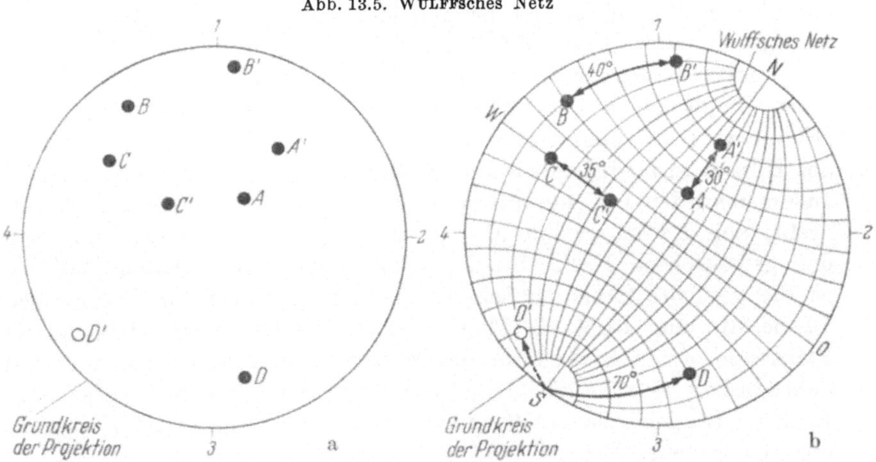

Abb. 13.6a u. b. Winkelmessungen zwischen den Polen A und A', B und B', C und C' und D und D' in Abb. 13.6a. In Abb. 13.6b ist das WULFFsche Netz der Projektion so überlagert, daß die zusammengehörigen Pole auf Großkreisen liegen. Die gegenseitige Lage von Projektion und WULFFschem Netz ist durch die Zahlen *1* bis *4* und durch die Angaben N, O, S und W zu erkennen

für *A* und *B* zeigt. Liegen die Pole nicht auf derselben Halbkugel bezüglich der Projektionsebene (wie *D* und *D'*), so werden sie mit zwei symmetrisch zum Nullmeridian (Durchmesser *NS* des Wulffschen Netzes) liegenden Großkreisen zur Deckung gebracht. Die Winkelmessung erfolgt vom ersten Flächenpol längs des Großkreises zum Grundkreis der stereographischen Projektion und von dort auf dem dazu symmetrischen Großkreis zum zweiten Flächenpol. Die Winkelmessung darf nur längs der Längenkreise und des Äquators des Wulffschen Netzes (Pol *C*), nicht aber längs der Breitenkreise erfolgen.

Aufgabe 2. Konstruktion eines Pols mit gegebenem Winkelabstand zu zwei anderen Polen. Der gesuchte Pol ist Schnittpunkt zweier Kreise um die vorgegebenen Pole mit dem gegebenen Winkelabstand als Radius. Zur Konstruktion eines Kreises konstanten Winkelabstandes um einen Flächenpol ist zu beachten, daß der Mittelpunkt des Kreises in der stereographischen Projektion nur dann mit der Projektion des Flächenpols übereinstimmt, wenn der Flächenpol ins Zentrum der stereographischen Projektion projiziert wird (s. Abb. 13.4, Polarprojektion). Liegt der vorgegebene Flächenpol auf dem Grundkreis der stereographischen Projektion, so dreht man die Projektion so lange, bis der Pol mit dem Nordpol des Wulffschen Netzes übereinstimmt. Der Kreis konstanten Winkelabstandes fällt dann mit einem Breitenkreis des Wulffschen Netzes zusammen. Liegt der Flächenpol, um den ein Kreis gezeichnet werden soll, weder auf dem Grundkreis noch im Mittelpunkt der stereographischen Projektion, so bringt man ihn durch Drehung auf den Nullmeridian des Wulffschen Netzes und trägt darauf den Winkelabstand nach beiden Seiten ab. Die Mitte dieser Strecke (in mm) ist der Mittelpunkt des Kreises. Liegt ein Endpunkt dieser Strecke nicht mehr innerhalb des Grundkreises der stereographischen Projektion, so ist eine punktweise Konstruktion zu empfehlen. Hierzu wird auf dem Großkreis, auf dem der Pol liegt, der Radius des Kreises in beiden möglichen Richtungen vom Pol aus abgemessen. Indem man den Pol nun auf einen anderen, nahe liegenden Großkreis dreht, den Radius erneut abträgt usw., erhält man nach und nach den gewünschten Kreis. Ist der vorgesehene Winkelabstand 90°, so ist der gesuchte Kreis der Schnittkreis der zum Flächenpol, gehörigen Ebene, also ein Großkreis. Man dreht die Projektion so lange, bis der Flächenpol auf dem Äquator des Wulffschen Netzes liegt, mißt auf dem Äquator 90° vom Flächenpol ausgehend ab und erhält den gesuchten Kreis als Längenkreis des Wulffschen Netzes, der durch den Endpunkt der abgetragenen Strecke geht.

Aufgabe 3. Aufstellung der Standardprojektion eines Kristalls. Als Standardprojektion eines Kristalls bezeichnet man eine Projektion, bei der die Projektionsebene eine niedrig indizierte Ebene, im allgemeinen die (001)-Ebene, ist. Im Zentrum liegt dann die Drehachse höchster Zähligkeit. Auf dem Grundkreis werden zwei weitere, niedrig indizierte Flächenpole oder Richtungen festgelegt und sodann für die einzuzeichnenden Flächenpole oder Richtungen die Winkel mit den drei ausgezeichneten Flächenpolen nach den Formeln der Tab. 13.3 berechnet.[1] Die Konstruktion der Flächenpole erfolgt dann nach dem in Aufgabe 2 angegebenen Verfahren. Abb. 13.7 zeigt die Standardprojektion eines

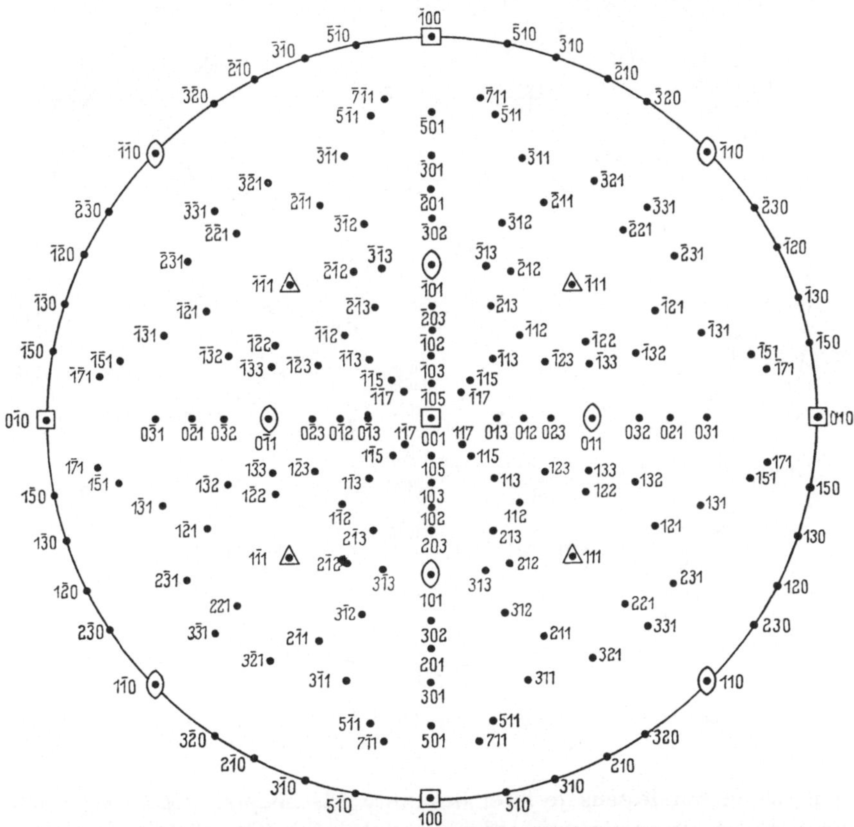

Abb. 13.7. Stereographische Standardprojektion eines kubischen Kristalls (aus Barrett: Structure of Metals)

kubischen Kristalls; sie dient zur Eintragung von Faserachsen und der Orientierung von drahtförmigen Einkristallen (s. Kap. 135, S. 75). Bei kubischen Kristallen genügt aus Symmetriegründen an Stelle der ganzen Projektion auch das von (001), (111) und (011) begrenzte Orientierungsdreieck (siehe Abb. 13.21).

[1] Diese Winkel sind für kubische Kristalle bei Sagel, Taylor sowie Wassermann und Grewen, für hexagonale und tetragonale bei Sagel tabelliert.

Abb. 13.8 gibt die Standardprojektion für Zink wieder.[1]

Aufgabe 4. Indizierung von unbekannten Flächenpolen und Richtungen. Liegt der zu indizierende Flächenpol auf zwei Großkreisen,

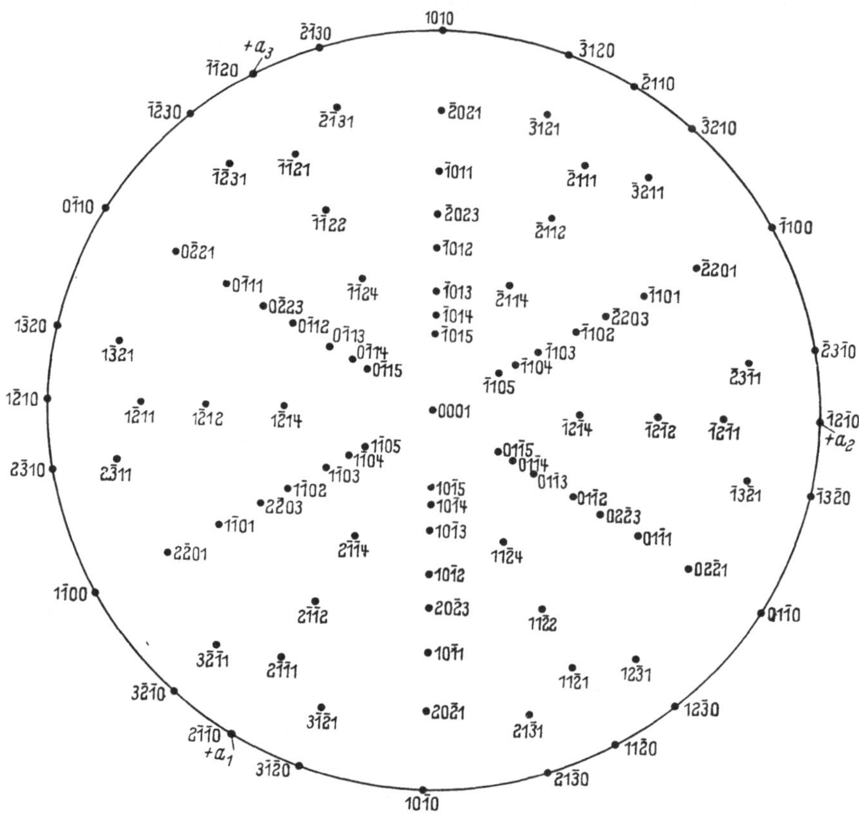

Abb. 13.8. Standardprojektion des hexagonalen Zn $c/a = 1{,}86$ (aus BARRETT: Structure of Metals)

auf denen mindestens je zwei bekannte Flächenpole liegen, so erhält man durch Anwendung von Zonenbeziehungen (Gl. (13.4,5), S. 52) die Indizierung des Pols.

Sind solche Zonenbeziehungen nicht ohne weiteres erkennbar, so bestimmt man die Winkel ϱ_a, ϱ_b, ϱ_c zwischen dem Flächenpol und den drei Kristallachsen $\mathfrak{a}$, $\mathfrak{b}$, $\mathfrak{c}$ aus

$$h : k : l = a \cos \varrho_a : b \cos \varrho_b : c \cos \varrho_c. \tag{13.6}$$

[1] Bei hexagonalen Kristallen werden meistens 4 Indizes für Flächen angegeben: $(hkil)$. Der dritte Index ist nicht erforderlich, da stets $i = -(h + k)$ gilt. Er wird häufig durch einen Punkt ersetzt: $(hk.l)$.

Die Indizierung von unbekannten Richtungen erfolgt in ähnlicher Weise.

Da beim kubischen Kristall eine Richtung mit dem gleich indizierten Flächenpol zusammenfällt, ist hier (13.6) mit $a = b = c$ sofort anwendbar. Bei den anderen Kristallsystemen bestimmt man die Winkel ϱ_a, ϱ_b, ϱ_c der unbekannten Richtung mit den Flächenpolen (100) (010) und (001). Für das tetragonale und rhombische System gilt dann

$$u : v : w = \frac{\cos \varrho_a}{a} : \frac{\cos \varrho_b}{b} : \frac{\cos \varrho_c}{c}, \tag{13.7}$$

und für das hexagonale System gilt:

$$u : v : w = \cos \varrho_a : \cos \varrho_b : \frac{a}{c} \frac{\sqrt{3}}{2} \cos \varrho_c. \tag{13.8}$$

Aufgabe 5. Drehung der Projektion um eine Achse. Die Drehung der Projektion um eine in der Projektionsebene liegende Achse läßt sich ebenfalls mit Hilfe des WULFFschen Netzes durchführen. Man bringt zunächst Pol der Drehachse und Nordpol des WULFFschen Netzes übereinander. Bei der Drehung um diese Achse um einen bestimmten Winkelbetrag wandert nun jeder Flächenpol auf einem Breitenkreis des WULFFschen Netzes um den erwählten Winkelbetrag weiter. Soll eine bestimmte Fläche (hkl) Projektionsebene werden, so bringt man zunächst in der Standardprojektion diese Fläche auf den Äquator des WULFFschen Netzes und dreht um die mit dem Nordpol des WULFFschen Netzes übereinstimmende Richtung als Achse, bis der Pol (hkl) ins Zentrum kommt. Die anderen Flächenpole werden sodann um den Winkel zwischen der ursprünglichen Lage von (hkl) und der neuen entlang von Breitenkreisen verschoben.

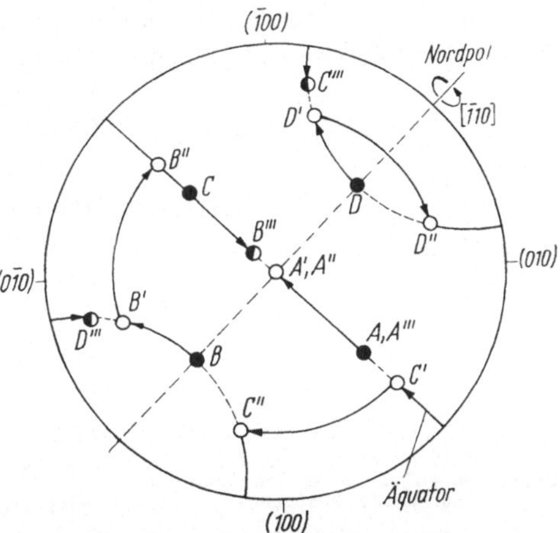

Abb. 13.9. Drehung der Standardprojektion eines kubischen Kristalls um die (111)-Flächennormale um 60°. Der Äquator, Nullmeridian und die benötigten Breitenkreise des WULFFschen Netzes sind gestrichelt und die Drehwege ausgezeichnet
● Ausgangslage; ○ Zwischenlage; ◐ Endlage (Spinellzwillinge). Alle Pole liegen auf der einen Lagenhalbkugel; wandern sie bei Drehung auf die andere Seite, so wird der diametrale Pol genommen

Abb. 13.9 zeigt am Beispiel der vier $\{111\}$[1]-Pole die Dre-

[1] $\{hkl\}$ bezeichnet mehrere oder alle der aus Symmetriegründen gleichwertigen Flächen (hkl) (beim kubischen System in allgemeiner Lage 48) analog ist die Bezeichnung $\langle uvw \rangle$ für die Gesamtheit der Richtungen $[uvw]$.

hung der Standardprojektion eines kubischen Kristalls um die (111)-Flächennormale. Da der Drehwinkel 60° beträgt, stehen Ausgangs- und Endposition des Kristalls in Spinellzwillingslage zueinander. Die Operation wird auf folgende Weise durchgeführt:

1. Schritt. Der (111)-Pol A wird mit dem Äquator des WULFFschen Netzes zur Deckung gebracht. In den Drehpol, also den Nordpol der stereographischen Projektion, kommt dann eine [$\bar{1}$10]-Richtung, um die der (111)-Pol um 54,7° in den Mittelpunkt, also von A nach A' gebracht wird. Die übrigen {111}-Pole B, C und D bewegen sich um den gleichen Winkelbetrag auf Breitenkreisen nach B', C' und D'.

2. Schritt. Die Drehung um 60° wird nun um den im Zentrum liegenden (111)-Pol durchgeführt, wobei sich die drei anderen {111}-Pole auf einem konzentrischen Kreis nach B'', C'' und D'' bewegen.

3. Schritt. Es erfolgt jetzt die zu Schritt 1 inverse Drehung, d. h., der (111)-Pol kommt wieder in seine alte Lage, also von A'' nach A'''. Die anderen Pole werden auf Breitenkreisen um 54,7° zurückgedreht und gelangen so nach B''', C''' und D'''.

132 Die Debye-Scherrer-Aufnahme

Die DEBYE-SCHERRER-Aufnahme gestattet die Bestimmung einfacher Strukturen des kubischen, tetragonalen und hexagonalen Systems. Es wird dabei eine polykristalline, feinkörnige und zylindrische Probe sowie monochromatisches Röntgenlicht verwandt. Die Probe P steht, wie Abb. 13.10 erkennen läßt, senkrecht zur Zeichenebene in der Mitte der Aufnahmeanordnung und ist von einem zylindrisch angeordneten Filmstreifen F umgeben. Der Primärstrahl wird beim Eintritt in die Kamera von einem Blendensystem B begrenzt und tritt auf der gegenüberliegenden Seite im allgemeinen wieder aus. Die Interferenzen liegen auf Kegeln um den Primärstrahl mit dem Öffnungswinkel $4\vartheta_{hkl}$. Die Schnittlinien dieser Interferenzen mit dem Film sind Kurven vierten Grades, deren Schnittpunkte mit der Zeichenebene den Abstand D haben.

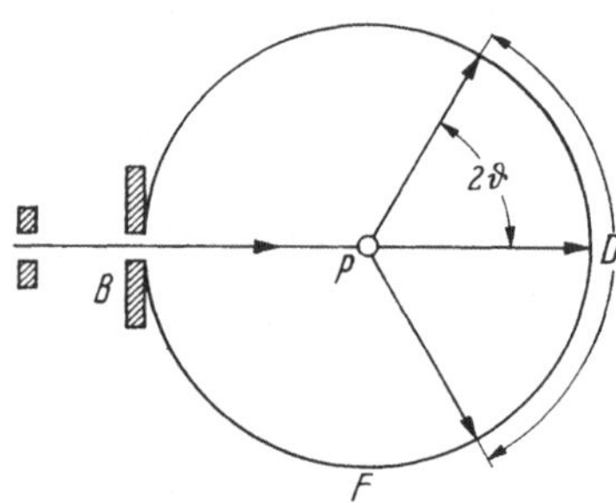

Abb. 13.10. Anordnung einer DEBYE-SCHERRER-Aufnahme (in der Projektion auf die Zeichenebene)

1321 Probenherstellung

Am einfachsten ist die Verwendung von drahtförmigen Proben. Drähte weisen allerdings meistens keine völlig regellose Orientierung der Kristalle auf, d. h., sie haben eine Textur. Diese Textur bewirkt eine ungleichmäßige Schwärzung der D-S-Ringe. Zur Aufnahme werden die Drähte durch Abdrehen, Abätzen oder Ziehen auf einen geeigneten Durchmesser ($\leqq$ 1 mm) gebracht.

Liegt das Probenmaterial nicht als Draht vor, so stellt man mit einer sauberen Feinschlichtfeile Späne her. Die Feilspäne oder auch das als Pulver vorliegende Probenmaterial werden in Kapillaren aus Lithiumborat (sog. LINDEMANN-Glas) mit einem Durchmesser von 0,3 bis 0,5 mm gefüllt oder auf einen Glasfaden aus Lithiumborat oder einen Zwirnsfaden mit Klebstoff oder Öl aufgetragen. Die letztere Methode ist vor allem bei stark absorbierenden Substanzen zu empfehlen, da sie die Herstellung extrem dünner Proben gestattet, wie sie für Präzisionsaufnahmen zur Erzielung sehr scharfer Linien erwünscht sind.

1322 Aufnahmevorbereitung und Aufnahme

Die Probe wird in der Mitte der zylindrischen Kamera eingesetzt und mittels eines kleinen Mikroskops, behelfsweise auch einer Lupe, zentriert. Je besser die Zentrierung, desto exakter ist die Glanzwinkelbestimmung. Nach dem Filmeinlegen und Anhängen der Kamera an die Röhre kann die Zentrierung auf dem Leuchtschirm im Strahlenaustrittsfenster kontrolliert werden. Während der Aufnahme wird die Probe im allgemeinen um ihre Längsachse gedreht, um kontinuierlich geschwärzte D-S-Ringe zu erhalten. Der Film muß überall glatt an der Kamerawand anliegen; auf Störungen der Planlage durch die Blenden ist besonders zu achten. Evtl. muß der Film vor dem Einlegen in der Mitte für die Strahlenaustrittsblende gelocht werden, doch hängt dies von der spezifischen Bauart der Kamera ab.

Zur Aufnahme wird charakteristische K_α-Strahlung (z. B. Cu, Co oder Fe) meist mit entsprechender Filterung zur Entfernung der K_β-Strahlung (s. Tab. 13.1) aus dem Strahlenaustrittsfenster der Röhre mit quadratischem Brennfleck verwandt. Es ist darauf zu achten, daß nicht gebrauchte Fenster des Röntgenrohres strahlensicher verschlossen sind, um Strahlenschäden zu vermeiden. Die Belichtungszeit wird durch Erfahrung bestimmt; sie hängt von Anodenspannung, -strom, Blenden und Probenmaterial sowie Dicke der Probe ab.

Nach der Belichtung wird der Film unter ständiger Bewegung entwickelt, zwischengewässert, fixiert und abschließend gewässert. Die Trocknung soll möglichst gleichmäßig an einem staubfreien Ort erfolgen.

1323 Auswertung der Aufnahme

Ziel der Auswertung ist die Bestimmung der Glanzwinkel und daraus der Netzebenenabstände d_{hkl}, der Indizes und der Gitterkonstanten. Zur Bestimmung der Glanzwinkel mißt man die Durchmesser D der

D-S-Ringe im Äquator der Aufnahme.[1] Man verwendet dazu einen Schnellkomparator oder einfach einen Lichtkasten mit Glasmaßstab ($^1/_2$ mm-Teilung). Der Maßstab wird fest auf den Filmäquator gelegt, und in dieser Lage werden die Abszissen der Schwerpunkte sämtlicher Linien abgelesen. Den Durchmesser erhält man durch Differenzbildung. Bei Verwendung der üblichen Kameras mit einem Durchmesser von 57,3 mm entsprechen 2 mm des am Äquator gemessenen Ringdurchmessers D 1° des Glanzwinkels ϑ. Bei sehr wenig durchlässigen Proben trägt hauptsächlich die dem Reflex zugewandte Seite der Probe zur Interferenz bei, der D-S-Ring hat dann einen zu großen Durchmesser. Dieser Absorptionsfehler ist für die vorderen Linien am größten und kann dort zuweilen zu einer scheinbaren Dublettaufspaltung führen.

Aus den Glanzwinkeln kann man zunächst mit Hilfe der BRAGG-schen Beziehung (13.2) die Netzebenenabstände des Kristalls ermitteln, ohne etwas von der Struktur zu wissen. Sie genügen vielfach bereits zur Identifizierung der Probe.

Die K_α-Strahlung hat eine Feinstruktur, die aus zwei scharfen Linien K_{α_1} und K_{α_2} (Tab. 13.1) mit einem Wellenlängenunterschied von z. B. $\Delta\lambda_{Cu} = 0{,}00383$ Å besteht. Es tritt daher u. U. eine Aufspaltung der D-S-Linie auf, für die man durch Differentiation von (13.2)

$$\Delta\vartheta = \tan\vartheta \frac{\Delta\lambda}{\lambda} \tag{13.9}$$

erhält. Die Dublettaufspaltung tritt also vor allem für große Glanzwinkel auf; sie kann allerdings durch Linienverbreiterung verhindert werden. Für nicht aufgelöste Liniendubletts wird zur Berechnung von d eine mittlere Wellenlänge benutzt, die wegen der unterschiedlichen Intensität der zwei Linien als gewogenes Mittel berechnet wird:

$$\bar{\lambda}_\alpha = (2\lambda_{\alpha_1} + \lambda_{\alpha_2})/3. \tag{13.10}$$

Bei niedrig symmetrischen und komplizierten Strukturen beschränkt sich die Auswertung meist auf die Bestimmung der d-Werte. Bei einfachen kubischen, tetragonalen und hexagonalen Kristallen ist dagegen eine Bestimmung der Indizes und der Gitterkonstanten möglich, wie an den folgenden Auswertebeispielen gezeigt werden soll:

Aufgaben 1 und 2. Im folgenden sollen die Aufnahmen zweier kubischer Metalle ausgewertet werden. Abb. 13.11 und 13.12 zeigen die schematischen Diagramme von W und Cu, aufgenommen mit Cu-K_α-Strahlung. In den Tab. 13.5 und 13.6 sind die Auswertungen durchgeführt.

---

[1] Äquatorebene einer D-S-Kamera ist die zur Achse senkrechte Ebene, in der der Primärstrahl liegt.

Aus der quadratischen Form für kubische Kristalle (Tab. 13.3) und der BRAGGschen Beziehung (13.2) erhält man

$$\sin^2 \vartheta_{hkl} = \frac{\lambda^2}{4a^2}(h^2 + k^2 + l^2). \tag{13.11}$$

Die Quadrate von $\sin\vartheta$ verhalten sich also wie die Quadratsummen $QS(hkl) = h^2 + k^2 + l^2$ von drei ganzen Zahlen, h, k, l. Durch Ermittlung der ganzzahligen Verhältnisse kann also die Indizierung bestimmt werden. Dazu wird zunächst aus dem Ringdurchmesser D

Abb. 11

1 2 3 4 5 6 7 8

Abb. 12

1 2 3 4 5 6 7 8

Abb. 13

1 2 3 4 5 6 7 8 9 10 11 12 13

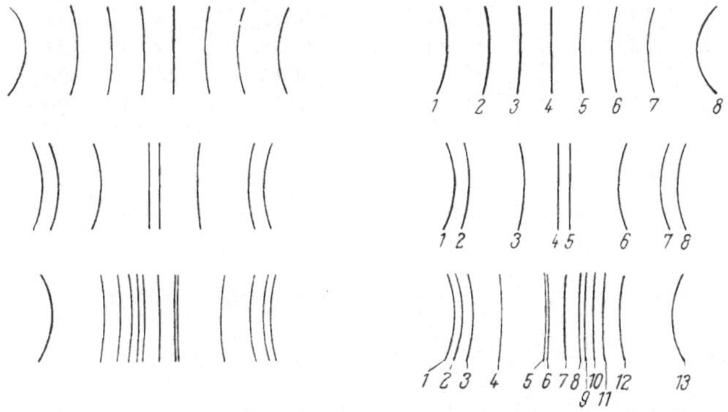

Abb. 13.11. bis 13.13. DEBYE-SCHERRER-Aufnahmen von W-Pulver (Abb. 11), Cu-Draht (Abb. 12) mit Cu-K_λ-Strahlung und Zn-Feilspänen (Abb. 13) mit Co-K_α-Strahlung. Die Dublettaufspaltung der letzten Linien ist aus Gründen der Übersichtlichkeit zwar in die Auswertung (Tab. 13.5–7), nicht aber in die Abbildung mit aufgenommen. Kameradurchmesser $2R = 57{,}3$ mm. 1:2

Tabelle 13.5. *Auswertung der Debye-Scherrer-Aufnahme von W mit Cu-K-Strahlung* ($\bar{\lambda}_\alpha = 1{,}542$; $\lambda_{\alpha_1} = 1{,}5405$; $\lambda_{\alpha_2} = 1{,}5443$; Kameradurchmesser $= 57{,}3$ mm)

Linie	D (mm)	ϑ (°)	$\sin^2\vartheta$	V	hkl	a (Å)
1	40,3	20,15	$0{,}1186_6$	1	110	$3{,}16_5$
2	58,0	29,0	$0{,}2350_4$	2	200	$3{,}18_0$
3	72,6	36,3	$0{,}3504_8$	3	211	$3{,}19_0$
4	86,5	43,25	$0{,}4694_7$	4	220	$3{,}18_5$
5	100,1	50,05	$0{,}5876_8$	5	310	$3{,}18_0$
6	114,2	57,1	$0{,}7049_6$	6	222	$3{,}18_0$
7	130,5	65,25	$0{,}8247_2$	7	321	$3{,}17_5$
$8\alpha_1$	152,3	76,15	$0{,}9426_9$	8	400	$3{,}17_5$
$8\alpha_2$	153,6	76,8	$0{,}9478_6$	8	400	$3{,}17_5$

Gitterkonstante:

$a = 3{,}17_5$ Å ($a_{\text{theoret.}} = 3{,}165$) — kubisch raumzentriert

$n = 2$ Atome/Zelle

Röntgendichte: $\varrho_{\text{rö}} = \dfrac{2 \cdot 183{,}9}{6{,}02 \cdot 10^{23} \cdot 3{,}17^3 \cdot 10^{-24}} = 19{,}1\ \text{g/cm}^3$.

$\varrho_{\text{makr.}} = 19{,}3\,\text{g/cm}^3$.

Tabelle 13.6. *Auswertung der Debye-Scherrer-Aufnahme von Cu mit Cu-K-Strahlung* ($\bar{\lambda}_\alpha = 1{,}542$; $\lambda_{\alpha_1} = 1{,}5405$; $\lambda_{\alpha_2} = 1{,}5443$; Kameradurchmesser = 57,3 mm)

Linie	D (mm)	ϑ (°)	$\sin^2\vartheta$	V	hkl	a(Å)
1	43,4	21,7	$0{,}1367_1$	3	111	$3{,}61_0$
2	50,5	25,25	$0{,}1819_6$	4	200	$3{,}61_5$
3	74,1	37,05	$0{,}3630_2$	8	220	$3{,}62_0$
4	89,7	44,85	$0{,}4973_8$	11	311	$3{,}62_5$
5	95,0	47,5	$0{,}5435_8$	12	222	$3{,}62_0$
6	116,7	58,35	$0{,}7246_6$	16	400	$3{,}62_0$
$7\alpha_1$	135,7	67,85	$0{,}8578_5$	19	331	$3{,}62_5$
$7\alpha_2$	136,7	68,35	$0{,}8638_9$	19	331	$3{,}62_0$
$8\alpha_1$	144,0	72,0	$0{,}9045_1$	20	420	$3{,}62_0$
$8\alpha_2$	145,1	72,55	$0{,}9100_8$	20	420	$3{,}62_0$

Gitterkonstante:

$a = 3{,}62_0$ Å ($a_{\text{theoret.}} = 3{,}615$ Å) — kubisch flächenzentriert

$n = 4$ Atome/Zelle

Röntgendichte: $\varrho_{\text{Rö}} = \dfrac{4 \cdot 63{,}5}{6{,}02 \cdot 10^{23} \cdot 3{,}62^3 \cdot 10^{-24}} = 8{,}88\ \text{g/cm}^3.$

$\varrho_{\text{makr.}} = 8{,}96\ \text{g/cm}^3.$

der Glanzwinkel ϑ und $\sin^2\vartheta$ in Tab. 13.5 und 13.6 berechnet. Zur Ermittlung der Verhältniszahlen V benützt man am besten einen Rechenschieber (System Darmstadt oder RIETZ). Man stellt hierzu dem kleinsten Wert von $\sin^2\vartheta$ (erste Linie) auf dem Läufer nacheinander QS (hkl) für (100), (110), (111) u. s. f. gegenüber und prüft jedesmal, ob dann die anderen Werte von $\sin^2\vartheta$ ungefähr ganzen Zahlen gegenüberstehen. Sobald dies erreicht ist, sind die Verhältniszahlen V gefunden und man kann aus ihnen die Indizierung ableiten. Bei W können die zunächst so gefundenen Werte von V (Tab. 13.5) nicht mit den $QS(hkl)$ übereinstimmen, da $V = 7$ nicht als $QS(hkl)$ darstellbar ist. Man verdoppelt daher alle Werte von V und kann dann die Indizierung ohne Schwierigkeiten durchführen.

Man sieht sofort, daß in beiden Beispielen nicht alle möglichen Indextripel auftreten. Durch Vergleich mit den Auslöschungsregeln für zentrierte Gitter in Tab. 13.4 identifiziert man Cu als kubisch flächenzentriert und W als kubisch raumzentriert.

Nach erfolgter Indizierung wird mit Hilfe der BRAGGschen Gleichung (13.2) oder (13.11) die Gitterkonstante a bestimmt. Hierzu verwendet man vorzugsweise die letzten Linien, denn bei ihnen ist der aus einem Fehler $\Delta\vartheta$ der Glanzwinkelmessung resultierende relative Fehler des Netzebenenabstandes $\Delta d/d$ am kleinsten, wie aus Differentiation von (13.2) folgt:

$$\frac{\Delta d}{d} = -\cot\vartheta\,\Delta\vartheta. \tag{13.12}$$

Zudem sind die letzten Linien am wenigsten durch Absorptionsfehler beeinflußt. Die Genauigkeit ist allerdings bei einer D-S-Aufnahme durch die Filmschrumpfung und Abweichungen des Kameraradius vom exakten Wert begrenzt.

Zur Kontrolle der Indizierung wird aus dem Atom- bzw. Molekulargewicht A, der LOSCHMIDT-Zahl L, der Zahl der Atome bzw. Moleküle pro Elementarzelle n und dem Volumen der Elementarzelle V die Röntgendichte berechnet. Es gilt

$$\varrho_{\text{Rö}} = \frac{n\,A}{L\,V}\,. \tag{13.13}$$

Stimmt $\varrho_{\text{Rö}}$ innerhalb der Meßgenauigkeit mit der makroskopischen Dichte ϱ_m überein, so ist die Indizierung richtig.

Aufgabe 3. Auswertung des Diagramms eines hexagonalen Metalls. Abb. 13.13 zeigt ein schematisches Diagramm von Zn mit Co-K_α-Strahlung. Tab. 13.7 enthält die Auswertung, zu der zweckmäßigerweise die HULL-DAVEY-Kurven verwendet werden. Es handelt sich hierbei um eine graphische Darstellung der BRAGGschen Gleichung [Tab. 13.3 und Gl. (13.2)] für den hexagonalen Kristall

$$\sin\vartheta = \frac{\lambda}{2a}\sqrt{\frac{4}{3}(h^2 + h\,k + k^2) + \left(\frac{a}{c}\right)^2 l^2}\,. \tag{13.14}$$

Durch Logarithmieren erhält man

$$\log\sin\vartheta = \log\frac{\lambda}{2a} + \frac{1}{2}\log\left[\frac{4}{3}(h^2 + h\,k + k^2) + \left(\frac{a}{c}\right)^2 l^2\right]. \tag{13.15}$$

Trägt man $\log\sin\vartheta$ mit den Kurvenparametern hkl auf, so erhält man die in Abb. 13.14 gezeigten HULL-DAVEY-Kurven[1]. Die $\log\sin\vartheta$-Achse hat keinen festen Nullpunkt, da seine Lage von der additiven Konstanten $\log\lambda/2a$, also von der Wellenlänge und von der Gitterkonstante abhängt.

Zur Auswertung überträgt man mit Hilfe des $\sin\vartheta$-Maßstabs eine Skala der vorhandenen Reflexe auf einen Papierstreifen (Abb. 13.14b). Durch Verschieben des Streifens in Richtung der beiden Koordinatenachsen bringt man die Skalenstriche und die Schnittpunkte der Kurven mit der Streifenkante zur Deckung (Abb. 13.14a). Auf der Verlängerung der Streifenkante liest man das Verhältnis c/a, an den Kurven die MILLERschen Indizes $hk.l$ ab. Eine völlige Übereinstimmung über die ganze Skalenlänge ist wegen des Absorptionsfehlers meist nicht möglich (Abb. 13.14). Außerdem liegen bei höheren Glanzwinkeln die Kurven sehr dicht, so daß eine exakte Indizierung nicht mehr durchzuführen ist. Es empfiehlt sich dann eine numerische Berechnung der Indizierung.

---

[1] Reproduktionen der Kurven bei GLOCKER. Eine verbesserte Ausführung sind die SCHWARZ-SUMMA-Kurven, die in gleicher Weise verwendet werden. Sie sind bei SAGEL in brauchbarer Größe reproduziert.

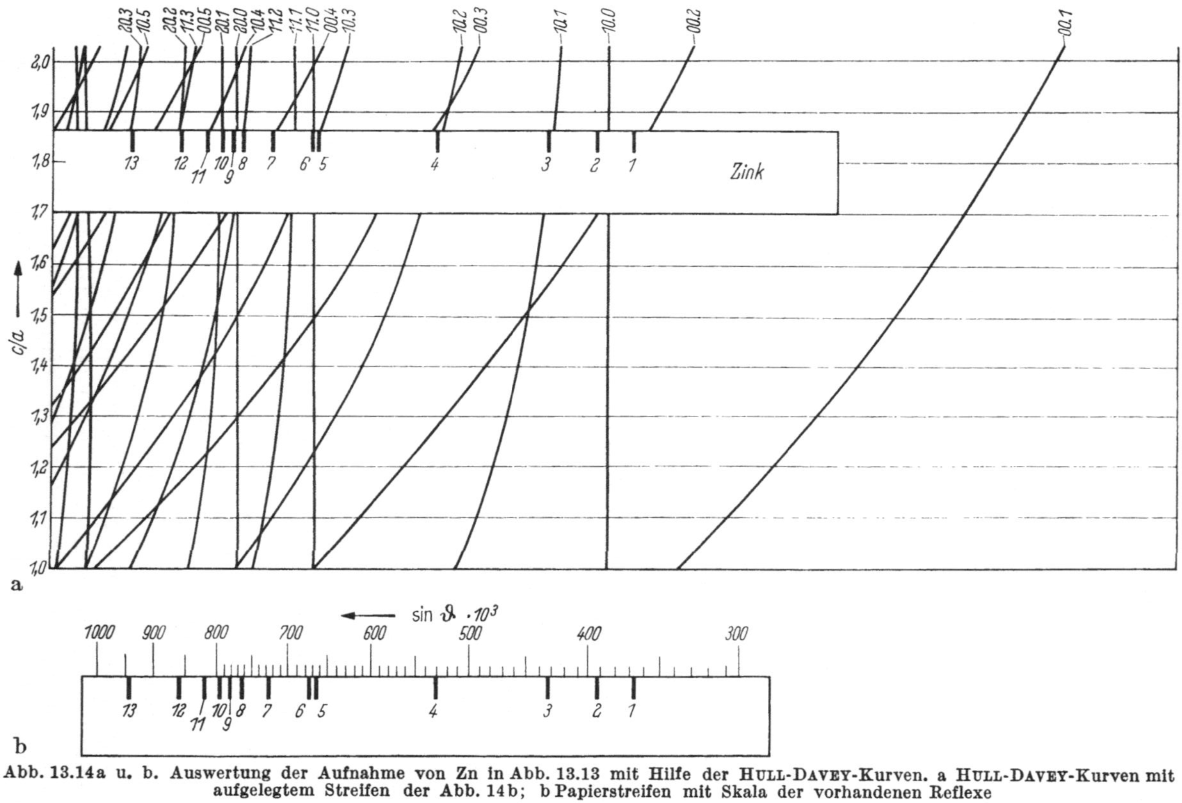

Abb. 13.14a u. b. Auswertung der Aufnahme von Zn in Abb. 13.13 mit Hilfe der HULL-DAVEY-Kurven. a HULL-DAVEY-Kurven mit aufgelegtem Streifen der Abb. 14b; b Papierstreifen mit Skala der vorhandenen Reflexe

Tabelle 13.7. *Auswertung einer Debye-Scherrer-Aufnahme von Zn mit Co-K-Strahlung* ($\bar{\lambda}_\alpha = 1{,}7902$; $\lambda_{\alpha_1} = 1{,}7889$; $\lambda_{\alpha_2} = 1{,}7928$; Kameradurchmesser $= 57{,}3$ mm)

Linie	D (mm)	ϑ (°)	$\sin\vartheta$	hkl	ϑ ber. (°)
1	43,0	21,5	0,3665	00.2	21,2
2	46,2	23,1	0,3923	10.0	22,8
3	51,2	25,6	0,4321	10.1	25,3
4	64,4	32,2	0,5329	10.2	32,0
5	84,0	42,0	0,6691	10.3	41,8
6	84,8	42,4	0,6743	11.0	42,2
7	93,0	46,5	0,7254	00.4	46,3
8	99,8	49,9	0,7649	11.2	49,7
9	102,0	51,0	0,7772	20.0	50,9
10	105,6	52,8	0,7965	20.1	52,8
11	110,4	55,2	0,8212	10.4	55,1
12	117,8	58,9	0,8563	20.2	58,9
$13\alpha_1$	142,2	71,1	0,9461	20.3	71,1
$13\alpha_2$	143,0	71,5	0,9483	20.3	71,5

Durch Einsetzen der Werte von $\sin\vartheta$ für die zwei letzten Linien in Gl. (13.16) erhält man ein lineares Gleichungssystem mit den beiden Unbekannten A und C:

$$12:\quad 4A + 4C = 0{,}9153,$$

$$13:\quad 4A + 9C = 1{,}1190$$

hieraus:

$$A = 0{,}1881,\quad C = 0{,}0407_4 \quad \text{und} \quad a = 2{,}66\ \text{Å},\quad c = 4{,}95\ \text{Å},$$

$$c/a = 1{,}86$$

hexagonal dichteste Kugelpackung

$$n = 2\ \text{Atome/Zelle}.$$

Volumen der Elementarzelle:

$$V = a^2 c \frac{\sqrt{3}}{2} = 30{,}04\ \text{Å}^3.$$

Röntgendichte:

$$\varrho_{\text{rö}} = \frac{2 \cdot 65{,}38}{6{,}02 \cdot 10^{23} \cdot 30{,}04 \cdot 10^{-24}} = 7{,}2\ \text{g/cm}^3.$$

$$\varrho_{\text{makr.}} = 7{,}4\ \text{g/cm}^3.$$

Aus der Indizierung in Tab. 13.7 geht hervor, daß in der Folge der Indizes die Tripel (00.1), (00.3), (00.5) und (11.1) fehlen.

Dies entspricht der Auslöschungsregel für die hexagonal dichteste Kugelpackung (Tab. 13.4).

Aus den beiden letzten Linien werden die Gitterkonstanten berechnet (Tab. 13.7). Durch Quadrieren von Gl. (13.14) erhält man

$$4\sin^2\vartheta/\lambda^2 = (h^2 + h\,k + k^2)\,A + l^2\,C \tag{13.16}$$

mit

$$A = 4/(3a^2),\quad C = 1/c^2.$$

Bei Verwendung von 2 Linien erhält man 2 Gleichungen für die Unbekannten A und C (Tab. 13.7).

Die Bestimmung der Röntgendichte nach Gl. (13.13) mit

$$V = a^2 c \sqrt{3}/2 \quad \text{(Tab. 13.3).} \tag{13.17}$$

ergibt, ebenso wie beim kubischen System, den Beweis für richtige Indizierung.

133 Die Straumanis-Aufnahme

Die STRAUMANIS-Aufnahme dient zur Präzisionsbestimmung von Gitterkonstanten ohne Verwendung einer Eichsubstanz. Durch unsymmetrisches Einlegen des Films wird bei der Auswertung eine Korrektur der gemessenen Glanzwinkel ermöglicht, soweit sie durch Filmschrumpfung oder Abweichung des wirklichen Kameraradius vom Wert $R = 28{,}65$ mm durch unterschiedliche Filmdicke verändert werden. Abb. 13.15 zeigt die Anordnung von Film (F), Probe (P), Strahleneintritt (E) und Strahlenaustritt (A).

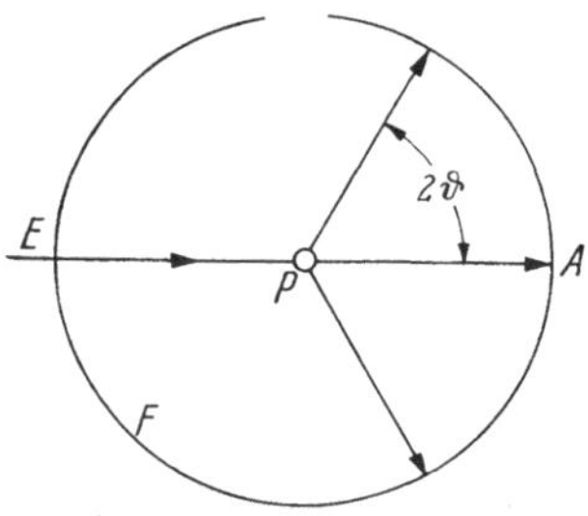

Abb. 13.15. Anordnung einer STRAUMANIS-Aufnahme (in der Projektion auf die Zeichenebene)

Als Probe verwendet man zweckmäßigerweise dünne, mit der Probensubstanz bestrichene Glasfäden aus Lithium-Borat. Für hohe Präzision ist exakte Zentrierung der Probe und ein gutes, gleichmäßiges Anliegen des Films an der Kamerawand unbedingte Voraussetzung. Um die Ausmeßgenauigkeit zu erhöhen, werden häufig

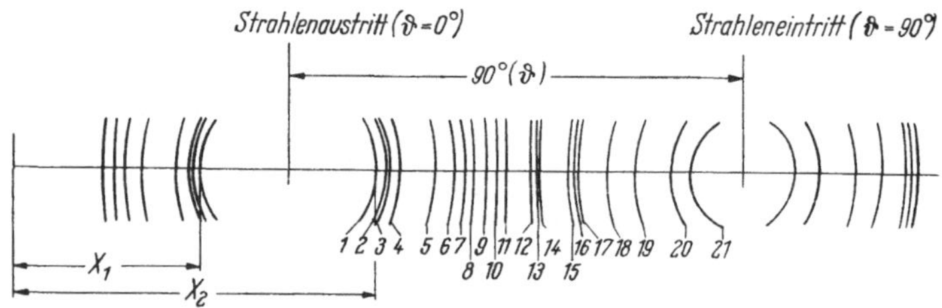

Abb. 13.16. STRAUMANIS-Aufnahme von Au mit ungefilterter Cu-Strahlung. Die Dublettaufspaltung wurde in die Abbildung nicht aufgenommen. Kameradurchmesser $2R = 57{,}3$ mm. 1:2

Kameras mit einem größeren Durchmesser als 57,3 mm verwendet, die zur Verringerung der Luftstreuung meist mit Wasserstoff durchspült oder evakuiert werden.

Aufgabe: Auswertung einer STRAUMANIS-Aufnahme an Au. Abb. 13.16 zeigt ein schematisches Diagramm der Aufnahme mit Cu-Strahlung. Au ist kubisch flächenzentriert, man erhält also nur Interferenzen mit ungemischten Indizes (Tab. 13.4). Da die Strahlung nicht gefiltert wurde, sind neben den K_α-Interferenzen auch die K_β-Interferenzen vorhanden. Zur Auswertung werden zunächst die Abszissen X_1 und X_2 der Schnittpunkte je eines DEBYE-SCHERRER-Kreises mit dem Äquator des Films bestimmt. Zwei zueinander gehörende Kreisbögen eines DEBYE-SCHERRER-Kreises liegen jeweils symmetrisch zum Strahleneintritt oder Strahlenaustritt (Abb. 13.16). Die exakte Lage des Strahleneintritts ($\vartheta = 90°$) und des Strahlenaustritts ($\vartheta = 0°$) erhält man als arithmetisches Mittel $(X_1 + X_2)/2$. Der Abstand dieser beiden arithmetischen Mittelwerte sollte genau 90 mm ($= R\,\pi$) groß sein. Weicht er von diesem Wert ab, so erhält man aus ihm einen Korrekturfaktor, mit dem alle gemessenen Glanzwinkel zu multiplizieren sind. In Tab. 13.8 ist die Bestimmung der Mittelwerte und des Korrekturfaktors durchgeführt. Mit Hilfe dieser Werte werden in Tab. 13.9 die gemessenen Glanzwinkel korrigiert. Die Berechnung ist nur für die letzten Linien (ab $\vartheta \cong 60°$) durchgeführt, da nach Gl. (13.9) aus ihnen die Gitterkonstante am genauesten bestimmt werden kann. Es ist natürlich zweckmäßig, aus mehreren, voneinander unabhängigen Vermessungen Mittelwerte zu bilden, wie dies in Tab. 13.9 geschehen ist.

Die aus diesen korrigierten und gemittelten Glanzwinkeln berechneten Gitterkonstanten sind aber infolge der Absorption etwas zu klein. Zur Korrektur des Absorptionseinflusses trägt man die Gitterkonstanten

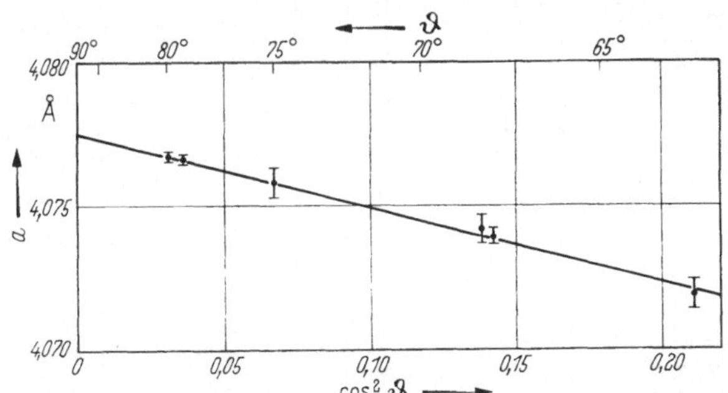

Abb. 13.17. Korrektur des Absorptionseinflusses bei der STRAUMANIS-Aufnahme

gegen $\cos^2\vartheta$ auf. Die Werte liegen etwa auf einer Geraden und man erhält den vom Absorptionseinfluß befreiten Wert durch Extrapolation nach $\cos^2\vartheta = 0$ (Abb. 13.17).

Nicht berücksichtigt ist bis jetzt der durch den Brechungseffekt auftretende Fehler. Der Glanzwinkel wird nämlich durch die Brechung der Röntgenstrahlen an der Grenzfläche Luft — Kristall gegenüber dem aus der BRAGGschen Gleichung (13.2) folgenden Wert etwas vergrößert. Die Gitterkonstante wird also bei Vernachlässigung dieses

Tabelle 13.8. *Bestimmung des Korrekturfaktors aus der Straumanis-Aufnahme*
(Cu-K-Strahlung: $\lambda_{\alpha_1} = 1{,}5405$ Å; $\lambda_{\alpha_2} = 1{,}5443$ Å; $\lambda_\beta = 1{,}3922$ Å)

Linien Nr.	2	4	6	18	19	19	20	21	21
hkl	111α	200α	220α	333β	$422\alpha_1$	$422\alpha_2$	440β	$333\alpha_1$	$333\alpha_2$
X_1 (mm) . . .	73,77	70,70	60,62	155,20	160,40	160,74	167,53	171,52	172,27
X_2 (mm) . . .	111,95	115,06	125,15	209,62	204,45	204,10	197,30	193,30	192,53
$(X_1 + X_2)/2$ . .	$92{,}88_5$	92,88	92,86	182,41	$182{,}42_5$	182,42	$182{,}41_5$	182,41	182,40

Strahlaustritt: $X_0 = 92{,}87_5$; Strahleintritt: $X_{90} = 182{,}41_3$; Differenz: $X_{90} - X_0 = 89{,}53_8$;

Korrekturfaktor: 90/89,54.

Tabelle 13.9. *Gitterkonstantenbestimmung aus der Straumanis-Aufnahme*

Linien Nr.	18	19	19	20	21	21
hkl	333β	$422\alpha_1$	$422\alpha_2$	440β	$333\alpha_1$	$333\alpha_2$
$X_1 - X_0 = \vartheta$	$62{,}32_5$	$67{,}52_5$	$67{,}86_5$	$74{,}65_5$	$78{,}64_5$	$79{,}39_5$
$\vartheta \cdot 90/89{,}54 = \vartheta_{korr.}$ . . .	62,65	67,87	68,22	75,04	79,05	79,81
Mittelwert für ϑ aus weiteren 12 Vermessungen . .	$62{,}66 \pm 0{,}02$	$67{,}86 \pm 0{,}01$	$68{,}20 \pm 0{,}02$	$75{,}04 \pm 0{,}02$	$79{,}05 \pm 0{,}01$	$79{,}81 \pm 0{,}01$
Gitterkonstante a^* (Å) . .	4,0719	4,0739	4,0742	4,0758	4,0766	4,0767
Fehler $\Delta a \pm$	0,0005	0,0002	0,0005	0,0005	$0{,}0001_5$	$0{,}0001_5$
$\cos^2\vartheta$	0,211	0,142	0,138	0,067	0,036	0,031

Extrapolation von a nach $\cos^2\vartheta = 0$: $a = 4{,}0775 \pm 0{,}0002$ Å (Abb. 13.17). Brechungskorrektur: $\Delta a_{br.} = +0{,}0002$ Å
Aufnahmetemperatur: $T = 16°$ $a_{16°} = 4{,}0777$ Å $\pm$ 0,0002.

* Gitterkonstante aus Braggscher Gleichung (13.2) oder aus Gleichung (13.11).

Effektes etwas zu klein bestimmt. Der Brechungseffekt wird bei kubischen Kristallen durch die Korrekturformel

$$a_{\text{korr.}} = a(1 + \delta) \tag{13.18}$$

berücksichtigt. δ ist bei SAGEL, in Abhängigkeit von Wellenlänge Ordnungszahl, Atomgewicht und Dichte tabelliert.

Ferner ist zu beachten, daß bei Präzisionsbestimmungen auch die thermische Gitterdehnung berücksichtigt werden muß. Es ist daher die Aufnahmetemperatur anzugeben, damit bei Vergleich von Gitterkonstanten, die bei verschiedenen Temperaturen bestimmt wurden, eine Korrektur möglich ist.

134 Die Rückstrahlaufnahme

Zur Präzisionsbestimmung der Gitterkonstanten einer sonst bekannten kubischen Struktur genügt die Registrierung der letzten Linie. Bei hexagonalen und tetragonalen Strukturen sind mindestens zwei Linien großen Glanzwinkels, evtl. auf verschiedenen Aufnahmen mit verschiedener Strahlung, zu registrieren. Bei der einfachsten Rückstrahlaufnahme verwendet man einen ebenen Film, senkrecht zum Primärstrahl.

1341 Probenherstellung

Die zu untersuchenden Proben müssen — wenigstens soweit sie vom Röntgenstrahl getroffen werden — eben sein. Am einfachsten ist die Verwendung von Blechen, die angeschliffen, poliert und abgeätzt werden. Aus Pulvern stellt man unter Zugabe des Eichstoffs und eines Klebemittels dünne Filme her oder preßt, evtl. unter Zugabe eines Bindemittels, eine Tablette. Drähte werden am besten gebündelt, in Gießharz eingebettet und quer zur Drahtachse angeschliffen, poliert und angeätzt. Bei drahtförmigen Einkristallen erhält man durch Drehen um die Drahtachse, die senkrecht und zentrisch zum Röntgenstrahl steht, ausmeßbare Einkristallreflexe.

1342 Aufnahmeanordnung

Abb. 13.18 zeigt die Anordnung bei einer Rückstrahlaufnahme auf ebenem Film. Als Strahlenquelle dient entweder der Röhrenbrennfleck (F) oder im Interesse einer guten Fokussierung meist eine eigene Blende (L). Aus Intensitätsgründen und um eine größere Probenoberfläche zu erfassen, ist eine gewisse Divergenz des Primärstrahls wünschenswert. Die Divergenz wird durch eine weitere Blende (B) bestimmt; nach oben ist sie durch die Abmessungen des Röhrenbrennflecks (F)

(meist 1 × 1 mm²) und durch den Abstand des Brennflecks von der Eintrittsblende (L) begrenzt. Um auch bei stärkerer Divergenz des Primärstrahls scharfe und gut ausmeßbare Linien zu erhalten, ist eine Fokussierung erforderlich, die nach dem Prinzip des SEEMANN-BOHLIN-Verfahrens erfolgt und aus Abb. 13.18 zu ersehen ist. Die ebene Probe (P) tangiert den Fokussierungskreis (FK) und steht senkrecht auf dem Primärstrahl. Die Fokussierungsbedingung ist dann für den ganzen Umfang des D-S-Kreises erfüllt. Ändert man, wie dies für Spannungsmessungen erforderlich ist, den Einstrahlwinkel, so wird die Fokussierungsbedingung nur noch für einen Teil des D-S-Kreises oder überhaupt nicht mehr erfüllt. Man muß dann entweder auf scharfe Linien verzichten oder aber die Divergenz und damit die Intensität verringern. Eine Translation oder Rotation der Probe in sich vergrößert den vom Primärstrahl erfaßten Bereich und ermöglicht damit eine Integration über etwaige Inhomogenitäten der Probe. Bei sehr grobkörnigen Proben erhält man bessere Linien durch zusätzliche Schwenkung um etwa $\pm 2°$ aus der zum Primärstrahl senkrechten Lage der Probe.

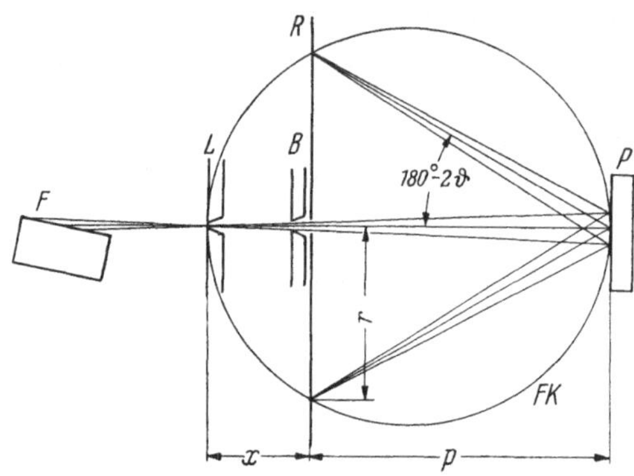

Abb. 13.18. Schematische Darstellung der Rückstrahlaufnahme in der Projektion auf die Zeichenebene. $x = p \tan^2 (180° - 2\vartheta)$

1343 Eichsubstanzen

Zur Auswertung wird der exakte Abstand p des ebenen Films (R) von der Probe (P) benötigt (s. Abb. 13.18). Da sich dieser Abstand bei den üblichen Kameras mechanisch nicht genau ermitteln läßt, verwendet man Eichstoffe, deren Linien neben denen der Probe auf dem Film registriert werden. Die Fokussierung ist auf das Mittel der Glanzwinkel von Proben- und Eichlinien einzustellen. Als Eichstoffe finden Kristallpulver Verwendung, die sehr fein darstellbar sind, deren Linien günstig zu denen der Probe liegen und deren Gitterkonstanten genügend genau bekannt sind. Ein häufig verwendeter Eichstoff ist feinkristallines Au-Pulver. Der Eichstoff wird am besten mit etwas Öl angerührt und auf die Probe gestrichen. Bei Pulverproben wird er mit dem Pulver vermischt.

Aufgabe: Auswertung einer Aufnahme an Fe mit Fehlerbetrachtung. Abb. 13.19 zeigt eine schematische Rückstrahlaufnahme von Fe (Probe) mit Au-Pulver als Eichsubstanz, aufgenommen mit Co-Strahlung[1]. Fe ist kubisch raumzentriert, hat also gemäß Tab. 13.4 nur Interferenzen mit $h + k + l = 2n$ (s. auch Tab. 13.5). Die vorher erfolgte Indizierung mit einer D-S-Aufnahme hat ergeben, daß die Indizes der letzten Linie von Fe {310} und von Au {420} sind. Tab. 13.10 gibt die Auswertung der Aufnahme. Man mißt zweckmäßigerweise die Liniendurchmesser in verschiedenen Richtungen und mittelt die Werte.

Die Berechnung der Gitterkonstanten von Eisen erfolgt in drei Schritten:

1. Berechnung des exakten Glanzwinkels $\Theta_{1,2}$ der Au-{420}-Linie für λ_{α_1} und λ_{α_2} mit Hilfe der Braggschen Gl. (13.2)

$$\sin\Theta_k = \frac{\lambda_{\alpha_k}}{2\cdot 4{,}0783}\sqrt{20} \qquad k = 1, 2 \quad (13.19)$$

2. Bestimmung des Glanzwinkels $\vartheta_{i,k}$ der Fe-{310}-Linie mit Hilfe der Beziehung

$$\tan 2\,\vartheta_{i,k} = \tan 2\Theta_k \frac{D_{\mathrm{Fe},i}}{D_{\mathrm{Au},k}} \quad i, k = 1, 2 \quad (13.20)$$

wo D der gemessene Durchmesser des Ringes ist.

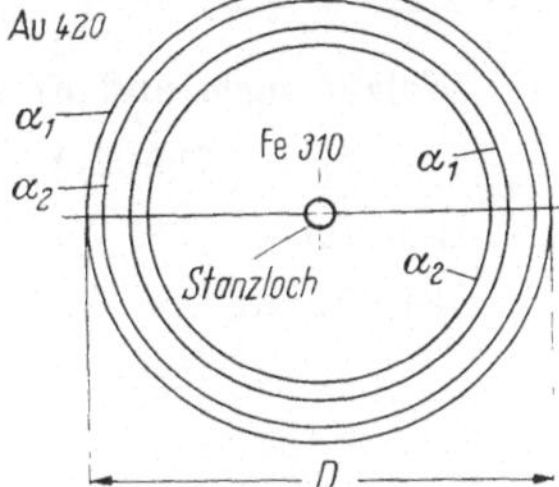

Abb. 13.19. Rückstrahlaufnahme an Eisen mit Gold als Eichsubstanz. 1 : 2

3. Bestimmung der Gitterkonstanten des Fe aus den in 2. berechneten Glanzwinkeln mittels der Braggschen Gl. (13.2).

Es werden vier verschiedene Werte von $\vartheta_{i,k}$ und somit von $a_{i,k}$ (k : Au — $\lambda_{\alpha_1}, \lambda_{\alpha_2}$; i : Fe — $\lambda_{\alpha_1}, \lambda_{\alpha_2}$) aus den vier verschiedenen Kombinationen von zwei Wellenlängen und zwei Stoffen berechnet.

Der relative Fehler der Gitterkonstanten, der von der Ungenauigkeit des Ausmessens der Linien von Probe und Eichstoff herrührt, ist gegeben durch

$$\frac{\Delta a}{a} = \frac{1}{4}\sin 4\,\vartheta\cot\vartheta\left[\left(\frac{|\Delta D|}{D}\right)_{\mathrm{Au}} + \left(\frac{|\Delta D|}{D}\right)_{\mathrm{Fe}}\right]. \qquad (13.21)$$

Der gemessene Glanzwinkel wird durch den Brechungseffekt größer. Da der Brechungseffekt bei Au etwa doppelt so groß ist wie bei Fe, wird der Glanzwinkel des Fe zu klein gemessen, die Gitterkonstante aber wird zu groß bestimmt. Eine genaue Berechnung [Gl. (13.18)] ergibt für den hieraus entstehenden Fehler der Gitterkonstanten des Fe

$$\Delta a_{\mathrm{Br}} = -0{,}9\cdot 10^{-4}\,\text{Å},$$

bei Verwendung von Au als Eichsubstanz und Co-K_α-Strahlung.

---

[1] Da Eisen durch Cu-K-Strahlung zur Ausstrahlung eigener charakteristischer Strahlung angeregt wird, die eine erhebliche, diffuse Schwärzung des Films bewirkt, verwendet man zur Strukturuntersuchung eisenhaltiger Proben Co- oder Fe-K-Strahlung.

Tabelle 13.10. *Auswertung einer Rückstrahlaufnahme von Reinst-Fe mit Au als Eichsubstanz und mit Co-K_α-Strahlung* (nach WINCIERZ)

Linie	Ringdurchmesser D gemittelt aus 5 Messungen eines Films [mm]	mittlerer absoluter Fehler ΔD [mm]	mittlerer relativer Fehler $\Delta D/D$
Au 420 α_1 . .	60,12	0,034	0,0006
Au 420 α_2 . .	56,41	0,029	0,0005
Fe 310 α_1 . .	49,13	0,054	0,0011
Fe 310 α_2 . .	44,72	0,026	0,0006

Wellenlängen und Eichstoffgitterkonstanten:

$$\lambda_1 = 1{,}78892\,\text{Å}; \quad \lambda_2 = 1{,}79278\,\text{Å}; \quad a_{\text{Au}} = 4{,}0783\,\text{Å} \text{ bei } 20°.$$

Schritt 1

Berechnung von Θ_1 für Au 420 α_1

$$\begin{aligned} \log\lambda_1/2 &= 0{,}9515609 - 1 \\ + \log\sqrt{20} &= \underline{0{,}6505150} \\ & 0{,}6020759 \\ - \log a_{\text{Au}} &= \underline{0{,}6104792} \\ \log\sin\Theta_1 &= 0{,}9915967 - 1, \\ \Theta_1 &= 78°\,45'\,54'', \\ 2\Theta_1 &= 157°\,31'\,48'', \\ \log\tan 2\Theta_1 &= 0{,}6165809 - 1. \end{aligned}$$

Schritt 2

Mit Θ_1 und den Durchmessern für Au und Fe Berechnung von $\vartheta_{1,1}$ für Fe 310 α_1

$$\begin{aligned} \log\tan 2\Theta_1 &= 0{,}6165809 - 1 \\ + \log D_{\text{Fe},1} &= \underline{1{,}6913468} \\ & 1{,}3079277 \\ - \log D_{\text{Au},1} &= \underline{1{,}7790190} \\ \log\tan 2\vartheta_{1,1} &= 0{,}5289087 - 1, \\ 2\vartheta_{1,1} &= 161°\,19'\,30'', \\ \vartheta_{1,1} &= 80°\,39'\,45'', \\ \log\sin\vartheta_{1,1} &= 0{,}9942070 - 1. \end{aligned}$$

Schritt 3

Mit $\vartheta_{1,1}$ Berechnung von $a_{1,1}$ für Fe

$$\begin{aligned} \log\lambda_1/2 &= 0{,}9515609 - 1 \\ + \log\sqrt{10} &= \underline{0{,}5000000} \\ & 0{,}4515609 \\ - \log\sin\vartheta_{1,1} &= 0{,}9942070 - 1 \\ \log a_{1,1} &= 0{,}4573539, \\ a_{1,1} &= 2{,}8665_1\,\text{Å}. \end{aligned}$$

Fehlerbestimmung durch Einsetzen von $\vartheta_{1,1}$ und $\Delta D/D$ für Au und Fe in Gl. (13.21):

$$\Delta a_{1,1} = 0{,}0001_2\,\text{Å}.$$

Auswertung der anderen Kombinationen zwischen den α-Linien des Eichstoffs und des Fe ergibt:

$$a_{1,1} = 2{,}8665_1 \pm 0{,}0001_2; \quad a_{1,2} = 2{,}8664_3 \pm 0{,}0001_2$$

(aus Fe α_1 und Au α_2),

$$a_{2,1} = 2{,}8664_9 \pm 0{,}0000_8; \quad a_{2,2} = 2{,}8664_5 \pm 0{,}0000_8.$$

Mittelwert aus 4 Auswertungen:

$$a_{\mathrm{Fe}} = 2{,}8664_7 \pm 0{,}0001,$$

Brechungskorrektur:

$$\Delta a_{\mathrm{Br}} = -0{,}0000_9.$$

Korrigierte Gitterkonstante des Fe

$$a_{\mathrm{Fe}} = 2{,}8664 \pm 0{,}0001 \text{ Å}.$$

Aufnahmetemperatur 20°.

Ein weiterer Fehler, der jedoch meist vernachlässigt werden kann, entsteht durch die endliche Dicke der auf die Probe aufgetragenen Eichstoffschicht. Der Abstand Film—Probe und damit auch der Glanzwinkel wird etwas zu klein bestimmt, die Gitterkonstante wird etwas zu groß bestimmt. Den aus einem Abstandsfehler $\Delta p/p$ resultierenden Fehler der Gitterkonstanten erhält man aus

$$\frac{\Delta a}{a} = \frac{1}{4} \sin 4\vartheta \cot \vartheta \frac{\Delta p}{p}. \qquad (13.22)$$

Die Temperatur der Probe ist möglichst konstant zu halten, um einen Fehler infolge der thermischen Ausdehnung zu vermeiden (Raumtemperatur notieren).

135 Orientierungsbestimmung an drahtförmigen Proben

Bei drahtförmigen Einkristallen oder bei Drähten mit Textur genügt in den meisten Fällen die Angabe der mit der ausgezeichneten Richtung der Drahtachse übereinstimmenden Kristallrichtung zur näheren Beschreibung der Orientierung. Die Bestimmung der Drahtachse erfolgt am einfachsten mit Hilfe einer Drehkristallaufnahme.

1351 Aufnahmetechnik

Die Aufnahme wird in der gleichen Weise wie eine D-S-Aufnahme durchgeführt. Die Drahtachse liegt in der Achse der Zylinderkamera und wird während der Aufnahme um diese gedreht. Das Verfahren eignet sich allerdings nur für Proben, die so dünn sind, daß sie noch ganz vom Röntgenstrahl umspült werden. Bei dickeren Proben wird eine Drehkristallaufnahme mit senkrecht zum Primärstrahl stehendem, ebenem Film durchgeführt, bei der dann allerdings nur die Reflexe mit kleinem Glanzwinkel registriert werden. Da der Röntgenstrahl bei dieser Aufnahmeanordnung den Draht nur an einer Seite tangiert, erhält man Reflexe auch nur auf der dieser Flanke des Drahtes zugewandten Filmhälfte.

1352 Einkristallaufnahmen

Aufgabe: Orientierungsbestimmung an einem β-Messing-Einkristall. Im Gegensatz zur D-S-Aufnahme gibt es bei der Drehkristallaufnahme keine kontinuierlich geschwärzten Ringe, es treten vielmehr Einzelreflexe auf. Abb. 13.20 zeigt eine derartige Aufnahme eines β-Ms-Kristalls, die in einer Zylinderkamera mit Cu-K_α-Strahlung gemacht wurde.

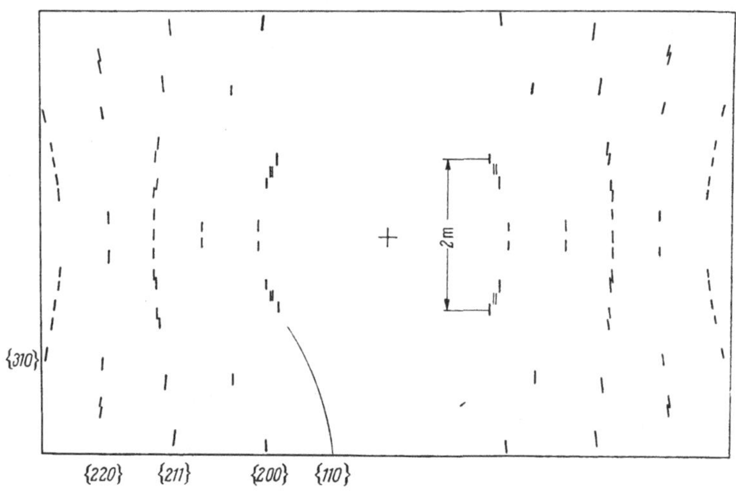

Abb. 13.20. Drehkristallaufnahme eines β-Messing-Einkristalls mit Cu-K_α-Strahlung. 3:4

Die Einzelreflexe sind auf Kurven angeordnet, die den D-S-Kreisen entsprechen. Die Reflexe sind sowohl zum Filmäquator als auch zur senkrecht liegenden Mittellinie symmetrisch angeordnet.

Zur Auswertung werden auf dem Film die Abstände $2\,m$ zweier, einander entsprechender, symmetrisch zum Äquator liegender Reflexe gemessen (Abb. 13.20). Aus ihnen lassen sich die Winkel ϱ zwischen der zu einem Reflex gehörenden Netzebenennormalen und der Drahtachse berechnen. Die Beziehung zwischen ϱ, ϑ, m und dem Kameraradius R wird durch die Gleichung

$$\cos\varrho = \frac{1}{2\sin\vartheta}\,\frac{m}{\sqrt{m^2+R^2}} \tag{13.23}$$

gegeben.[1]

[1] ϑ läßt sich meist nicht aus der Drehkristallaufnahme bestimmen, da auf dem Äquator häufig keine Reflexe liegen. Bei dickeren Kristallen wird zudem ϑ durch Absorption verändert, so daß es zweckmäßigerweise aus den bekannten Gitterkonstanten berechnet wird.

Bei der Auswertung einer Drehkristallaufnahme mit ebenem Film tritt an Stelle der Gl. (13.23)

$$\cos\varrho = \frac{\cos\vartheta}{2P\tan 2\vartheta}\cdot 2m. \tag{13.24}$$

Hierin bedeutet P den Abstand Probe — Film.

In Tab. 13.11 ist die Bestimmung des Winkels ϱ für die Flächen {110} und {200} durchgeführt. Mit Hilfe des Winkels ϱ zwischen den Kristallflächennormalen und der Drahtachse wird die Lage der Drahtachse in der stereographischen Projektion des Kristalls bestimmt. Hierzu genügen an sich die Winkel der Drahtachse mit nur zwei Flächennormalen, es werden aber zweckmäßigerweise zur Kontrolle mehrere benutzt.

Tabelle 13.11. *Auswertung der Drehkristallaufnahme eines β-Messing-Einkristalls (etwa 40% Zn), aufgenommen in einer Zylinderkamera mit Cu-K_α-Strahlung* (Kameraradius: R = 28,65 mm; Gitterkonstante von β-Messing a = 2,938 Å[1])

(hkl)	ϑ *	2m [mm]	R^2+m^2	$m/\sqrt{R^2+m^2}$	cos ϱ	ϱ	(hkl)
{110}	21,8°	3,5	824	0,0610	0,0819	85,3	$(0\bar{1}1)$
		18,5	905	0,3075	0,4131	65,6	$(\bar{1}10)$
		22,4	946	0,3641	0,4891	60,7	(110)
		23,0	953	0,3725	0,5004	60,0	$(\bar{1}01)$
		26,8	1000	0,4238	0,5693	55,3	(101)
{200}	31,7°	3,0	823	0,0523	0,0497	87,1	(200)
		52,0	1497	0,6720	0,6385	50,3	(020)
		75,8	2257	0,7989	0,7590	40,3	(002)

$H:K:L = \cos 87{,}1^\circ : \cos 50{,}3^\circ : \cos 40{,}3^\circ$
$= 0{,}051 : 0{,}639 : 0{,}763$
$\approx 2 : 25 : 30$
$HKL \approx 011$

[1] Hornbogen, E., A. Segmüller u. G. Wassermann: Z. Metallkde. 48 (1957) 379.

* berechnet aus Gleichung (13.2).

Wie im einzelnen die Orientierung der Drahtachse in die stereographische Projektion eingetragen wird, zeigt die Abb. 13.21. Aus der Standardprojektion der Abb. 13.7 sind hier nur die Ebenen übernommen worden, deren Winkel mit der Drahtachse aus der Röntgenaufnahme bestimmt werden, sowie die (111)-Ebene, die zusammen mit (001) und (011) ein Orientierungsdreieck bildet. Es wird nun zunächst um die drei {001}-Pole ein Kreis mit dem Radius 40,3°, 50,3° oder 87,1° gezeichnet. Für den (001)-Pol fällt — nach Kap. 1313 — der Mittelpunkt dieses Kreises mit dem Pol zusammen. Die Kreise um (100) und (010) entsprechen Breitenkreisen, wobei allerdings (010) durch Drehung der Projektion auf dem Wulffschen Netz erst an den Nordpol gebracht werden muß. Im Schnittpunkt dieser drei Kreise liegt die Drahtachse, die sehr nahe [011] ist.

Insbesondere bei der Auswertung vieler Einkristallaufnahmen empfiehlt es sich, so vorzugehen, daß die Drahtachsen alle im in Abb. 13.21 eingezeichneten Einheitsdreieck liegen. Dabei muß — wie überhaupt bei diesem Auswertungsverfahren — etwas herumprobiert werden, bis die richtige Zusammengehörigkeit eines Pols (hkl) und des dazugehörigen Winkels ϱ gefunden ist, die ja aus der Aufnahme nicht hervorgeht.

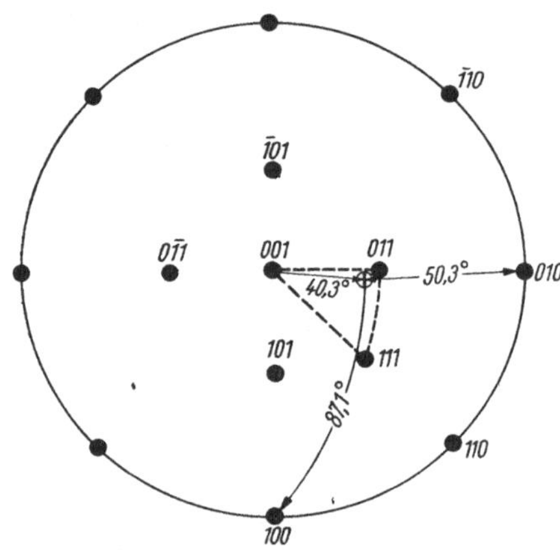

Abb. 13.21. Ermittlung der Orientierung der Drahtachse eines β-Messing-Einkristalls nach Abb. 13.20 mit den in Tab. 13.11 berechneten ϱ-Werten der drei {100}-Ebenen. Die ϱ-Werte der ebenfalls eingezeichneten {110}-Ebenen dienten zur Kontrolle. Es handelt sich um eine Orientierung nahe [011]

Die kristallographischen Indizes der Drahtachse lassen sich aus den Winkeln zu den {100}-Flächen mit Hilfe der Gl. (13.6 bis 13.8) berechnen. Es sei noch erwähnt, daß für den Fall einer niedrig indizierten Kristallrichtung parallel der Drahtachse, wie z. B. [100], [111] oder [110], mehrere Reflexe einer Flächenart aufeinanderfallen und sich zum anderen die Reflexe verschiedener Flächenarten bei zylindrischem Film auf Geraden parallel zum Filmäquator, den Schichtlinien, bei ebenem Film auf Hyperbeln anordnen.

1353 Texturaufnahmen

Die D-S-Aufnahme eines Drahtes mit einfacher Fasertextur hat bereits bei nichtgedrehter Probe die Symmetrie einer Drehkristallaufnahme. Die Reflexe haben jedoch meistens eine größere Streuung längs des D-S-Kreises, und auch außerhalb der Stellen größerer Schwärzung ist auf den D-S-Kreisen oft eine geringe Schwärzung vorhanden. Trotzdem kann die Bestimmung der zur Drahtachse parallelen Faserachsen nach der gleichen Methode durchgeführt werden, wie sie in Kap. 1351 angegeben ist.

136 Orientierungsbestimmung an Einkristallen mit der Laue-Rückstrahlaufnahme

Die vollständige Angabe der Orientierung eines Kristalls beliebiger Form erfordert die Bestimmung zweier kristallographischer Richtungen, die mit den äußeren Bezugsrichtungen des Kristalls übereinstimmen. Bei blechförmigen Einkristallen wählt man als Bezugsrichtungen die

Probennormale und eine senkrecht dazu stehende Richtung. Man verwendet mit Vorteil die LAUE-Rückstrahlmethode, die bei beliebig dicken Einkristallen mit einer einzigen Aufnahme eine vollständige Orientierungsbestimmung gestattet. LAUE-Durchstrahlaufnahmen werden bei dünnen Kristallen, Folien oder Blechen ebenfalls gelegentlich angewandt.

1361 Aufnahmetechnik

Die Aufnahmeanordnung des LAUE-Rückstrahlverfahrens entspricht etwa der einer normalen Rückstrahlaufnahme mit ebenem Film (Abbildung 13.18). Als Strahlung wird jedoch meistens die Bremsstrahlung einer W-Röhre verwendet. Die Höhe der Spannung richtet sich nach der Zahl der gewünschten Reflexe; sie wird im allgemeinen etwa bis 40 kV betragen. Wichtig ist die eindeutige Markierung der Lage des Films zur Probe. Diese erfolgt einmal durch paralleles Ausrichten einer Bezugsrichtung der Probe mit einer Filmkante (oder mit einem aus dünnen W-Drähten bestehenden Achsenkreuz auf der der Probe zugewandten Seite der Filmkasette für höhere Genauigkeitsansprüche). Markiert man dann noch eine Ecke, z. B. durch Abschneiden, so ist die gegenseitige Lage eindeutig definiert.

1362 Auswertung der Aufnahme

Aufgabe: Orientierungsbestimmung an einem blechförmigen Al-Kristall. Abb. 13.22 zeigt eine LAUE-Rückstrahlaufnahme eines Al-Einkristalls. Die Anregungsspannung der W-Röhre betrug etwa 30 kV.

Man erkennt, daß sich die Reflexe auf Kurven anordnen, die jeweils einen Hyperbelast darstellen. Dies deutet auf folgende Gesetzmäßigkeit hin: Reflexe der Netzebenenscharen einer Zone liegen auf einem Hyper-

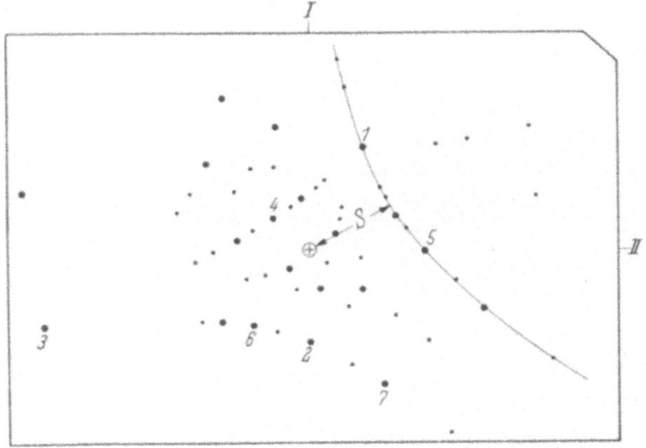

Abb. 13.22. LAUE-Rückstrahlaufnahme eines blechförmigen Aluminiumeinkristalls. $D = 30$ mm. 2:5

belast. Zwischen dem Abstand S des Hyperbelscheitels vom Durchstoßpunkt des Primärstrahls (0-Punkt) und dem Winkel γ der Zonenachse mit der Filmebene besteht die Beziehung

$$S = D \tan 2\gamma . \tag{13.25}$$

D ist dabei der Abstand des Kristalls vom Film. Die Zonenachse liegt in der durch den Primärstrahl und den Hyperbelscheitel definierten Ebene.

Zur Auswertung bedient man sich mit Vorteil eines von GRENINGER angegebenen Verfahrens. Abb. 13.23 zeigt die „GRENINGER-Karte". Sie

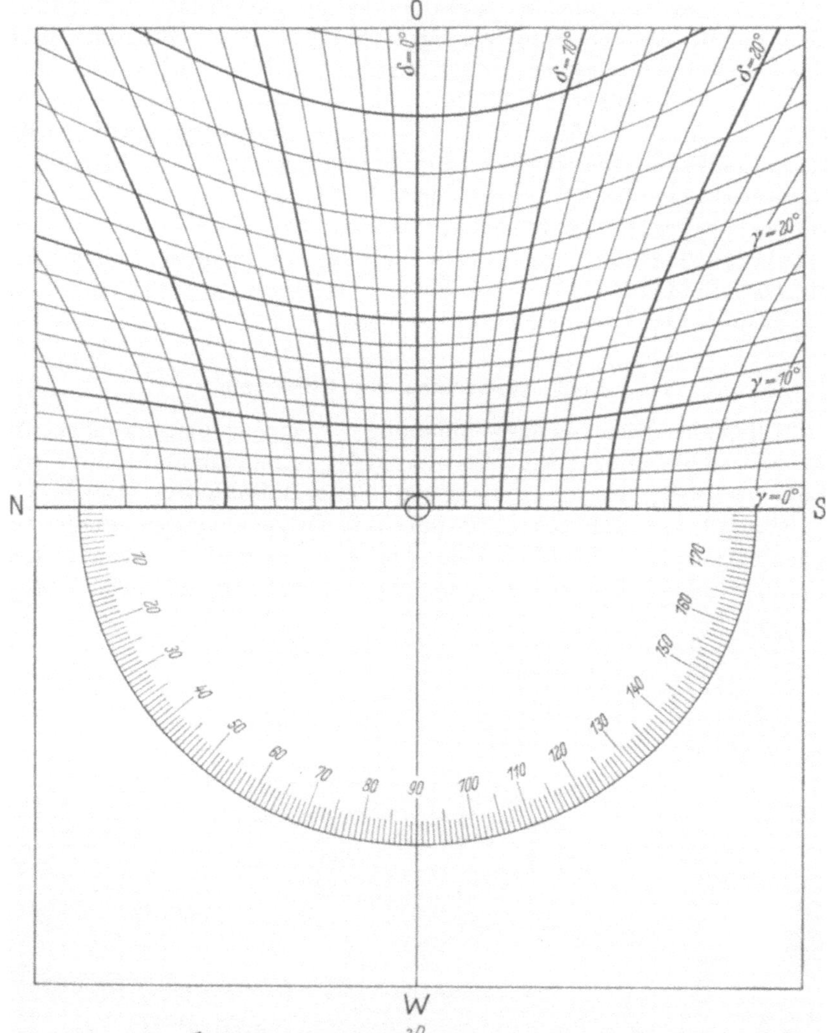

Abb. 13.23. GRENINGER-Karte für einen Abstand Film-Probe von D = 30 mm

enthält zwei Scharen von Hyperbeln mit den Parametern γ und δ im Abstand von 2° zu 2°. Die γ-Hyperbeln (γ = const) sind die Kurven der Reflexe einer Zone, sie entsprechen also einem Großkreis der Lagenkugel. Die δ-Hyperbeln (δ = const) dienen zur Bestimmung des Winkels zwischen den zu zwei auf einer Zonenhyperbel liegenden Reflexen gehörigen Flächenpolen, sie entsprechen also den Breitenkreisen der Lagenkugel. Das Koordinatennetz der GRENINGER-Karte stellt also eine Übertragung des Koordinatennetzes der Lagenkugel und somit auch des WULFFschen Netzes in die Geometrie der LAUE-Rückstrahl-

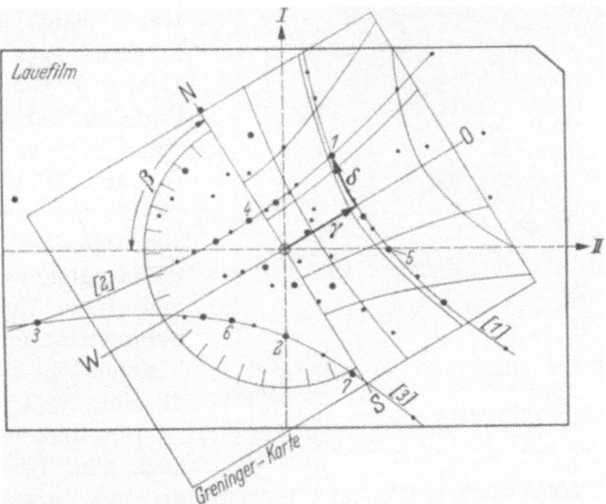

Abb. 13.24. Überlagerung des LAUE-Films der Abb. 13.22 und der GRENINGER-Karte (Abb. 13.23) in der richtigen Position für die Auswertung. 2:5

aufnahme dar. Mit Hilfe beider Koordinatennetze lassen sich sämtliche zu den Reflexen gehörige Flächenpole in die stereographische Projektion der Lagenkugel übertragen.

Die Eintragung erfolgt zweckmäßigerweise in der in Abb. 13.24 und 13.25 gezeigten Weise. Die LAUE-Reflexe sind in allen Abbildungen mit der gleichen Zahl versehen. Die gegenseitige Lage von Film und Karte ist durch die Ziffern *I* und *II* und durch die Richtungen N, O, S und W zu erkennen. Man legt die 0-Punkte der GRENINGER-Karte und der Aufnahme übereinander[1] und verdreht die Karte so gegen den Film um den Winkel β, daß die Reflexe einer dicht besetzten Zonenhyperbel auf einer γ-Hyperbel bzw. zwischen zwei benachbarten γ-Hyperbeln liegen.

[1] Es empfiehlt sich die Verwendung einer durch fotografischen Prozeß auf eine Plexiglasscheibe aufgebrachten GRENINGER-Karte. Ihr Null-Punkt ist mit einem Zapfen versehen, dessen Durchmesser dem des Primärstrahlloches des Films entspricht. Der Film wird dann auf die Karte gelegt und ist durch den Zapfen automatisch zentriert.

In derselben Weise verdreht man auch das WULFFsche Netz gegen die mit zwei Bezugsrichtungen des Films (I und II) markierte stereographische Projektion. Die auf der Hyperbel $\gamma = \gamma_1$ liegenden Reflexe gehören dann zu Flächenpolen, die auf dem Längenkreis $\gamma = \gamma_1$ des WULFFschen Netzes liegen. $\gamma = 0°$ ist der durch den Mittelpunkt der Projektion gehende Längenkreis (N bis S). Der Abstand eines Flächenpols von der auf dem Äquator (Breitenkreis O bis W) liegenden Richtung des Großkreises γ_1 ist gleich dem in der GRENINGER-Karte längs der Zonenhyperbel γ_1 gemessenen Winkel δ. Die Zonenachse liegt dann auf dem Äquator des WULFFschen Netzes im Abstand 90° vom Schnittpunkt des Äquators mit dem Großkreis γ_1. Nach Übertragung der Pole kann man durch Aufsuchen von Symmetrie- und Winkelbeziehungen die Pole indizieren.

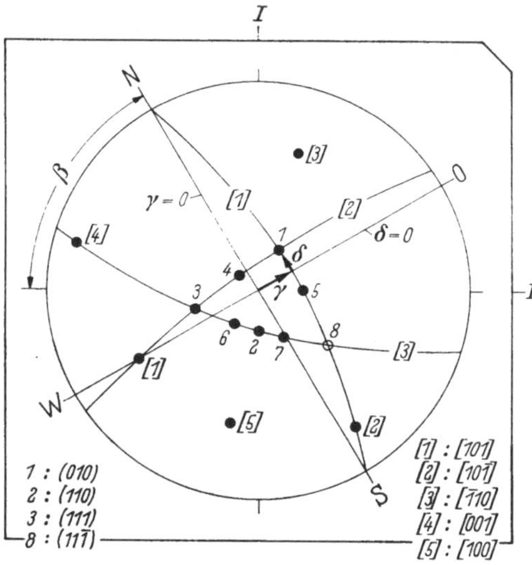

Abb. 13.25. Übertragung der in Abb. 13.24 bestimmten γ- und δ-Werte in die stereographische Projektion mit Hilfe des WULFFschen Netzes

Eine Indizierung ist oft auch ohne Übertragung in die stereographische Projektion möglich. Durch Winkelmessung mit der GRENINGER-Karte zwischen starken Reflexen, die zu niedrig indizierten Ebenen gehören, lassen sich diese Ebenen oft schon indizieren. Ferner sieht man sofort, wenn die zu zwei Zonenhyperbeln gehörigen Zonenachsen senkrecht zueinander stehen. Legt man nämlich die eine Zonenhyperbel auf eine γ-Hyperbel der GRENINGER-Karte, so tangiert die andere im Schnittpunkt beider, einem starken Reflex, eine δ-Hyperbel. Durch Messung der Winkel vom Schnittpunkt beider Zonenhyperbeln aus in den zueinander senkrechten Richtungen kann man dann feststellen, ob z. B. eine vierzählige Achse dem Schnittpunkt entspricht. In Abb. 13.24 erkennt man, daß die Zonenhyperbeln [*1*] und [*2*] im Reflex *1* diese Senkrechtbeziehung erfüllen, und man erkennt weiter, daß der Schnittpunkt zu einer vierzähligen Achse gehört.

Zur Auswertung von LAUE-Durchstrahlaufnahmen verwendet man ein der GRENINGER-Karte genau entsprechendes Koordinatennetz, die „LEONHARDT-Karte".

137 Zählrohrdiffraktometer

Neben die D-S-Kamera mit Film ist heute das Zählrohrdiffraktometer getreten, das vor allem die unmittelbare Aufzeichnung der Reflexintensitäten gestattet. Dadurch wird die quantitative Auswertung der Intensitäten stark vereinfacht und die Genauigkeit der Glanzwinkelbestimmung vergrößert. Bei dieser Methode werden die reflektierten Strahlen mit dem Zählrohr am Äquator des D-S-Kreises registriert und die so gemessenen Intensitäten von einem Schreiber aufgezeichnet. Die Auswertung der Diagramme unterscheidet sich nicht von der in Kap. 1323, S. 61, besprochenen.

Das Zählrohrdiffraktometer beruht auf der Fokussierung nach Bragg-Brentano, deren Prinzip in Abb. 13.26 gezeigt ist. Im Zentrum des durch Eintrittsblende bzw. Röhrenfokus R und Zählrohrblende Z gehenden Goniometerkreises I steht die Probe P. Sie tangiert den durch R, Z und das Zentrum des Goniometerkreises I gehenden Fokussierungskreis II. Einfallender und gebeugter Strahl bilden den Glanzwinkel ϑ mit der Probenfläche P und den Winkel 2ϑ miteinander. Es werden also nur zur Probenoberfläche parallele Netzebenen zur Braggschen Reflexion zugelassen. Bei Fortbewegung des Zählrohres längs des Kreises I muß die Probe mit der halben Winkelgeschwindigkeit und in der gleichen Richtung gedreht werden, um die Fokussierungsbedingung einzuhalten. Dabei wird aber die Größe des Fokussierungskreises II stetig geändert, so daß es nicht möglich ist, durch Krümmung der Probe längs des Fokussierungskreises für einen bestimmten Glanzwinkel auch exakte Fokussierung für andere Glanzwinkel zu erzielen. Man verwendet daher eine ebene Probe, deren Abweichung vom Fokussierungskreis bei endlicher Breite der bestrahlten Probenfläche Anlaß einer Linienverbreiterung ist. Diese begrenzt die Ausdehnung des Primärstrahls parallel zur Ebene des Goniometerkreises, während senkrecht dazu, in Richtung der Goniometerachse, keine Beschränkung auftritt. Man verwendet daher meistens als Strahlenquelle den rechteckigen Fokus der Röhre und blendet den Strahl durch eine strichförmige Blende aus. Zur Vermeidung der durch die Divergenz des

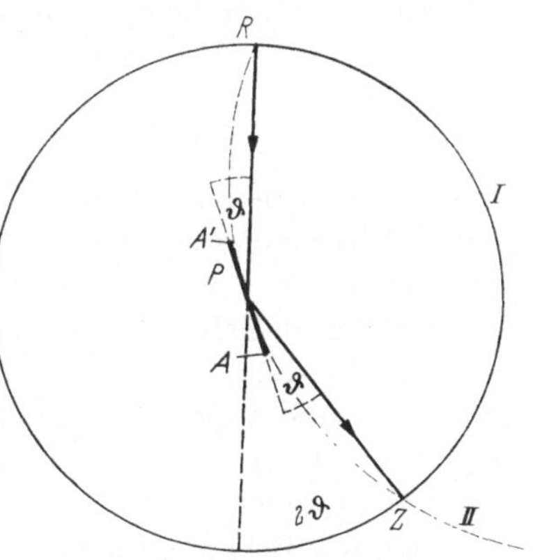

Abb. 13.26. Schematische Darstellung des Bragg-Brentano-Verfahrens in der Projektion auf die Goniometerebene. $\vartheta = 20°$

Strahls in Richtung der Goniometerachse verursachten, unsymmetrisch auftretenden Verbreiterung der Linie werden meist sog. SOLLER-Blenden zur Begrenzung der Divergenz in Primär- und gebeugten Strahl gebracht. Weitere Ursachen einer Linienverbreiterung sind die endliche Ausdehnung des Fokus und der Zählrohrblende in der Goniometerebene sowie die endliche Eindringtiefe des Röntgenstrahls in die Probe.

In Metallen sind Linienverbreiterungen infolge innerer Spannungen 2. und 3. Art, hoher Versetzungsdichte und kleiner Kristallitgröße, z. B. in kaltverformten Werkstoffen, von Bedeutung. Man benützt am besten Aufnahmen von gut getemperten Standardproben gleicher Zusammensetzung, um diese Verbreiterungen von den oben erwähnten, apparativ bedingten zu trennen.

138 Texturbestimmung an Blechen

Die quantitative Texturbestimmung an gewalzten oder rekristallisierten Blechen erfolgt heute fast ausschließlich mit Hilfe des Zählrohrgoniometers. Zur Beschreibung der Textur dient die Polfigur, das ist die stereographische Projektion des Bleches, mit der Blechnormalen im Zentrum und der Walz- und Querrichtung auf dem Grundkreis. In diese stereographische Projektion wird für eine bestimmte Flächenart, meist $\{111\}$, $\{200\}$ oder $\{110\}$, die Belegungsdichte mit Flächenpolen eingetragen.

Falls die Belegungsdichte an wenigen, scharf begrenzten Stellen konzentriert ist, kann man aus den Schwerpunkten der Belegungsdichte die ideale Lage bestimmen, d. h., die kristallographische Fläche und Richtung, die in der Blechebene bzw. in der Walzrichtung liegen. Beispiel einer idealen Lage ist die Würfellage: (001) [100]. Bei weniger scharfen Texturen ist die Beschreibung durch eine Polfigur der Angabe von idealen Lagen vorzuziehen.

1381 Texturaufnahme mit Hilfe des Zählrohrdiffraktometers

Zur Aufnahme einer Polfigur wird das Zählrohr auf den Glanzwinkel ϑ der zu untersuchenden Netzebenenschar fest eingestellt. Die Zählrohrblende wird soweit geöffnet, daß bei allen Probenstellungen die integrale Linienintensität gemessen wird. Die Probe wird mit einem geeigneten Probenhalter um zwei Achsen gedreht, so daß beliebige Winkel zwischen Blechnormale und Walzrichtung einerseits und der Normalen der gerade reflektierenden Netzebenen andererseits einstellbar sind; auf diese Weise kann man die ganze Polfigur abtasten.

Meist geht man dabei so vor, daß man den Winkel zwischen der Blechnormalen und der Normalen der gerade reflektierenden Netzebenenschar in diskreten Werten, z. B. von 5° zu 5°, ändert und dann für jede dieser diskreten Winkeleinstellungen die Probe um die Blechnormale synchron mit dem die Intensität aufzeichnenden Schreiber um 180° oder 360° dreht. Man tastet also die Polfigur auf konzentrischen Kreisen um den Mittelpunkt ab. Als Koordinaten der Polfigur werden die Winkel α und β verwandt, die in Abb. 13.4 definiert sind.

Die vollständige Bestimmung einer Polfigur erfolgt bei blechförmigen Proben im allgemeinen nach zwei Verfahren: Im Bereich von $\alpha = 0°$ (Grundkreis der Projektion) bis höchstens etwa $\alpha = 50°$ im Durchstrahlverfahren nach DECKER, ASP und HARKER; im Bereich von $\alpha = 90°$ (Blechnormale) bis höchstens etwa $\alpha = 20°$ im Reflexionsverfahren nach SCHULZ.

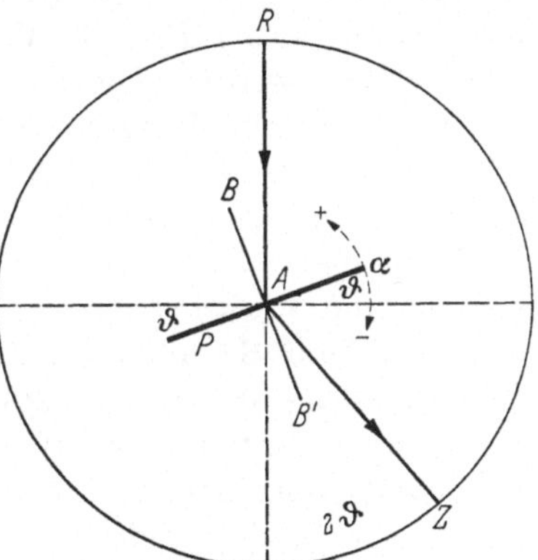

Abb. 13.27. Schematische Darstellung des Durchstrahlverfahrens in der Projektion auf die Goniometerebene. $\vartheta = 20°$

Beim Durchstrahlverfahren steht in der Ausgangsstellung $\alpha = 0°$ die Probe P unter dem Winkel $90° - \vartheta$ sowohl zur Richtung des einfallenden als auch des reflektierten Strahls, wie dies die Abb. 13.27 zeigt. Das Blech wird dann um die in seiner Oberfläche liegende Diffraktometerachse (A), die senkrecht zur Tangente an den Fokussierungskreis II (Abb. 13.26) ist, jeweils um 5° verdreht, üblicherweise so, daß der Winkel mit dem reflektierten Strahl kleiner wird ($\alpha < 0$). Nach jeder Veränderung des Winkels α wird die Probe um $\beta = 360°$ um ihre Normale (BB') gedreht, und zwar synchron mit dem Schreibervorschub. Da sich mit α der Weg des Strahls in der Probe, die bestrahlte Probenfläche und damit der Absorptionsfaktor ändert, ist eine Korrektur der mit dem Zählrohr gemessenen Intensitäten nötig. Für eine regellose Probe ist das Verhältnis der in der Ausgangsstellung und unter dem Winkel α zu ihr gemessenen Intensitäten gegeben durch

$$f(\pm\alpha) = \frac{I_0}{I(\pm\alpha)} = \frac{\mu d}{\cos\vartheta}\, e^{-\frac{\mu d}{\cos\vartheta}}\, \frac{[\cos(\vartheta \pm \alpha)/\cos(\vartheta \mp \alpha)] - 1}{e^{-\mu d/\cos(\vartheta \pm \alpha)} - e^{-\mu d/\cos(\vartheta \mp \alpha)}}\,. \qquad (13.26)$$

Zur Korrektur sind die unter dem Winkel α gemessenen Intensitätswerte einer beliebigen Probe mit $f(\alpha)$ zu multiplizieren. $f(-\alpha)$ ist in Abhängigkeit von α, ϑ, und $e^{-\mu d}$ tabelliert [s. BEATTY in WASSERMANN-GREWEN oder TAYLOR]. $e^{-\mu d}$ ist die Durchlässigkeit der Probe bei senkrechter Durchstrahlung. Zu ihrer Bestimmung läßt man den Röntgenstrahl an einer Einkristallfläche in BRAGGscher Lage reflektieren und registriert die Intensität mit und ohne Probe im Strahlengang.

Das Durchstrahlverfahren ist nur für Proben anwendbar, für die

$$e^{-\mu d} \geqq 0{,}1$$

gilt. Dickere Proben werden daher vorher mechanisch oder besser elektrolytisch abgetragen. Werden Polfiguren über eine größere Probenfläche durch Hin- und Herbewegen der Probe im Strahl gemittelt, so ist darauf zu achten, daß die Durchlässigkeit auf dieser Fläche nicht allzusehr schwankt, da sonst beim Mitteln beträchtliche Fehler entstehen.

Der Strahl muß in der Ebene des Goniometerkreises eng begrenzt werden, da sonst eine erhebliche Linienverbreiterung auftritt. Senkrecht dazu kann er bei Bedarf (Mittelung über eine größere Fläche) weit ausgeblendet werden. Die Divergenz des Primär- und Sekundärstrahls, verursacht durch Fokusgröße und Blenden, bestimmt die Größe des Winkelelements $\Delta\alpha \cdot \Delta\beta$, über das die Intensität $I(\alpha, \beta)$, gemessen an der Stelle mit den Koordinaten α, β, gemittelt wird.

Beim Reflexionsverfahren nach SCHULZ steht in der Ausgangsstellung die Probenebene unter dem Winkel ϑ sowohl zum Primärals auch zum Sekundärstrahl, sie befindet sich in der BRAGGschen Reflexionslage (s. Abb. 13.26). In dieser Stellung ist $\alpha = 90°$. Die Probe wird dann um die in der Proben- und Einfallsebene liegende Achse AA' von $5°$ zu $5°$ geschwenkt und jeweils um die Normale synchron mit dem Schreiber gedreht.

Bei diesem Verfahren ist eine Intensitätskorrektur nicht erforderlich, solange die beim Schwenken sich verbreiternde Linie noch ganz vom Zählrohrspalt erfaßt wird und sofern die Probe hinreichend dick ist, denn das durchstrahlte Volumen und die Weglänge des Strahls bleiben beim Schwenken unverändert. Eine Probe ist hinreichend dick, wenn sie bei einem zulässigen Fehler von 1% die Bedingung

$$\exp(-2\mu\, d/\sin\vartheta) \leqq 0{,}01 \tag{13.27}$$

erfüllt.

Der Strahl ist jetzt senkrecht zur Einfallsebene eng auszublenden, damit beim Schwenken die Linie nicht allzu sehr verbreitert wird. Da man dann bei Benutzung des strichförmigen Fokus zuviel Intensität verlieren würde, verwendet man zweckmäßigerweise den quadratischen Fokus der Röhre.

1382 Auswertung der Registrierungen

Zur Auswertung werden die Intensitäten vom Schreiberdiagramm in die Polfigur übertragen. Zweckmäßigerweise verbindet man Stellen gleicher Intensität durch Kurven, die Höhenlinien genannt werden. Im Schreiberdiagramm werden in bestimmten Abständen waagerechte Geraden konstanter Intensität eingezeichnet (Abb. 13.28). Die Werte des Winkels β für die Schnittpunkte dieser Geraden mit der Intensitätskurve werden in der Polfigur auf dem entsprechenden Kreis α = const am besten mit verschiedenen Farben für die Intensitätsstufen markiert. Man verwendet dazu ein Diagramm mit konzentrischen Breitenkreisen von 5° zu 5° (s. Abb. 13.4) sowie ein im Mittelpunkt drehbar gelagertes Lineal, das die Übertragung des Winkels β von einer auf dem Umfang angebrachten Skala auf einen im Innern liegenden Kreis gestattet [GEISLER]. Nullpunkt der Höhenlinien ist der Untergrund, dessen Höhe für jeden Winkel α durch Registrierung der Interferenzlinie bestimmt werden muß. Um für Durchstrahl- und Rückstrahlbereich gleiche Intensitätsstufen zu erhalten, müssen diese im Überlappungsbereich beider Verfahren (etwa $30° \leqq \alpha \leqq 40°$) aneinander angeglichen werden. Man vergleicht hierzu entweder die Intensität an einander entsprechenden Stellen maximaler Belegung, oder die über β gemittelte Intensität für verschiedene Werte von α, wie es in unserer Auswertung (Tab. 13.12) erfolgt ist.

Die Maßeinheit für die Belegungsdichte kann natürlich willkürlich, z. B. in Röntgenquanten/min, gewählt werden. Besser ist es jedoch, sie auf eine regellose Probe zu beziehen, d. h., die Intensität in Vielfachen der Intensität einer regellosen Probe desselben Werkstoffs anzugeben. In günstigen Fällen, z. B. bei Fe, kann man eine angenähert regellose Probe durch wiederholtes Glühen im γ-Gebiet und darauf folgendes Abschrecken herstellen.

Meist steht jedoch eine regellose Probe nicht zur Verfügung. Man kann dann die Einheit der Belegungsdichte durch eine Mittelung der Intensität über die Lagenkugel oder die Polfigur erhalten. Ist nämlich $I(\alpha, \beta)$ die Intensität an der Stelle mit den Winkelkoordinaten α, β und $\bar{I}$ ihr Mittelwert auf der Lagenkugel, so ist die Belegungsdichte in der Einheit der regellosen Belegung gegeben durch

$$p(\alpha, \beta) = I(\alpha, \beta)/\bar{I}, \tag{13.28}$$

denn für eine Probe mit regelloser Verteilung der Orientierungen ist überall auf der Polfigur $I(\alpha, \beta) = \text{const} = \bar{I}$ und somit $p(\alpha, \beta) = 1$. Den Mittelwert $\bar{I}$ der Intensität erhält man durch Integration über die Hälfte der Lagenkugel:

$$\bar{I} = \frac{1}{2\pi} \int_0^{\pi/2} \int_0^{2\pi} I(\alpha, \beta)\, d\beta \cos\alpha \, d\alpha. \tag{13.29}$$

Die Integration führt man am besten graphisch durch. Ist $F(\alpha)$ der mit einem Planimeter in cm² gemessene Flächeninhalt eines Abschnitts des Intensitätsdiagramms für den gleichbleibenden Winkel α, so gilt

$$F(\alpha)\, C = \int_0^{2\pi} I(\alpha, \beta)\, d\beta. \tag{13.30}$$

C ist eine Umrechnungsgröße von Winkelmaßen in die Abszisseneinheit des Schreiberdiagramms. Die Integration über α führt man durch, indem man $F(\alpha)\cos\alpha$ gegen α aufträgt und wieder grafisch integriert: Ist F der Flächeninhalt unter der Kurve (in cm³), so gilt

$$F\,C\,C_1 = \int_0^{\pi/2}\int_0^{2\pi} I(\alpha,\beta)\,d\beta\,\cos\alpha\,d\alpha. \qquad (13.31)$$

C_1 ist wiederum ein Umrechnungsfaktor. Ist l die Länge eines Intensitätsdiagramms in cm von $\beta = 0°$ bis $\beta = 360°$ und l_1 die Länge des Diagramms $F(\alpha)\cos\alpha$ gegen α in cm für $\alpha = 0°$ bis $\alpha = 90°$, so gilt

$$C = 2\pi/l \quad \text{und} \quad C_1 = \pi/(2l_1). \qquad (13.32)$$

Durch Einsetzen in (13.29) erhält man dann

$$\bar{I} = F\,\pi/(2l\,l_1) \quad \text{(cm)}. \qquad (13.33)$$

Aufgabe: Bestimmung der Walztextur einer Fe-Ni-Folie mit 30% Ni und 0,75 mm Dicke.

Da die Folie für die Durchstrahlung (mit Co-Strahlung) zu dick ist, wird sie elektrolytisch abgeätzt bis zu einer Dicke von etwa 0,03 mm. Die Durchlässigkeit ist dann $e^{-\mu d} = 0{,}25$ und die Probe ist also für beide Verfahren zu verwenden. Die Polfigur soll für die {111}-Flächenpole aufgestellt werden. Bei Co-K_α-Strahlung ist $\vartheta = 25{,}7°$.

Tabelle 13.12. *Auswertung und grafische Integration der {111}-Polfigur eines Fe-Ni-Blechs*

α	$F_D(\alpha)$ [cm²]	$F_D(\alpha)\cdot f(\alpha)$ [cm²]	$F_R(\alpha)$ [cm²]	$\frac{F_R(\alpha)}{F_D(\alpha)\cdot f(\alpha)}$	$F(\alpha)$ [cm²]	$F(\alpha)\cdot\cos\alpha$ [cm²]	$\bar{I}_R$ [cm]	$\bar{I}_D$ [cm]
0	178	178	—	—	189	189	—	2,6
5	119	124	—	—	131	130	—	2,5
10	60,5	67	—	—	71	70	—	2,4
15	51,5	61	—	—	65	63	—	2,2
20	46,0	58	—	—	61	57	—	2,0
25	38,5	54	—	—	57	52	—	1,8
30	35,0	55	56	1,02	57*	49	2,7	1,6
35	35,5	65	67	1,03	68*	56	2,7	1,4
40	29,0	65	74	1,14	71*	54	2,7	1,1
45	—	—	73,5	1,06	73,5	52	2,7	—
50	—	—	75	—	75	48	2,7	—
55	—	—	101	—	101	58	2,7	—
60	—	—	116,5	—	116,5	58	2,7	—
65	—	—	160,5	—	160,5	68	2,7	—
70	—	—	141	—	141	48	2,7	—
75	—	—	75	—	75	19	2,7	—
80	—	—	18	—	18	3	2,7	—
85	—	—	0	—	0	0	—	—
90	—	—	0	—	0	0	—	—

* Mittelwert aus $F_R(\alpha)$ und $(F_D(\alpha)\cdot f(\alpha))\cdot 1{,}06$.

Erläuterungen:

1. $F_D(\alpha)$ und $F_R(\alpha)$ sind die für das Durch- bzw. Rückstrahlverfahren durch Planimetrieren ermittelten Flächeninhalte der Intensitätsdiagramme für α = const. und $\beta = 0°$ bis 360°.

2. $f(\alpha)$ sind die Korrekturfaktoren für das Durchstrahlverfahren (Gl. (13.26)).

3. $F_R(\alpha)/F_D(\alpha) \cdot f(\alpha)$ ist das im Überlappungsbereich gebildete Intensitätsverhältnis, mit dessen Mittelwert (1,06) die auf Absorption korrigierten Intensitäten des Durchstrahlverfahrens multipliziert werden müssen, um denen des Rückstrahlverfahrens angeglichen zu werden. Man erhält so $F(\alpha)$.

4. $F(\alpha) \cdot \cos\alpha$ wird gegen α aufgetragen. Die grafische Integration über α ergibt: $F = 930\,[\text{cm}^3]$. Da $l = 30$ cm (Länge des Intensitätsdiagramms von $\beta = 0$ bis 360°) und $l_1 = 18$ cm (Länge des Diagramms $F(\alpha) \cdot \cos\alpha$ gegen α), ergibt sich nach (13.33) $\bar{I} = 930 \cdot \pi/(2 \cdot 30 \cdot 18) = 2{,}7\,[\text{cm}]$.

Dieser Wert gilt als Einheit (1 × regellos) für die Reflexionsaufnahme.

5. $\bar{I}_R$ ist die unter 4. errechnete Einheit der Belegungsdichte für den Rückstrahlbereich.

6. $\bar{I}_D$ sind die für das Durchstrahlverfahren ermittelten Einheiten der Belegungsdichte. Hierzu ist die Einheit der Belegungsdichte $\bar{I}_R$ durch den Mittelwert von $F_R(\alpha)/F_D(\alpha) \cdot f(\alpha) = 1{,}06$ und durch den Absorptionskorrekturfaktor $f(\alpha)$ zu dividieren.

Abb. 13.28 zeigt das Intensitätsdiagramm für $\alpha = 0°$ mit eingezeichneten Höhenlinien. Die Flächeninhalte $F(\alpha)$ sind in Tab. 13.12

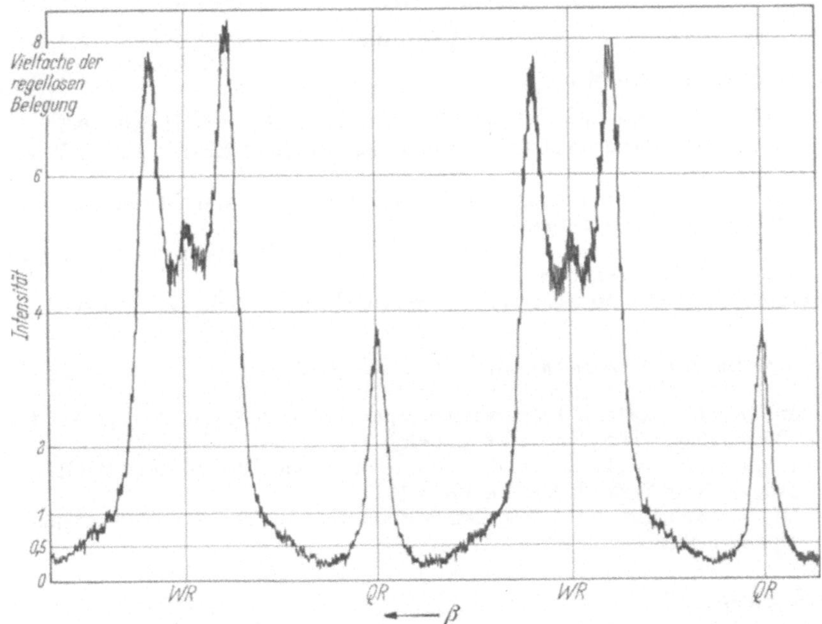

Abb. 13.28. Schreiberdiagramm für $\alpha = 0°$ in Abhängigkeit vom Drehwinkel β mit Höhenlinien, bezogen auf die Intensität einer regellosen Probe ($^1/_2 \times \bar{I}$ bis $8 \times \bar{I}$)

aufgeführt, in der ferner die Anpassung im Überlappungsbereich, die Korrektur der Durchstrahlungsaufnahmen und das Ergebnis der Mittelung enthalten sind.

Als Einheit für die Intensität wurde ein Ausschlag von 1 cm in der Ordinatenrichtung gewählt. Die Längen werden ebenfalls in Zentimeter gemessen. Mit dem so gefundenen $\bar{I} = 2{,}7$ cm als Einheit wurden in Abb. 13.28 die Höhenlinien eingezeichnet.

Abb. 13.29 zeigt die nach dem beschriebenen Verfahren erhaltene Polfigur der {111}-Flächenpole des gewalzten Fe-Ni-Bleches.

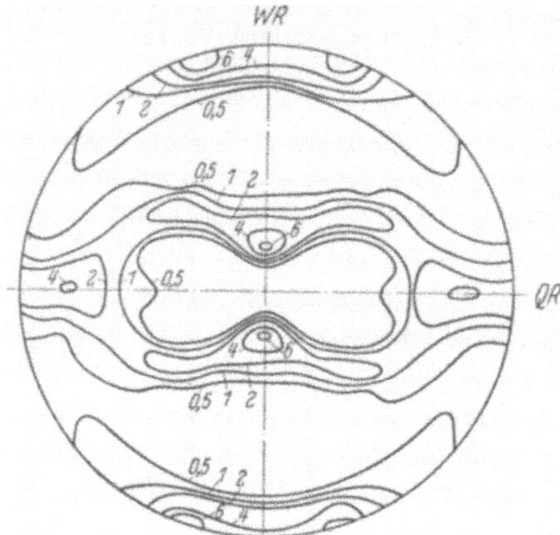

Abb. 13.29. {111}-Polfigur von Eisen-Nickel

Literatur

A. Allgemeine Lehrbücher

BARRETT, C. S.: Structure of Metals, 2. Ed. New York: McGraw-Hill 1952.

CULLITY, B. D.: Elements of *X*-Ray Diffraction. Reading, Mass: Addison Wesley 1956.

GLOCKER, R.: Materialprüfung mit Röntgenstrahlen, 4. Aufl. Berlin/Göttingen/Heidelberg: Springer 1958.

NEFF, H.: Grundlagen und Anwendung der Röntgen-Feinstruktur-Analyse, 2. Aufl. München: R. Oldenbourg 1962.

TAYLOR, A.: *X*-Ray Metallography. New York/London: John Wiley 1961.

B. Tabellen und Nachschlagewerke

International Tables for *X*-Ray Crystallography. Vol. I, 1952, Vol. II, 1959, Vol. III, Birmingham: The Cynoch Press 1962.

PEARSON, W. B.: A Handbook of Lattice Spacings and Structures of Metals and Alloys. New York: Pergamon Press 1958.

SAGEL, K.: Tabellen zur Röntgenstrukturanalyse. Berlin/Göttingen/Heidelberg: Springer 1958.

C. Spezialliteratur

WASSERMANN, G., u. J. GREWEN: Texturen metallischer Werkstoffe, 2. Aufl. Berlin/Göttingen/Heidelberg: Springer 1962.

14 Physikalische Verfahren

141 Thermische Analyse

1411 Grundlagen

Der thermischen Analyse liegt die Tatsache zugrunde, daß Zustands- und Strukturänderungen eines Stoffes mit einer Wärmeabgabe bzw. Wärmeaufnahme verbunden sind (z. B. Schmelzwärme). Hieraus ergibt sich, daß eine Temperatur-Zeit-Kurve, die beim Aufheizen oder beim Abkühlen eines Metalls oder einer Legierung aufgenommen wird, bei der Temperatur, bei der die Probe ganz oder z. T. eine Phasenänderung durchläuft, eine Unstetigkeit zeigt.

Im allgemeinen wird bei der thermischen Analyse eine Abkühlungskurve aufgenommen, seltener die Erhitzungskurve. Dies hat, im wesentlichen zwei Gründe. Erstens ist es experimentell einfacher, eine gleichmäßige Abkühlung zu vollziehen als eine gleichmäßige Erwärmung. Zweitens ist es bei der Abkühlung einer Schmelze möglich, durch Rühren zu Beginn des Versuchs für eine gleichmäßige Temperatur innerhalb der Probe zu sorgen, was eine gleichzeitige Erstarrung der gesamten Probe und somit einen deutlicheren Effekt zur Folge hat, als wenn beim Aufheizen ein Temperaturgradient innerhalb des festen Körpers vorliegt. Erhitzungskurven werden meistens nur in Ergänzung zu Abkühlungskurven aufgenommen, und zwar insbesondere dann, wenn die Umwandlungen verzögert, d. h. mit einer Temperaturhysterese ablaufen.

Im einfachsten Fall wird der Tiegel mit der Schmelze von der Temperatur T_k im Ofen abgekühlt oder in einen Isolierbehälter, der sich auf Raumtemperatur T_0 befindet, gebracht. Die Temperaturdifferenz $T_k - T_0$ treibt einen Wärmestrom von der Schmelze nach außen. Die überströmende Wärmemenge Q in der Zeit t ist dabei

$$Q = A\,(T_k - T_0)\,t, \tag{14.1}$$

wobei A eine Konstante ist, in die die Geometrie sowie die Wärmeleitfähigkeit eingehen. Da T_k jedoch sofort abnimmt, gilt die obige Gleichung nur für die Zeit dt, d. h.

$$dQ = A\,\vartheta\,dt \tag{14.2}$$

wenn man $T_k - T_0 = \vartheta$ setzt. Die Wärmemenge dQ ist gleich der von der Schmelze abgegebenen Wärmemenge $-c\,m\,d\vartheta$, wobei c und m die spezifische Wärme bzw. die Masse der Schmelze sind. Damit ist

$$-c\,m\,d\vartheta = A\,\vartheta\,dt \tag{14.3}$$

oder

$$-\frac{d\vartheta}{dt} = \frac{A}{c\,m}\,\vartheta. \tag{14.4}$$

Durch Integration erhält man die mathematische Form der Abkühlungskurve

$$\vartheta = \vartheta_0 e^{-\frac{A}{cm}t}, \tag{14.5}$$

die in Abb. 14.1 für einen Stoff, der während der Abkühlung keine Umwandlungen erfährt, grafisch dargestellt ist. Da es im allgemeinen Zweck der thermischen Analyse ist, Gleichgewichte zu bestimmen, diese zu ihrer Einstellung jedoch eine gewisse Zeit benötigen, wird die Abkühlungsgeschwindigkeit möglichst niedrig gehalten.

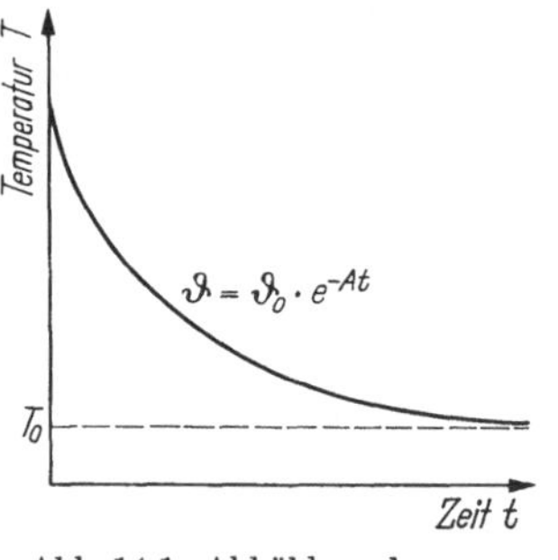

Abb. 14.1. Abkühlungskurve (Ofenkurve)

In welcher Weise machen sich nun Phasenänderungen bzw. Umwandlungen auf die Form der Abkühlungskurven bemerkbar? Zunächst sei die Erstarrung eines Metalls oder einer Legierung, die einen einheitlichen Schmelzpunkt hat, d. h. nicht in einem Temperaturintervall erstarrt, besprochen. Im Idealfall (keine Unterkühlung, vernachlässigbare Wärmekapazität des Thermoelements u. a. m.) setzt bei der Abkühlung die Erstarrung ein, sobald die Schmelze die Erstarrungstemperatur erreicht. In diesem Augenblick beginnt die Erstarrungswärme frei zu werden, und die Temperatur der erstarrenden Schmelze bleibt so lange konstant, bis die gesamte Schmelze erstarrt ist,

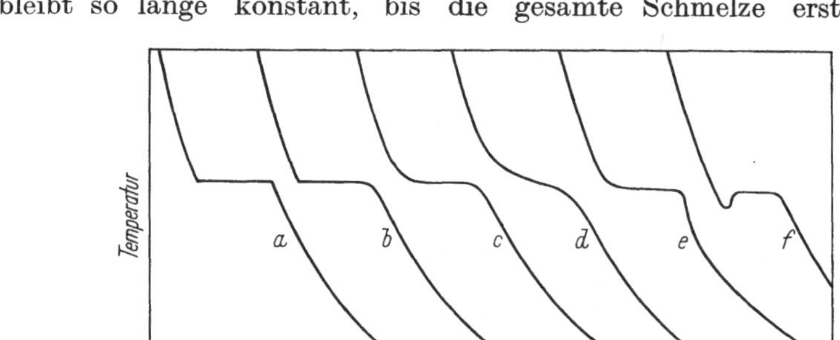

Abb. 14.2. Verschiedene Formen der Abkühlungskurven an einem Haltepunkt

d. h. auf der Abkühlungskurve tritt ein **Haltepunkt** auf, wie ihn Abb. 14.2a zeigt. Die Haltezeit Δt ist dabei der Masse der erstarrenden Schmelze und der Erstarrungswärme L_s proportional, wie sich aus Gl. (14.3) ergibt, wenn man anstelle der spezifischen Wärme c (die am Umwandlungspunkt ∞ ist) die Schmelzwärme bzw. Erstarrungswärme L_s einsetzt. Dieser ideale Kurvenverlauf läßt sich in praxi aus mehreren Gründen nicht erreichen. Es ist nicht möglich, eine

Schmelze bis zur restlosen Erstarrung zu rühren, um so eine gleichmäßige Temperaturverteilung zu gewährleisten. Obwohl die Erstarrung noch nicht restlos beendet ist, werden sich bereits erstarrte Bereiche weiter abkühlen, so daß die Kurve keinen scharfen Knick am Erstarrungsende aufweist (Abb. 14.2*b*). Da die Thermoelementdrähte und Schutzrohre eine endliche Dicke und damit eine bestimmte Wärmekapazität aufweisen, werden sie immer auf etwas höherer Temperatur sein als die Schmelze, was dazu führt, daß die Erstarrung bereits einsetzt, wenn das Thermoelement noch eine über der Erstarrungstemperatur liegende Temperatur anzeigt. Die Folge ist, daß auch der Erstarrungsbeginn nicht mehr durch einen scharfen Knick gekennzeichnet ist (Abb. 14.2*c*). Werden im Verhältnis zur Masse der Schmelze relativ dicke Thermoelemente mit starken Schutzrohren verwendet, und ist zudem die Abkühlungsgeschwindigkeit relativ hoch, so können Abkühlungskurven wie in Abb. 14.2*d* auftreten. Da sie eine exakte Bestimmung der Haltetemperatur unmöglich machen, muß in solchen Fällen die Schmelzmasse erhöht und die Abkühlungsgeschwindigkeit erniedrigt werden.

Weiterhin wird die Abkühlungskurve noch dadurch verändert, daß der Ofen oder der den Tiegel umgebende Behälter seine Temperatur erniedrigt, während die Schmelze erstarrt, so daß die Temperatur unmittelbar nach beendigter Erstarrung rascher fällt als vor der Erstarrung (Abb. 14.2*e*). Schließlich sei noch darauf hingewiesen, daß bei der Erstarrung eine Unterkühlung auftreten kann, durch die die Abkühlungskurven in einer Abb. 14.2*f* entsprechenden Form abgewandelt werden.

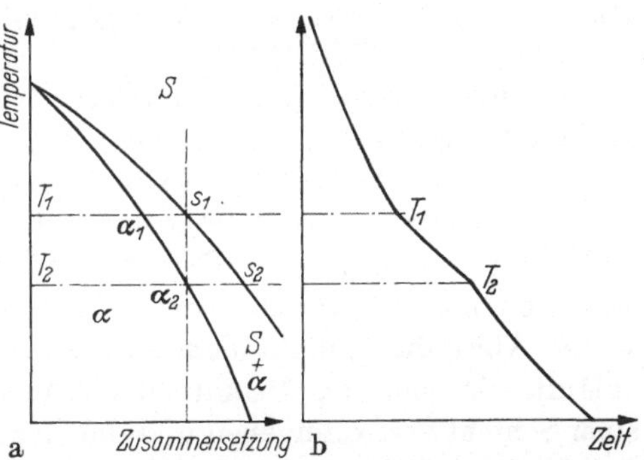

Abb. 14.3 a u. b. Erstarrungskurve (b) bei der Mischkristallbildung (a)

Die bisherigen Ausführungen bezogen sich auf den Fall, daß die Zustandsänderung vollständig bei konstant bleibender Temperatur erfolgt, wie dies z. B. für die Erstarrung reiner Metalle oder eutektischer Legierungen zutrifft. Erstarrt (Abb. 14.3a) eine Legierung innerhalb eines Erstarrungsintervalls, tritt also z. B. eine Primärausscheidung auf, so sieht die Abkühlungskurve anders aus. Sobald die Schmelze der Zusammensetzung s_1 bei der Temperatur T_1 die Liquiduslinie erreicht, scheiden sich Mischkristalle der Zusammensetzung α_1 aus der Schmelze aus. Die Erstarrung läuft nun nicht bei einer Temperatur zu Ende, vielmehr muß die Temperatur weiter bis T_2 erniedrigt werden, um die Schmelze vollständig erstarren zu lassen. Bei sehr langsamer Abkühlung, die die Voraussetzung zur Einstellung des Gleichgewichts ist, ändert sich die Zusammensetzung des Mischkristalls von α_1 nach α_2, die Zusammensetzung der Restschmelze geht dabei von s_1 nach s_2. Die Abkühlungskurve (Abb. 14.3b) ist in einem solchen Fall durch einen Knickpunkt zu Beginn der Erstarrung (T_1) und am Ende der Erstarrung (T_2) gekennzeichnet, wobei zwischen T_1 und T_2 die Abkühlungskurve flacher verlaufen muß, d. h., die Abkühlung erfolgt langsamer infolge der durch die Primärkristallisation auftretenden Erstarrungswärme. Die vorher erörterten Ursachen für eine Abweichung der Abkühlungskurven vom idealen Verlauf gelten in gleicher Weise für den eben beschriebenen Fall der Erstarrung innerhalb eines Temperaturintervalls.

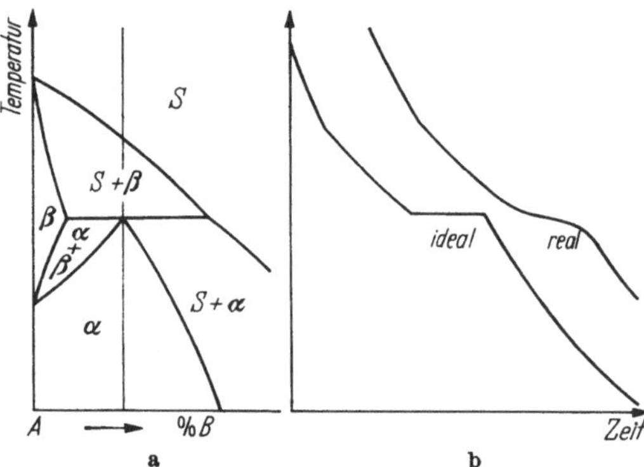

Abb. 14.4 a u. b. Abkühlungskurven (b) bei peritektischer Umwandlung (a)

Während sich eine eutektische Erstarrung bei der thermischen Analyse meistens sehr gut durch einen Haltepunkt bemerkbar macht, ist dies bei der peritektischen Umwandlung (Abb. 14.4a), die als nonvariantes Gleichgewicht ebenfalls einen Haltepunkt (Abb. 14.4b) ergeben müßte, nicht immer der Fall, vielmehr erhält man meist Kurven, wie im rechten Teil von Abb. 14.4b angegeben. Dies beruht darauf, daß die peritektische Reaktion β-Mischkristall + Schmelze $\rightleftarrows$ α-Mischkristall selbst bei langsamer Abkühlung nicht dem Gleichgewicht entsprechend vollständig abläuft, da sich zu Beginn der Umwandlung die β-Kristalle mit einer Schicht von α umgeben und die Reaktion nur durch eine Diffusion durch die α-Schicht hindurch fortschreiten kann. Die peritektische Reaktion wird also nach kurzer Zeit praktisch zum Stillstand kommen, und statt dessen wird eine α-Ausscheidung aus der Schmelze stattfinden, die zu der angeführten Form der Abkühlungskurve führt.

1412 Experimentelle Durchführung der thermischen Analyse

Aus den vorangegangenen Ausführungen lassen sich bereits die wichtigsten Punkte für eine exakte Durchführung der thermischen Analyse ableiten:

1. Möglichst geringe Abkühlungsgeschwindigkeit,

2. Vermeidung eines Temperaturgefälles innerhalb der Probe. Hierfür ist es zweckmäßig, den Raum unmittelbar um den Tiegel ebenfalls von einem starken Temperaturgradienten frei zu halten. Dies geschieht meistens dadurch, daß der Tiegel von der Ofenwandung durch eine Luftschicht getrennt wird. Zur Einhaltung einer gleichmäßigen Temperatur sollte die Schmelze solange wie möglich gerührt werden.

3. Die Massen von Tiegel, Thermoelement und Schutzrohr müssen klein sein gegenüber der Probenmasse.

Die Temperatur kann bei Verwendung von Thermoelementen entweder in bestimmten Zeitabständen (zu Beginn der Abkühlung wird man die Zeitabstände kleiner wählen als später) mit Hilfe eines Millivoltmeters gemessen und dann graphisch gegen die Zeit aufgetragen werden oder direkt mit Hilfe eines Kompensationsschreibers in Abhängigkeit von der Zeit aufgezeichnet werden (vgl. Kap. 112, S. 7).

1413 Die Differential-Thermo-Analyse (DTA)

Diese Methode stellt eine Verbesserung der thermischen Analyse in bezug auf die Empfindlichkeit dar. Sie wird aus diesen Gründen verwendet, wenn es gilt, Zustands- bzw. Strukturänderungen zu bestimmen, die nur mit einem geringen Wärmeeffekt verbunden sind, wie dies vor allem bei Umwandlungen im festen Zustand der Fall ist.

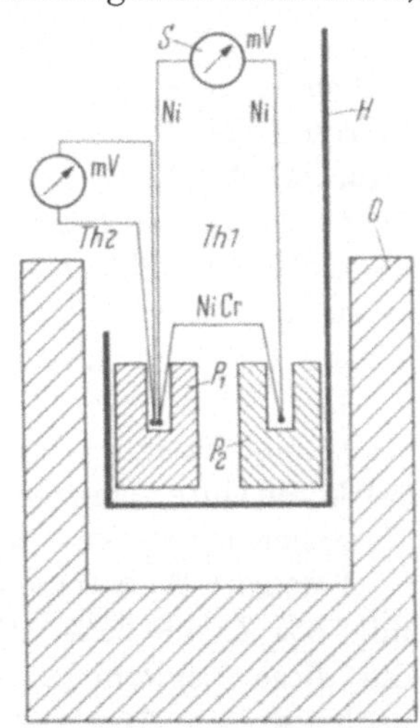

Abb. 14.5. Anordnung bei der Differentialthermoanalyse in schematischer Darstellung
O Ofen; *H* Halterung

Bei der Differential-Thermo-Analyse wird — wie dies in Abb. 14.5 gezeigt ist — neben die zu untersuchende Probe P_1 eine Vergleichsprobe P_2 gelegt, deren Masse, spezifische Wärme und Wärmeleitfähigkeit in etwa denen der Versuchsprobe entsprechen sollten, die jedoch in dem interessierenden Temperaturintervall keine Umwandlung aufweist. Man mißt bei diesem Verfahren die Temperaturdifferenz zwischen beiden Proben und verwendet hierzu ein sog. Differentialthermoelement Th_1, das aus zwei gegeneinandergeschalteten Thermoelementen besteht. Die eine Warmlötstelle befindet sich in der zu untersuchenden Probe, die zweite in der Vergleichsprobe. Gemessen wird im Verlauf der Abkühlung bzw. Erhitzung die Spannung zwischen den beiden freien Schenkeln des Differentialthermoelementes, meistens mit Hilfe eines empfindlichen Spiegelgalvanometers S. Zeigt keine der beiden Proben bei der Aufheizung oder Abkühlung eine Umwandlung, so zeigt das Nullinstrument keinen Ausschlag. Sobald eine Probe eine mit einer Wärmetönung verbundene Umwandlung durchläuft, tritt eine Temperaturdifferenz zwischen den beiden Proben auf, die einen Ausschlag des Nullinstruments zur Folge hat. Auf Grund des meist vorhandenen Unterschiedes in der spezifischen Wärme und der Wärmeleitfähigkeit zwischen beiden Proben wird bei nicht zu geringen Abkühlungsgeschwindigkeiten das Nullinstrument auch bei Abwesenheit einer Umwandlung einen kleinen Ausschlag zeigen, der jedoch meistens gering ist und

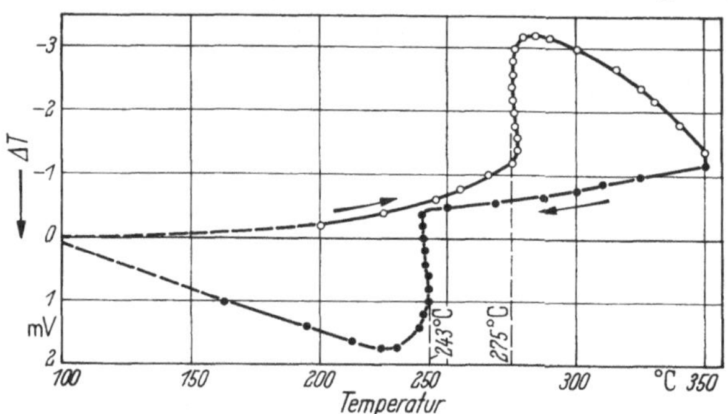

Abb. 14.6. Differentialthermoanalyse einer eutektoiden Al-Zn-Legierung. Vergleichsprobe Cu; Aufheizungsgeschwindigkeit ~25°/min

zudem einen stetigen Verlauf aufweist. Da mit Hilfe des Differentialthermoelementes nur die Temperaturdifferenz gemessen wird, ist es erforderlich, die Temperatur mit einem in der Versuchsprobe befindlichen Thermoelement Th_2 gleichzeitig zu messen. Bei der Auswertung der Differential-Thermo-Analyse wird die mit dem Differentialthermoelement bestimmte Temperaturdifferenz bzw. nur die Größe des Ausschlags des Nullinstrumentes gegen die Temperatur aufgetragen.

Der Vorteil der Differential-Thermo-Analyse, nämlich ihre hohe Empfindlichkeit, ist zugleich auch ein gewisser Nachteil. So können bei stärkeren Unterschieden der thermischen Eigenschaften von Versuchs- und Vergleichsprobe Effekte auftreten, die eine Umwandlung vortäuschen.

Versuch: Es ist eine Differential-Thermo-Analyse an einer Legierung mit 78% Zn und 22% Al durchzuführen, um die eutektoide Umwandlung, die diese Legierung nach dem Zustandsschaubild bei 275° erfährt, nachzuweisen. Abb. 14.6 zeigt die mit der in Abb. 14.5 wiedergegebenen Apparatur aufgenommenen Kurven der Aufheizung und Abkühlung. Wie man sieht, erfolgt bei der relativ raschen Abkühlung, wie sie im Versuch vorgenommen wurde, die Umwandlung mit einer merklichen Temperaturhysterese.

Literatur

Borchers, H.: Metallkunde I. Aufbau der Metalle und Legierungen. Sammlung Göschen, Bd. 432, 6. Aufl. Berlin: de Gruyter 1964.

142 Bestimmung elastischer Kenngrößen

1421 Die elastischen Kenngrößen

Wird ein Metall einer Zugspannung unterworfen, so tritt eine Dehnung auf. Solange die Spannung einen bestimmten Wert nicht überschreitet, verschwindet die Dehnung ε nach Beendigung der Belastung wieder, d. h. sie ist elastisch und proportional der aufgebrachten Spannung (HOOKEsches Gesetz):

$$\delta = \varepsilon \frac{1}{\alpha} = \varepsilon E = \frac{\Delta l}{l} E. \qquad (14.6)$$

l Meßlänge
Δl Längenänderung.

Der Proportionalitätsfaktor α wird Elastizitätskoeffizient genannt. Sein Kehrwert E heißt Elastizitätsmodul (E-Modul).

Ein ähnliches Gesetz gilt auch bei einer Scherbeanspruchung des Werkstoffs (vgl. auch Abb. 14.8), die eine Winkeländerung der Probe zur Folge hat. Die Winkeländerung γ ist proportional der angelegten Schubspannung τ. Es gilt also:

$$\tau = G \gamma. \qquad (14.7)$$

Dabei ist G der Schubmodul des Metalls.

Neben der Längenzunahme unter Zugbeanspruchung tritt infolge der Volumenkonstanz quer zur Beanspruchungsrichtung eine elastische Verkürzung ein, die proportional der Dehnung ist. Der Proportionalitätsfaktor wird mit μ bezeichnet und heißt POISSONsche Konstante oder POISSONsche Querkontraktionszahl.

Alle elastischen Kenngrößen sind spezifische Werkstoffeigenschaften. Da sie jedoch stark richtungsabhängig sind, gelten sie nur für vielkristalline, regellos orientierte Proben, die sich quasiisotrop verhalten. Bei Einkristallen und texturbehafteten Proben werden dagegen, je nach der Orientierung, unterschiedliche Werte gemessen.

1422 Bestimmung des E-Moduls

Aus Gl. (14.6) sind bereits die Meßgrößen für die Bestimmung von E ersichtlich. Zur Berechnung von δ ist die Messung der Last P(kp) und des Probenquerschnitts F(mm^2) notwendig. Trägt man, wie in Kap. 311, S. 204, besprochen wird, die Spannungen gegen die Dehnungen auf, so ist in dem entstandenen Diagramm E der Tangens des Neigungswinkels der Kurve gegen die Abzisse. E ist somit die Spannung, die notwendig wäre, um den Werkstoff elastisch um 100% zu dehnen. Bei Metallen ist eine solche Dehnung jedoch nicht erreichbar.

Zur Bestimmung der elastischen Kenngrößen sind eine Reihe von Verfahren entwickelt worden, die je nach Probengröße, Probenform und erforderlicher Genauigkeit angewendet werden. Grundsätzlich sind dabei statische und dynamische Verfahren zu unterscheiden.

Das bekannteste statische Verfahren ist die Bestimmung des E-Moduls aus der Längenänderung im *Zugversuch*. Dieses Verfahren beruht auf der Grundgleichung (14.6). Es wird eine Probe mit bekannter Ausgangslänge und konstantem Querschnitt einer Zugbeanspruchung ausgesetzt und die resultierende Dehnung gemessen.

Allerdings ist zu beachten, daß die bei der üblichen Belastung mit Hilfe einer Zugprüfmaschine gemessenen Dehnungen zu ungenau sind, weil die Prüfvorrichtung selbst eine gewisse elastische Dehnung aufweist. Daher ist es erforderlich, die Dehnung unmittelbar an der Probe zu messen (z. B. mittels MARTENS-Spiegel-Gerät, Dehnungsmeßstreifen, induktivem Verlagerungsaufnehmer).

Mit dem MARTENS-Spiegel-Gerät kann der E-Modul aus der Längenänderung, die ein Zerreißstab bei Belastung in der Zugprüfmaschine erfährt, leicht bestimmt werden. Die dazu erforderlichen Apparaturen und ihr Aufbau sind im Kap. 3123, S. 214, genauer beschrieben. Da die Dehnung bis zur E-Grenze proportional der Spannung ist, kann mit Hilfe der bekannten Probenabmessungen (Durchmesser und Ausgangslänge) der E-Modul nach Gl. (14.6) berechnet werden.

Bei genügend großem und konstantem Probenquerschnitt kann der E-Modul auch durch *Biegemessungen* (s. Kap. 314, S. 220) bestimmt werden. Bei der Biegung erfährt die Probe auf der konvexen Seite eine Dehnung und auf der konkaven eine Stauchung, aus denen nach der auch hier geltenden Gl. (14.6) der E-Modul errechnet werden kann. Es ist auch möglich, mit einseitig eingeklemmter Probe zu arbeiten.

Versuch: Es soll die Änderung des E-Moduls von Messing mit 72% Cu (Ms 72) in Abhängigkeit vom Verformungsgrad bestimmt werden. Der E-Modul wird im Biegeversuch an etwa 300 mm langen und 30 mm breiten Proben bestimmt. Das geglühte Ausgangsmaterial soll etwa 8 bis 10 mm dick sein und wird durch Walzen um 5, 10, 20, 25, 50 und 60% verformt. Die Probe wird auf zwei 250 mm voneinander entfernte, parallele Schneiden gelegt und auf die Mitte der Probe eine durch Gewichte belastete Schneide gesetzt. Die Durchbiegung wird mittels Meßmikroskop und an der Schneide befindlicher, in Zehntelmillimeter geteilter Skala gemessen. Um eine starke Änderung der wirksamen Länge wegen der Durchbiegung zu verhindern, darf man nur mit niedrigen Belastungen arbeiten. Die mit steigendem Verformungsgrad abnehmende Probendicke bedingt eine stärkere Durchbiegung; sie kann durch Verringern des Schneidenabstandes oder Verminderung der Belastung ausgeglichen werden.

Gemäß den bei der Biegung auftretenden Formänderungen und Biegespannungen ergibt die Theorie [s. WESTPHAL] für den E-Modul bei Durchbiegung:

$$E = \frac{1}{4} \frac{l^3 P}{a^3 b h} \quad \left[\frac{\text{kp}}{\text{mm}^2}\right]. \tag{14.8}$$

In jedem Versuch sind die Werte: l = wirksame Länge (Schneidenabstand), a = Dicke, b = Breite, P = wirksame Kraft und h = Durchbiegung zu bestimmen.

Da l und a in der dritten Potenz in die Rechnung eingehen, ist auf ihre genaue Bestimmung besonderer Wert zu legen.

Abb. 14.7 zeigt die Abnahme des E-Moduls mit steigendem Verformungsgrad.

Eine Verbesserung der Genauigkeit läßt sich durch Messung der Durchbiegung jeder Probe bei verschieden hohen Belastungen erreichen.

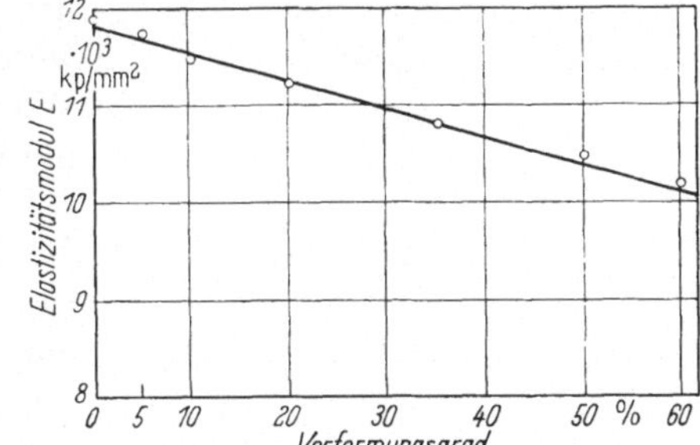

Abb. 14.7. Änderung des Elastizitätsmoduls E von Messing (72% Cu) mit dem Verformungsgrad

1423 Bestimmung des Schubmoduls

Bei der Scherbeanspruchung wird, wie Abb. 14.8 zeigt, ein Volumenelement eines elastischen Körpers an einer Seite festgehalten, während an der anderen Seite tangential eine Kraft P wirkt, die auf der Fläche F gleichmäßig verteilt ist. Sie verformt den Körper um den Winkel γ. Für geringe Winkeländerungen gilt dann Gl. (14.7). Zur Berechnung des Schubmoduls müssen also der Scher- oder Torsionswinkel γ und die Schubspannung τ bestimmt werden.

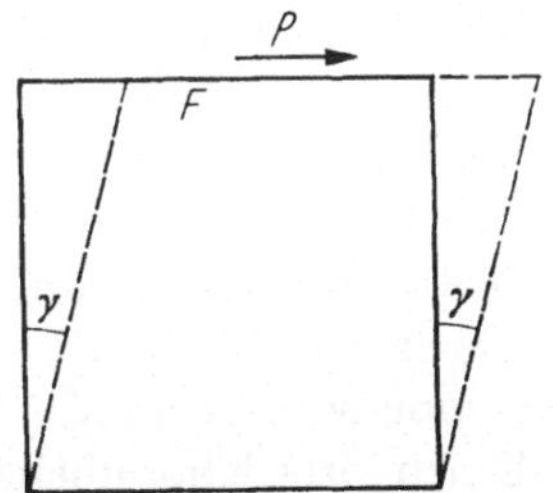

Abb. 14.8. Schematische Darstellung der Scherbeanspruchung eines Körpers

In der Regel werden dynamische Verfahren angewendet, bei denen das Torsionspendel genauere Messungen gestattet. Das zu untersuchende Metall wird in Drahtform als elastisches Element eines Pendels in Torsionsschwingungen versetzt und aus der Schwingungsdauer der Schubmodul nach der Formel [s. WESTPHAL]

$$G = \frac{8\pi I l}{r^4 t^2} \tag{14.9}$$

berechnet. Dabei sind l die wirksame Probenlänge, r der Probenradius, I das Trägheitsmoment des Pendels und t die Schwingungszeit. Das Trägheitsmoment I läßt sich mit Hilfe eines zweiten, bekannten Trägheitsmoments I_z nach der Formel bestimmen:

$$I = I_z \frac{t_1^2}{(t_2^2 - t_1^2)}. \tag{14.10}$$

Zu messen sind die Schwingungszeiten t_1 für das Pendel ohne das zusätzliche Trägheitsmoment und t_2 mit zusätzlichem Trägheitsmoment I_z.

Versuch: Es soll die Änderung des Schubmoduls von Reineisen mit 0,04% C in Abhängigkeit von der Temperatur und der Auslagerungszeit (0 h, 1 h, 3 h 100°) bestimmt werden. Zur Messung des Schubmoduls dient ein Torsionspendel nach KÊ, das auch zur Bestimmung des anelastischen Verhaltens benutzt werden kann (s. Kap. 1424, S. 102). Wie Abb. 14.9 zeigt, bildet die zu untersuchende Drahtprobe D das elastische Element des Pendels P. Über die Probe, die zur besseren Temperaturkonstanz mit Cu-Ausgleichsschalen A umgeben ist, kann ein Ofen O gefahren werden. Das untere Ende des Pendels taucht zur Vermeidung von Torkelschwingungen in ein Ölbad $Ö$. Um plastische Verformungen in den Randschichten des Drahtes auszuschließen, werden nur sehr kleine Schwingungsamplituden angewendet, die optisch gemessen werden müssen. Dazu wird das Bild einer etwa 3 m entfernten Skala durch einen am Pendel befindlichen Spiegel S in ein Fernrohr über der Skala geworfen und beobachtet. Das Pendel wird mittels Stromstößen (Morsetaste) durch zwei auf einer Grundplatte G befestigte Elektromagnete M angeregt, die zwei an den Pendelarmen angebrachte Weicheisenstücke W anziehen. Die Schwingungsdauer wird mit einer Stoppuhr bestimmt. Zur genauen Messung der Versuchstemperatur dienen drei Thermoelemente, die dicht an der Mitte und den Enden der Drahtprobe angebracht sind.

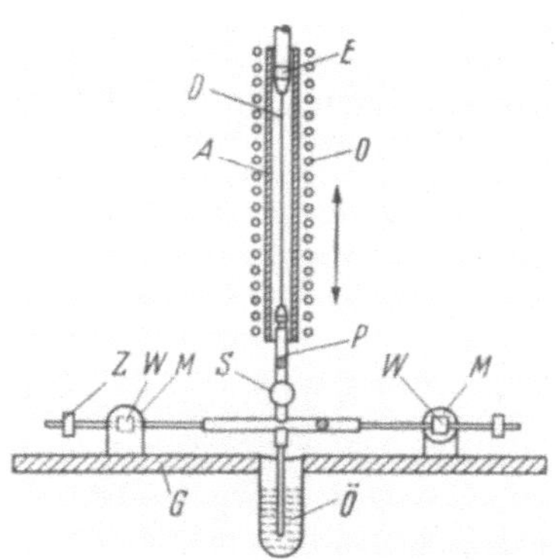

Abb. 14.9. Aufbau eines Torsionspendels nach KÊ

Das Pendel gestattet das Aufschrauben von Zusatzgewichten Z zur Änderung des Trägheitsmoments. Zum Messen der wirksamen Probenlänge und des Trägheitsradius dient eine Schieblehre, zur Bestimmung des Drahtdurchmessers eine Mikrometerschraube.

Die ausgelagerten, etwa 300 mm langen Drahtproben werden starr mit dem Pendel verbunden und in der oberen Einspannung E befestigt. Dann wird mit der Schieblehre die wirksame Länge l des Drahtes bestimmt. Der Drahtdurchmesser muß sehr genau ausgemessen werden, da er in der 4. Potenz eingeht. Zweckmäßigerweise mißt man mit der Mikrometerschraube 10mal über die gesamte Länge verteilt, jeweils um 90° versetzt.

Vor dem Versuch ist zunächst das Trägheitsmoment des Pendels bei übergeschobenem, ungeheiztem Ofen zu bestimmen. Dazu wird 10mal die Schwingungszeit für 200 Schwingungen ausgemessen. Danach wird das Trägheitsmoment des Pendels durch Aufschrauben der Scheiben Z mit bekanntem Gewicht auf die Pendelarme vergrößert. Das zusätzliche Trägheitsmoment errechnet sich in diesem Fall nach der Formel

$$I_z = m\, e^2. \tag{14.11}$$

Die Zusatzmasse m wird aus dem bekannten Scheibengewicht G zu $m = G/g$ und der Trägheitsradius e durch Ausmessen bestimmt. Dazu mißt man die Entfernung der Außen- und Innenflächen der Scheiben, mittelt die erhaltenen Werte und halbiert. Die Schwingungszeit für 200 Schwingungen des Pendels mit vergrößertem Trägheitsmoment wird ebenfalls gemessen und die Werte in Formel (14.10) eingesetzt.

Nach dem Entfernen der Zusatzgewichte von den Pendelarmen kann der eigentliche Versuch beginnen. Der Ofen wird aufgeheizt und in bestimmten Temperaturintervallen die Schwingungszeit gemessen. Die erhaltenen Schwingungszeiten werden quadriert und in Gl. (14.9) eingesetzt.

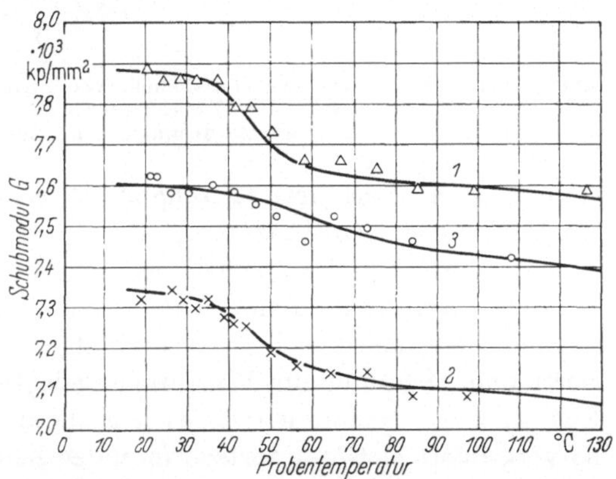

Abb. 14.10. Änderung des Schubmoduls von Reinsteisen mit 0,04% C mit der Glühtemperatur und der Auslagerungszeit

Kurve *1* 0 h ausgelagert, Kurve *2* 1 h bei 100° ausgelagert, Kurve *3* 3 h bei 100° ausgelagert

In der Abb. 14.10 ist die gefundene Abhängigkeit des Schubmoduls von der Temperatur dargestellt. Die Kurven zeigen den üblichen Abfall des Schubmoduls mit steigender Temperatur. Bei etwa 40° weisen sie jedoch eine Unstetigkeit auf. Diese wird dadurch hervorgerufen, daß bei dieser Temperatur der in der Drahtprobe gelöste Kohlenstoff zu einer elastischen Nachwirkung führt: der Schubmodul geht vom unrelaxierten zum relaxierten Schubmodul über (vgl. Kap. 1424, S. 102). Da die Stärke der elastischen Nachwirkung von der Menge des gelösten Kohlenstoffs abhängt, ist die Veränderung des Schubmoduls im abgeschreckten Zustand, bei dem der meiste Kohlenstoff gelöst ist, am größten, während sie mit steigender Auslagerungszeit durch die Ausscheidung des Kohlenstoffs abnimmt. Die gemessenen Unterschiede im Absolutwert des Schubmoduls der einzelnen Proben sind durch Meßfehler bedingt. Die Messungen können daher nur relativ ausgewertet werden.

1424 Bestimmung des anelastischen Verhaltens durch Dämpfungsmessung

Bei genauen Messungen des E-Moduls können sich geringfügige Unterschiede ergeben, je nachdem ob die Messung mit statischen oder

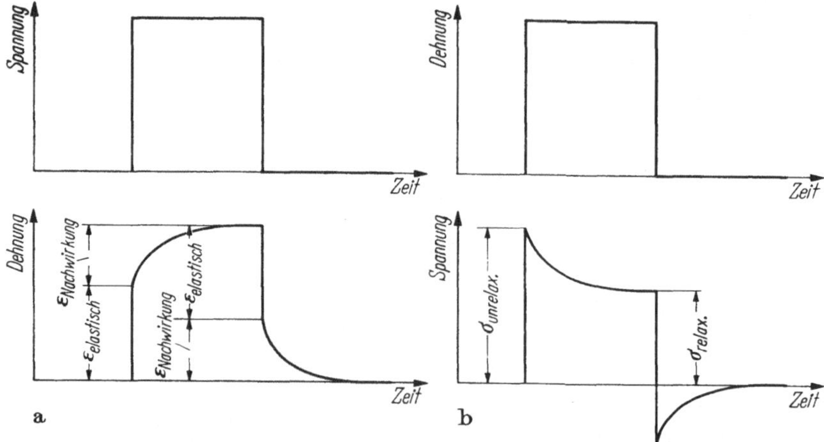

Abb. 14.11 a u. b. Schematische Darstellung von Spannung und Dehnung in Abhängigkeit von der Zeit bei Vorliegen einer elastischen Nachwirkung
a konstante Spannung, b konstante Dehnung

dynamischen Verfahren durchgeführt wird. Diese Erscheinung wird durch die sog. Anelastizität des Werkstoffs verursacht.

Das Verhalten des anelastischen Werkstoffs ist in Abb. 14.11 schematisch dargestellt. Beim Aufbringen einer Spannung stellt sich zunächst, dem Hookeschen Gesetz folgend, eine dieser Spannung proportionale Dehnung ein. Wird die angelegte Spannung nun über längere Zeit konstant gehalten (wie es der obere Teil von Abb. 14.11a zeigt), so vergrößert sich mit fortschreitender Zeit die Anfangsdehnung durch eine zeitabhängige zusätzliche Dehnung (wie im unteren Teil von Abb. 14.11a dargestellt), die durch im Werkstoff ablaufende, atomistische Vorgänge hervorgerufen wird. Beim Entlasten wird zunächst wieder der der Spannung proportionale Dehnungsbetrag abgebaut, während der restliche Dehnungsanteil im Laufe der Zeit asymptotisch verschwindet. Diesen Abklingvorgang bezeichnet man als elastische Nachwirkung.

Mißt man im Gegensatz dazu bei vorgegebener konstanter Dehnung die erforderliche Spannung, so beobachtet man das in Abb. 14.11b dargestellte Verhalten. Es tritt dann eine Relaxation der zum Konstanthalten der Dehnung notwendigen Spannung ein. Um die Dehnung wieder auf den Ausgangswert zurückzuführen, ist nicht nur eine Entlastung erforderlich, sondern es muß sogar eine Spannung entgegengesetzten Vorzeichens angewendet werden, die allerdings durch die elastische Nachwirkung im Laufe der Zeit wieder abgebaut wird (Relaxationszeit). Sehr genaue Messungen des E-Moduls müssen also unterschiedliche Werte ergeben, je nachdem ob ohne oder mit Berücksichtigung der Relaxationszeit gemessen wurde, d. h. ob der unrelaxierte oder der relaxierte E-Modul bestimmt wurde (vgl. Kap. 1423, S. 101).

Die Gründe für das Auftreten der elastischen Nachwirkung in Metallen können sehr unterschiedlich sein, und ihre richtige Deutung ist häufig schwierig. Im Laufe der letzten Jahre konnten aber eine Reihe von Relaxationsvorgängen metallphysikalisch erklärt werden. Am bekanntesten ist der durch Platzwechsel eingelagerter Fremdatome in kubisch raumzentrierten Metallen hervorgerufene Relaxationsvorgang, der zur sog. Snoek-Dämpfung führt. Dieser Relaxationsvorgang beruht auf dem Platzwechsel von gelöstem Kohlenstoff und Stickstoff im Fe-Gitter.

Im kubisch raumzentrierten Gitter sind die Fremdatome auf den Flächen- und Kantenmitten der Elementarzelle angeordnet und führen zu einer Dehnung in Kantenrichtung. Ist das Gitter unverformt, so sind die Fremdatome auf die Plätze in den drei kristallographisch gleichwertigen Richtungen regellos verteilt. Wird aber das Gitter z. B. in Richtung einer Würfelkante elastisch gedehnt, so kommt es in den Richtungen der anderen Würfelkanten auf Grund der Volumenkonstanz zu einer Kontraktion. Dadurch werden die in den gedehnten Kanten gelegenen Plätze gegenüber den anderen energetisch begünstigt und bevorzugt besetzt. Bei plastischer Verformung einer vielkristallinen Probe springen die eingelagerten Fremdatome bei thermischem Platzwechsel in die gedehnten Bereiche und rufen so eine Relaxation hervor. Setzt man die Probe einer periodisch wechselnden Beanspruchung (z. B. Torsionsschwingungen eines Drahtes) aus, so führt der im Takt der Schwingung erfolgende Platzwechsel der Atome zu einem Energieverlust, der sich in einer meßbaren Dämpfung des Schwingungsvorgangs äußert. Eine Dämpfung tritt aber nur dann auf, wenn die Schwingungszeit und die Relaxationszeit etwa gleich sind. Ist die Zeit zwischen Be- und Entlasten (Schwingungszeit) klein gegenüber der Relaxationszeit, so findet kein Platzwechsel statt und die Relaxation kann nicht wirksam werden. Bei niedriger Frequenz tritt dagegen volle Relaxation ein, und es kommt ebenfalls zu keiner Dämpfung.

Da es sich bei dem Platzwechsel der Kohlenstoff- und Stickstoffatome im Fe um einen Diffusionsvorgang handelt, ist die Relaxationszeit, wie die vieler anderer, zu einer elastischen Nachwirkung führender atomistischer Vorgänge, temperaturabhängig. Ändert man daher bei konstanter Frequenz der Be- und Entlastung (wie sie z. B. bei Schwingungen eines Torsionspendels auftritt) die Probentemperatur und mißt die Dämpfung in Abhängigkeit von der Temperatur, so ergibt sich ein Dämpfungsmaximum.

In vielkristallinen Proben ist die Höhe dieses Dämpfungsmaximums direkt proportional zur Menge der gelösten Atome, da jedes gelöste Atom einen Beitrag zur Dämpfung liefert. Durch Dämpfungsmessung läßt sich daher die Konzentration der Fremdatome bestimmen. Das Verfahren liefert insbesondere dann zuverlässige Werte, wenn die Löslichkeit der Fremdatome im kubisch raumzentrierten Gitter gering und daher eine genaue Bestimmung der Konzentration chemisch oder röntgenographisch nicht mehr möglich ist.

Auch Löslichkeitslinien im festen Zustand lassen sich durch Dämpfungsmessungen bestimmen. Dazu werden die Proben bei verschiedenen Temperaturen geglüht, abgeschreckt und die Höhe des Dämpfungsmaximums gemessen, die ein direktes Maß für die in Lösung befindlichen Fremdatome ist. Auf die gleiche Weise können auch Ausscheidungsvorgänge untersucht werden, weil die ausgeschiedenen Atome keinen Beitrag zum Dämpfungsmaximum liefern.

Auch eine Bestimmung des Diffusionskoeffizienten ist möglich. Sie kann entweder direkt durch Aufnahme von Dämpfungs-Temperatur-Kurven bei verschiedener Frequenz vorgenommen werden oder indirekt durch Beladen der Proben mit Fremdatomen und Verfolgung des Dämpfungsmaximums in Abhängigkeit von der Beladungszeit.

Versuch: Es soll die Ausscheidung von C aus dem übersättigten Fe-C-Mischkristall bei 100° durch Dämpfungsmessung mit dem Torsionspendel verfolgt werden.

Das Torsionspendel nach KÊ arbeitet mit freien Schwingungen, d. h., die Frequenz von etwa 1 Hz wird konstant gehalten. Die zur Aufnahme des Dämpfungsmaximums notwendige Änderung der Relaxationszeit, die hier durch die Diffusion des C im Fe bestimmt wird, ist durch Variieren der Probentemperatur möglich, da diese die Beweglichkeit der C-Atome stark beeinflußt.

Gemessen wird das logarithmische Dekrement, d. h., die Abnahme der Schwingungsweite der freien gedämpften Schwingung. Es ist gleich dem natürlichen Logarithmus des Verhältnisses zweier aufeinander folgender Schwingungsamplituden. Zweckmäßigerweise bestimmt man aber nicht die nur geringe Abnahme der Amplitude zwischen zwei Schwingungen, sondern die erheblich größere zwischen mehreren. Für das logarithmische Dekrement gilt dann die Formel:

$$\vartheta = \ln \left(\frac{\varphi_0}{\varphi_n}\right)^{1/n}. \tag{14.12}$$

Dabei sind:

φ_0 die Schwingungsweite zur Zeit $t = 0$,
φ_n die Schwingungsweite nach n Schwingungen und
n die Anzahl der Schwingungen.

Zur weiteren Vereinfachung empfiehlt es sich, die Messung so auszuführen, daß $\frac{\varphi_0}{\varphi_n} = 2$ wird. Es wird die Halbwertszeit, d. h., die Zeit zwischen einer vorgegebenen Vollamplitude und deren Abklingen auf die halbe Schwingungsweite bestimmt. Damit wird die Messung auf zwei Zeitmessungen, nämlich die der Schwingungszeit t_s und die der Halbwertszeit t_h zurückgeführt. Die Zahl der Schwingungen errechnet sich dann als Produkt der Halbwertszeit t_h und der Frequenz $\gamma = \frac{1}{t_s}$. Daraus folgt:

$$\vartheta = \frac{1}{n} \ln 2 = \frac{t_s}{t_h} \ln 2 . \tag{14.13}$$

Zur Verknüpfung der mit Hilfe verschiedener Verfahren erhaltener Ergebnisse der Dämpfungsmessung wird heute allgemein eine aus den Resonanzmessungen der Elektrotechnik übernommene Größe Q^{-1} verwendet:

$$Q^{-1} = \frac{\vartheta}{\pi} = \frac{t_s}{t_h} \frac{0{,}6973}{\pi} = \frac{t_s}{t_h} \cdot 0{,}220 . \tag{14.14}$$

Als Proben dienen etwa 1 mm starke und 300 mm lange Drähte aus Reinst-Fe mit 0,04% C. Sie werden in einem Rohrofen etwa 30 Minuten bei 710° homogenisiert und in Eiswasser abgeschreckt. Eine Probe wird direkt nach dem Abschrecken, die anderen nach entsprechenden Auslagerungszeiten bei 100° in das Pendel eingespannt und untersucht.

Der Aufbau des Torsionspendels ist bereits im Kap. 1423, S. 100, näher beschrieben. Um die durch unterschiedliche Temperaturverteilung hervorgerufenen Fehler so klein wie möglich zu halten, muß der über die Drahtprobe geschobene Ofen eine sehr gleichmäßige und über die Probenlänge konstante Erwärmung des Drahtes gewährleisten. Es empfiehlt sich daher, zur stärkeren Beheizung der Probenenden Zusatzwicklungen anzubringen. Außerdem kann das Pendel in eine (auf etwa 10^{-3} Torr) evakuierbare Kammer eingebaut werden. Dadurch wird die Grunddämpfung erheblich verringert (keine Luftreibung), und das Pendel beeinflussende Luftströmungen werden ausgeschaltet.

Nach dem Einspannen der Probe und Evakuieren wird der Draht von Raumtemperatur beginnend kontinuierlich mit etwa 2°/min erwärmt und dabei laufend gemessen. Dazu wird das Pendel mit Hilfe der Magnete zu Schwingungen angeregt. Mit zwei Stoppuhren werden gleichzeitig Halbwertszeit und Schwingungsdauer bestimmt. Die Halbwertszeit beginnt, wenn sich der im Fernrohr beobachtete Umkehrpunkt der Pendelschwingung mit der auf der etwa 3 m entfernten Skala angebrachten Marke für die Vollamplitude deckt. Sie endet, wenn der Umkehrpunkt mit der Marke für die Halbamplitude zusammenfällt. Vor und nach jeder Messung ist der Nullpunkt zu kontrollieren. Die Bestimmung der Schwingungszeit ist durch Auszählen von je 50 Schwingungen oder Messen des zugehörigen Zeitintervalls leicht durchzuführen.

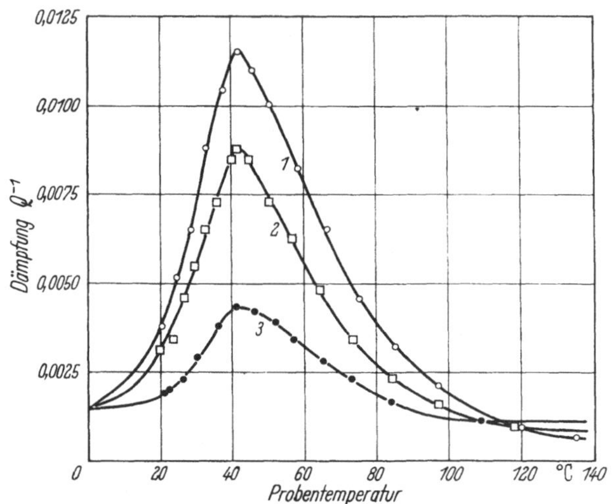

Abb. 14.12. Änderung des Dämpfungsmaximums einer Fe-C-Probe durch Auslagern bei 100° Kurve *1* abgeschreckt, Kurve *2* abgeschreckt und 1 h bei 100° ausgelagert, Kurve *3* abgeschreckt und 3 h bei 100° ausgelagert

Bei einer Probentemperatur von 120° ist der Versuch beendet, da dann die Dämpfung auf die Rest- oder Grunddämpfung zurückgegangen ist.

Wenn das Trägheitsmoment des Pendels bekannt ist, kann bei diesem Versuch der Schubmodul mitbestimmt werden (vgl. Kap. 1423, S. 99). Aus den erhaltenen Ergebnissen wird nach Gl. (14.13) und (14.14) der Wert für Q^{-1} errechnet und in Abhängigkeit von der Temperatur abgetragen. Es entsteht für jede Probe eine Glockenkurve, deren Maximum bei etwa 40° liegt. Trägt man die Kurven verschieden lange ausgelagerter Drähte gegen die Temperatur auf, so ergibt sich eine Verringerung der Dämpfung mit steigender Auslagerungszeit, wie es Abb. 14.12 zeigt.

Da die Dämpfung nur durch die interstitiell gelösten C-Atome hervorgerufen wird, können ausgeschiedene und damit gebundene C-Atome keinen Beitrag zur Dämpfung leisten. Die Höhe des Dämpfungsmaximums über der Grunddämpfung ist daher direkt proportional der gelösten C-Menge und zur Verfolgung des Ausscheidungsvorgangs geeignet.

Literatur

FRANZ, H.: Z. Metallkde. 53 (1962) 27.
KÖSTER, W.: Z. Metallkde. 53 (1962) 17.
LÜCKE, K.: Z. Metallkde. 53 (1962) 57.
NOWICK, A. S.: Progress in Metal Physics 4 (1953) 1.
SCHILLER, P.: Z. Metallkde. 53 (1962) 9.
WESTPHAL, W.: Physikalisches Praktikum, 11. Aufl. Braunschweig: Fr. Vieweg Verlag 1963.
ZENER, C.: Elasticity and Anelasticity of Metals. Chicago: University Press 1948.

143 Dilatometrische Bestimmung der thermischen Ausdehnung

1431 Grundlagen

Alle festen Körper verändern ihre Abmessungen in Abhängigkeit von der Temperatur, und zwar ist eine Temperaturerhöhung in der Regel mit einer (normalerweise reversiblen) Volumen- und Längenzunahme (Dilatation) verbunden. Die Zahl, die diese Änderung für 1° Temperaturerhöhung angibt, wird entweder (auf das Volumen V_0 bezogen) als kubischer oder (auf die Länge L_0 bezogen) als linearer Ausdehnungskoeffizient oder Wärmeausdehnungszahl bezeichnet.

Die Wärmeausdehnungszahl ist temperaturabhängig. Der wahre Ausdehnungskoeffizient ist daher durch die Längenänderung bei sehr geringer Temperaturerhöhung definiert:

$$\alpha = \frac{1}{L_0}\left(\frac{dL}{dt}\right)\left[\frac{1}{\text{cm}}\,\frac{\text{cm}}{°\text{C}}\right]. \tag{14.15}$$

Dabei sind L_0 die Länge bei 0° und t die Temperatur. Analog gilt für den kubischen Ausdehnungskoeffizienten

$$\gamma = \frac{1}{V_0}\left(\frac{dV}{dt}\right), \tag{14.16}$$

wobei in erster Näherung bei isotropen Körpern

$$\gamma = 3\alpha \tag{14.17}$$

angenommen werden kann.

Für die technische Anwendung reicht im allgemeinen die Angabe des mittleren Ausdehnungskoeffizienten aus, der sich zwischen den Temperaturen t_1 und t_2 als das Verhältnis der auftretenden Längenänderung zur Temperaturdifferenz ergibt

$$\alpha(t_1 - t_2) = \frac{1}{L_0}\,\frac{L_{t_0} - L_{t_1}}{t_2 - t_1}. \tag{14.18}$$

Der Wert dieses „mittleren" Koeffizienten nähert sich um so mehr dem wahren Wert in Gl. (14.15), je kleiner das Temperaturintervall $(t_2 - t_1)$ wird.

Üblicherweise wird die Ausgangstemperatur als Nullpunkt gewählt; dann berechnet sich die Länge bei der erhöhten Temperatur t_2 nach

$$L t_2 = L t_1 (1 + \alpha t_2), \quad (14.19)$$

wobei α gleich dem mittleren linearen Ausdehnungskoeffizienten gesetzt ist. Die Werte für die mittleren Ausdehnungskoeffizienten gelten im allgemeinen zwischen $t_1 = 0°$ oder $20°$ und einer erhöhten Temperatur, z. B. 100°.

Während der Ausdehnungskoeffizient der kubischen Metalle von der Richtung im Kristallgitter unabhängig (d. h. isotrop) ist, kann er bei Metallen mit niedrigerer Symmetrie stark richtungsabhängig sein. Dies ist z. B. bei Zn und Cd der Fall. Es können dadurch in diesen Metallen bei stärkeren Temperaturänderungen geringe plastische Verformungen auftreten.

Der Ausdehnungskoeffizient für Zn beträgt bei Raumtemperatur etwa $64 \cdot 10^{-6}$ [grd^{-1}] parallel zur hexagonalen Achse und $14 \cdot 10^{-6}$ [grd^{-1}] senkrecht zur hexagonalen Achse. Als kubische Metalle mit einer hohen Wärmeausdehnung seien Al ($23 \cdot 10^{-6}$ [grd^{-1}]) und Pb ($28 \cdot 10^{-6}$ [grd^{-1}]) genannt. Man kennt andererseits Legierungen (z. B. auf Basis Fe-Ni), deren Ausdehnungskoeffizient praktisch gleich Null ist. Auch Quarz ist ein durch seinen niedrigen Ausdehnungskoeffizienten ($0{,}54 \cdot 10^{-6}$ [grd^{-1}]) ausgezeichneter Werkstoff. Bei Legierungen ändert sich der Ausdehnungskoeffizient oft schon bei geringen Abweichungen der Zusammensetzung oder bei unlegierten Metallen durch geringe Verunreinigungen.

Für das kubisch raumzentrierte α-Fe ist die Temperaturabhängigkeit des linearen Ausdehnungskoeffizienten α:

zwischen 0 [°C] und	100	200	300	400	500	600	700	800
[10^{-6} grd.$^{-1}$]	11,9	12,3	13,1	13,7	14,4	14,7	14,9	14,5

Bei Präzisionsmessungen muß diese Abhängigkeit berücksichtigt werden. Danach ergibt sich die wahre Länge bei der Temperatur t nach

$$L_t = L_0 (1 + \alpha_1 t + \alpha_2 t^2 + \cdots). \quad (14.20)$$

Die Bestimmung des Ausdehnungskoeffizienten zur Ermittlung wahrer Längenänderungskurven in Abhängigkeit von der Temperatur interessiert bei metallkundlichen Untersuchungen aber erst in zweiter Linie. Sehr wesentlich sind jedoch Abweichungen von dem annähernd linearen Verlauf der Ausdehnungskurve, wenn im festen Zustand Phasenänderungen auftreten, z. B. Phasenumwandlungen, Auflösungs- bzw. Ausscheidungsvorgänge und Bildung instabiler Zustände, wie z. B. bei der Stahlhärtung. Solche Vorgänge werden zum Teil von erheblichen

Volumenänderungen begleitet. Dabei interessiert die Temperaturabhängigkeit der Vorgänge ebenso wie ihr zeitlicher Ablauf. Experimentell ist die Bestimmung des kubischen Ausdehnungskoeffizienten schwieriger als die des linearen. Entsprechend der Beziehung in Gl. (14.17) wird die Ermittlung der Temperaturabhängigkeit des Volumens daher vorwiegend durch die Bestimmung der Längenänderung vorgenommen, und zwar mit Hilfe eines Dilatometers. Eine solche dilatometrische Messung empfiehlt sich insbesondere dann, wenn sich das Volumen im Vergleich zu anderen physikalischen Eigenschaften stark ändert.

1432 Aufbau der Dilatometer

Für die normale dilatometrische Untersuchung ist nicht die absolute, sondern die relative Längenänderung von Bedeutung. In allen Fällen, mit Ausnahme isothermischer Versuchsdurchführung, müssen mindestens zwei Meßgrößen gleichzeitig bestimmt werden: Probentemperatur und Probenlänge. Eine Dilatometeranordnung besteht daher aus einem Ofen und einer Meßvorrichtung für die Längenänderung.

Wegen ihrer empfindlichen Regelbarkeit haben sich elektrisch beheizte Öfen bewährt. Die Wärmeübertragung erfolgt in der Regel indirekt durch Wärmeleitung von Gasen oder, insbesondere im Vakuum, durch Strahlung. Entsprechendes gilt für die speziellen Tieftemperaturdilatometer. Die Temperatur wird normalerweise mit Hilfe eines Thermoelementes gemessen und entweder in Abhängigkeit von der Zeit auf einem Millivoltmeter abgelesen, oder genauer mit Hilfe eines Kompensationsschreibers registriert (vgl. Kap. 112, S. 7).

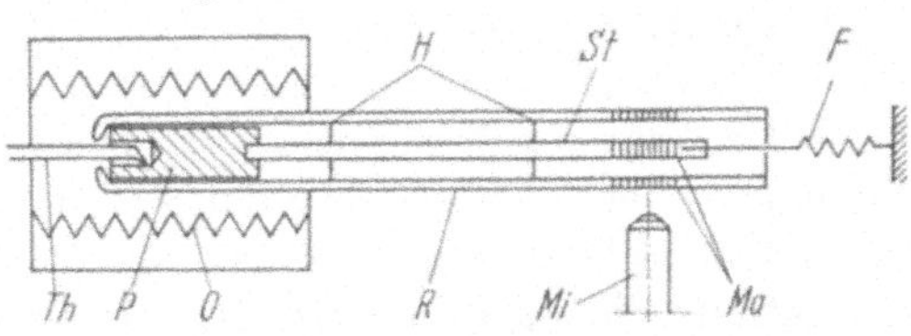

Abb. 14.13. Dilatometer

Für die Bestimmung der Längenänderung werden die verschiedenartigsten Meß- und Registrierverfahren angewendet. Eine sehr einfache Meßanordnung zeigt Abb. 14.13. In einem Ofen (*O*), dessen Temperatur über das Thermoelement (*Th*) gemessen und geregelt wird, befindet sich die Probe (*P*) in einem Rohr (*R*) aus Quarz, einem Werkstoff, der wegen seines geringen Ausdehnungskoeffizienten für die meisten Dilatometer verwendet wird.[1] Die beim Aufheizen der Probe auftretenden Längenänderungen werden durch einen Quarzstab (*St*) übertragen,

[1] Sollen lediglich mit größeren Längenänderungen verbundene allotrope Umwandlungen (z. B. α-γ-Umwandlung des Fe) bestimmt werden, so genügt es vielfach auch, die zur Übertragung der Längenänderungen dienenden Gestängeteile aus einer umwandlungsfreien Legierung (z. B. austenit. Stahl) herzustellen.

der durch zwei Halterungen (H) geführt wird und durch eine Feder (F) an die Probe gedrückt wird. Durch die auf dem Quarzstab und dem Quarzrohr angebrachten Meßmarken (Ma) läßt sich beim Aufheizen die gegenseitige Verschiebung und damit die Längenänderung der Probe mit dem Meßmikroskop (Mi) bestimmen. Es ist auch möglich, die Längenänderung der Probe auf eine Meßuhr zu übertragen. In diesem Fall lassen sich sogar schnell ablaufende Vorgänge aufnehmen, wenn man z. B. die Skalen der Meßuhr und einer Stoppuhr zusammen mit der Skala des Temperaturmeßgerätes fotografiert oder filmt.

Eine Verfeinerung und damit Verbesserung dieser mechanisch arbeitenden Versuchsanordnung läßt sich erreichen, wenn die Bewegung des Quarzstabes auf die Auslenkung eines Spiegels oder Prismas übertragen wird, so daß die Messung optisch vorgenommen werden kann.

Genauere Messungen sind mit dem Differentialdilatometer möglich. Bei ihm wird die Differenz der Längenausdehnungen der Probe und eines umwandlungsfreien Prüfkörpers bestimmt, indem die Ausdehnung beider Körper auf ein Spiegeldreieck übertragen wird, dessen Drehung einen Lichtstrahl beeinflußt. Das handelsübliche „Leitz-Bollenrath-Dilatometer" arbeitet nach diesem Prinzip. Dabei wird die in Abhängigkeit von der Temperatur und der Dehnung auftretende Auslenkung des Lichtzeigers fotografisch registriert.

Auch eine elektrische Bestimmung der Längenänderung ist möglich. So kann z. B. die Verlagerung auf einen Widerstandsschleifdraht übertragen werden, dessen Widerstandsänderung durch eine Strom-Spannungs-Schaltung oder vorteilhafter mittels Brückenschaltung gemessen und registriert wird.

Eine äußerst empfindliche elektrische Messung ermöglichen induktive Verlagerungsaufnehmer. Diese bestehen aus konzentrischen Spulen, in deren Längsachse ein Weicheisenkern verschiebbar gelagert ist. Schon kleinste Verlagerungen des Kerns führen zu Änderungen der Induktion, die sich in einer mit Hilfe einer Meßbrücke erfaßbaren Spannungsänderung äußern. Bei Verwendung handelsüblicher Schreiber lassen sich so Dilatationen und Kontraktionen mit 250 bis 80000facher Vergrößerung aufnehmen.

Eine solche Versuchseinrichtung ist in Abb. 14.14 schematisch dargestellt. Die zu untersuchende Probe P liegt in einem Quarzrohr R, das starr mit dem gegebenenfalls gekühlten Gehäuse des Verlagerungsaufnehmers V verbunden ist und über das der Ofen O geschoben werden kann. Zur Verhinderung einer Oxydation der Probe wird Schutzgas bei G in das Quarzrohr geleitet. Ein Quarzstab St überträgt die Längenänderung der Probe auf den Eisenkern des Verlagerungsaufnehmers. Durch dessen Verschiebung wird eine Spannung induziert, die über die Meßbrücke B in den Y-Eingang Y eines Zwei-Koordinaten-Schreibers

Sch gelegt werden kann. Der X-Eingang X des Schreibers wird mit der Spannung des Thermoelements *Th* gespeist. Auf diese Weise kann die in kartesischen Koordinaten geschriebene Kurve schon während des Meßvorgangs verfolgt und gegebenenfalls gespreizt oder gedrückt werden.

Um auch den zeitlichen Ablauf der Längenänderung zu bestimmen, kann man durch einen Zeitmarkengeber *Ma* in gewünschten Inter-

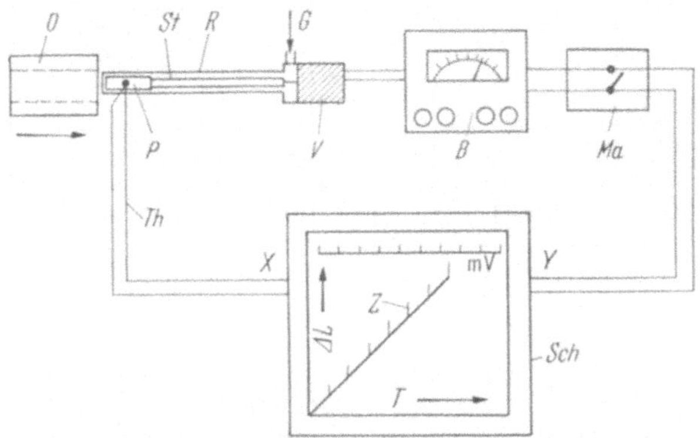

Abb. 14.14. Dilatometer mit induktivem Verlagerungsaufnehmer

vallen Marken Z auf der Registrierkurve anbringen, so daß nunmehr die Werte für Zeit Z, Temperatur T und Dilatation ΔL abgelesen werden können.

Ausdehnungskurven von Metallen und deren Legierungen verlaufen in ihren umwandlungsfreien Temperaturbereichen in erster Näherung linear. Bei Metallen mit allotropen Umwandlungen ändert sich dagegen mit der atomaren Packungsdichte während der Umwandlung auch das spezifische Volumen. γ-Fe hat beispielsweise ein kleineres Atomvolumen als α-Fe, so daß es bei der α-γ-Umwandlung zu einer Kontraktion kommt.

Versuch: Es sollen die Umwandlungstemperaturen eines Stahls mit 0,6% C und 0,9% Mn sowie die Ausdehnungskoeffizienten dieses Stahls in Temperaturintervallen von je 100° zwischen 100° und 900° bestimmt werden. Dazu wird eine 50 mm lange Probe (3 mm ⌀) in ein Quarzrohr gelegt und über einen Quarzstab die beim Erwärmen dieser Probe (Eintauchen in einen Ofen) auftretende Längenzunahme auf eine Meßuhr übertragen. Gleichzeitig wird die Temperatur mit Hilfe eines in der Probe befindlichen Thermoelements bestimmt. Die beim Aufheizen und Abkühlen in Temperaturintervallen von 100° zu 100° auftretenden Längenänderungen werden gemessen und gegen die Temperatur abgetragen. Im Temperaturbereich zwischen 650° und 800° empfiehlt es sich, häufiger zu messen, um die Umwandlungspunkte möglichst genau feststellen zu können.

Die erhaltene Kurve zeigt Abb. 14.15. Man erkennt, daß beim Aufheizen zunächst eine nahezu lineare Längenzunahme mit der Temperatur erfolgt. Nach der Kontraktion bei der Umwandlung (~730°) erfolgt die weitere Ausdehnung mit einer stärkeren Steigung, d. h. der Aus-

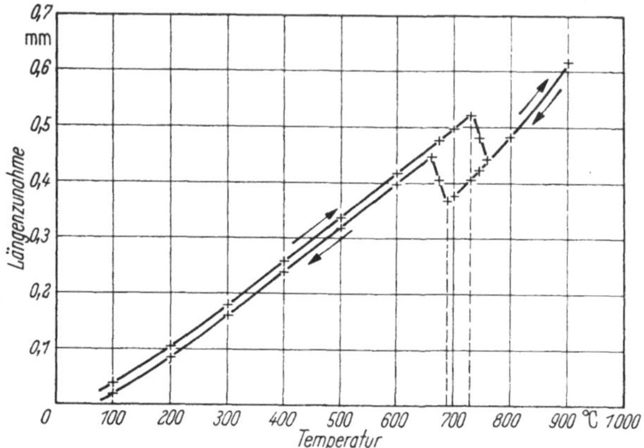

Abb. 14.15. Bestimmung der Umwandlungstemperaturen eines Stahls mit 0,6% C mit dem Dilatometer

dehnungskoeffizient ist größer geworden. Bei der Abkühlung findet die Rückumwandlung bei ~690°, d. h. bei einer tieferen Temperatur statt. Diese Hysterese ist um so größer, je größer die Abkühlungsgeschwindigkeit ist.

Literatur

Hidnert, P., u. W. Souder, in: Metals Handbook, 1948 Edition, herausgegeben von T. Lyman. Cleveland: Am. Soc. Metals 1948, S. 168.

Rose, A., u. P. Opel: Atlas zur Wärmebehandlung der Stähle. Düsseldorf: Verlag Stahleisen 1954/56/58, S. 8.

144 Elektrische Widerstandsmessung

1441 Grundlagen

Als elektrischen Widerstand R eines Leiters bezeichnet man den Quotienten aus der Spannung U an den Enden und dem Strom I durch den Leiter: $R = U/I$. Oft sind bei einem Leiter Spannung U und Strom I einander proportional (Ohmsches Gesetz). Bekannte Beispiele für solche Ohmschen Leiter sind die Metalle, auf die wir uns im folgenden beschränken wollen.

Der elektrische Widerstand R eines Leiters ist von seiner Geometrie abhängig. Es gilt:

$$R = \varrho \frac{l}{q}. \tag{14.21}$$

l Länge, q Querschnitt des Leiters.

Die Proportionalitätskonstante ϱ nennt man den **spezifischen elektrischen Widerstand** des Materials. Wie man aus Gl. (14.21) ersieht, hat ϱ die Dimension $[\varrho] = \Omega\,\text{cm}$. Der Zahlenwert von ϱ entspricht dem Widerstand eines Würfels mit 1 cm Kantenlänge. In der Technik wird ϱ oft in $\Omega \frac{\text{mm}^2}{\text{m}}$ angegeben $\left(1\,\Omega\,\text{cm} = 10^4\,\Omega \frac{\text{mm}^2}{\text{m}}\right)$.

Der Kehrwert des spezifischen elektrischen Widerstandes heißt **spezifische elektrische Leitfähigkeit** σ:

$$\sigma = \frac{1}{\varrho} \quad [\Omega\,\text{cm}]^{-1}. \tag{14.22}$$

Gute metallische Leiter mit kleinem spezifischem elektrischem Widerstand (hoher Leitfähigkeit) sind z. B. Cu, Au, Ag.

Der elektrische Widerstand eines Metalls läßt sich aus der Streuung seiner Leitungselektronen an Störstellen des Kristallgitters und an Gitterschwingungen (Phononen) verstehen. Der spezifische Widerstand eines metallischen Leiters setzt sich dabei aus zwei Anteilen zusammen: einem temperaturunabhängigen spezifischen Restwiderstand ϱ_0 (Störstellenanteil) und einem temperaturabhängigen Anteil $\varrho\,(T)$ (Phononenanteil):

$$\varrho = \varrho_0 + \varrho(T). \tag{14.23}$$

Bei sehr tiefen Temperaturen sind die Schwingungen des Kristallgitters nicht angeregt.[1] Deshalb geht $\varrho(T) \to 0$, wenn die Temperatur sich dem absoluten Nullpunkt nähert (0 °K = −273,3 °C). Mit steigender Temperatur ($T > 0$ °K) nimmt $\varrho(T)$ zunächst mit der 5. Potenz der absoluten Temperatur zu ($\varrho(T) \sim T^5$) und biegt dann in den bekannten linearen Widerstandsanstieg der Metalle ein ($\varrho \sim T$). Dieser lineare Zusammenhang von ϱ und T gilt für die meisten Metalle im Temperaturbereich $0{,}2\,\Theta \leqq T \leqq 2\,\Theta$ (Θ = DEBYE-Temperatur). Für höhere Temperaturen können Abweichungen auftreten (s. Versuch 2, S. 116).

Der temperaturunabhängige Restwiderstand ϱ_0 ist ein Maß für die Störstellenkonzentration im Metallgitter. Die Störstellen können dabei ganz verschiedener Natur sein, z. B. Fremdatome auf Gitterplätzen oder Zwischengitterplätzen (feste Lösungen); aber auch physikalische Gitterfehler wie Leerstellen, Versetzungen und Korngrenzen bilden Streuzentren.

In einfachen Fällen nimmt ϱ_0 linear mit der Konzentration an Störstellen zu. Am genauesten prüft man dieses Verhalten durch Messung von ϱ_0 bei tiefen Temperaturen (z. B. 4,2 °K = Temperatur des siedenden Heliums), da in diesem Bereich der temperaturabhängige Anteil $\varrho(T)$ gegen Null geht. Für nicht zu große Störstellenkonzentrationen gilt jedoch die **MATTHIESSENsche Regel**, die besagt, daß $\varrho(T)$ unabhängig

[1] Von Nullpunktsschwingungen sei hier abgesehen.

vom Störstellengehalt ist. In diesen Fällen kann man den spezifischen elektrischen Restwiderstand eines Leiters auch bei Raumtemperatur messen. Änderungen des Widerstandes bei Raumtemperatur sind dann allein auf die Änderungen des Restwiderstandes zurückzuführen (s. Versuch 3, S. 117).

Für ein eingehendes Studium des elektrischen Widerstandes von Metallen, auch z. B. der Druck- und Magnetfeldabhängigkeit, sei auf die angegebene Literatur verwiesen.

Da sich der spezifische elektrische Widerstand einfach und sehr genau messen läßt, wird er oft zur Analyse von Materialeigenschaften herangezogen. Im folgenden sind einige einfache Meßverfahren beschrieben.

1442 Meßmethoden

Besonders leicht und genau sind Veränderungen des Materials zu erfassen, die die Abmessungen des Leiters unbeeinflußt lassen. In solchen Fällen genügen einfache Widerstandsmessungen, denn es gilt:

$$\frac{R_1}{R_2} = \frac{\varrho_1}{\varrho_2}. \qquad (14.24)$$

Wird der spezifische elektrische Widerstand eines Leiters nach Gl. (14.21) bestimmt, so sind Längenmessungen erforderlich. Längenmessungen werden im Praktikum meist mit einer Schublehre oder Mikrometerschraube ausgeführt. Solche mechanischen Längenmessungen sind im Vergleich zu den Widerstandsbestimmungen recht ungenau. Außerdem haben die Proben im allgemeinen keinen konstanten Querschnitt. Man bildet deshalb aus mehreren Einzelmessungen des Durchmessers an verschiedenen Stellen der Probe den Mittelwert und berechnet den mittleren Fehler. Den Probenwiderstand bestimmt man nach einem der folgenden Verfahren:

Absolute Widerstandsmessung. Beim Verfahren der *Stromspannungsmessung* bestimmt man den gesuchten Leiterwiderstand R_X aus dem Strom I [A] im Leiter und der Spannung U [V] am Leiter nach der Beziehung:

$$R_X = U/I \quad [\Omega]. \qquad (14.25)$$

Es sind zwei Schaltkreise möglich (Abb. 14.16). Im Falle I mißt man die Summe der Ströme durch den Widerstand R_X und den Spannungsmesser U (Innenwiderstand R_V). Es gilt:

$$I = \frac{U}{R_X}\left(1 + \frac{R_X}{R_V}\right). \qquad (14.26)$$

Schaltung I wird man daher verwenden, wenn der gesuchte Widerstand R_X klein gegen den Innenwiderstand R_V des Voltmeters ist ($R_V \sim \mathrm{k}\Omega$), da der Korrekturfaktor $R_X/R_V \ll 1$. R_X kann dann mit genügender Genauigkeit nach Gl. (14.25) gewonnen werden.

Im Falle II nimmt man an, daß der Strom I genau bestimmt ist und die Spannung U sich aus den Teilspannungen zusammensetzt, die am gesuchten Widerstand R_X und am Amperemeter (Innenwiderstand R_A) liegen. Es gilt:

$$U = I R_X \left(1 + \frac{R_A}{R_X}\right). \tag{14.27}$$

Schaltung II wird man daher anwenden, wenn der gesuchte Widerstand R_X groß gegen den Innenwiderstand R_A des verwendeten Amperemeters ist. Der Korrekturfaktor R_A/R_X ist dann klein, und zur Auswertung genügt meist wieder die Beziehung (14.25).

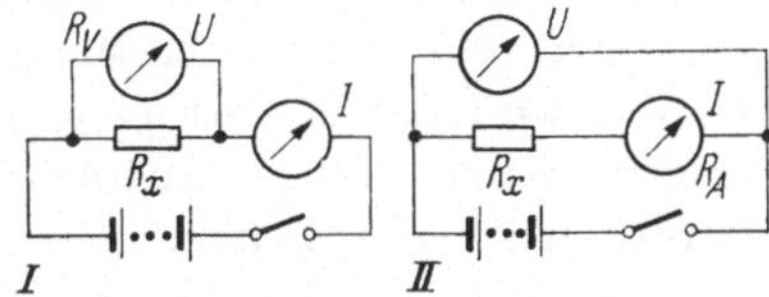

Abb. 14.16. Stromspannungsmessung

Relative Widerstandsmessung. Zur genaueren Bestimmung vor allem kleinerer Widerstände eignen sich die *Brückenverfahren*. Man bestimmt einen unbekannten Widerstand R_X durch Vergleich mit einem Normalwiderstand R_N passender Größe.

Abb. 14.17 zeigt schematisch die Schaltung der *Wheatstoneschen Brücke*. Ist R_N von der gleichen Größenordnung wie R_X, so können die regelbaren Widerstände R_1 und R_2 so eingestellt werden, daß die Brücke CD stromlos ist. Es gilt dann:

$$R_X = R_N \frac{R_1}{R_2}. \tag{14.28}$$

Ist die Größe des zu bestimmenden Widerstandes vergleichbar mit den Zuleitungswiderständen ($<0{,}1\ \Omega$), so verwendet man die *Thomson-Brücke*. Bei der THOMSON-Brücke (Abb. 14.18) wird die Verbindung y zwischen dem unbekannten Widerstand R_X und dem Normalwider-

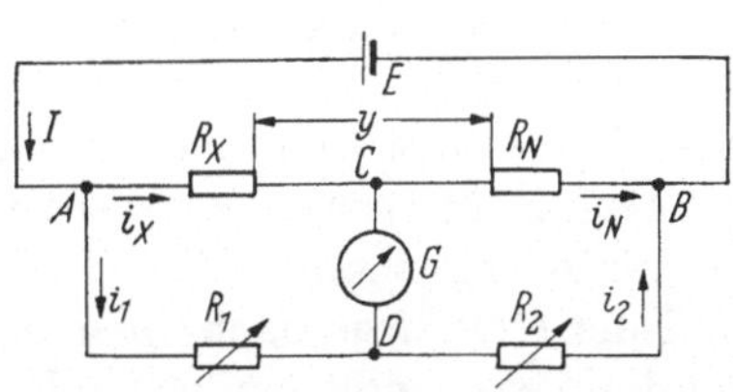

Abb. 14.17. WHEATSTONEsche Brücke
E Spannungsquelle; *A*, *B* Verzweigungspunkte; *i* Ströme

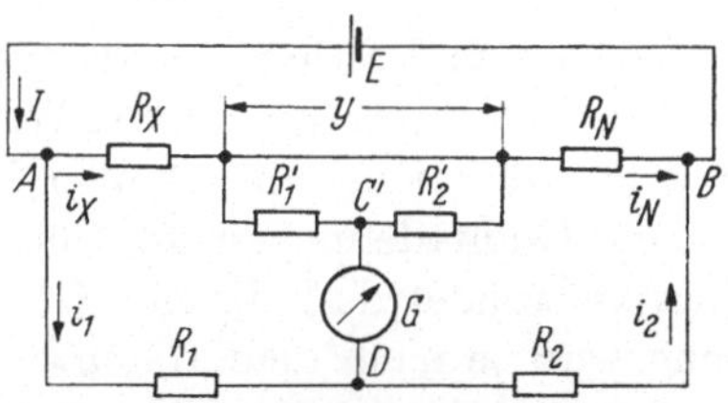

Abb. 14.18. THOMSON-Brücke

stand R_N durch zwei Widerstände R_1' und R_2' überbrückt. Die Brücke liegt zwischen den Punkten C' und D. Befinden sich die Verzweigungspunkte C' und D auf gleichem Potential, so ist die Brücke stromlos.

THOMSON-Brücken sind als Doppelkurbelmeßbrücken so gebaut, daß $R_1 = R_1'$ und $R_2 = R_2'$. Bei abgeglichener Brücke erhält man dann den gesuchten Widerstand R_X aus der gleichen Beziehung (14.28), wie sie für die WHEATSTONEsche Brücke gilt.

Versuch 1: Bestimmung der spezifischen elektrischen Widerstände von Cu, Fe und W mit der THOMSON-Brücke. Zur Durchführung des Versuchs verwendet man Drahtproben. Mit einer Mikrometerschraube wird der Durchmesser d einer Probe an mehreren Stellen gemessen, der Mittelwert gebildet und der mittlere Fehler von d bestimmt (der mittlere Fehler des Durchmessers geht in das Endergebnis quadratisch ein). Man befestigt den Draht dann an beiden Enden in der Einspannvorrichtung der THOMSON-Brücke und liest die genaue Meßlänge l zwischen den schneidenförmig ausgebildeten Potentialabgriffen ab. Darauf wird der Meßstrom eingeschaltet. Um eine Überbelastung des empfindlichen Nullgalvanometers zu vermeiden, wird zunächst beim Grobabgleich der Brücke ein Vorwiderstand eingeschaltet, der später beim Feinabgleich überbrückt werden kann. Befinden sich die Potentialschneiden auf verschiedener Temperatur, so kann durch Thermospannungen ein Meßfehler entstehen. Zur Mittelung wiederholt man die Messung mit umgekehrter Stromrichtung. Aus R_N, R_1 und R_2 wird nach Gl. (14.28) der Probenwiderstand und dann ϱ nach Gl. (14.21) aus R_X, l und q berechnet. Der Fehler der Messung ist abzuschätzen (Beispiel s. Tab. 14.1).

Tabelle 14.1. *Bestimmung des spezifischen elektrischen Widerstandes an* Al, Cu *und* W

Metall	d mm	q mm²	R_N Ω	R_2 Ω	R_1 Ω	R_X Ω	l m	ϱ $\frac{\Omega \cdot mm^2}{m}$
Al	0,49	0,189	0,01	100	152,0	$152{,}0 \cdot 10^{-4}$	0,1	0,0288
Cu	0,98	0,765	0,001	1000	227,4	$227{,}4 \cdot 10^{-5}$	0,1	0,0171
W	0,87	0,594	0,01	100	90,6	$90{,}6 \cdot 10^{-4}$	0,1	0,0538

Versuch 2: Bestimmung der Temperaturabhängigkeit des spezifischen elektrischen Widerstandes von W. Als Versuchsobjekt dient eine handelsübliche Glühbirne mit W-Wendel. Die Temperatur soll optisch mit einem Glühfadenpyrometer (s. Kap. 112, S. 9) gemessen werden. Man verwendet deshalb eine Glühbirne mit Klarglaskolben. Die Schaltung wird je nach dem Innenwiderstand der Glühbirne nach einer der beiden in Abb. 14.16 gezeigten Anordnungen vorgenommen. Den gesuchten Widerstand R_X berechnet man nach Gl. (14.25). Dazu mißt man bei kleinem Strom I (der keine wesentliche Erwärmung der Wendel über Raumtemperatur bedingt) die zugehörige Spannung U. Aus dem Widerstand des Glühfadens $R_{X(20°)}$ und dem als bekannt vorausgesetzten spezifischen elektrischen Widerstand von W $\left(\varrho_{20°} = 0{,}055\ \Omega\ \frac{mm^2}{m}\right)$ berechnet man nach Gl. (14.21) das Verhältnis q/l. Es wird die vereinfachende Annahme gemacht, daß dieses Verhältnis mit steigender Temperatur konstant bleibt.

Durch stufenweise Steigerung der Spannung wird die W-Wendel aufgeheizt. Für jede Temperatur t wird der zugehörige Widerstand R_X aus Strom- und Spannungsmessung ermittelt.

Die Temperaturskala eines Glühfadenpyrometers ist mit der Strahlung eines sog. schwarzen Körpers geeicht. Die W-Wendel in der Glühbirne ist kein schwarzer Strahler. Ihre wahre Temperatur liegt höher als die pyrometrisch gemessene. Die wahre Temperatur muß deshalb aus der optisch gemessenen errechnet werden.[1]

Die Abhängigkeit des spezifischen elektrischen Widerstandes von der Temperatur für W ist zu zeichnen

Abb. 14.19 zeigt als Beispiel eine solche Darstellung. Die optische Temperaturmessung schränkt den Versuch auf einen Temperaturbereich von 900 bis 2500° ein. Die lineare Abhängigkeit $\varrho(t)$ kann nicht geprüft werden, denn sie gilt nur bis max. ~500°. Charakteristisch für W ist jedoch die Zunahme von ϱ bei hohen Temperaturen ($d^2\varrho/dt^2 > 0$). Für die meisten anderen Metalle gilt bei hohen Temperaturen: $d^2\varrho/dt^2 < 0$.

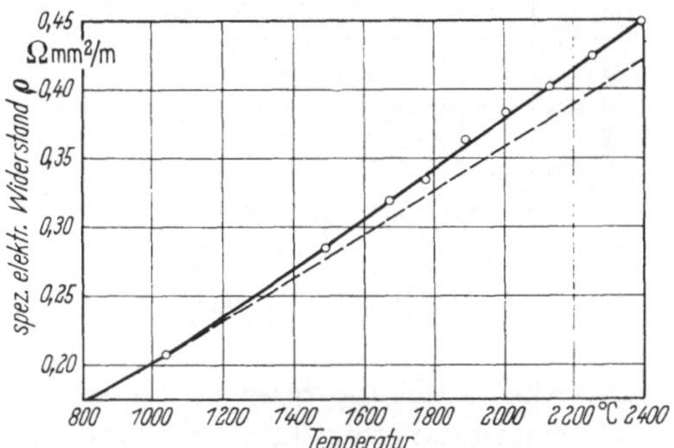

Abb. 14.19. Abhängigkeit des spezifischen elektrischen Widerstandes von W von der Temperatur (linearer Widerstandsanstieg gestrichelt)

Versuch 3: Bestimmung der Abhängigkeit des spezifischen elektrischen Widerstandes vom Verformungsgrad. Ein Cu-Draht wird durch Ziehen durch Düsen z. B. eines Zieheisens verschieden stark verformt, der Durchmesser ermittelt, und der Verformungsgrad nach der Beziehung $\frac{q_0 - q_1}{q_0} \cdot 100[\%]$ (q_0 bzw. q_1 Probenquerschnitt vor bzw. nach der Verformung) berechnet. Für jeden einzelnen Verformungszustand wird der spezifische elektrische Widerstand der Probe wie in Versuch 1 mit der THOMSON-Brücke ermittelt.

Der spezifische elektrische Widerstand der Probe in Abhängigkeit ihres Verformungsgrades ist graphisch darzustellen.

[1] Umrechnungsformel:

$$T_W = \frac{c\,T_s}{c + \lambda\,T_s \ln A_\lambda}.$$

Darin sind:

T_W = wahre Temperatur, T_S = schwarze Temperatur, $c = 1{,}432 \cdot \text{cm} \cdot \text{grad}$; $\lambda = 6500$ Å, A_λ = Absorptionsvermögen von W bei der Temperatur T_S [s. D'ANS-LAX, S. 1147].

Abb. 14.20 zeigt als Beispiel eine solche Darstellung. Der Widerstandsanstieg bei der Kaltbearbeitung wird durch die Zunahme der Störstellen im Kristall — Leerstellen, Versetzungen — hervorgerufen (s. S. 145). Ist die MATTHIESSENsche Regel streng erfüllt, kann der Anstieg $\Delta\varrho$ allein auf eine Zunahme des spezifischen Restwiderstandes zurückgeführt werden. Meistens wird jedoch bei höherem Störstellengehalt auch $\varrho(T)$ konzentrationsabhängig.

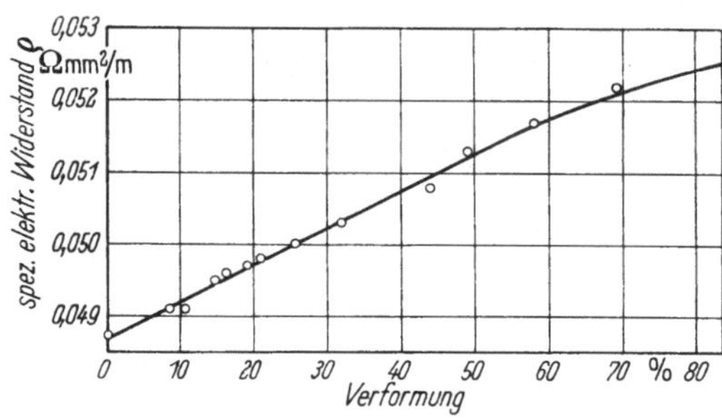

Abb. 14.20. Abhängigkeit des spezifischen elektrischen Widerstandes von Cu vom Verformungsgrad

In unserem Versuch beträgt die gemessene Widerstandserhöhung bei Cu maximal $\sim 10\%$. Schnelle Ausheilprozesse lassen bei Raumtemperatur keinen stärkeren Widerstandsanstieg durch Kaltverformen zu.

Versuch 4: Ordnungsvorgänge und elektrischer Widerstand im System Cu–Au. Abb. 14.21 zeigt die Änderung des spezifischen elektrischen Widerstandes mit der Konzentration in einem homogenen Mischkristallsystem (Beispiel Cu–Au). Beim Zulegieren wird die Anzahl der Störstellen — hier Fremdatome — im Wirtsgitter erhöht. Der spezifische elektrische Widerstand von ungeordneten Substitutionsmischkristallen ist deshalb stets größer als der Widerstand der reinen Komponenten.

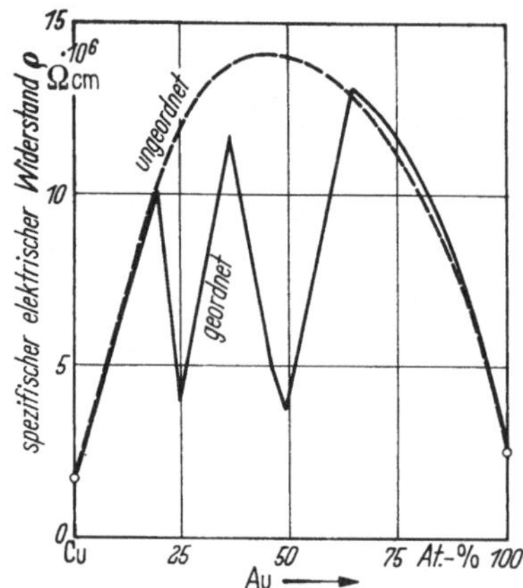

Abb. 14.21. Änderung des spezifischen elektrischen Widerstandes im System Au–Cu

Im System Cu–Au kann man durch einen Tempervorgang (s. u.) die unregelmäßige Atomanordnung von Substitutionsmischkristallen bestimmter Konzentration in eine regelmäßige Anordnung überführen. Solche geordneten Strukturen, auch **Überstrukturen** genannt, treten im System Cu–Au bei einem atomaren Mischungsverhältnis von 1 : 1 bzw. 3 : 1 auf.

Im ungeordneten Mischkristall der Zusammensetzung Cu_3Au sind beide Atomsorten statistisch auf alle Gitterplätze verteilt. Unterhalb einer bestimmten Umwandlungstemperatur — für Cu_3Au $T_c = 395°$ —

beginnt sich durch Diffusion die Ordnung einzustellen.[1] Alle Goldatome sitzen dann auf den Würfelecken und sämtliche Kupferatome auf den Flächenmitten des Elementarwürfels.

Mit dem Auftreten einer Ordnung im Gitter sind Änderungen der physikalischen Eigenschaften der Legierung zu beobachten. Überstrukturen können z. B. durch zusätzliche Interferenzlinien im Röntgendiagramm, Änderungen der Gitterkonstanten oder der spezifischen Wärme erkannt werden.

Charakteristisch für eine Überstruktur ist auch der niedrige spezifische elektrische Widerstand. Dies soll im vorliegenden Versuch an einer Cu-Au-Legierung der Zusammensetzung 3 : 1 gezeigt werden.

Der Stab einer Cu_3Au-Legierung befindet sich zu Versuchsbeginn im geordneten Zustand. Mit der THOMSON-Brücke bestimmt man den Widerstand der Probe (s. Versuch 1, S. 116). Anschließend wird der Kristall unter Vakuum in ein Glasrohr eingeschmolzen, $^1/_2$ Std. bei 450° geglüht und abgeschreckt (ungeordneter Zustand, warum?). Es folgt eine zweite Widerstandsmessung. Um die Probe wieder in den geordneten Zustand zu überführen, wird folgende Glühbehandlung vorgenommen. $^1/_2$ Std. 420°, je 1. Std bei 390, 380, 370°, über Nacht bei 300°.

Die Ergebnisse sind zu diskutieren.

Beispiel:

$$\varrho \text{ geordnet} \quad = 6{,}0 \cdot 10^{-6}\,\Omega\,\text{cm},$$

$$\varrho \text{ ungeordnet} = 11{,}7 \cdot 10^{-6}\,\Omega\,\text{cm}.$$

Es zeigt sich, daß im geordneten Zustand die Probe Cu_3Au etwa den halben spezifischen Widerstand (doppelte Leitfähigkeit) hat wie im ungeordneten Zustand. Verlängert man die Glühzeiten zur Einstellung des Ordnungszustandes, so läßt sich maximal eine Änderung im Widerstand um den Faktor 3 erreichen.

Literatur

BRANDENBERGER, E.: Grundriß der allgemeinen Metallkunde. München/Basel: E. Reinhardt 1952.

KOHLRAUSCH, F.: Praktische Physik, Bd. 2, 21. Aufl. Stuttgart: B. G. Teubner 1960—1962.

MOTT, N. F., u. H. JONES: The Theory of the Properties of Metals and Alloys, 2. Aufl., London: Oxford University Press 1958.

GERRITSEN, A. N., in: Handbuch der Physik, Bd. XIX, herausgegeben von S. FLÜGGE. Berlin/Göttingen/Heidelberg: Springer 1956.

---

[1] Unterhalb der Umwandlungstemperatur T_c besitzt die geordnete Verteilung im Gitter eine geringere freie Energie als die ungeordnete.

145 Magnetische Messungen

1451 Grundlagen

Die Einwirkung eines Magnetfeldes H auf Materie hat stets eine Magnetisierung I zur Folge. Man setzt:

$$I = \chi H. \tag{14.29}$$

Die Proportionalitätskonstante χ heißt spezifische magnetische Suszeptibilität.

Es ist lange bekannt, daß alle Stoffe magnetisierbar sind. Der „magnetische Zustand" eines Körpers macht sich in seiner Umgebung durch Kraft- und Induktionswirkungen bemerkbar (Induktionsgesetz, LENZsche Regel). Aus diesen Wirkungen kann man auf das magnetische Moment M des Körpers schließen. Magnetisches Moment M und Magnetisierung I eines Stoffes sind durch die Beziehung[1] verknüpft:

$$I = \frac{M}{V}. \tag{14.30}$$

V Volumen des Körpers.

Magnetisches Moment bzw. die Magnetisierung eines Körpers entstehen und verschwinden im allgemeinen mit dem äußeren Magnetfeld H. Die Energieänderung eines Stoffes beim Einbringen in ein Magnetfeld H ist gegeben durch:

$$E = -{}^1/_2\, \chi H^2 \tag{14.31}$$

(gilt für kleine Felder, d. h. $\chi = \text{const}$).

Auf Grund dieser Beziehung (14.31) kann man alle Stoffe in zwei Gruppen einteilen:

Diamagnetische Stoffe erhöhen ihre Energie im Magnetfeld. Für sie ist $\chi < 0$. χ ist von der Temperatur unabhängig.

Paramagnetische Stoffe erniedrigen ihre Energie im Magnetfeld. Für sie gilt $\chi > 0$. Für die Temperaturabhängigkeit $\chi(T)$ gilt das CURIEsche Gesetz $\chi = \frac{C}{T}$. C = CURIE-Konstante.

Experimentell lassen sich beide Gruppen sehr leicht unterscheiden. In einem inhomogenen Magnetfeld erfahren diamagnetische Stoffe eine Kraft in Richtung kleinerer Feldstärken, werden also aus dem Feld herausgedrängt. Paramagnetische Stoffe erfahren eine Kraft in Richtung höherer Feldstärken; sie werden in das Feld hineingezogen (s. Kap. 1452, S. 124).

In der Gruppe der paramagnetischen Stoffe sind noch ferromagnetische hervorzuheben. Stoffe dieser Gruppe erniedrigen ebenfalls ihre

[1] Sie gilt nur bei einheitlicher Magnetisierung über den ganzen Probenkörper

Energie in einem Magnetfeld. Unterhalb einer bestimmten magnetischen Umwandlungstemperatur zeigen sie jedoch ein vom Paramagnetismus grundlegend abweichendes Verhalten.

Ferromagnetismus. Ferromagnetisch sind die Übergangselemente Fe, Co und Ni. Außerdem gibt es eine große Anzahl von ferromagnetischen Legierungen. Sie können auch aus nichtferromagnetischen Komponenten bestehen.

Bei den Ferromagneten sind die Wechselwirkungen zwischen den Elementarmagneten so stark, daß die magnetischen Momente der einzelnen Atome sich — entgegen der Temperaturbewegung — parallel einstellen (Austauschkräfte zwischen den Spins der Elektronen). In makroskopischen Kristallbereichen, sog. WEISSschen Bezirken, entsteht dadurch — auch ohne äußeres Feld — eine homogene Magnetisierung. Diese Magnetisierung nennt man die spontane Magnetisierung I_S.

Die spontane Magnetisierung eines Ferromagneten verschwindet bei einer bestimmten Temperatur, der CURIE-Temperatur Θ. Oberhalb von Θ verhält sich ein ferromagnetischer Stoff paramagnetisch. Für die Abhängigkeit seiner Suszeptibilität von der Temperatur gilt dann das CURIE-WEISSsche Gesetz:

$$\chi = \frac{C}{T - \Theta} \tag{14.32}$$

C CURIE-Konstante,
T absolute Temperatur.

Unterhalb der CURIE-Temperatur gehört zu jeder Temperatur T ein bestimmter Wert der spontanen Magnetisierung I_S. Aus dem Verlauf der Kurve $I_S(T)$ läßt sich z. B. die CURIE-Temperatur eines ferromagnetischen Stoffes bestimmen (s. Versuch 2, S. 127).

Die spontane Magnetisierung sowie verschiedene, von ihr abhängige Materialeigenschaften eines Ferromagneten ändern sich beim Übergang vom ferromagnetischen in den paramagnetischen Temperaturbereich nicht plötzlich beim Überschreiten von Θ. Die Änderungen erfolgen je nach dem Reinheitsgrad der Probe in einem Temperaturbereich, den man als CURIE-Bereich bezeichnet. Eine qualitative Übersicht über die Temperaturabhängigkeit verschiedener physikalischer Eigenschaften von Ni im Θ-Bereich zeigt Abb. 14.22.

Der Übergang vom ferromagnetischen in den paramagnetischen Zustand ist ein reversibler Vorgang. Bei bestimmten Legierungen fallen jedoch die Temperaturen des Verlustes und der Wiederkehr des Ferromagnetismus beim Erhitzen bzw. Abkühlen nicht zusammen (z. B. bei polymorphen Umwandlungen, Löslichkeitsänderungen oder anderen strukturellen Zustandsänderungen).

Bringt man eine ferromagnetische Probe in ein Magnetfeld, dann wächst ihre Magnetisierung I mit steigendem Feld. Die Kurve $I(H)$

nennt man die Magnetisierungskurve (-schleife) des Stoffes. Sie ist charakteristisch für alle Ferromagnete. Die magnetischen Größen von

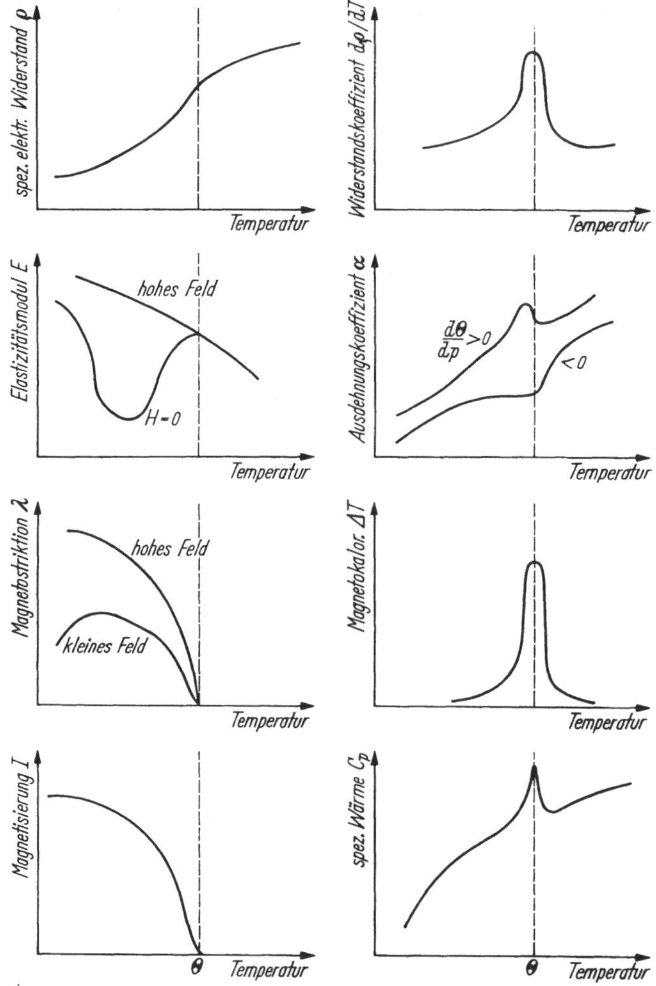

Abb. 14.22. Schematische Darstellung der Temperaturabhängigkeit verschiedener physikalischer Eigenschaften von Ni in der Umgebung der CURIE-Temperatur (nach BOZORTH)

ferromagnetischen Körpern werden durch die Magnetisierungsschleife beschrieben (s. Versuch 1, S. 125).

In einem Magnetfeld erfährt ein Ferromagnet außerdem eine Längenänderung (auch Volumenänderung). Diese Längenänderung durch das Feld heißt Längsmagnetostriktion (Volumenmagnetostriktion); sie kann sowohl positiv als auch negativ sein.

1452 Meßmethoden

Magnetische Feldmessungen. Eine kleine, flache Probespule (z. B. $n = 5$ Windungen; $q = 1\ \text{cm}^2$) wird so in das zu messende Magnetfeld gebracht, daß ihre Windungsfläche senkrecht zur Feldrichtung steht. Die Probespule ist mit einem ballistischen Galvanometer verbunden. Zieht man die Spule plötzlich aus dem Magnetfeld, so ändert sich der durch sie hindurchtretende magnetische Fluß. Nach dem Induktionsgesetz wird in der Spule eine Spannung induziert, die der Änderung des Flusses entspricht. Durch das Galvanometer fließt dann während der Zeit t, in der die Probespule aus dem Feld in den feldfreien Außenraum bewegt wird, eine dem Felde H proportionale Elektrizitätsmenge. Der ballistische Ausschlag a_m des Galvanometers ist dann ebenfalls der Feldstärke H proportional [s. WESTPHAL, Aufgabe 45].

Genauer und bequemer mißt man ein magnetisches Feld mit einer HALL-Sonde aus. Als HALL-Effekt bezeichnet man die Einwirkung eines Magnetfeldes auf die elektrische Leitung in festen Körpern. An einem dünnen, von einem Strom i in der Längsrichtung durchflossenen Metallband der Dicke d sind seitlich symmetrisch die Zuleitungen eines Spannungsmessers angeschlossen.[1] Diese HALL-Sonde genannte Anordnung bringt man in das zu messende Feld. Die Bandfläche steht dabei senkrecht zu den Feldlinien. Bei eingeschaltetem Magnetfeld beobachtet man eine Spannung U_{Hall} zwischen den Potentialabgriffen. Man findet, daß die HALL-Spannung der Kraftflußdichte B des Feldes proportional ist $\left(B = \mu_0 H,\ \mu_0 = 1{,}25 \cdot 10^{-6} \left[\frac{\text{Vs}}{\text{A/m}}\right] = \text{Induktionskonstante}\right)$. Es gilt:

$$U_{\text{Hall}} = C \frac{B\,i}{d}. \tag{14.33}$$

Der Proportionalitätsfaktor C heißt HALL-Konstante. Er hängt von der Natur des Leiters ab.

Es gibt heute HALL-Sonden mit Anzeigegerät, auf dem man die gemessene magnetische Kraftflußdichte direkt ablesen kann.

Einheiten:

Magnetische Feldstärke H: in A/m oder in Oe,

Umrechnung:

$$1\ \text{Oe} = \frac{1000}{4\pi}\,\frac{\text{A}}{\text{m}} = \frac{1}{1{,}126}\,\frac{\text{A}}{\text{cm}}$$

Magnetische Kraftflußdichte B bzw. Magnetisierung I:

$$\text{in}\ \frac{\text{Volt sek}}{\text{m}^2}\ \text{oder Gauß}$$

Umrechnung: $1\ \text{Vs/m}^2 = 10000$ Gauß.

[1] Die Abgriffe liegen auf gleichem Potential, d. h., ohne Feld mißt man zwischen ihnen keine Spannung.

Magnetische Waage. Für Suszeptibilitätsmessungen verwendet man die magnetische Waage. Die Suszeptibilität einer kleinen Probe wird dabei durch Messung der Kraft bestimmt, die die Probe in einem inhomogenen Magnetfeld erfährt. Ist V das Volumen der Probe (cm³), H die magnetische Feldstärke, dH/dx der Feldgradient in x-Richtung und M das magnetische Moment der Probe im Feld, so ist die Kraft in x-Richtung gegeben durch:

$$K_x = M \frac{dH}{dx} = I V \frac{dH}{dx}. \tag{14.34}$$

Ist der Feldgradient konstant, so ist $K \sim I \sim \chi$.

Die praktische Ausführung einer magnetischen Waage zeigt Abbildung 14.23. Die Probe P (Form beliebig) wird am Ende eines Quarz-

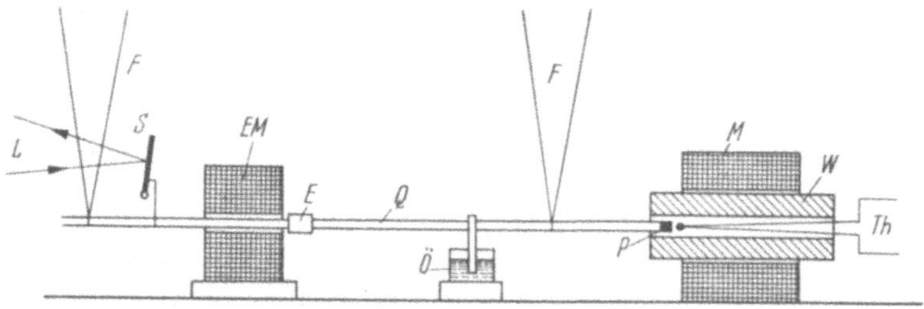

Abb. 14.23. Magnetische Waage (nach Stuttgarter Praktikumsheft)
Ö Ölbremse; *Th* Thermoelement

stabes Q befestigt, der an Fäden in seiner Längsrichtung beweglich aufgehängt ist (F). Man bringt die Probe in das inhomogene Gebiet eines permanenten Magneten M. Die auf sie ausgeübte Kraft K_x wird durch ein elektromagnetisches Feld (Elektromagnet EM) kompensiert, das auf eine am Quarzstab befestigte Eisenhülse E wirkt. Die Lage der Probe wird über einen Lichtzeiger L und drehbaren Spiegel S auf einer Skala angezeigt. Befindet sich die Probe immer am gleichen Ort im inhomogenen Feld (dH/dx = const), so ist der Feldstrom i des Elektromagneten ein Maß für die Kraft K_x und damit für die Magnetisierung I der Probe. Zum Erhitzen wird ein Widerstandsofen W über die Probe geschoben.

In einer anderen praktischen Ausführung einer magnetischen Waage hängt die Probe an einem dünnen Nylonfaden zwischen den Polschuhen eines Elektromagneten. Die Polschuhe sind zweckmäßigerweise so geformt, daß der Feldgradient über eine Strecke von einigen Zentimetern konstant ist. Die Feldstärke am Probenort muß so hoch sein, daß sie zur magnetischen Sättigung der Probe ausreicht (im allgemeinen einige 1000 Oe). Damit die Probe sich immer an der gleichen Stelle im Magnetfeld befindet (dH/dx = const), wird nach Einschalten des

Magnetstromes der Ausschlag der Waage durch die Federkraft kompensiert. Mißt man die Suszeptibilität in Abhängigkeit von der Temperatur, so schiebt man zum Erhitzen wieder einen kleinen Widerstandsofen über die Probe.

Versuch 1: Aufnahme einer Magnetisierungskurve nach der Ringmethode. Auf den zu untersuchenden, ringförmigen, magnetisch weichen Werkstoff (z. B. aus Fe-Blech gestanzter Ring) sind einige hundert

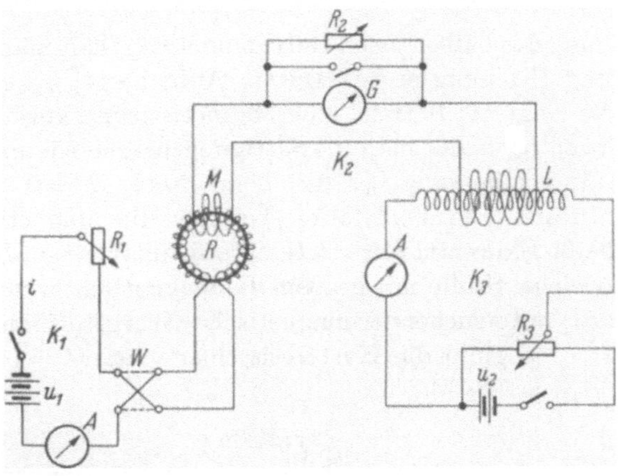

Abb. 14.24. Versuchsaufbau zur Bestimmung der Magnetisierungskurve von Weicheisen mit der Ringmethode
W Polwechselschalter; *L* Lufttransformator zur Eichung des Ballistischen Galvanometers

Windungen Cu-Draht gleichmäßig aufgewickelt. Diese Ringspule R (Abb. 14.24) wird über einen Vorwiderstand R_1 an eine Gleichspannungsquelle u_1 angeschlossen. Um die Ringspule ist außerdem eine Meßspule M (5 bis 10 Windungen) gelegt, die mit einem ballistischen Galvanometer G verbunden ist.

Mit dem Widerstand R_2 wird eine geeignete Empfindlichkeit des Galvanometers eingestellt und dann mit Hilfe des Eichkreises K_3 die Eichung vorgenommen.

Darauf schaltet man den Strom i im Primärkreis K_1 ein. Durch eine Änderung der Stromstärke in diesem Kreis wird in der Meßspule M eine Spannung induziert (S. 123). Man beginnt bei großen Stromstärken $+i_{\max}$ und vermindert i zuerst in größeren, dann in kleineren Schritten bis $i = 0$. Nach Umkehrung des Stromes im Primärkreis steigert man wieder bis auf $-i_{\max}$ und durchläuft die Kurve darauf über $i = 0$ zurück bis $+i_{\max}$.

Die Stromstärke i im Primärkreis gegen die Ausschläge des Galvanometers G sind graphisch aufzutragen.

Da man im vorliegenden Versuch mit dem Galvanometer nur die Differenz zwischen magnetischen Flüssen durch die Probespule bestimmt, beginnt man mit der Auftragung für $+i_{\max}$ bei einem beliebigen Anfangspunkt und trägt die gemessenen Skalenteile fortlaufend als Differenz auf.

Die Größe der Feldstärke bestimmt man aus der Stromstärke i, der Windungszahl w und dem mittleren Durchmesser m der Ringspule nach der Beziehung

$$H = \frac{i\,w}{m}\,\frac{\mathrm{A}}{\mathrm{m}}. \tag{14.35}$$

Aus der Eichung des ballistischen Galvanometers erhält man die gesuchte Magnetisierung [Eichung s. Westphal, Aufgabe 44].

Abb. 14.25 zeigt als Beispiel eine Magnetisierungskurve von Weicheisen. Die Größe $I_{Sä}$ nennt man die Sättigungsmagnetisierung des Werkstoffs. Die Magnetisierung I_R, die beim Feld $H = 0$ zurückbleibt, heißt Remanenz. Die Feldstärke, bei der die Magnetisierung verschwindet, heißt Koerzitivkraft H_c. Stoffe mit kleinem H_c nennt man magnetisch weiche, Stoffe mit großem H_c magnetisch harte Werkstoffe.

Ist der zu untersuchende magnetische Werkstoff zunächst „unmagnetisch", so beginnt die Hysteresisschleife bei $H = 0$ und $I = 0$.

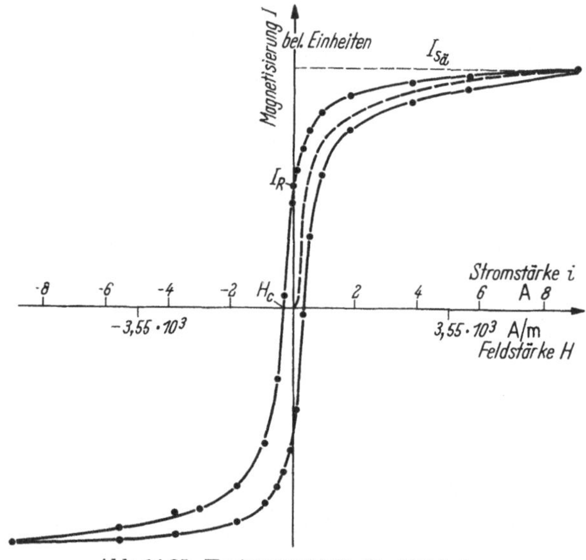

Abb. 14.25. Hysteresisschleife für Weicheisen

Sie verläuft dann auf der sog. Neukurve bis zu $I_{Sä}$ (in Abb. 14.25 gestrichelt gezeichnet). Nach dem Durchlaufen der Neukurve ist die Vorgeschichte des magnetischen Werkstoffs definiert.

Die vollständig ausgesteuerte Schleife und die Neukurve haben für jeden magnetischen Werkstoff eine charakteristische Form. Magnetische

Werkstoffe sind daher durch Angabe ihrer Sättigung $I_{Sä}$, der Remanenz I_R, der Koerzitivkraft H_c und der Art ihrer Neukurve im wesentlichen bestimmt.

Die Schleifenform und die mit ihr verbundenen Größen können durch eine Vielzahl äußerer Faktoren geändert werden: Zum Beispiel durch Kaltverformung, Rekristallisation, Texturbildung oder Neutronenbestrahlung [zur Übersicht s. KNELLER, S. 501ff.].

Versuch 2: Bestimmung der CURIE-Temperatur. Die Messungen werden mit einer magnetischen Waage durchgeführt, wie sie in Kap. 1452 (2. Bauart) beschrieben worden ist. Man verwendet am besten einen Magneten mit hyperbolisch gekrümmten Polschuhen, weil sich damit ein konstanter Feldgradient über einen größeren Bereich erzielen läßt. Zunächst wird nach einem der in diesem Kapitel beschriebenen Verfahren das Magnetfeld über eine längere Strecke ausgemessen. Man trägt H als Funktion des Ortes x auf und ermittelt graphisch den Feldgradienten dH/dx am Probenort.[1]

An reinem Ni wird dann, wie oben beschrieben, die der Magnetisierung I proportionale Kraft K_x in Abhängigkeit von der Temperatur gemessen. Den Widerstandsofen heizt man dabei in kleinen Schritten von 10° auf, beginnend bei Raumtemperatur. Danach wiederholt man die Messung mit einer Probe aus einer Ni-Cu-Legierung (10 bis 20% Cu).

Die Kraft K_x ($K_x \sim I$) als Funktion der Temperatur ist graphisch darzustellen.

Abb. 14.26 zeigt als Beispiel solche Kurven für Ni bzw. Ni + 18% Cu.

Die Elementarmagnete eines ferromagnetischen Stoffes, die WEISSschen Bezirke, besitzen eine temperaturabhängige spontane Magnetisierung I_S, die am CURIE-Punkt verschwindet. Das äußere Feld richtet die WEISSschen Bezirke in Feldrichtung aus. Bei nicht zu hohen Temperaturen ($T_{abs} < 0,8\,\Theta_{abs}$) kann man so eine maximale Magnetisierung der Probe, die Sättigungsmagnetisierung $I_{Sä}$ erreichen (siehe Versuch 1). Im angegebenen Temperaturbereich ist $I_S(T) \sim I_{Sä}(T)$.

In der Nähe der CURIE-Temperatur tritt keine magnetische Sättigung mehr ein. Das äußere Feld richtet hier nicht nur die WEISSschen Bezirke aus, sondern verstärkt auch die durch die Wärmebewegung verminderte spontane Magnetisierung. Die $I_S(T)$-Kurven gehen nicht auf Null, sondern biegen vorher ab (s. Abb. 14.26).

Auf Grund theoretischer Überlegungen [s. BECKER-DÖRING, S. 31ff.] kann man die Verhältnisse in der Nähe des CURIE-Punktes besser beschreiben, wenn man einen Temperaturverlauf der Magnetisierung gemäß: $I_s^2 \approx \text{const}(1 - T)$ annimmt. Die gesuchten CURIE-Tempe-

[1] Zweckmäßigerweise legt man den Probenort nicht zu dicht in die Nähe des Feldmaximums.

raturen[1] erhält man also aus der Auftragung $K_x^2 \sim I_s^2 = f(T)$ durch Extrapolation auf $I_s^2 = 0$ (in Abb. 14.26 gestrichelt gezeichnet).

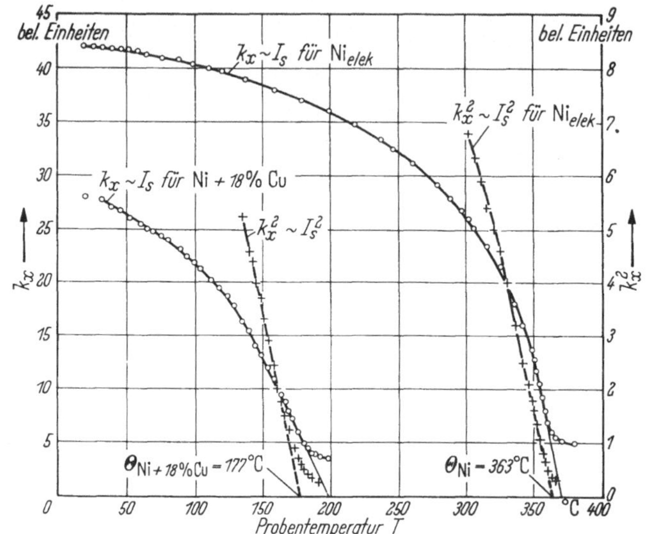

Abb. 14.26. $I_S(T)$- und $I_s^2(T)$-Kurven für Ni_{elek} und Ni_{elek} + 18% Cu

Literatur

BECKER, R., u. W. DÖRING: Ferromagnetismus. Berlin: Springer 1939.
BOZORTH, R. M.: Ferromagnetism. New York: D. van Nostrand Co, Inc. 1959.
KNELLER, E.: Ferromagnetismus. Berlin/Göttingen/Heidelberg: Springer 1962.
VOGT, E.: Physikalische Eigenschaften der Metalle, Bd. I. Leipzig: Akad. Verlagsgesellschaft 1958.
WESTPHAL, W.: Physikalisches Praktikum, 11. Aufl. Braunschweig: Fr. Vieweg u. Sohn 1963.

2 Versuche zu metallkundlichen Vorgängen

21 Bestimmung von Zustandsdiagrammen

Zur Bestimmung von Zustandsschaubildern eignen sich prinzipiell alle physikalischen Meßgrößen, die eine Phasenänderung deutlich anzeigen. Man hat eine Reihe von Verfahren entwickelt, die sich für

[1] Die auf diese Weise bestimmten CURIE-Temperaturen werden im allgemeinen etwas höher sein als die wahren, da nicht für das Feld $H = 0$ gemessen wurde, für das die eine CURIE-Temperatur definiert ist.

die Aufstellung von Zustandsdiagrammen als besonders geeignet erwiesen haben und die im folgenden kurz besprochen werden sollen.

Die thermische Analyse, über die bereits in Kap. 141, S. 91, ausführlich berichtet wurde, beruht auf der unstetigen Änderung der spezifischen Wärme an Umwandlungspunkten. Für die Bestimmung einer Gleichgewichtslinie wird an mehreren Proben unterschiedlicher Zusammensetzung der Temperaturverlauf bei stetiger Abkühlung bzw. Aufheizung gemessen. Wird anschließend die Temperatur der unstetigen Änderung in Abhängigkeit von der Zusammensetzung aufgetragen, so erhält man die Phasengrenze. Da aus experimentellen Gründen gewöhnlich mit nicht zu kleiner Aufheiz- oder Abkühlungsgeschwindigkeit gearbeitet werden kann, die Einstellung des Gleichgewichtes jedoch Voraussetzung für die exakte Festlegung des Schaubildes ist, eignet sich dieses Verfahren besonders für sich rasch einstellende Gleichgewichte, d. h. etwa zur Bestimmung von Liquiduslinien. Bereits bei der Festlegung von Soliduslinien und erst recht bei Umwandlungen im festen Zustand muß man besonders sorgfältig auf die Einstellung des Gleichgewichtes, d. h., auf eine möglichst geringe Abkühlungsgeschwindigkeit achten.

Die Differential-Thermo-Analyse (Kap. 1413, S. 95) hat gegenüber der normalen thermischen Analyse den Vorteil der höheren Empfindlichkeit; sie wird daher verwendet bei der Festlegung von Phasengrenzen, bei denen die Umwandlungswärme sehr gering ist, d. h. bevorzugt für Umwandlungen im festen Zustand.

Die metallographische Gefügeuntersuchung von Proben nach entsprechender Wärmebehandlung stellt eine der wichtigsten Untersuchungsmethoden, insbesondere zur Festlegung von Phasengrenzen im festen Zustand dar. Dies geschieht meist in der Weise, daß mehrere Proben mit unterschiedlicher Zusammensetzung bei verschiedenen Temperaturen geglüht und dann abgeschreckt werden. Bei der anschließenden Gefügeuntersuchung läßt sich ermitteln, ob sich die Probe bei der Glühtemperatur in einem Einphasen- oder einem Mehrphasengebiet befand.

Neben diesem qualitativen Verfahren ist in manchen Fällen auch eine quantitative metallographische Auswertung, d. h. eine Bestimmung des prozentualen Anteils der Phasen, sinnvoll. Ist z. B. in einem Zweistoffsystem ohne intermetallische Verbindung die Löslichkeit von A in B bekannt, so läßt sich durch eine quantitative metallographische Auswertung auch die Löslichkeit von B in A in erster Näherung festlegen, indem man aus einem Gefügebild einer in der Zusammensetzung bekannten heterogenen Legierung die prozentualen Anteile der α- und der β-Phase bestimmt und unter Berücksichtigung ihrer Dichte, die sich zumindest abschätzen läßt, das Verhältnis ihrer Massen errechnet.

Mit Hilfe der Hebelbeziehung läßt sich dann leicht der zweite Endpunkt der Konode und damit der Punkt der Löslichkeitslinie ermitteln.

Darüber hinaus ist die Gefügebetrachtung eine Unterstützung für die anderen Methoden zur Bestimmung von Gleichgewichtslinien. So können bestimmte Vorgänge aus dem Gefüge erkannt werden, wie z. B. die eutektische Erstarrung an der charakteristischen feinen Anordnung der beiden Phasen (wenn keine Entartung des Eutektikums auftritt). Auch peritektische Reaktionen lassen sich häufig durch die Umhüllungskristalle nachweisen. Sie entstehen dadurch, daß die peritektische Reaktion der festen Phase mit der Schmelze allmählich zum Stillstand kommt, weil die neu gebildete Kristallart die zuerst ausgeschiedene umhüllt und so die Diffusion erschwert.

Allerdings dürfen diese Umhüllungskristalle nicht mit den sog. Zonenmischkristallen verwechselt werden, die stark geseigerte Mischkristalle sind. Der zonenartige Aufbau der Kristalle ist durch den unterschiedlichen Gehalt an den beiden Komponenten in der ausgeschiedenen Mischkristallphase bedingt. Auch hier erfolgte bei der Abkühlung kein Konzentrationsausgleich.

Auch aus dem Vorliegen der Zonenmischkristalle im Gefüge lassen sich Rückschlüsse auf das Zustandsschaubild ziehen, da die Neigung zur Kristallseigerung und damit zur Bildung von Zonenmischkristallen um so größer ist, je breiter das Erstarrungsintervall, d. h. der Abstand zwischen Liquidus- und Soliduslinie ist.

Neben den hier aufgeführten Möglichkeiten, bei denen die Gefüge bei Raumtemperatur beobachtet werden, ermöglichen Heiztischmikroskope eine Gefügeuntersuchung auch bei höheren Temperaturen. Eine Beobachtung der Veränderung des Gefüges mit steigender bzw. abnehmender Temperatur im Heiztischmikroskop ist jedoch nur dann möglich, wenn sich die auftretenden Phasen bereits im ungeätzten Zustand deutlich unterscheiden, was nur in wenigen Fällen zutrifft.

Ein Verfahren, das häufig zur Festlegung von Löslichkeitsgrenzen in Zwei- und Mehrstoffsystemen herangezogen wird, ist die Messung der elektrischen Leitfähigkeit (Kap. 144, S. 112). In den Abbildungen 21.1a und b ist zunächst einmal gezeigt, in welcher Weise sich die elektrische Leitfähigkeit mit der Zusammensetzung in verschiedenen binären Systemen verändert. Innerhalb eines Mischkristallgebietes (Abb. 21.1a) tritt beim Zulegieren geringer Mengen von Element B zu A stets eine starke Abnahme der Leitfähigkeit auf. Mit steigendem B-Zusatz wird die Leitfähigkeitsabnahme geringer, bis sie in einem System mit lückenloser Mischkristallbildung ein Minimum erreicht und von da an auf die Leitfähigkeit von B ansteigt.

Im Zweiphasengebiet (Abb. 21.1b), in dem ein Gemenge zweier Phasen α und β vorliegt, ist die elektrische Leitfähigkeit in erster

Näherung die Summe der Leitfähigkeiten der beiden Anteile in Volumenprozenten. Ob sich die spezifischen Widerstände oder die Leitfähigkeiten additiv verhalten, hängt von der Anordnung der beiden Phasen ab, doch stellt die Additivität der Leitfähigkeiten die bessere Näherung dar.

Für die Festlegung von Phasengrenzen mit Hilfe der Leitfähigkeitsmessung kann entweder an Proben einer Legierungsserie eine Leit-

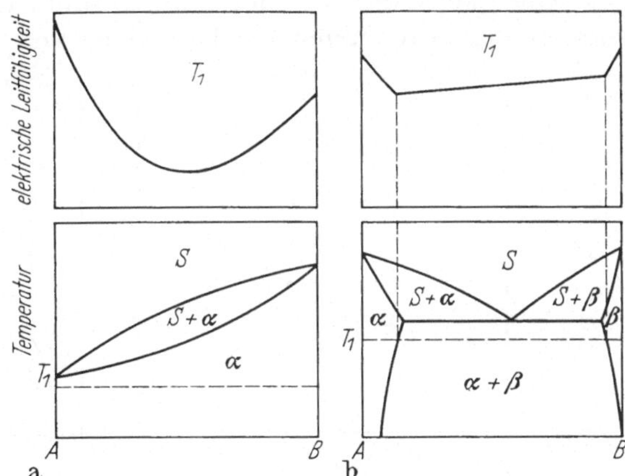

Abb. 21.1 a u. b. Lückenlose Mischkristallbildung; b Eutektisches System mit teilweiser Mischkristallbildung

fähigkeits-Konzentrations-Kurve bei konstanter Temperatur aufgenommen werden, wie dies Abb. 21.1 zeigt, oder es wird bei einer Probe die Änderung der Leitfähigkeit mit steigender Temperatur verfolgt. In den meisten Fällen werden Drähte von Proben verschiedener Zusammensetzung bei verschiedenen Temperaturen geglüht und anschließend abgeschreckt, um mit Hilfe mehrerer Leitfähigkeits-Konzentrations-Kurven die ganze Löslichkeitslinie ermitteln zu können.

Da die Probengröße und Probenform in die Bestimmung der Leitfähigkeit eingehen, können Einschlüsse, Lunker, Poren und dergleichen die Werte verfälschen. Aus diesem Grunde wird in manchen Fällen zur Festlegung von Phasengrenzen nicht die elektrische Leitfähigkeit benützt, sondern ihr Temperaturkoeffizient, der von solchen Einflüssen unabhängig ist und daher Phasenumwandlungen deutlicher anzeigt.

Die röntgenographischen Untersuchungsmethoden (Kap. 13, S. 47) sind für die Aufstellung von Zustandsschaubildern von entscheidender Bedeutung, weil sie die Strukturbestimmung von Phasen ermöglichen bzw. bei bekannten Strukturen Aussagen über die miteinander im Gleichgewicht befindlichen Phasen zulassen. Der Nachweis von Überstrukturen innerhalb eines Mischkristallgebietes ist in den meisten Fällen ebenfalls anhand der auftretenden Überstrukturreflexe möglich.

Ob bei derartigen Untersuchungen DEBYE-SCHERRER-Aufnahmen genügen, wie dies für einfache Strukturen oder Strukturvergleiche gilt, oder ob, wie bei komplizierteren Strukturen, Einkristallaufnahmen gemacht werden müssen, kann immer nur von Fall zu Fall entschieden werden.

Da sich die Gitterkonstante bei der Mischkristallbildung ändert, findet ihre Bestimmung Anwendung zur Festlegung von Löslichkeits-

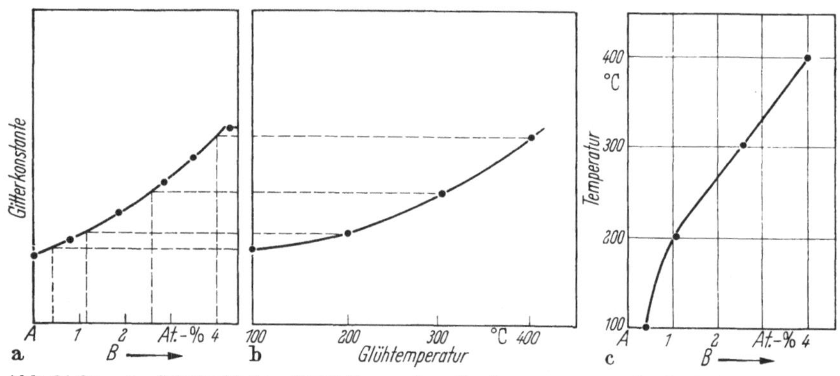

Abb. 21.2a – c. Schematische Darstellung der Bestimmung von Löslichkeitsgrenzen auf röntgenographischem Wege

grenzen. Im allgemeinen ist die Änderung der Gitterkonstanten dem Gehalt an Legierungselement (in At.-%) etwa proportional. So ändert sich die Gitterkonstante des Elementes A bei Zulegieren von B so lange, bis der gebildete α-Mischkristall an B gesättigt ist. Bei weiterer Erhöhung der Konzentration von B bleibt die Gitterkonstante des nunmehr gesättigten α-Mischkristalls konstant (Abb. 21.2a).

Bei der Bestimmung von Löslichkeitslinien mit Hilfe der Gitterkonstantenmessung geht man so vor, daß zunächst an einer Reihe von Legierungen mit steigendem B-Gehalt die Abhängigkeit der Gitterkonstanten des α-Mischkristalls von der Konzentration festgelegt wird. Die Proben werden hierzu bei hoher Temperatur, d. h. im Bereich hoher Löslichkeit, geglüht und abgeschreckt. Die Gitterkonstante wird bei Raumtemperatur bestimmt (Abb. 21.2a).

Danach werden Proben einer einzigen Legierung, die so viel B enthalten muß, daß sie sich in dem zu untersuchenden Temperaturbereich mit Sicherheit im Zweiphasengebiet, also außerhalb des homogenen Mischkristallgebietes, befindet (Legierung mit 4,3 At.-% B in Abb. 21.2a), bei verschiedenen Temperaturen geglüht und von diesen Temperaturen abgeschreckt. Bei der Glühung stellt sich das Gleichgewicht ein, d. h., es bildet sich ein bei der jeweiligen Temperatur an

B gesättigter Mischkristall. Bestimmt man jetzt die Gitterkonstante dieses gesättigten Mischkristalls für die verschiedenen Glühtemperaturen, so erhält man die in Abb. 21.2b wiedergegebene Kurve, aus der man mit Hilfe der zuerst ermittelten Konzentrationsabhängigkeit der Gitterkonstanten (Abb. 21.2a) die Zusammensetzung des bei der jeweiligen Temperatur im Gleichgewicht befindlichen Mischkristalls und damit die Löslichkeitslinie bestimmen kann (Abb. 21.2c).

Wenn auch die dilatometrischen Methoden (Kap. 143, S. 107) hinter den bisher erörterten Verfahren an Bedeutung zurücktreten, so lassen einige Vorteile ihre Anwendung in manchen Fällen zweckmäßig erscheinen. Die Verwendung dilatometrischer Messungen zur Aufstellung von Zustandsschaubildern beruht auf der bei fast jeder Phasenänderung auftretenden Volumenänderung. Es wird dabei ähnlich wie bei der thermischen Analyse vorgegangen, d. h., zur Bestimmung von Phasenübergängen wird die Längenänderung von Proben in Abhängigkeit von der Temperatur gemessen.

Im Vergleich zur thermischen Analyse haben die dilatometrischen Verfahren den Vorteil, daß man die Probe zur Einstellung des Gleichgewichtes beliebig lange auf einer Temperatur halten kann, bevor man die Temperatur weiter erhöht. Die Versuchsdurchführung kann also so gestaltet werden, daß sich mit Sicherheit bei den verschiedenen Temperaturen der Gleichgewichtszustand einstellt. Um die Einstellung des Gleichgewichts bei einer Temperatur zu verfolgen, wird häufig die Längenänderung in Abhängigkeit von der Zeit gemessen.

Versuch: Im System Cu–Zn ist die Phasengrenze zwischen den Zustandsbereichen β und $\alpha + \beta$ zwischen 500° und 800° durch Gefügebeobachtung zu bestimmen. Es werden handelsübliche Ms-Legierungen mit 56, 58 und 60% Cu (Ms 56, 58 und 60) verwendet. Die Proben werden zwischen 500° und 800° mit 50° Temperaturdifferenz jeweils $^1/_2$ Std. lang geglüht und in H_2O abgeschreckt. Es werden Schliffe hergestellt (s. Kap. 12, insbesondere Tab. 12.2, S. 34) und mit folgendem Ätzmittel geätzt:

10 g Cu-Ammonchlorid auf 120 g H_2O, Ammoniakzusatz bis Niederschlag verschwindet.

Dieses Ätzmittel färbt die β-Phase dunkel und läßt die α-Phase hell, so daß eine Unterscheidung gut möglich ist. Bei 800° zeigen alle Schliffe nur β (nur beim Ms 60 ist eine geringe α-Ausscheidung an den Korngrenzen nicht völlig zu unterdrücken). Mit fallender Glühtemperatur ist in zunehmendem Maße α in den Schliffen festzustellen. Die Phasengrenze verläuft zwischen den Temperaturen, bei denen noch nicht bzw. erstmalig α-Phase nachzuweisen ist. Bei Temperaturunterschieden von 50° ist die Bestimmung allerdings nicht sehr genau, doch lassen sich durch kleinere Glühschritte wesentlich bessere Ergebnisse erzielen.

Literatur

Hume-Rothery, W., J. W. Cristian u. W. B. Pearson: Metallurgical Equilibrium Diagrams. London: The Inst. of Physics 1952.

22 Abschätzen des Diffusionskoeffizienten

In einem aus einer einphasigen Legierung bestehenden Stab, der in Richtung seiner Längsachse ein Konzentrationsgefälle aufweist, tritt beim Halten auf einer dicht unter der Soliduslinie liegenden Temperatur eine Wanderung von Atomen auf, und zwar in der Weise, daß das Konzentrationsgefälle abgebaut wird. Die Atome des gelösten Elementes werdenin Richtung auf B, die des Lösungselementes in Richtung auf A wandern (Abb. 22.1). Diese Wanderung von Atomen bezeichnet man als Diffusion. Im hier gezeigten Fall, den man als Fremddiffusion bezeichnet, ist der zu einer Entropieerhöhung führende Konzentrationsausgleich die treibende Kraft der Diffusion.

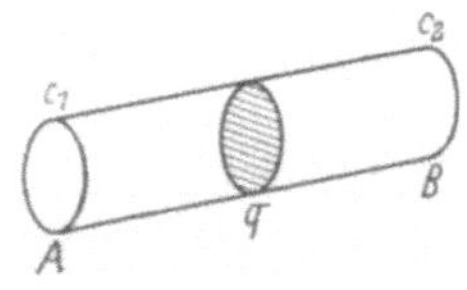

Abb. 22.1. Legierungsstab mit Konzentrationsgefälle zur Veranschaulichung des 1. Fickschen Gesetzes

Darüber hinaus ist aber auch in einem aus nur einem Element bestehenden, d. h. von Konzentrationsunterschieden freien Körper eine Diffusion, die sog. Selbstdiffusion, möglich. Für die Selbstdiffusion, die sich mit Hilfe von radioaktiven Isotopen verfolgen läßt, ist in erster Linie die Wärmebewegung der Atome verantwortlich.

Die Diffusion spielt bei metallkundlichen Vorgängen eine entscheidende Rolle, so beispielsweise bei Glühungen, Ausscheidungsvorgängen, Rekristallisation, Einsatzhärtung, Verzunderung u. a. m. Die Diffusionsgeschwindigkeit bestimmt in vielen Fällen die Geschwindigkeit, mit der ein Vorgang ablaufen kann, woraus sich die praktische Bedeutung der Diffusion ersehen läßt.

Die Grundgesetze der Diffusion in Festkörpern sind die beiden Fickschen Gesetze. Betrachten wir den in Abb. 22.1 schematisch dargestellten Legierungsstab vom Querschnitt q. Das Konzentrationsgefälle innerhalb des Stabes ist durch dc/dx gegeben, wenn c die Konzentration und x die Wegkoordinate sind. Die in der Zeiteinheit durch den Querschnitt q diffundierende Menge m ist dann nach dem 1. Fickschen Gesetz

$$m = -q\,D\,\frac{dc}{dx}\,. \tag{22.1}$$

Der Proportionalitätsfaktor D wird dabei als Diffusionskoeffizient bezeichnet. Aus der obigen Gleichung ergibt sich die Dimension des Diffusionskoeffizienten zu [cm^2/sek].

Das 1. FICKsche Gesetz eignet sich nicht zur Bestimmung des Diffusionskoeffizienten D, da es nur für einen stationären Zustand, d.h. für ein konstantes Konzentrationsgefälle gilt, und es experimentell sehr schwer ist, die diffundierende Menge m bei konstantem Konzentrationsgradienten zu bestimmen. Leichter zu ermitteln ist der Konzentrationsverlauf längs eines Diffusionswegs nach einer bestimmten Zeit bzw. die Änderung der Konzentration an einer bestimmten Stelle der Diffusionsprobe im Verlauf der Versuchsdauer (Abb. 22.2). Zur Auswertung solcher Daten ist das 2. FICKsche Gesetz erforderlich, das sich aus dem 1. FICKschen Gesetz ableiten läßt. Es lautet:

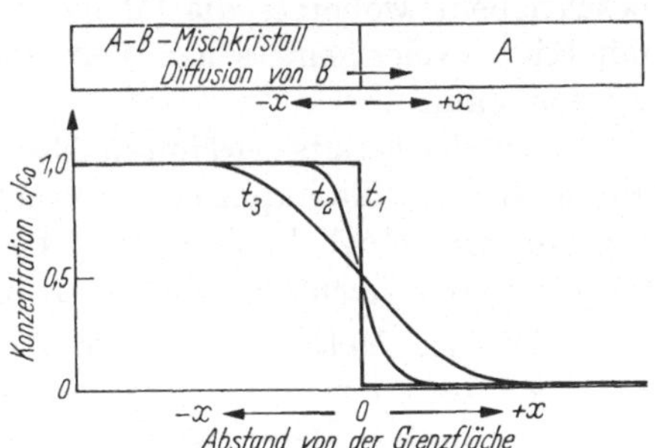

Abb. 22.2. Konzentrationsverlauf bei Diffusion über eine Grenzfläche nach verschiedenen Zeiten

$$\frac{\partial c}{\partial t} = D \frac{\partial^2 c}{\partial x^2}. \tag{22.2}$$

Die Lösung dieser partiellen Differentialgleichung ist nicht einfach und nur unter Angabe bestimmter Randbedingungen möglich.

Zur Abschätzung des Diffusionskoeffizienten verwendet man daher häufig die mittlere Verschiebung $\bar{x}$, die durch

$$\bar{x} = \sqrt{2Dt} \tag{22.3}$$

gegeben ist und die mittlere Verschiebung aller diffundierten Atome nach der Zeit t angibt; sie stellt eine anschaulichere Größe dar als der Diffusionskoeffizient. Die mittlere Verschiebung ist etwa mit der mittleren Eindringtiefe eines Stoffes B in den Stoff A nach der Zeit t identisch. Da diese Eindringtiefe meist metallographisch abgeschätzt werden kann, ist damit eine rohe Bestimmung des Diffusionskoeffizienten möglich, zumindest soweit im Bereich der Diffusionszone nur Mischkristalle auftreten. Wenn während der Diffusion intermetallische Verbindungen gebildet werden, ist die Abschätzung des Diffusionskoeffizienten unsicherer, da kein stetiger Konzentrationsverlauf mehr vorliegt.

Sowohl die beiden FICKschen Gesetze als auch der Ausdruck für die mittlere Verschiebung gelten strenggenommen nur für einen konzentrationsunabhängigen Diffusionskoeffizienten, so daß man zur genauen Bestimmung stark konzentrationsabhängiger Diffusionskoeffizienten andere Auswertungsverfahren wählen muß.

Mit steigender Temperatur verläuft die Diffusion immer rascher, und zwar wird die Temperaturabhängigkeit des Diffusionskoeffizienten durch ein Exponentialgesetz der Form

$$D = D_0\, e^{-Q/RT} \tag{22.4}$$

beschrieben, wobei Q die Aktivierungsenergie der Diffusion ist, die mit Hilfe zweier gemessener Werte des Diffusionskoeffizienten errechnet werden kann.

Neben der bereits erwähnten Abschätzung des Diffusionskoeffizienten durch die metallographisch zu ermittelnde Eindringtiefe gibt es eine Vielzahl von Möglichkeiten zur experimentellen Bestimmung des Diffusionskoeffizienten, von denen hier nur einige kurz genannt seien:

1. Direkte Methoden zur Bestimmung des Konzentrationsverlaufs
   a) Aufteilen der Diffusionsproben in mehrere Scheiben und Analyse der Scheiben;
   b) Spektralanalytische Bestimmung des Konzentrationsverlaufs durch Analyse an verschiedenen Stellen.
2. Indirekte Methoden
   a) Messung der Mikrohärte entlang der Diffusionsprobe;
   b) Bestimmung des Konzentrationsverlaufs durch Leitfähigkeitsmessung.

Bisher wurde die Diffusion als makroskopischer Vorgang, d. h. als Massetransport behandelt, ohne daß Aussagen über die bei der Diffusion ablaufenden atomistischen Vorgänge gemacht wurden. Möglich wird die Diffusion erst dadurch, daß die Atome ihre festen Plätze im Kristallgitter infolge sog. Platzwechselvorgänge verlassen. In Abb. 22.3 sind die wichtigsten Mechanismen der Volumendiffusion schematisch dargestellt. Die einfachste Möglichkeit ist der direkte Austausch von Atomen, der nicht nur, wie in Abb. 22.3a wiedergegeben ist, über einen Zweier-, sondern auch über einen Dreier- bzw. Viererring erfolgen kann. Dieser direkte Austausch hat für die Diffusion in Metallen nur eine untergeordnete Bedeutung. Der zweifellos wichtigste Diffusionsmechanismus ist der über Leerstellen, wie es Abb. 22.3b zeigt. Ein Kristall enthält im thermodynamischen Gleichge-

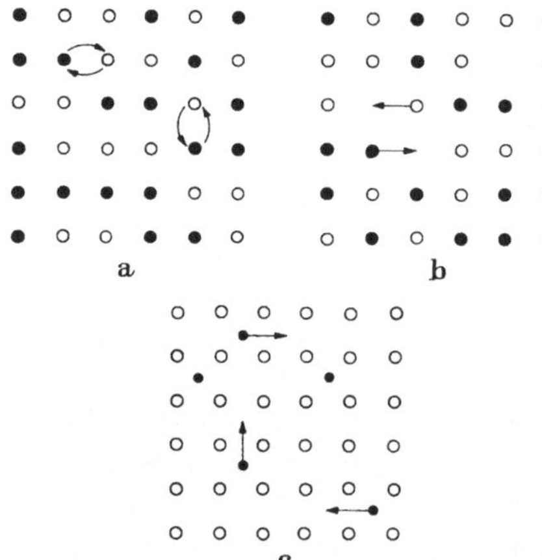

Abb. 22.3 a–c. Verschiedene Mechanismen der Volumendiffusion.
a Ringtausch; b Diffusion über Leerstellen; c Diffusion über Zwischengitterplätze

wicht stets eine bestimmte Anzahl unbesetzter Gitterplätze, sog. Leerstellen. Bei dem Leerstellenmechanismus der Diffusion springt ein Atom in eine benachbarte Leerstelle und hinterläßt an seinem Platz eine Leerstelle, in die wieder ein Atom springen kann, d. h., mit der Diffusion von Atomen erfolgt eine Wanderung von Leerstellen in der umgekehrten Richtung. Beim Vorhandensein eines Konzentrationsgradienten wird eine gerichtete Leerstellenwanderung ablaufen, die zu dem in umgekehrter Richtung ablaufenden Massetransport führt.

Der einfachste Fall der Diffusion von interstitiell gelösten, d h. auf Zwischengitterplätzen befindlichen Atomen (z. B. C in Fe) ist die Wanderung von einem Zwischengitterplatz auf den nächsten (Abbildung 22.3c). Es ist verständlich, daß die Diffusion in einem solchen Fall bei den zahlreich vorhandenen unbesetzten Zwischengitterplätzen sehr viel rascher abläuft als bei substitutionell gelösten Atomen.

Die bisherigen Darstellungen betreffen nur die Diffusion innerhalb eines Kristalls. Nun weist aber ein polykristallines Stück Metall eine Vielzahl von Korngrenzen auf, die man sich vereinfacht als sehr stark gestörte Gitterbereiche vorstellen kann. Die Diffusion entlang der Korngrenzen, die sog. Korngrenzendiffusion, erfolgt um einige Zehnerpotenzen schneller als die Volumendiffusion. Dies ist auch durchaus verständlich, da innerhalb einer Korngrenze die Atome nicht so dicht gepackt sind wie im Gitter, d. h. mehr Lücken, sog. ,,Teilleerstellen" vorhanden sind, die die Diffusion wesentlich erleichtern. Die Aktivierungsenergie der Korngrenzendiffusion ist dementsprechend auch geringer als die der Volumendiffusion.

Die in einem polykristallinen Material ablaufende Diffusion setzt sich demnach aus der Volumen- und der Korngrenzendiffusion zusammen. Da der Materialtransport durch die Diffusionsgeschwindigkeit und den Diffusionsquerschnitt bestimmt wird, der letztere aber im Falle der Korngrenzendiffusion sehr klein ist (Korngrenzenbreite ~ 5 Å), wird der Materialtransport nur bei tiefen Temperaturen, wenn die Geschwindigkeit der Volumendiffusion sehr gering ist, sowie bei kleiner Korngröße im merklichen Umfang durch die Korngrenzendiffusion bestimmt, bei höheren Temperaturen ist der Anteil der Korngrenzendiffusion am Materialtransport zu vernachlässigen.

Versuch: Es ist der Diffusionskoeffizient der Diffusion von Zn in Cu abzuschätzen.

Für diesen Versuch wird in die Bohrung (etwa 10 mm ∅) einer Cu-Probe (etwa 25 mm ∅ und 20 mm hoch) ein entsprechend dicker Stab aus Ms 59 mit Hilfe einer Presse eingedrückt, so daß eine gute Berührung der vorher gereinigten Flächen gewährleistet ist. Die Probe wird danach beispielsweise bei 850° verschieden lange Zeiten geglüht und im Schliff die an der Farbänderung deutlich erkennbare Eindringtiefe der Zn-Diffusion in das Cu gemessen.

Nach einer Glühdauer von 5 bzw. 40 Minuten ergaben sich Eindringtiefen von 0,026 bzw. 0,10 mm. Aus der Gl. (22.3) erhält man durch Umformen nach D

$$D = \frac{\bar{x}^2}{2t}. \tag{22.5}$$

Es ergibt sich der Diffusionskoeffizient für die Diffusion von Zn in Cu bei 850° zu $1{,}1 \times 10^{-8}$ cm²/sek bzw. $2{,}3 \times 10^{-8}$ cm²/sek. In gleicher Weise ist es möglich, den Diffusionskoeffizienten der Diffusion von Cu in β-Ms abzuschätzen.

Literatur

Seith, W.: Diffusion in Metallen, 2. Aufl. Berlin/Göttingen/Heidelberg: Springer 1955.

23 Verformung und Rekristallisation

231 Verformung von Einkristallen

Die Verformung von Metallkristallen erfolgt durch Gleitung. Man versteht darunter die gegenseitige Verschiebung einzelner Teile eines Kristalls auf Gleitebenen. Als Gleitebenen fungieren ganz bestimmte, kristallographisch niedrig indizierte Kristallflächen, meistens die am dichtesten mit Atomen belegten Ebenen. Auch die Richtungen der

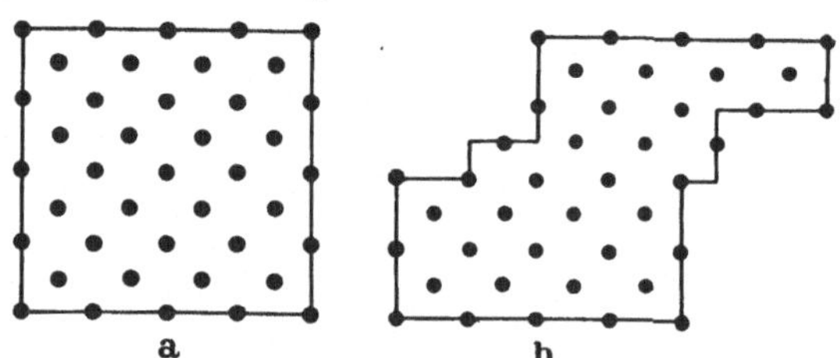

Abb. 23.1 a u. b. Schema der Bewegung der Gitterpunkte bei der Gleitung

Gleitung, die in der Gleitebene liegen, sind kristallographisch niedrig indiziert. Dadurch, daß die Gleitung stets auf zahlreichen, einander parallelen Ebenen vor sich geht (Abb. 23.1), kann sie große Formänderungen bewirken.

Im kubisch flächenzentrierten Gitter (Cu, Ag, Al, Ni) findet die Gleitung auf den Oktaederebenen $\{111\}$ mit $\langle 110 \rangle$ als Gleitrichtung statt. In Strukturen hexagonal dichtester Kugelpackung (Zn, Cd, Mg, Ti) ist die Basisfläche (0001) die Gleitebene, $\langle 11\bar{2}0 \rangle$ die Gleitrichtung.

2311 Zugversuch am Zn-Einkristall

Leicht zu übersehen ist der Gleitvorgang bei einem Metall hexagonal dichtester Kugelpackung wie Zn, weil hier die Basisfläche nur einmal im Gitter auftritt. Setzt man einen Zn-Einkristall, wie ihn Abb. 23.2a bis d (s. S. 263) im Modell darstellt, einer Zugkraft aus, so beginnt die Gleitung, wenn die Spannung einen bestimmten Wert erreicht hat. Eine Reihe von Basisebenen gleiten gegeneinander ab, und zwar in Richtung einer digonalen Achse $\langle 11\bar{2}0\rangle$ (rechter Pfeil in Abb. 23.2a). Die Abb. 23.2c und Abb. 23.2d geben den verformten Zustand wieder. Man erkennt, daß die Gleitung zu einer erheblichen Dehnung des Kristalls geführt hat. Der durchgehende Pfeil, die große Achse der ellipsenförmigen Gleitfläche, ist im vorliegenden Fall nicht mit der Gleitrichtung identisch, so daß die Abgleitung etwas schräg erfolgt. Man erkennt aus den Abb. 23.2c und d ebenfalls, daß der zu Beginn des Versuchs kreisförmige Querschnitt der Probe durch die Dehnung stark verändert worden ist. Während sich bei Aufsicht auf die Gleitfläche (Abb. 23.2c) der Durchmesser nicht wesentlich verändert hat (im vorliegenden Beispiel sogar etwas vergrößert), ist er in der dazu senkrechten Richtung (Abb. 23.2d) stark vermindert. Der Kristall hat bei der Verformung eine bandförmige Gestalt angenommen. Die Bandbildung ist um so ausgeprägter, je weitergehender die Gleitung war.

Ferner läßt ein Vergleich zwischen Abb. 23.2b und d erkennen, daß der Winkel χ, den die Normale auf der Gleitebene mit der Längsrichtung des Kristalls (Stabachse) bildet, durch die Gleitung vergrößert worden ist. Die Verformung hat also zu einer kristallographischen Orientierungsänderung geführt. Schließlich sieht man bei Blick auf die Bandfläche die Verschneidung der Gleitebenen mit der Mantelfläche des Kristalls als ellipsenförmige Gleitlinien.

2312 Mechanische Zwillingsbildung

Setzt man den Verformungsprozeß am Zn bis zu hohen Dehnungen fort, so hört man meistens vor dem Zerreißen ein leises Knacken, das von einer unstetigen Formänderung des Kristalls begleitet ist. Es ist mechanische Zwillingsbildung eingetreten. Abb. 23.3 zeigt diesen Vorgang im Vergleich zur Gleitung. Bei der Gleitung ist im allgemeinen der Betrag der Abgleitung keineswegs gleichmäßig auf die ganze Länge des Kristalls verteilt. Bei der mechanischen Zwillingsbildung dagegen sind im verformten Teil alle der Gleitebene parallelen Ebenen um den gleichen Betrag gegenüber ihrer Nachbarebene verschoben. Die Abgleitung kann bei der Gleitung in beiden Richtungen erfolgen (entsprechend einer Dehnung oder Stauchung des Kristalls), bei der Zwillingsbildung dagegen ist die Gleitrichtung polar. Die mechanische Zwillingsbildung ist mit einer Formänderung von bestimmtem Sinn und Ausmaß verknüpft, die durch die kristallographische Natur der Zwillingselemente gegeben ist. Gleitlinien treten innerhalb einer Zwillingslamelle nicht auf. Der Zwilling ist gegen den nicht verzwillingten Teil des Kristalls auf beiden Seiten (wie es Abb. 23.3 zeigt) durch eine gradlinige Ver-

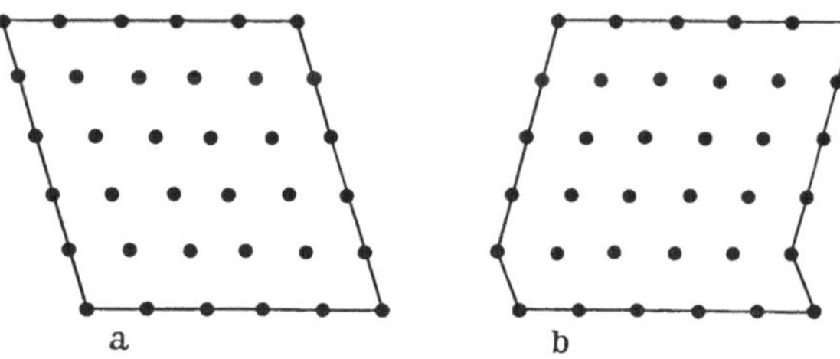

Abb. 23.3 a u. b. Schema der Bewegung der Gitterpunkte bei der mechanischen Zwillingsbildung

schneidung begrenzt, die der Zwillingsebene entspricht. Alle diese Vorgänge können beim einfachen Zugversuch am Zn-Kristall verfolgt werden.

Versuch: Ein etwa 10 cm langes Stück eines aus der Schmelze gezogenen Zn-Einkristalls (vgl. Kap. 1161, S. 25) wird an den Enden in die Fassungen einer kleinen Zerreißmaschine eingespannt. Es genügt auch, die beiden Enden mit je einer Flachzange zu fassen. Bei Zugbeanspruchung laufen die beschriebenen Vorgänge unter Dehnung des Kristalls ab. Die Gleitlinien und Zwillinge kann man mit einer Lupe erkennen.

2313 Zugversuch an einem kubisch flächenzentrierten Kristall

Die Verformung eines Einkristalls aus einem Metall mit kubisch flächenzentrierter Struktur unterscheidet sich von der eines Zn-Kristalls insofern, als im kubischen System die Gleitfläche $\{111\}$ in vierfacher Lagenmannigfaltigkeit auftritt. Zu jeder der 4 Oktaederflächen gehören 3 Gleitrichtungen $\langle 110 \rangle$. Die Kombination von verschiedenen Gleitflächen und -richtungen ergibt zwölf verschiedene Gleitsysteme. Es entsteht daher die Frage, welches dieser Systeme bei Beginn der Gleitung zuerst in Tätigkeit tritt. Grundsätzlich besteht auch die Möglichkeit, daß schon bei Beginn, besonders aber im späteren Verlauf der Verformung mehrere Systeme zugleich betätigt werden.

Zunächst verformt sich die Probe elastisch. Erst bei einer bestimmten Zugspannung (Streckgrenze) tritt bleibende Verformung hinzu, d. h. die Gleitung beginnt. Bei vielkristallinen Werkstücken ist dies die E-Grenze bzw. eine bestimmte Dehngrenze. Prüft man eine Anzahl Einkristalle verschiedener Orientierungen im Zugversuch, so liegen die Streckgrenzen bei ganz verschiedenen (in Richtung der Stabachse wirkenden) Zugspannungen. Die Ursache ist, daß beim Einkristall nicht die Zugspannung σ, sondern die in einer Gleitfläche und Gleitrichtung wirkende Schubspannung S einen bestimmten, kritischen Wert erreicht haben muß, damit Gleitung einsetzt. Es gilt das SCHMIDsche Schubspannungsgesetz[1]:

$$S = \sigma \cos\chi \cos\lambda. \tag{23.1}$$

Dabei ist σ die in der Richtung der Stabachse wirkende Zugspannung, χ ist der Winkel zwischen der Gleitflächennormale und der Stabachse. λ der Winkel zwischen der Gleitrichtung und der Stabachse. Natürlich ist eine Schubspannungskomponente der Zugspannung in jeder beliebigen Richtung des Kristalls vorhanden, doch sind ja die möglichen Gleitrichtungen kristallographisch definiert und daher in einem Kristall stets vorgegeben.

Sind, wie z. B. in einem Cu-Kristall, eine Reihe von Gleitsystemen vorhanden, so gibt das Schubspannungsgesetz nicht nur Auskunft über den Betrag der Zug- bzw. Schubspannung, bei der die Gleitung beginnt, sondern auch darüber, welches der kristallographisch möglichen Systeme tatsächlich aktiv wird. Es ist dies dasjenige System, in dem die Schubspannung den höchsten Wert hat, denn hier wird der zum Gleitbeginn nötige, kritische Wert zuerst erreicht. Der Faktor $\cos\chi \cos\lambda$ wird als SCHMID-Faktor bezeichnet. Er ist orientierungsabhängig und kann maximal den Wert 0,5 erreichen, wenn χ und λ 45° betragen. Abb. 23.4 zeigt den Betrag des SCHMID-Faktors im kubischen Orientierungsdreieck einer stereographischen Standardprojektion (vgl. Kap. 1313, S. 52). Jeder Punkt im Dreieck kann der Projektionspunkt einer Einkristallstabachse sein. Die Abb. 23.5 zeigt für das üblicherweise verwendete Standardorientierungsdreieck [100]-[110]-[111] die möglichen Kombinationen von Gleitflächen und Gleitrichtungen. Zunächst tritt die primäre Gleitebene $(11\bar{1})$ mit [101] als Gleitrichtung in Tätigkeit.

Wie schon am Beispiel des Zinkkristalls (Abb. 23.2a—d) gezeigt wurde, ändert sich vom Beginn der Gleitung an laufend die Orientierung. In stereographischer Projektion dargestellt bedeutet dies eine Wanderung des Projektionspunktes der Stabachse im Orientierungsdreieck auf die Gleitrichtung zu (Vergrößerung von χ, Verminderung von λ) (vgl. Abb. 23.6).

Die kritische Schubspannung bleibt nach dem Beginn der Gleitung zunächst fast unverändert, d. h., daß bei dieser sog. easy glide keine Verfestigung stattfindet. Das weitere Fortschreiten der Einfachgleitung ist jedoch mit einem Anstieg der Schubspannung, also Verfestigung, verbunden. Neben dem aktiven Gleitsystem werden hierbei auch die latenten, nicht in Tätigkeit befindlichen Systeme verfestigt.

---

[1] Die Gleichung wird häufig auch so geschrieben, daß unter χ der Winkel zwischen der Gleitfläche und der Stabachse verstanden wird. Es tritt dann $\sin\chi$ anstelle von $\cos\chi$.

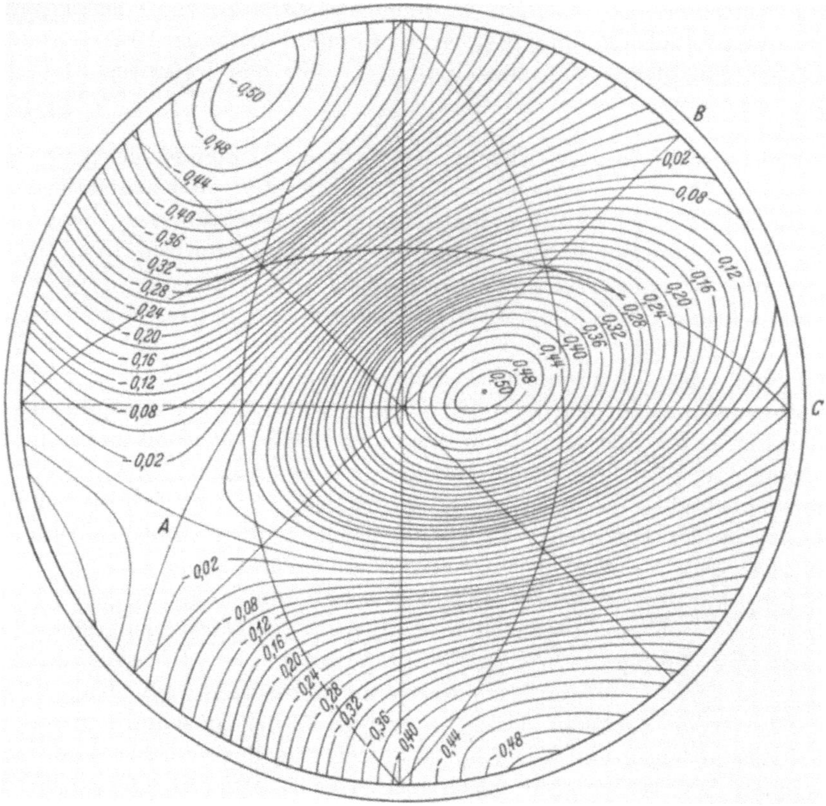

Abb. 23.4. Betrag des SCHMID-Faktors $\mu = \cos\chi \cos\lambda$ der Schubspannung bei Gleitung nach (11$\bar{1}$) [101] in Abhängigkeit von der Orientierung der Stabachse des Einkristalls (nach SEEGER). Auf den Großkreisen AB und AC ist der SCHMID-Faktor gleich Null

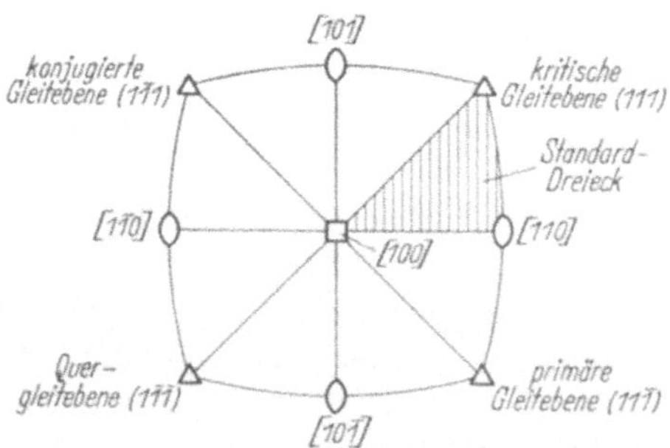

Abb. 23.5. Stereographische Standardprojektion eines kubischen Gitters mit den für das Standarddreieck [100]–[110]–[111] möglichen {111}-Gleitflächen und ⟨110⟩-Gleitrichtungen. Die unterschiedliche Indizesfolge und Lage des Standardorientierungsdreiecks in den hier gezeigten Abb. gegenüber den Abb. 13.7 u. 13.21 ergeben sich durch die unterschiedliche Wahl der Projektionsebene ((100) hier, (001) in Kap. 13).

Die Einfachgleitung auf (11$\bar{1}$) [101] findet ihr Ende, wenn die Grenze [100]-[111] des Orientierungsdreiecks, die sog. Symmetrale erreicht ist (vgl. Abb. 23.6). Hier wird ein zweites Gleitsystem, die konjugierte Gleitebene (1$\bar{1}$1) mit der Gleitrichtung [10$\bar{1}$] (Abb. 23.5)

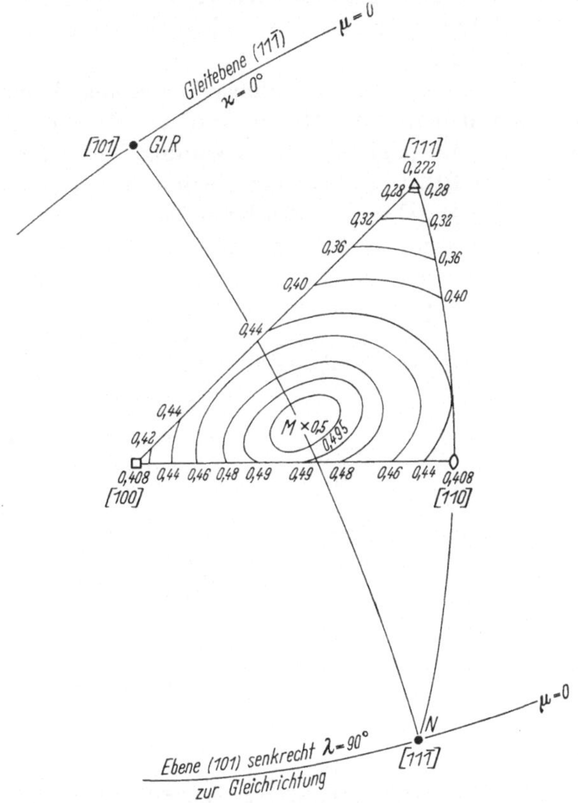

Abb. 23.6. Wanderung der Stabachse im Standardorientierungsdreieck als Folge der Orientierungsänderung bei der Dehnung eines kubisch-flächenzentrierten Kristalls mit Gleitung auf der primären (11$\bar{1}$)- und der konjugierten (1$\bar{1}$1)-Gleitebene (nach KOCHENDÖRFER)

gleichberechtigt. Beim Cu-Kristall gleiten nun beide Systeme zugleich oder lösen sich in kurzen Schritten ab, so daß sich die Stabachse nunmehr (Abb. 23.6) auf der Symmetralen in Richtung des [111]-Poles bewegt (Doppelgleitung).

Während man das Verhalten vielkristallinen Materials im Zugversuch in Form einer Spannungs-Dehnungs-Kurve darstellen kann, tritt an ihre Stelle bei Einkristallen die Darstellung der Schubspannung in Abhängigkeit von der Abgleitung. Unter Abgleitung versteht man den Teilbetrag v der gegenseitigen Verschiebung zweier im Abstand h

voneinander befindlicher paralleler Gleitflächen

$$a = \frac{v}{h}. \tag{23.2}$$

In der Schubspannungs-Abgleitungs-Kurve werden die Abweichungen der Spannungs-Dehnungs-Kurven verschieden orientierter Kristalle weitgehend ausgeglichen.

Versuch: Es soll die Schubspannungs-Abgleitungs-Kurve eines Cu-Kristalls aufgenommen werden. Hierzu wird ein Zerreißversuch durchgeführt, bei dem man Zugkraft und Dehnung laufend experimentell bestimmt (vgl. Kap. 3121, S. 204). Vor Beginn des Versuchs sind die Meßlänge l_0 und der Durchmesser des Kristalls festzustellen. Die Orientierungsbestimmung erfolgt röntgenographisch im ungedehnten und gedehnten Kristall (vgl. Kap. 1352, S. 75). Als Zerreißvorrichtung dient entweder eine POLANYI-Apparatur oder eine Zerreißmaschine mit niedrigem Kraftbereich. Das von der Maschine aufgezeichnete Last-Verlängerungs-Diagramm ist in die Schubspannungs-Abgleitungs-Kurve umzurechnen. Ist l_0 die Ausgangsmeßlänge des Kristalls, l die jeweilige Länge, λ_0 der Winkel zwischen Längsachse und Gleitrichtung zu Beginn, λ dieser Winkel für den jeweiligen Meßpunkt, so ergibt sich

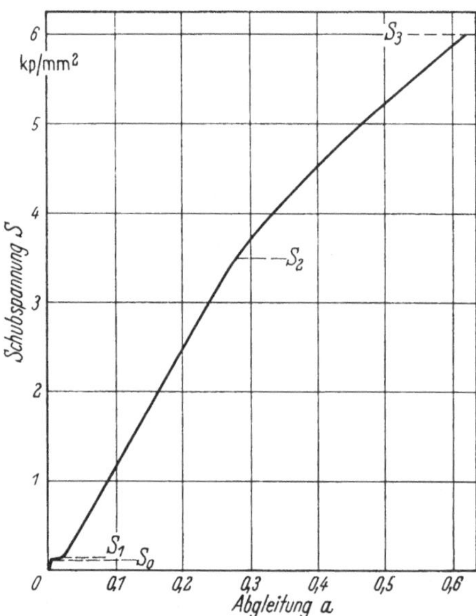

Abb. 23.7. Dehnung eines Kupfereinkristalls. Aus der Spannungs-Dehnungs-Kurve berechnete Schubspannungs-Abgleitungs-Kurve.

$$\delta = \frac{l - l_0}{l_0} \tag{23.3}$$

$$\frac{l}{l_0} = 1 + \delta = \frac{\sin\lambda_0}{\sin\lambda}. \tag{23.4}$$

Die Abgleitung a ist:

$$a = (\cot\lambda - \cot\lambda_0)\,\frac{\sin\lambda_0}{\cos\chi_0}. \tag{23.5}$$

Die Schubspannungs-Abgleitungs-Kurve ist zu zeichnen.

Abb. 23.7 zeigt als Beispiel eine solche Darstellung für einen Cu-Einkristall (SCHMID-Faktor 0,5). Die Verfestigungskurve des Cu-Kristalls läßt sich in vier Bereiche unterteilen. Zunächst steigt die Schubspannung, ohne daß Gleitung auftritt. Der Kristall dehnt sich elastisch bis zur kritischen Schubspannung S_0 (0,12 kp/mm²). Im vorliegenden Beispiel ist dieser Bereich wenig ausgeprägt. Im zweiten Teil der Kurve

(Bereich I) beginnt die Einfachgleitung mit dem easy-glide-Bereich, zu der elastischen kommt die plastische Dehnung. Die Verfestigung (Anstieg der Schubspannung) ist gering. Bei einer Schubspannung S_1 (0,15 kp/mm²) beginnt bei fortschreitender Einfachgleitung auf der primären Gleitebene der Bereich des linearen Verfestigungsanstiegs (Bereich II) ; er reicht etwa bis zu einer Schubspannung S_2 (3,5 kp/mm²). Im anschließenden Bereich III ist die Abgleitung nicht mehr mit einem linearen Verfestigungsanstieg verbunden, die Steigung der Kurve wird zunehmend geringer. In diesem Bereich machen sich bereits Erholungsvorgänge bemerkbar, er ist deshalb stark temperaturabhängig. Die Doppelgleitung beginnt nach Erreichen der Symmetralen (Abb. 23.6) bei einer Schubspannung S_3 ($\sim$ 6 kp/mm²). Das Last-Verlängerungs-Diagramm läßt sich dann nicht mehr einwandfrei in eine Schubspannungs-Abgleitungs-Kurve umzeichnen, da unter wechselnder Betätigung der beiden gleichberechtigten Gleitsysteme der Maschinenschrieb unregelmäßig wird.

Literatur

SCHMID, E., u. G. BOAS: Kristallplastizität. Berlin: Springer 1936.

SEEGER, A., in: Handbuch der Physik, Band VII/2 Kristallphysik II, herausgegeben von S. FLÜGGE. Berlin/Göttingen/Heidelberg: Springer 1958, S. 1.

232 Versetzungen

2321 Grundlagen

POLANYI, OROWAN und TAYLOR waren die ersten, die zur Deutung des plastischen Verhaltens der Metalle die Vorstellung und den Begriff der Versetzung einführten. Ihre zunächst rein theoretischen Vorstellungen, die anfänglich nur zur Erklärung der geringen Schubfestigkeit von Einkristallen herangezogen wurden, haben sich in der Folgezeit bei vielerlei Fragen als äußerst fruchtbar erwiesen.

Im folgenden kann nur eine kurze Einführung gegeben werden, die das Verständnis der zu besprechenden Versuche über das Seifenblasenmodell und eine Ätzung auf Versetzungen erleichtern soll. Für eine eingehende Unterrichtung über Versetzungen sei indessen auf die einschlägige Fachliteratur verwiesen [COTTRELL, SEEGER].

Berechnet man unter der Annahme des starren Abgleitens zweier Netzebenen die theoretische Schubspannung (s. Kap. 2313, S. 141), so erhält man einen Wert, der mehrere Zehnerpotenzen größer ist als die gemessenen Werte. Zur Deutung dieser Diskrepanz wurde der anfänglich rein hypothetische Begriff einer S t u f e n v e r s e t z u n g eingeführt. Nach dieser Vorstellung erfolgt die Gleitung nicht in der Weise, daß Netzebenen starr übereinander gleiten, sie setzt sich vielmehr langsam über die Netzebene fort. Die Grenze zwischen dem schon geglittenen und dem noch unverformten Teil ist eine Stufenversetzung, und die Gleitung erfolgt somit durch das Wandern dieser Stufenversetzung. Den Betrag der Abgleitung, der dabei erzielt wird, bezeichnet man als den BURGERS-Vektor b der Stufenversetzung.

Atomistisch läßt sich eine Stufenversetzung in Form einer in das Gitter eingeschobenen Halbebene AB darstellen, wie es Abb. 23.8 zeigt.

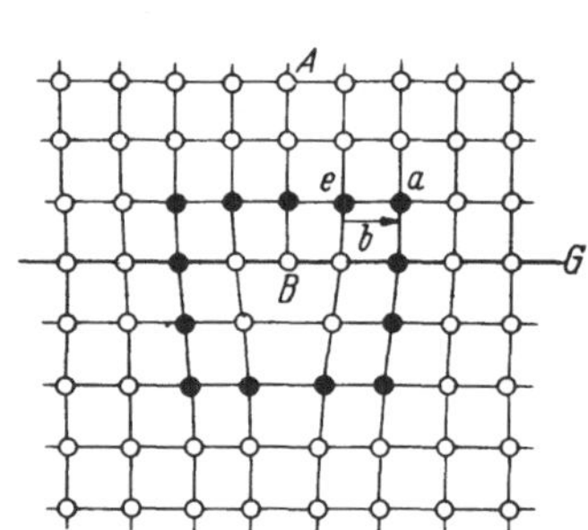

Abb. 23.8. Schematische Darstellung einer Stufenversetzung. BURGERS-Vektor-b $\perp$-Versetzungslinie

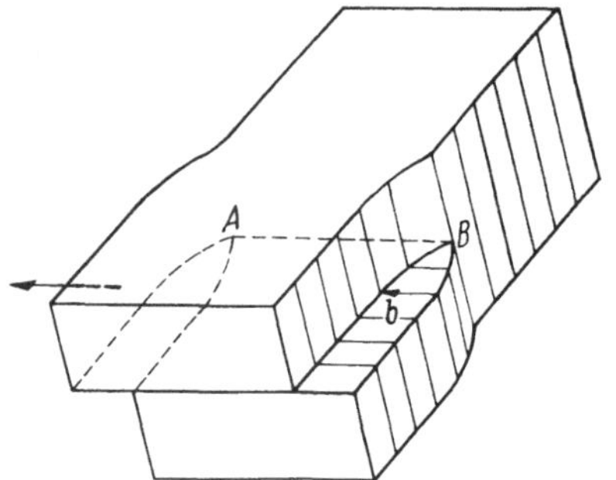

Abb. 23.9. Schematische Darstellung einer Schraubenversetzung. BURGERS-Vektor-b $\|$-Versetzungslinie AB

Den BURGERS-Vektor erhält man durch einen sog. BURGERS-Umlauf, d. h. durch einen um die Versetzungslinie, die in Abb. 23.8 senkrecht zur Zeichenebene im Punkt B verläuft, von Atom zu Atom laufenden Weg. Der Ausgangs- (a) und der Endpunkt (e) eines solchen Umlaufs fallen im idealen, ungestörten Gitter zusammen, während sich der Umlauf, sobald eine Versetzungslinie eingeschlossen ist, nicht mehr schließt. Die Verbindungslinie zwischen Anfangs- und Endpunkt bezeichnet man als BURGERS-Vektor, der im Falle der Stufenversetzung senkrecht zur Versetzungslinie steht.

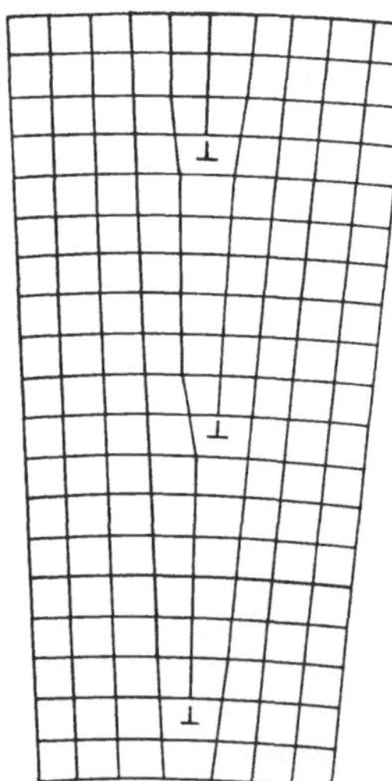

Abb. 23.10. Darstellung einer aus Stufenversetzungen aufgebauten symmetrischen Kleinwinkelkorngrenze

Die eben behandelte Stufenversetzung stellt nur einen möglichen Grenzfall aller im Kristallgitter vorkommenden Versetzungen dar.

Ein weiterer Grenzfall ist die sog. Schraubenversetzung, die in Abb. 23.9 wiedergegeben ist. Die Schraubenversetzung ist dadurch gekennzeichnet, daß die Netzebenen, die senkrecht zur Versetzungslinie AB stehen, nicht mehr voneinander getrennte Ebenen bleiben, sondern zu einer einzigen Schraubenfläche werden. Führt man in gleicher Weise wie bei der Stufenversetzung einen BURGERS-Umlauf durch, so erkennt man, daß der BURGERS-Vektor der Schraubenversetzung parallel zur Versetzungslinie verläuft und in seinem Betrag der Ganghöhe der Schraubenfläche entspricht.

Zwischen diesen beiden Grenzfällen, Stufenversetzung und Schraubenversetzung, können alle Übergänge auftreten, bei denen der BURGERS-Vektor dann einen bestimmten Winkel mit der Versetzungslinie bildet.

Ein sehr wichtiges Beispiel dafür, daß Versetzungen nicht nur für die plastische Verformung eine Rolle spielen, sind die Kleinwinkelkorngrenzen. Diese Grenzen zwischen Körnern mit nur geringem Orientierungsunterschied können, wie Abb. 23.10 zeigt, im einfachsten Fall als übereinander angeordnete Stufenversetzungen dargestellt werden.

2322 Das Seifenblasenmodell

Zur Veranschaulichung der Versetzungen ist von BRAGG, NYE und LOMER das sog. Seifenblasenmodell entwickelt worden. Es handelt sich hierbei um eine ,,einatomare" Schicht aus kleinen Seifenblasen, die in einer wäßrigen Lösung mit geringer Oberflächenspannung erzeugt wird. Die Herstellung eines solchen Modells ist einfach (s. Abb. 23.11).

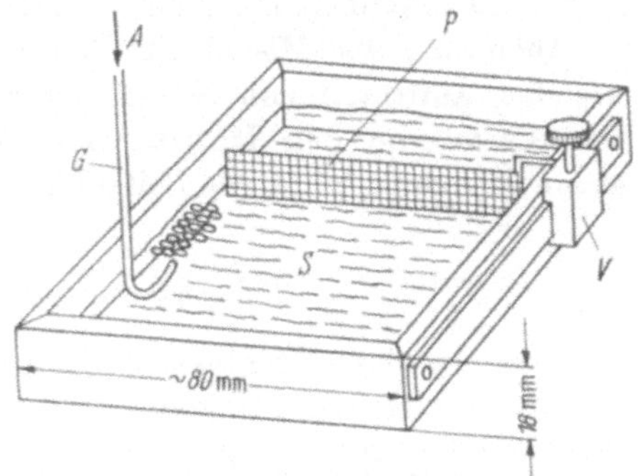

Abb. 23.11. Versuchseinrichtung für Seifenblasenmodell. V Trieb und Zahnstange mit Platte P bzw. Netz zur Demonstration von ,,Verformungsvorgängen" bzw. zur Zerstörung der Blasen

In einer starken Seifenlösung werden Blasen gleicher Größe erzeugt. Hierzu schließt man eine fein ausgezogene Glasröhre G an eine Gasflasche A, die Argon oder Stickstoff enthält, und läßt das Gas mit konstanter Geschwindigkeit durch die Seifenlösung S perlen, da die Blasengröße nicht nur vom lichten Durchmesser des Glasrohrs G, sondern auch in starkem Maße von der Gasgeschwindigkeit abhängt. Um zu vermeiden, daß sich die Blasen übereinander anordnen, ist es erforderlich, das Glasrohr während der Blasenerzeugung in der Lösung zu bewegen. Die Größe und Form des Glasgefäßes, in dem sich die Seifenlösnng befindet, richtet sich nach den jeweiligen Erfordernissen. Für eine Projektion des Seifenblasenmodells ist eine flache Glaswanne zu wählen, während für direkte Beobachtung auch tiefere Gefäße mit einer seitlich angebrachten Beleuchtungseinrichtung verwendet werden können.

Die gebildeten Seifenblasen ordnen sich auf der Oberfläche zu einer dichtesten Kugelpackung und stellen so Modelle einer {111}-Ebene des kubisch flächenzentrierten Gitters bzw. der Basisebenen der hexagonal-dichtesten Kugelpackung dar. Die Anziehungskräfte, die zur Bildung der dichtesten Packung führen, sind durch die Oberflächenspannung gegeben, während die abstoßenden Kräfte, die eine zu starke Deformation der einzelnen Blasen bei der Berührung verhindern, durch den Gasdruck im Innern der Blasen erzeugt werden.

Die auf der Seifenlösung erzeugte „einatomare" Blasenschicht zeigt „Gitterfehler", die auch in realen Metallkristallen auftreten, d.h. also Leerstellen, Versetzungen, Klein- und Großwinkelkorngrenzen, und erlaubt so eine anschauliche Vorstellung des Aufbaus eines Realkristalls. Das Wandern von Stufenversetzungen bei der Gleitung läßt sich nun im Seifenblasenmodell gut verfolgen, wenn man die Blasenschicht verformt. Das kann so geschehen, daß man eine von einer Seite der Wanne zur anderen gehende Glasplatte P (s. Abb. 23.11) bewegt. Da das Modell zweidimensional ist, können allerdings nur Stufenversetzungen veranschaulicht werden. Schraubenversetzungen und alle Übergänge zwischen Stufen- und Schraubenversetzung lassen sich, wie auch Abb. 23.9 erkennen läßt, nur dreidimensional darstellen.

Auch mit der Mischkristallbildung zusammenhängende Vorgänge, wie das Auftreten von Gitterverzerrungen beim Einbau von Atomen mit einem von den Matrixatomen stark abweichenden Atomradius, lassen sich mit Hilfe des Seifenblasenmodells anschaulich machen.

2323 Ätzung auf Versetzungen

Während das Seifenblasenmodell nur dazu dient, Versetzungen und andere Gitterfehler anhand eines makroskopischen Modells zu veranschaulichen, gibt es auch Möglichkeiten, die Versetzungen im Kristall direkt oder indirekt sichtbar zu machen. Eine direkte Beobachtung von Versetzungslinien ist im Elektronenmikroskop bei der Durchstrahlung dünner Folien möglich, doch soll auf dieses Verfahren hier nur hingewiesen werden.

Einfach durchzuführen ist das Ätzen auf Versetzungen, das im folgenden kurz beschrieben wird. Es erlaubt allerdings nur indirekt die Stellen sichtbar zu machen, an denen sich Versetzungen befinden. Durch Ätzen wird nämlich der Durchstoßpunkt der Versetzungslinie durch die Oberfläche markiert. Man kann auf diese Weise zunächst die Versetzungsdichte, d. h., die Zahl der Versetzungen pro Flächeneinheit ermitteln. Eine Versetzungslinie kann nicht mitten im Kristall enden; sie muß entweder eine in sich geschlossene Kurve sein (man spricht dann von Versetzungsringen) oder mit ihren beiden Enden an der Kristalloberfläche austreten. Da Versetzungsringe in größerer Zahl nur unter bestimmten Bedingungen entstehen, wird der größte Teil der Versetzungslinien an der Kristalloberfläche austreten.

Beim Ätzen auf Versetzungen, das entweder chemisch, elektrolytisch oder auch thermisch erfolgen kann, bilden sich an den Durchstoßpunkten der Versetzungslinien kleine Vertiefungen auf der Oberfläche, die als Ätzgrübchen bezeichnet werden. Sie entstehen dadurch, daß die Atome im Bereich einer Versetzung nicht so fest gebunden sind wie im übrigen Gitter, so daß ein chemischer Angriff bevorzugt an diesen Stellen einsetzt.

Der aus dem Abstand der Ätzgrübchen auf einer Kleinwinkelkorngrenze berechnete Orientierungsunterschied der beiden Körner stimmt mit dem tatsächlichen Orientierungsunterschied überein. Die Lage der Punkte, an denen sich Ätzgrübchen bilden, wird durch eine Verformung beispielsweise verändert. Trotzdem ist man nicht in allen Fällen sicher, ob sich wirklich an allen Versetzungsdurchstoßpunkten Ätzgrübchen bilden bzw. ob alle vorhandenen Ätzgrübchen tatsächlich einem Durchstoßpunkt entsprechen. So scheinen bei einigen Metallen nur solche Versetzungen angeätzt zu werden, die dekoriert sind, d. h. an denen sich bestimmte Fremdatome angelagert haben, so daß zur Bildung der Ätzgrübchen, beispielsweise auf Al oder Cu, ein gewisser Gehalt an Fremdatomen erforderlich ist. Im Gegensatz dazu zeigen Halbleiter wie Si und Ge auch im hochreinen Zustand Ätzgrübchen.

Eine selektive Ätzung, wie sie zum Anätzen der Versetzungen erforderlich ist, läßt sich, wie eingangs erwähnt wurde, auch auf elektrolytischem oder thermischem Wege erreichen. Während die Bildung von Ätzgrübchen beim elektrolytischen Ätzen etwa die gleichen Ursachen hat wie beim chemischen Ätzen, beruht die thermische Ätzung auf etwas anderen Vorgängen. Zur thermischen Ätzung dient im allgemeinen eine Glühung unter Schutzgas mit geringem Sauerstoffgehalt. Der Sauerstoff bewirkt eine Verminderung der Oberflächenspannung und begünstigt so die Bildung von Ätzgrübchen, die durch Einstellung eines Gleichgewichtes zwischen der Oberflächenspannung und der im Durchstoßpunkt wirkenden Spannung der Versetzungslinie gebildet werden.

Versuch: Die Vorbereitung der Proben zum Ätzen auf Versetzungen entspricht mit Schleifen und Polieren der normalen metallographischen Schliffherstellung (s. Kap. 1221, S. 32). Am gebräuchlichsten ist ein chemisches Ätzen. Eine Aufstellung einiger geeigneter Ätzmittel für verschiedene Metalle gibt die Tab. 23.1 wieder. Am leichtesten lassen sich Ätzgrübchen in Al erzeugen, das deshalb als Werkstoff für den Versuch zu empfehlen ist.

Tabelle 23.1. *Ätzmittel zum Ätzen auf Versetzungen*

Metall	Ätzmittel	Bemerkungen
Al 99,99%	50% HCl 47% HNO_3 3% HF	
Messing	0,2% $Na_2S_2O_4$	elektrolytisch polieren, Stromdichte 4 A/dm², Film mit HCl entfernen. Ätzdauer 60 Sekunden
Cu	4 Teile gesättigte $FeCl_3$ 4 Teile HCl 1 Teil Essigsäure	spülen in NH_4OH
Fe 99,96%	1. 4% Metanitrosulfosäure in Äthylalkohol	lange Ätzzeit
	2. Frysches Ätzmittel	Ätzdauer etwa 10 Sekunden
	3. 2% HNO_3 mit 2% gesättigter Pikrinsäure	Ätzdauer etwa 15 Minuten
Si	1 Teil HF 3 Teile HNO_3 12 Teile Essigsäure	chemisch polierte Oberfläche, Ätzdauer 15 Minuten

Literatur

Bragg, W. L., u. J. F. Nye: Proc. Roy. Soc. A 190 (1947) 474.
Bragg, W. L., u. W. M. Lomer: Proc. Roy. Soc. A 196 (1949) 171.
Cottrell, A. H.: Dislocations and Plastic Flow in Crystals, Oxford: At The Clarendon Press 1958.
Seeger, A., in: Handbuch der Physik, Bd. VII, S. 383, herausgegeben von S. Flügge. Berlin/Göttingen/Heidelberg: Springer 1955.

233 Verformung von Vielkristallen

Für die Verformung von vielkristallinem Material gelten insofern die gleichen Gesetzmäßigkeiten wie für die Verformung von Einkristallen, als sich auch der im vielkristallinen Verband befindliche einzelne Kristall durch Gleitung verformt und dabei seine Orientierung ändert und sich verfestigt (s. Kap. 231, S. 138 u. 140). Weiterhin sind auch bei vielkristallinem Material — ebenso wie bei nicht homogen verformten Einkristallen — neben den Gleitlinien Kristallunterteilungen, die als Deformationsbänder, Zellen, Subkörner bezeichnet werden, zu beobachten.

Unterschiede gegenüber dem Verhalten von Einkristallen treten jedoch dadurch auf, daß der vielkristalline Verband zu Beginn der Umformung im allgemeinen aus verschieden orientierten Kristallen, also Kristallen mit unterschiedlicher Lage der Gleitelemente zur Verformungsrichtung, aufgebaut ist. Da die kritische Schubspannung orientierungsabhängig ist, wird sie in den unterschiedlich orientierten Kristallen bei verschiedenen Werten der in der Verformungsrichtung anliegenden äußeren Spannung erreicht. Es werden also zunächst schon einzelne Kristalle überelastisch beansprucht, während andere noch rein elastisch verformt sind. Die plastische Verformung setzt also erst dann ein, wenn in allen Kristallen Schubspannungswerte überschritten sind, die zu plastischer Verformung führen, wobei das Gleiten nicht oder nicht allein durch Einfachgleitung auf dem günstigst orientierten Gleitsystem erfolgen muß. Wegen der gegenseitigen Behinderung der Kristalle sind also wesentlich höhere Spannungen erforderlich als bei Einkristallen. Dies gilt auch für den weiteren Ablauf der Verformung.

Während beim Einkristall — beispielsweise unter Zugbeanspruchung — die für die plastische Verformung typischen Formänderungen weitgehend ungestört erfolgen können, wird der einzelne Kristall im vielkristallinen Verband durch seine anders orientierten Nachbarn in der seiner Orientierung entsprechenden Formänderung gestört. Er erfährt schon bei Zugbeanspruchung, vielmehr aber noch bei Umformungsvorgängen mit mehrachsigen Spannungszuständen, kompliziertere Formänderungen, denen er nur durch Gleitung auf mehreren Gleitsystemen und durch eine Aufspaltung nachkommen kann.

Die Betätigung ganz bestimmter Gleit- und Zwillingselemente bei der Verformung hat zur Folge, daß der einzelne Kristall seine Orientierung ändert und sich schließlich im ganzen Werkstück eine oder mehrere für den Umformungsvorgang typische, gleichartige Endorientierungen einstellen, die als Verformungstextur bezeichnet werden. Die Textur wird entweder durch Polfiguren (s. Kap. 138, S. 84) oder aber — stark vereinfachend — durch ideale Lagen beschrieben. Unter einer idealen Lage versteht man bei einem Blech eine durch die Kristallebene parallel der Walzebene und die in der Walzrichtung liegende Kristallrichtung gekennzeichnete Einkristallorientierung, die als repräsentativ für die Textur angegeben werden kann. Die Textur von Blechen kubisch flächenzentrierter Metalle kann beispielsweise durch eine ideale Lage nach (123) $[41\bar{2}]$ beschrieben werden. Bei Drähten der gleichen Strukturklasse tritt eine $\langle 111\rangle + \langle 100\rangle$-Doppelfasertextur auf, d. h., die Kristalle liegen z. T. mit einer Raumdiagonalen und z. T. mit einer Würfelkante der Drahtachse parallel.

Durch Gefügeuntersuchungen sind die Formänderungen zu beobachten, die der einzelne Kristall eines vielkristallinen Materials bei der Umformung erfährt. Sie bestehen insbesondere in einer Streckung parallel zur Umformungsrichtung. Mikroskopisch sichtbar zu machen sind aber auch Gleitlinien. Zwillingslamellen und Kristallunterteilungen.

Die Verfestigung der Werkstoffe bei der plastischen Verformung bewirkt Änderungen der mechanischen Eigenschaften, d. h. eine Zunahme der Werte der Streckgrenze, Zugfestigkeit und Härte und eine Abnahme der Dehnungswerte sowie der Bruchquerschnittsverminderung. Weiterhin ist zu erwähnen, daß durch die Umformung eine Zunahme des elektrischen Widerstandes sowie eine Zunahme der Verbreiterung der Röntgenlinien hervorgerufen werden.

Versuch 1: Es ist die Änderung der Härte (*HV*, s. Kap. 3112, S. 195) bei steigendem Umformungsgrad von 5 zu 5% durch Walzen zu bestimmen. Die Härtewerte sind in Abhängigkeit von log D/d aufzutragen (D = Ausgangsdicke des Bleches, d = Blechdicke nach der Umformung).

Im nachstehend besprochenen Beispiel wurde ein Aluminiumblech (99,5%) nach dem Warmwalzen an 8 mm bei 500° 2 Stunden bei 500° geglüht und sodann maximal 80% kaltgewalzt.

Nach Berechnung der Blechstärken für die verschiedenen Verformungsgrade (Dickenverminderung) und der Werte log D/d für die einzelnen Blechstärken, wird auf einem Versuchswalzwerk umgeformt. Nach dem Abwalzen um jeweils 5% wird eine Probe für die Härtemessung entnommen. Für Glühversuche müssen weiterhin je eine Probe von 5, 10, 15, 20, 25, 30, 40 und 60% Verformungsgrad und 10 Proben vom höchsten Verformungsgrad zurückgelegt werden (siehe Kap. 234, S. 156).

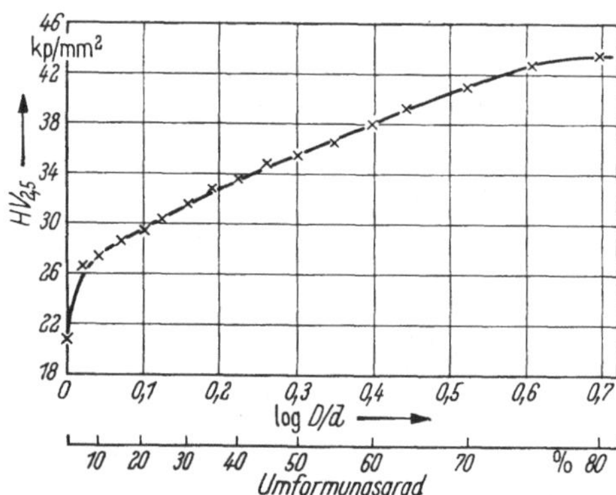

Abb. 23.12. Härteverlauf von Al 99,5% in Abhängigkeit vom Abwalzgrad

Die Abb. 23.12 zeigt den Härteverlauf für Aluminium in Abhängigkeit von log D/d. Dieser logarithmische Maßstab hat gegenüber dem linearen Abtragen des Umformungsgrades den Vorteil, daß die höheren Abwalzgrade ihrer Bedeutung entsprechend besser berücksichtigt werden.

Im untersuchten Verformungsbereich steigt die Härte sehr stark mit der Dickenverminderung an und strebt bei den letzten Stufen einem Endwert zu.

Versuch 2: Die beim Ziehen auftretenden Veränderungen in Gefüge und Textur sind im Schliff- und Röntgenbild zu verfolgen. Auf eine Bestimmung der bekannten Ziehtextur (s. w. o.) sei verzichtet, es muß jedoch ihre Entwicklung im Verlauf der Verformung beurteilt werden. Der Ausgangszustand soll unverformt sein und möglichst weitgehend regellose Orientierung haben. Zur Untersuchung sind vorgesehen die unverformten sowie um etwa 20, 60 und 95% gezogene Proben.

Der hier besprochene Versuch wurde an einem Cu-Warmwalzdraht mit 8 mm Durchmesser durchgeführt.

Zunächst wird — unter Berücksichtigung der vorhandenen Ziehdüsen — für die in etwa gewünschten Ziehgrade der Drahtdurchmesser berechnet (s. Kap. 114, S. 17). Nach dem Anspitzen wird der Draht reversierend, d. h. unter häufigem Wechsel der Ziehrichtung, gezogen. Die zur Röntgenuntersuchung (s. Kap. 135, S. 75) entnommenen Proben werden auf 0,5 mm abgedreht und sodann auf 0,1 mm abgeätzt. Die Röntgenaufnahme erfolgt in der D-S-Kamera mit CuK_α-Strahlung. Die Schliffe werden nach den Angaben in Kap. 122, S. 31ff. (insbesondere Tab. 12.2) angefertigt, mit Kupferammoniumchlorid geätzt und mit einer Vergrößerung, die die Details klar erkennen läßt (hier $V = 225$), fotografiert.

In Abb. 23.13 bis 23.15 (s. S. 264) sind die Röntgenaufnahmen (a) und die Gefügebilder (b) des erwähnten Cu-Drahtes wiedergegeben. Mit steigendem Ziehgrad wird die Umformungstextur immer ausgeprägter und schärfer, was aus der Intensitätszunahme an den der $\langle 111\rangle$- und der $\langle 100\rangle$-Fasertextur zugehörigen Stellen der D-S-Kreiser und der Streuungsabnahme zu erkennen ist. Während bei 60% Ziehgrad die Textur noch eine große Streuung hat, ist sie bei 95% Ziehgrad so scharf ausgebildet, daß man von einem Schichtliniendiagramm sprechen kann. Die theoretischen ϱ-Werte für die $\langle 111\rangle$- und die $\langle 100\rangle$-Textur sind in Tab. 23.2 zusammengestellt.

Der Walzdraht hat ein grobkörniges Gefüge mit Rekristallisationszwillingen, die durch die Zwillingslamellen sichtbar sind. Mit steigendem

Tabelle 23.2. *Theoretische ϱ-Werte* der Fasertexturen nach $\langle 111\rangle$ und $\langle 100\rangle$ auf den ersten D-S-Linien*

$\{hkl\}$	ϱ-Werte	
111	$\langle 111\rangle$ 0°, 70,53°	$\langle 100\rangle$ 54,73°
200	54,73°	0°, 90°
220	35,27°, 90°	45°, 90°
311	29,50°, 58,52°, 79,98°	25,24°, 72,45°

* $\cos\varrho = \dfrac{uh + vk + lw}{\sqrt{u^2 + v^2 + w^2}\sqrt{h^2 + k^2 + l^2}}$

uvw = Indizes der Faserachsen, hier $\langle 111\rangle$ und $\langle 100\rangle$
hkl = Indizes der D-S-Linien

Ziehgrad strecken sich die Körner immer mehr parallel zur Ziehrichtung aus, die Zwillingslamellen verschwinden. Beim höchsten Verformungsgrad macht das Gefüge einen stark faserigen Eindruck, die einzelnen Kristalle sind wegen der Kristallunterteilung kaum mehr zu erkennen.

Literatur

KOCHENDÖRFER, A.: Physikalische Grundlagen der Formänderungsfestigkeit der Metalle, Stahleisen-Sonderberichte, H. 5. Düsseldorf: Verlag Stahleisen 1963.

SMALLMAN, R. E.: Modern Physical Metallurgy, Sec. Edit., London: Butterworths 1963.

234 Erholung und Rekristallisation

Durch eine Glühung ist der Abbau des durch die Verformung hervorgerufenen instabilen Zustandes möglich, weil bei höheren Temperaturen die Atombeweglichkeit vergrößert ist. Die Rückkehr in den unverformten Zustand geschieht dabei durch eine Reihe komplizierter Vorgänge, die unter den Begriffen Erholung und Rekristallisation zusammengefaßt werden.

Zur Erholung gehören alle diejenigen Vorgänge, die schon vor der Rekristallisation ablaufen können. Dabei ist es möglich, daß Änderungen des Subgefüges auftreten, von denen die wichtigste die *Polygonisation* ist. Durch die Erholung wird bei vielkristallinem Material bereits ein bestimmter Betrag der Kaltverfestigung abgebaut. Neben den mechanischen unterliegen aber auch andere Eigenschaften, wie z. B. der elektrische Widerstand und die Thermokraft, einer teilweisen Rückbildung auf die Werte des unverformten Zustandes. Bei Einkristallen, die nur durch Einfachgleitung und ohne Gitterverbiegungen verformt worden waren, führt die Erholung bereits zu einem vollständigen Rückgang der durch die Verformung hervorgerufenen Eigenschaftsänderungen.

Im Gegensatz zur Rekristallisation ist die Erholung ein kontinuierlicher Vorgang, und die Erholungsgeschwindigkeit, die bei den verschiedenen Werkstoffeigenschaften sehr unterschiedlich sein kann (der elektrische Widerstand erholt sich z. B. schneller als die Härte), ist zu Beginn einer isothermen Glühung am größten und nimmt dann allmählich ab. Die Erholungsgeschwindigkeit ist um so größer, je stärker der Verformungsgrad war und je höher die Glühtemperatur liegt. Allerdings ist die Restverfestigung nach gleichen Erholungszeiten bei stärkeren Verformungsgraden höher als bei niedrigeren. Der rückbildungsfähige Betrag der Verfestigung nimmt sowohl mit steigender Glühtemperatur als auch mit fallender Umformungstemperatur zu.

Unter dem Sammelbegriff Rekristallisation werden die primäre Rekristallisation und Vorgänge des Kristallwachstums zusammengefaßt.

Die *primäre Rekristallisation* ist durch Keimbildung und das Anwachsen dieser Keime zu Kristallen, die schließlich ein ganz neues Gefüge bilden, gekennzeichnet. Beide Vorgänge sind aus isothermen Rekristallisationskurven (Anteil des rekristallisierten Gefüges in Abhängigkeit von der Glühzeit) deutlich zu erkennen. Nach einer Inkubationsperiode (Keimbildung) erfolgt ein rascher Anstieg, der der Neubildung des Gefüges entspricht. Da die primäre Rekristallisation ein diskontinuierlicher Vorgang ist, kann das Gefüge teilweise rekristallisiert sein, d. h. aus rekristallisierten und noch nicht rekristallisierten Kristallen bestehen. Die Keimzahl und die Keimwachstumsgeschwindigkeit nehmen sowohl mit dem Verformungsgrad als auch mit der Glühtemperatur zu. In Abhängigkeit von der Zeit durchläuft die Keimzahl ein Maximum.

Als Folge des Zusammenhangs zwischen Verformungsgrad und Keimbildungs- sowie Keimwachstumsgeschwindigkeit nimmt die Korngröße mit dem Verformungsgrad ab. An der Rekristallisationsschwelle, die dem Verformungsgrad bei Rekristallisationsbeginn (kritischer Verformungsgrad) entspricht, entsteht daher das gröbste Korn. In Abhängigkeit von der Glühtemperatur nimmt die Korngröße zu. Als Rekristallisationstemperatur wird im allgemeinen diejenige Temperatur bezeichnet, bei der die Gefügeveränderungen beginnen; sie wird mit steigendem Verformungsgrad zu niedrigeren Temperaturen verschoben.[1]

Bei einer Rekristallisationsglühung setzt zusammen mit der Entstehung des neuen Gefüges auch die vollständige Rückbildung der durch die Verformung veränderten Werkstoffeigenschaften ein. So nehmen Härte, Streckgrenze und Zugfestigkeit des Werkstoffs ab, seine Dehnung, die Brucheinschnürung und Leitfähigkeit dagegen zu. Überdies sind bestimmte Texturveränderungen bei der Rekristallisation möglich, so z. B. der bekannte Übergang von der Umformungstextur in die Würfelrekristallisationstextur, insbesondere bei Cu, Ni und den Ni-Fe-Legierungen.

Der Temperaturbereich der Erholung und die Rekristallisationstemperatur sind bei den verschiedenen Werkstoffen nach gleicher Vorbehandlung weitgehend abhängig vom Schmelzpunkt. Bei niedrigerem Schmelzpunkt ist bereits eine Rekristallisation bei Raumtemperatur möglich, so z. B. bei Pb, Zn und seinen Legierungen sowie auch bei einigen höher schmelzenden Metallen wie Al und Cu im sehr reinen Zustand. Auch in einem nicht rekristallisationsfähigen oder bereits rekristallisierten Gefüge sind die Korngrenzen nicht stabil.

Unter dem Kristallwachstum nach abgeschlossener primärer Rekristallisation versteht man zwei weitere Vorgänge: die Kornvergröße-

[1] Unter Rekristallisationstemperatur wird häufig auch diejenige (höhere) Temperatur verstanden, bei der eine Rekristallisationsglühung vorgenommen wurde.

rung und die sekundäre Rekristallisation. Bei der *Kornvergrößerung* bleibt die Korngrößenhäufigkeitsverteilung des Gefüges ziemlich unverändert, während bei der *sekundären Rekristallisation* nur einige, besonders bevorzugte Kristalle wachstumsfähig sind und schließlich das ganze Gefüge aufzehren. Vorübergehend besteht das Gefüge deshalb aus einigen großen Kristallen, die in einem feinkörnigen Untergrund liegen.

Versuch 1: Die Rückbildung der mechanischen Eigenschaften bei der Glühung ist am Beispiel der Härte zu verfolgen.

Für die in Kap. 233, S. 152, Versuch 1, um 80% verformten Al-Proben handelsüblicher Reinheit wurden die Härten (*HV*) (s. Kap. 3112, S. 195) in Abhängigkeit von der Glühtemperatur zwischen 100° und 500° von 50° zu 50° gemessen. Die Glühzeit betrug 5 Minuten.

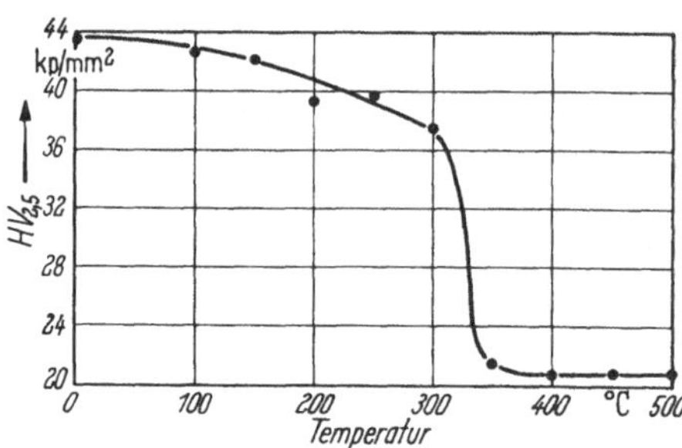

Abb. 23.16. Härtewerte einer um 80% verformten Al-Probe (99,5%) in Abhängigkeit von der Glühtemperatur (5 Minuten Glühzeit)

Abb. 23.16 gibt die Ergebnisse wieder. Der Härtewert des unverformten Zustandes ist bei etwa 400° wieder erreicht. Während der anfängliche leichte Härteabfall auf Erholung beruht, liegt der starke Härterückgang zwischen 300 und 350° im Bereich der primären Rekristallisation. Eine genaue Aussage über den Rekristallisationsbeginn ist nur auf Grund von Gefügebeobachtungen möglich.

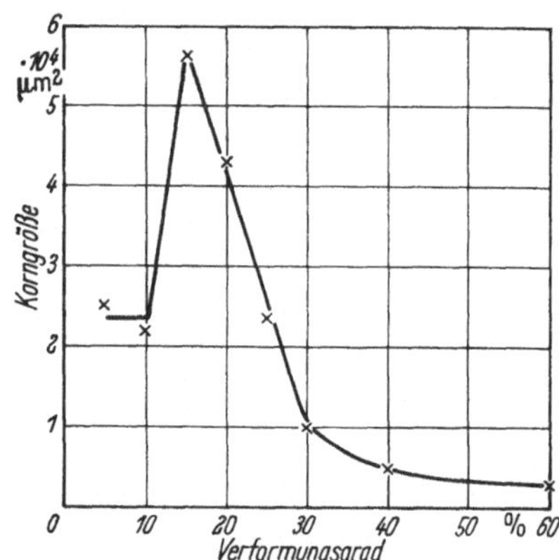

Abb. 23.17. Korngröße von Al-Proben (99,5%) nach Glühung bei 400° (30 Minuten) in Abhängigkeit vom Verformungsgrad vor der Glühung

Versuch 2: Für eine bestimmte Glühtemperatur und -zeit soll die Korngröße in Abhängigkeit vom Verformungsgrad bestimmt werden.

Im vorliegenden Fall wurden Al-Proben mit 5, 10, 15, 20, 25, 30, 40 und 60% Verformungsgrad aus Kap. 233, Versuch 1, jeweils 30 Minuten bei 400° geglüht und die Korngröße nach dem Kreisverfahren (Kap. 123, S. 44, Auswertungsbeispiele s. Kap. 124, Versuch, S. 46) ermittelt.

Aus Abb. 23.17 ist zu ersehen, daß die Korngröße zwischen 10 und 15% Verformungsgrad plötzlich stark ansteigt, d. h., die Rekristallisation setzt hier unter Bildung eines sehr groben Korns ein (Rekristallisationsschwelle). Mit steigendem Umformungsgrad nimmt die Korngröße des rekristallisierten Materials ab.

Literatur

Beck, P. A.: Phil. Mag. Suppl. 3 (1954) 245.

Smallman, R. E.: Modern Physical Metallurgy, Sec. Edit., London: Butterworths 1963.

Proc. Symposium on Recovery and Recrystallization of Metals, New York 1962, Inst. Met. Div. AIME, herausgegeben von R. Himmel 1963.

24 Aushärtung

241 Aushärtung einer Al-Legierung

Als Aushärtung bezeichnet man einen Vorgang, durch den es möglich ist, in bestimmten Legierungen allein durch Wärmebehandlung Eigenschaftsänderungen, insbesondere Verbesserungen der mechanischen Eigenschaften, herbeizuführen. Die Aushärtung hat mancherlei Ähnlichkeit mit der Stahlhärtung; sie ist jedoch nicht auf das Al beschränkt. sondern bei zahlreichen Legierungen der verschiedensten Metalle (das Fe nicht ausgenommen) anwendbar.

Die Aushärtung wurde 1906 von Wilm an einer Al-Legierung entdeckt. Al ist auch heute noch das Metall, bei dem von der Aushärtung in besonders großem Ausmaß praktischer Gebrauch gemacht wird.

Aushärtung wird durch eine Folge von drei Maßnahmen herbeigeführt:

1. Glühen zum Zweck der Homogenisierung der Legierung bei hoher Temperatur,

2. Rasche Abkühlung, insbesondere Abschrecken in Wasser auf Raumtemperatur,

3. Auslagern bei einer Temperatur, die wesentlich unter der der Homogenisierung liegt und je nach der Legierungszusammensetzung 20° bis einige 100° betragen kann, während einer Zeit von etwa einer Stunde bis eine Woche.

Der große Spielraum der Homogenisierungs- und Auslagerungstemperaturen wird durch die sehr unterschiedlichen Schmelztemperaturen der in Frage kommenden Legierungen (Al, Cu, Fe, Mo) bedingt.

Voraussetzung für die Aushärtbarkeit einer Legierung ist die Bildung eines Mischkristalls des Grundmetalls mit einem oder mehreren Legierungsbestandteilen (z. B. Al mit Cu oder mit Cu und Mg). Wesentlich ist vor allem, daß die Löslichkeit im Grundmetall mit fallender Temperatur abnimmt, wie dies Abb. 24.1 für Al-Cu zeigt. Die Menge der lösbaren Bestandteile wird so bemessen, daß der bei der Homogenisierung gebildete Mischkristall bei der Abkühlung auf Raumtemperatur die Löslichkeitsgrenze überschreitet, so daß bei langsamer Abkühlung durch Ausscheidung der übersättigt gelösten Bestandteile in Form einer zweiten, heterogenen Phase Entmischung eintritt. Beim Abschrecken dagegen wird die Ausscheidung wegen der zu kurzen Zeit, die für die Diffusion zur Verfügung steht, unterdrückt; es liegt dann ein übersättigter Mischkristall vor.

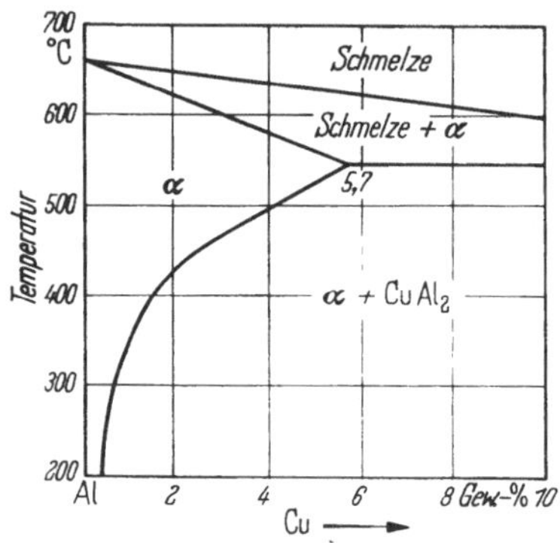

Abb. 24.1 Temperaturabhängige feste Löslichkeit von Cu in Al

Die nun folgende Auslagerung wird bei Al-Legierungen in der Regel bei Raumtemperatur oder wenig darüber vorgenommen. Man spricht dann von Kaltauslagerung oder Kaltaushärtung. Erfolgt das Auslagern bei höheren Temperaturen (bei Al-Legierungen zwischen 100° und 200°), so wird der Aushärtungsvorgang stark beschleunigt (Warmauslagerung oder Warmaushärtung). Während die Steigerung der Härte oder Zugfestigkeit auf einen Endwert bei 20° etwa eine Woche benötigt, sind bei 150° zur Erzielung der gleichen Wirkung nur ein bis zwei Tage erforderlich.

Bei Legierungen höher schmelzender Metalle liegen alle diese Temperaturen höher. So beträgt z. B. bei einer Cu-Legierung mit 2 Gew.-% Be die Homogenisierungstemperatur 720° bis 760°, während die der Auslagerung zwischen 300° und 400° liegt, z. B. 4 Stunden bei 325°.

Die bei der Auslagerung sich in den Legierungen abspielenden Vorgänge sind sehr kompliziert und für verschiedene Legierungen auch recht unterschiedlich. Das Gemeinsame aller Aushärtungsvorgänge ist, daß beim Auslagern der übersättigten und daher thermodynamisch instabilen Mischkristalle Inhomogenitäten entstehen, die eine innere Verspannung des Kristalls hervorrufen. Das zur Verformung notwendige Wandern der Versetzungen durch den Kristall wird hierdurch zunächst behindert und ist erst bei erhöhten Spannungswerten möglich. Die Inhomogenitäten können entweder noch innerhalb des übersättigten Mischkristalls gebildet werden, z. B. in Form von platten- oder kugelförmigen Ansammlungen der übersättigt gelösten Atome (Guinier-Preston-Zonen) oder in Form von heterogenen Ausscheidungen einer neuen Phase, die sich im unteren Temperaturbereich ihrer Bildungsmöglichkeit häufig mit der Struktur einer instabilen Modifikation bildet. Sowohl die Zonen als auch die Ausscheidungen sind häufig kristallographisch gesetzmäßig zu bestimmten Gitterebenen oder -richtungen des Matrixkristalls angeordnet. Ihre Abmessungen sind sehr gering und betragen oft nur wenige Ångström (10^{-7} mm), sie wachsen mit zunehmender Auslagerungstemperatur, dabei kann ein Übergang von Zonen in ausgeschiedene Partikel stattfinden.

Während die durch Kaltlagerung hervorgerufenen Zustände und auch die bei höherer Temperatur erzeugten bei Raumtemperatur beliebig lange beständig sind (was für die technische Verwendung dieser Werkstoffe wesentlich ist), darf das Auslagern im höheren Temperaturbereich (z. B. 250° bei Al-Legierungen) nicht zu lange fortgesetzt werden. Es entstehen sonst grobdisperse (koagulierte) Ausscheidungen, die wieder zu einer Verminderung der durch die Aushärtung erzeugten Eigenschaftsverbesserungen führen. Man bezeichnet diesen Zustand als Überalterung.

Glüht man die Legierung bei einer zum Aushärten zu hohen, schnell zur Überalterung führenden, aber unter dem Homogenisierungsbereich liegenden Temperatur (z. B. aushärtbare Al-Legierungen bei 300 bis 350°), so wird ein Maximum an Ausscheidungen erzielt; die Legierung befindet sich in ihrem weichsten Zustand.

Versuch: Als Versuchsmaterial wird am zweckmäßigsten Blech aus einer technisch hergestellten Al-Legierung der Gattung AlCuMg verwendet. Eine solche Legierung, die nach DIN 1725, Bl. 1 genormt ist, enthält z. B. 4% Cu, 0,8% Mg und 0,5% Mn. Will man eine für den Versuch geeignete aushärtbare Al-Legierung selbst herstellen, so genügt eine binäre Legierung aus technischem Al (99 bis 99,5%) mit 4 bis 4,5 Gew.-% Cu. Das Versuchsblech soll mindestens 2 mm dick sein. Es wird zu Probestreifen von mehreren cm² Oberfläche geschnitten. In jede Probe wird ein Loch gebohrt, durch das man einen dünnen Fe-Draht zieht.

Zum Homogenisieren, das bei 500° vorgenommen wird, dient entweder ein Röhrenofen oder ein anderer Ofen, bei dem sich die Proben in Luftatmosphäre befinden, oder (besser) ein Salzbad aus Natrium- und Kaliumsalpeter (vgl. Kap. 111, S. 4). Das Salzbad hat den Vorteil, daß die Proben schnell auf Glühtemperatur kommen und daß größere Temperaturunterschiede im Probengut vermieden werden.[1] Glüht man an Luft, so ist hierauf besonders zu achten. Insbesondere Rohröfen mit starkem Temperaturgefälle innerhalb des Glühraums führen zu stark schwankenden, nicht reproduzierbaren Härtewerten. Die Glühzeit muß mindestens 20 Minuten betragen. Diese Zeit genügt bei technisch hergestelltem, gewalztem Probenmaterial. Bei selbsthergestellten Proben

---

[1] Salzbad nicht höher erhitzen, Explosionsgefahr!

und Gußmaterial empfiehlt sich eine Vorglühung von mehreren Stunden. Gewalztes oder auf andere Art (Ziehen, Strangpressen) verformtes Material homogenisiert schneller.

Nach der Glühung werden die Proben so schnell wie möglich aus dem Ofen genommen — zweckmäßigerweise an den Befestigungsdrähten herausgezogen — und in ein neben dem Ofen stehendes Gefäß mit kaltem Wasser getaucht (Schutzbrille tragen!). Die Wassermenge soll mehrere Liter betragen, denn je rascher abgeschreckt wird, um so größer ist der Aushärtungseffekt.

Da bei den Al-Legierungen die Aushärtung sofort nach dem Abschrecken beginnt, ist die erste Härtemessung bald danach (innerhalb 15 Minuten) vorzunehmen. Die Messung erfolgt nach dem BRINELL- oder dem VICKERS-Verfahren (s. Kap. 3111 und 3112, S. 192 u. 195). Der Härtewert nach dem Abschrecken wird an allen Proben gemessen, um den Ausgangswert möglichst genau festzulegen und seine Streuung von Probe zu Probe kontrollieren zu können.

Die Auslagerung wird bei drei Temperaturen vorgenommen: Raumtemperatur, 150°, 250°. Da die Kaltauslagerung in den ersten Stunden nur langsam abläuft (manchmal sogar erst nach mehreren Stunden beginnt), kann man sich hier damit begnügen, weitere Messungen erst nach einem oder mehreren Tagen (z. B. nach einer Woche) vorzunehmen.

Bei den beiden Warmauslagerungstemperaturen muß in kurzen Abständen gemessen werden, für 150° z. B. nach folgenden Zeiten: $^1/_2$, 1, 2, 3, 4, 6, 8, 10 Stunden (evtl. die Messungen nach den ersten 4 oder 5 Werten abbrechen und den Endwert nach drei oder mehr Tagen feststellen). Für 250°-Proben wählt man zweckmäßigerweise Prüfzeiten, die zwischen denen für 150° liegen, z. B. $^1/_4$, $^3/_4$, 1,5, 2,5, 3,5, 5 Stunden. Für die Warmauslagerung verwendet man sog. Trockenschränke mit automatischer Temperaturregulierung. Zur Härtemessung werden die Proben mit einer Tiegelzange aus dem Ofen genommen und schnell in kaltem Wasser abgeschreckt. Da die Zeit, während der die Proben nicht im Ofen sind, für die Aushärtung verlorengeht, soll die Härtemessung möglichst rasch erfolgen, die Proben sind nach der Messung sofort wieder in den Schrank zurückzulegen. Dies gilt insbesondere für die ersten Meßzeiten nach dem Abschrecken.

Bei 150° Auslagerungstemperatur kann bei Al-Legierungen nach einigen Stunden scheinbar der Endwert (evtl. sogar ein leichter Abfall) erreicht werden, dem jedoch ein erneuter Härteanstieg folgt. Dies beruht darauf, daß bei dieser Temperatur die Aushärtung (wie die bei Raumtemperatur) zunächst durch Bildung von GUINIER-PRESTON-Zonen hervorgerufen wird, die dann bei weiterer Auslagerung in eine Ausscheidung der instabilen $CuAl_2$-Phase Θ' übergehen. Bei 250° wird sich bald durch fallende Härtewerte die Überalterung ankündigen. Es bilden sich hier gleich Θ'-Kristalle, die an Zahl ab- und an Größe zunehmen.

Unregelmäßigkeiten im Härteanstieg, die Schwankungen von mehreren kp/mm² ausmachen, sind fast immer zu beobachten und lassen sich auch bei großer Sorgfalt in der Versuchsdurchführung nicht vermeiden. Sie beruhen auf Inhomogenitäten im Versuchsmaterial und auch des Aushärtungsvorgangs selbst.

Ein weiterer Versuch betrifft die Herstellung des weichgeglühten Zustandes. Man erreicht ihn, indem man eine abgeschreckte Probe 2 Stunden bei 350° glüht. Die gemessene Härte ist mit der des abgeschreckten und denen der ausgelagerten Proben zu vergleichen. Man kann auch den Härteverlauf während der 350°-Glühung verfolgen, muß dann aber am Anfang sehr kurze Zeiten (z. B. 1, 2, 5 Minuten) wählen. Beim Weichglühen scheidet sich die stabile $CuAl_2$-Phase Θ aus.

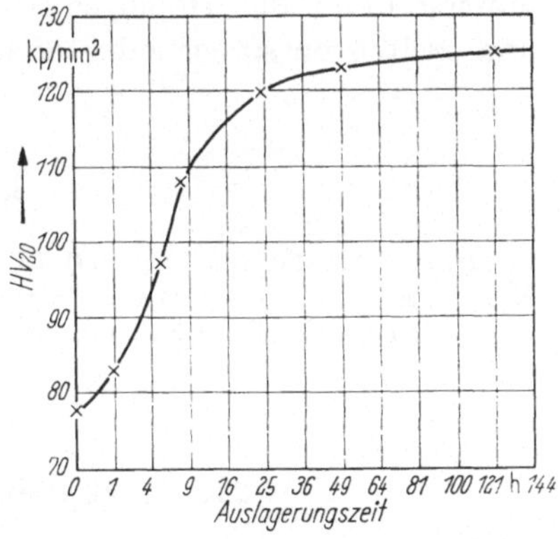

Abb. 24.2. Härtesteigerung einer Al-Cu-Mg-Legierung bei der Auslagerung bei Raumtemperatur

Die Auswertung erfolgt durch graphische Darstellung des Härteverlaufs in Abhängigkeit von der Auslagerungszeit (vgl. Abb. 24.2 und Abb. 24.3). Häufig wird, insbesondere wenn die Beobachtungszeit sehr lang ist (niedrige Tempera-

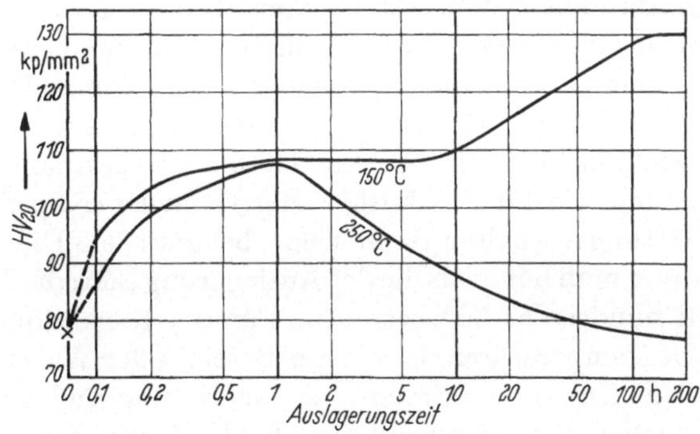

Abb. 24.3. Härteänderung einer Al-Cu-Mg-Legierung (wie in Abb. 24.2) bei 150° und 250° Auslagerungstemperatur

turen), ein quadratischer oder logarithmischer Zeitmaßstab verwendet. Insbesondere wenn man eine ganze Reihe verschiedener Auslagerungstemperaturen gewählt hat, kann die Härte auch in Abhängigkeit von der Temperatur mit der Zeit als Parameter dargestellt werden.

Die vorstehend gemachten Angaben über die sich bildenden bzw. ausscheidenden Phasen beziehen sich auf binäre Al-Cu-Legierungen. Bei technischen Al-Cu-Mg-Legierungen sind die Vorgänge ähnlich, aber verwickelter, überdies auch noch nicht völlig geklärt.

Aushärtungsversuche können auch an allen anderen aushärtbaren Legierungen des Al oder anderer Metalle vorgenommen werden, doch müssen dann die Homogenisierungs- und Auslagerungstemperaturen und -zeiten entsprechend geändert werden.

Literatur

Böhm, H.: Aluminium 39 (1963) 753.
Hardy, A. K., u. T. J. Heal: Progress in Metal Physics 5 (1954) 143.
Wassermann, G.: Z. Metallkde. 48 (1957) 223.

242 Rückbildung der Aushärtung

Die Rückbildung der Aushärtung ist ein Vorgang, der vor allem bei aushärtbaren Al-Legierungen Beachtung gefunden hat. Man versteht darunter eine Wärmebehandlung, die zur Folge hat, daß die durch eine vorausgegangene Kaltauslagerung erhöhten Werte, vor allem der Härte, wieder auf den nach dem Abschrecken vorhandenen Ausgangswert erniedrigt werden. Kennzeichnend für den rückgebildeten Zustand ist, daß der Zustand nach dem Abschrecken auch insofern wieder erreicht ist, als nunmehr eine erneute Auslagerung bei Raumtemperatur wie auch bei erhöhter Temperatur vorgenommen werden kann. Diese erneute Aushärtung erreicht im allgemeinen die Werte der ersten.

Für Rückbildungsversuche verwendet man zweckmäßigerweise die gleiche Legierung wie für die Aushärtungsversuche (Kap. 241, S. 159), da das Aushärtungsverhalten dann schon bekannt ist. Die Temperatur der Rückbildung muß höher als die der Auslagerung sein: die Temperaturdifferenz soll mindestens 50° betragen. Für die Rückbildung kommen daher auch die Temperaturen des oberen Bereichs der Warmauslagerung in Frage, bei denen das Maximum der Aushärtung und der Übergang in den überalterten Zustand verhältnismäßig bald erreicht werden. Wählt man die Rückbildungstemperatur zu niedrig, so wird der Wert z. B. der Härte, den die Legierung unmittelbar nach dem Abschrecken von der Homogenisierungstemperatur hatte, noch nicht wieder erreicht. Man nimmt daher besser eine höhere Temperatur, die zu rascher Ausscheidung und weiterhin zu dem weichgeglühten Zustand führt, z. B. bei Al-Legierungen 300°, braucht dann aber sehr kurze Zeiten.

Die Legierung beginnt bei der Rückbildung nicht sofort mit der Ausscheidung, sondern vollzieht zunächst eine Ausheilung des durch die Aushärtung bei tieferer Temperatur (Bildung von Zonen) gestörten Mischkristalls unter Auflösung der Zonen. Man muß auch beachten, daß bei der Temperatur der Rückbildung die Löslichkeit schon merklich höher liegt als bei der Temperatur der ersten Auslagerung. Dies bedeutet, daß auch geringe Mengen schon ausgeschiedener Teilchen, die ja noch sehr feindispers sind, wieder in Lösung gehen können.

Versuch: Proben einer aushärtbaren Al-Legierung, wie sie bei dem Versuch in Kap. 241, S. 159, verwendet wurden, werden in kalt ausgehärtetem Zustand, d. h. nach einer Auslagerung bei Raumtemperatur von einer Woche oder länger auf 250° und auf 300° erhitzt. Wegen der kurzen Zeiten empfiehlt es sich, die Proben in Öl oder einem niedrig schmelzenden Salzbad (vgl. Kap. 111, S. 4) zu erhitzen. Nach Ablauf der Lagerzeiten werden die in kaltem Wasser abgekühlten und trockengewischten Proben möglichst rasch auf Härte geprüft. Die für die Messungen benötigten Zeiten bleiben für die Rückbildungszeit unberücksichtigt (Stoppuhr verwenden). Sobald der Wert der abgeschreckten Proben, den man aus dem Versuch in Kap. 241 kennt, erreicht ist, ist die Rückbildungsbehandlung beendet. Man läßt nunmehr die Probe entweder bei Raumtemperatur liegen und überzeugt sich z. B. nach einer Woche davon, daß erneute Aushärtung eingetreten ist, oder man nimmt eine Warmauslagerung, wie sie in Kap. 241 beschrieben wurde, vor.

Liegt eine gewählte Rückbildungstemperatur zu tief, um die Rückbildung ganz ablaufen zu lassen, d. h. den Abschreckwert wieder zu erreichen, so breche man den Versuch ab, sobald ein konstant bleibender Härtewert erreicht ist. Auch hier soll eine erneute Auslagerung bei Raumtemperatur angeschlossen werden, um zu zeigen, daß nun die Werte der ersten Aushärtung nicht mehr erreicht werden. Schließlich (dies wird aber nur in einem engen Temperaturbereich zwischen Warmauslagerung und Weichglühtemperatur möglich sein) kann man nach Erreichen des Abschreckwertes durch Rückbildung bei der Rückbildungstemperatur erneut auslagern, man wird jetzt jedoch schnell wieder in den Bereich der Überalterung gelangen.

Der Wechsel zwischen Aushärtung, Rückbildung und erneuter Aushärtung kann auch mehrmals hintereinander ausgeführt werden.

Die Wirkung der Rückbildungsglühung wird nach folgenden Zeiten geprüft:

250°: 1, 2, 3, 5, 10 Minuten (abbrechen, wenn Abschreckwert erreicht),

300°: 10, 20, 30 Sekunden (abbrechen, wenn Abschreckwert erreicht).

25 Stahlhärtung

251 Gefüge normal abgekühlter Fe-C-Legierungen

Die Beurteilung des Gefüges normal abgekühlter Fe-C-Legierungen erfordert die Kenntnis des Zustandsdiagramms, das in Abb. 25.1 für C-Gehalte von 0 bis 6,67% C (100% Zementit) wiedergegeben ist.

Auch in den Legierungen des Fe mit C treten die Umwandlungen des reinen Metalls auf. Das Fe erstarrt bei 1536° in seiner kubisch raumzentrierten Modifikation (δ), wandelt sich bei 1392° (A_4) in die

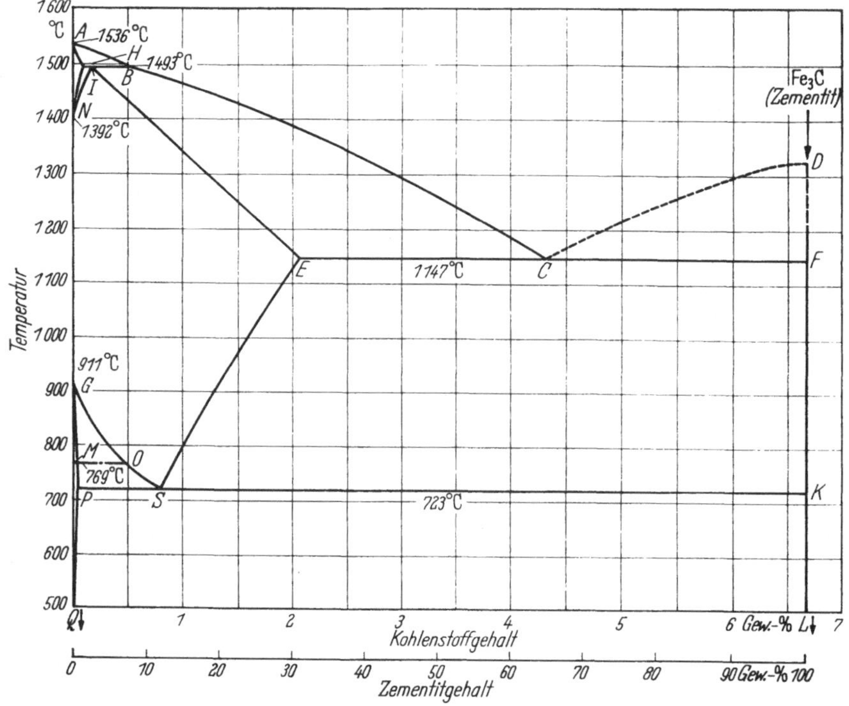

Abb. 25.1. Das Fe-C-Diagramm

kubisch flächenzentrierte γ-Phase und bei 911° (A_3) erneut in die kubisch raumzentrierte Phase (α) um. Bei 769° wird das unmagnetische α-Fe ferromagnetisch (A_2, CURIE-Punkt). Für C-haltiges Fe ist noch der Perlitpunkt (A_1) bei 723° von Bedeutung.

Das Fe-Fe_3C-Diagramm kann in drei Teildiagramme unterteilt werden, von denen jedes eine kennzeichnende, durch Auftreten eines 3-Phasen-Gleichgewichts bedingte Horizontale besitzt:

1. Die Peritektikale HB bei 1493°,
2. die Eutektikale EF bei 1147° und
3. die Eutektoidale PK bei 723°.

Das 1. Teildiagramm ist ein peritektisches System mit beschränkter Mischkristallbildung, der Liquiduslinie *AB* und der Soliduslinie *AH*. Zwischen 0 und 0,51% C scheiden sich primär bei fallender Temperatur δ-Mischkristalle aus. Der Schmelzpunkt des reinen Fe wird also durch C erniedrigt. Zwischen 0 und 0,10% C ist mit Überschreiten der Soliduslinie *AH* die Erstarrung beendet, während im Bereich *HB* (0,10 bis 0,51% C) bei 1493° die peritektische Umsetzung stattfindet, bei der der als Austenit bezeichnete γ-Mischkristall *I* mit 0,16% C entsteht:

$$\delta\text{-Mischkristall } H + \text{Schmelze } B \rightarrow \gamma\text{-Mischkristall } I.$$

Aus der zwischen *IB* verbleibenden Restschmelze scheiden sich bei weiterer Abkühlung γ-Mischkristalle aus (Übergang in Teilbild 2). Links von *I* wird die Schmelze bei der peritektischen Umsetzung völlig aufgebraucht. Die δ-Mischkristalle wandeln sich bei der Abkühlung in die γ-Phase um, und zwar sind jeweils δ-Mischkristalle der Konzentrationen zwischen *NH* mit γ-Mischkristallen entsprechend *NI* im Gleichgewicht. Beide Linien entstehen aus dem $\delta \rightarrow \gamma$-Umwandlungspunkt des reinen Fe, der demnach mit steigendem C-Gehalt zu höheren Temperaturen verschoben und zu einem Zweiphasengebiet aufgeweitet wird.

Das 2. Teildiagramm ist ein eutektisches System mit beschränkter Mischkristallbildung auf der Fe-Seite und dem Zementit als zweiter Komponente. Somit entstehen primär untereutektische γ-Mischkristalle mit einem maximalen C-Gehalt von 2,06% (E) und übereutektische Primärzementitausscheidungen. Zwischen 0,51 und 2,06% C ist mit dem Überschreiten der zur Liquiduslinie *BC* gehörigen Soliduslinie *IE* die Erstarrung mit der γ-Mischkristallbildung beendet. Im Bereich *EF*, zwischen 2,06 und 6,67% C, erstarrt die Restschmelze, die sich längs *BC* an C und längs *DC* an Fe anreichert, bei 1147° eutektisch. Das Eutektikum bei 4,3% C aus dem gesättigten γ-Mischkristall und dem Zementit wird als Ledeburit bezeichnet. Da die Löslichkeit des γ-Mischkristalls für C mit fallender Temperatur abnimmt, wird längs *ES* Sekundärzementit ausgeschieden.

Das 3. Teildiagramm mit der Eutektoidalen *PK* betrifft nur Phasenänderungen im festen Zustand, nämlich die erwähnte Ausscheidung von Sekundärzementit, die $\gamma \rightarrow \alpha$-Umwandlung längs *GOS* und den eutektoiden Zerfall bei 723°. Das Perliteutektikum, das sich bei *S* (0,80% C) bildet, besteht aus dem α-Mischkristall (Ferrit) und dem Zementit. Die Löslichkeit des α-Mischkristalls für C ist nur gering. Sie liegt maximal bei etwa 0,02% C und nimmt längs *PQ* mit fallender Temperatur stark ab (Tertiärzementitausscheidung). Die magnetische Umwandlung vollzieht sich für die ferrithaltigen Legierungen bis etwa 0,5% C bei konstanter Temperatur (769°). Bei höheren Gehalten an C scheidet sich längs *OS* aus dem γ-Mischkristall direkt der ferromagnetische α-Mischkristall aus.

In den Abb. 25.2 bis 25.6 (S. 265 und S. 266) sind Zeichnungen von langsam erstarrten Gefügen zusammengestellt, die das Typische für die verschiedenen Zusammensetzungen besonders herausstellen. Um den Blick für die Gefügebestimmung zu schulen, ist es unbedingt erforderlich, selbst Schliffe herzustellen und diese im Mikroskop zu betrachten. Nur so lernt man Fehler durch falsche Herstellung der Schliffe und Gefügeanomalien kennen. Die folgende Besprechung kann deshalb nur Anregung und Leitfaden für eigene Versuche sein.

Als Ätzmittel kommen für Stähle insbesondere Salpetersäure und Pikrinsäure (s. Tab. 12.2, S. 34) in Frage. Pikrinsäure ist ein Kornflächenätzmittel, das den Ferrit kristallographisch gesetzmäßig angreift, aufrauht und leicht zu Ätzgruben führt. Der Zementit wird braun bis braunschwarz gefärbt, allerdings nur, wenn die Dicke der Zementitlamellen über etwa 1 μm liegt. Mit Salpetersäure ist der Ferrit nicht immer vom Zementit zu unterscheiden, da letzterer zwar im Relief stehen bleibt, aber nicht verfärbt wird. Durch Salpetersäure werden die Ferritkristalle je nach ihrer Orientierung unterschiedlich stark abgetragen und schließlich auch verfärbt.

Bei äußerst C-armen Stählen (<0,02%) tritt Ferrit und evtl. Tertiärzementit an den Korngrenzen auf (Abb. 25.2a, s. S. 265). Untereutektoide Legierungen bestehen aus mehr oder weniger Ferrit neben Perlit, wie die Abb. 25.2b und 25.2c (s. S. 265) für 0,2 und 0,55% C zeigen. Bei der Zusammensetzung mit dem niedrigeren C-Gehalt bildet der Perlit Inseln im Ferrit, die bei geringer Vergrößerung dunkel erscheinen. Bei höherem C-Gehalt liegt der Ferrit an den Grenzen der zu Perlit zerfallenen Austenitkörner; die Perlitlamellen sind auch schon bei geringerer Vergrößerung aufzulösen. Noch deutlicher zu erkennen ist der lamellare Aufbau des Perlits bei der eutektoiden Legierung in Abb. 25.3 (s. S. 265).

Übereutektoide Legierungen, von denen die Abb. 25.5 (s. S. 266) ein Beispiel gibt, bestehen aus Sekundärzementit und Perlit. Der Sekundärzementit bildet sich (wie der Ferrit) als Netz an den Grenzen des zerfallenen Austenits. Er ist aber — wie ein Vergleich der Abb. 25.5 und 25.2c erkennen läßt — spießförmiger ausgebildet und überdies mehr in sich geschlossen als der Ferrit.

Die Stähle mit über 2,06% C haben alle Ledeburiteutektikum, von dem die Abb. 25.6b (s. S. 266) ein Beispiel gibt. Das Eutektikum besteht aus dem hellen Zementit und den dunklen, zu Perlit zerfallenen, gesättigten γ-Mischkristallen. Untereutektische Legierungen enthalten primär ausgeschiedene γ-Mischkristalle neben Ledeburiteutektikum. Die Abb. 25.6a (s. S. 266) zeigt zerfallene γ-Mischkristalle in tannenbaumförmiger Anordnung (dendritische Ausbildung) und Ledeburiteutektikum. Bei den übereutektischen Legierungen bildet sich primär Zementit, der — wie es die Abb. 25.6c (s. S. 266) zeigt — in Form von großen, weißen Balken das Eutektikum durchzieht.

Die vorstehend beschriebenen Gefüge, die dem Gleichgewichtszustand entsprechen oder ihm nahekommen, entstehen nicht nur bei der Abkühlung von Stahl aus dem Gußzustand, sie können auch in Werkstücken, die sich durch vorhergehende Wärmebehandlungen (z. B. Härtung) oder Verformung nicht im Gleichgewichtszustand befinden, wieder hergestellt werden. Hierzu dienen Glühungen bei verschiedenen Temperaturen, je nach Zusammensetzung und Vorgeschichte des Stahls.

Beim Normalglühen (Normalisieren) wird durch Erhitzen über die A_3-, bzw. A_1-Temperatur und Abkühlen die α-γ-Umwandlung zweimal durchlaufen. Es wird dadurch eine Verfeinerung des Gefüges erzielt. Das Normalglühen erfolgt durch Erhitzen auf eine 30 bis 50° oberhalb A_3 (Linie *GOSK*) liegende Temperatur. Das Gefüge wird dabei um so feinkörniger, je schneller man erhitzt und abkühlt (ohne abzuschrecken). Durch Weichglühen unterhalb der A_1-Temperatur, zwischen 680 und 720°, bringt man den Zementit zur Koagulation. Er ballt sich kugelig zusammen. Kugeliger Perlit ist in Abb. 25.4 (s. S. 265) gezeigt. Der Vorgang wird durch mehrmaliges Überschreiten der A_1-Temperatur (Pendelglühung) und durch sehr langsame Abkühlung unterstützt.

Auch Rekristallisationsglühen (bei etwa 650°) und Spannungsfreiglühen (unterhalb der Rekristallisationstemperatur) sind für Stähle von Bedeutung (vgl. Kap. 115, S. 20).

Versuch: Proben von Kohlenstoffstählen mit verschiedenen C-Gehalten (z. B. 0,05, 0,2, 0,5, 0,9, 1,2, 1,6% C) sind auf eine jeweils 50° oberhalb der Linie *GOSK* liegende Temperatur zu erhitzen, 20 Minuten zu glühen und im (abgeschalteten) Ofen abzukühlen. Es werden Schliffe hergestellt und das Gefüge im Metallmikroskop beobachtet evtl. auch fotografiert. Eine Probe mit 0,8 oder 0,9% C wird 2 Stunden bei 700° geglüht, im Ofen abgekühlt und ebenfalls auf ihr Gefüge untersucht.

Literatur

Horstmann, D.: Das Zustandsschaubild Eisen-Kohlenstoff und die Grundlagen der Wärmebehandlung der Eisen-Kohlenstoff-Legierungen. 4. Aufl. Düsseldorf: Verlag Stahleisen 1961.

252 Gefügeänderungen bei beschleunigter Abkühlung von Stählen

Die im Bereich bis zu 1,7% C ausgebildeten Gefüge sind recht unterschiedlich (s. Kap. 251, S. 166) obwohl — phasenmäßig betrachtet — nur 2 Kristallarten vorhanden sind: Der α-Mischkristall (Ferrit) und das Eisenkarbid (Zementit). Eine langsame Abkühlung von hohen Temperaturen ist insofern Voraussetzung für die Bildung dieser Gefüge, als nur so Gleichgewichtszustände erreicht werden, die das Fe-C-Schaubild — wie jedes andere Zustandsdiagramm — ausschließlich wiedergibt.

Führt man nun Versuche durch, bei denen die Abkühlungsgeschwindigkeit der Legierungen verschiedenen C-Gehaltes systematisch gesteigert wird, so treten charakteristische Änderungen auf, über die Abb. 25.7 Auskunft gibt. In diesem Bild ist die Abkühlungsgeschwindigkeit als Parameter enthalten. Die einzelnen Diagramme geben also die Lage insbesondere der Linien *GSE* und *PSK* (A_1-Temperatur) des Fe-C-Diagramms für verschiedene Abkühlungsgeschwindigkeiten wieder. Die Linien *GS* (A_3-Temperatur) und *SE* werden durch erhöhte Abkühlungsgeschwindigkeit zu tieferen Temperaturen verschoben. Dabei sinkt der Punkt *S* stärker ab als die Umwandlungstemperatur *G* des reinen Fe. Dies hat zur Folge, daß der Punkt *S* sich immer mehr nach links, zu geringeren C-Gehalten verschiebt. Gleichzeitig wird auch die A_1-Temperatur, die das Auftreten des Perlits kennzeichnet, zu tieferen Temperaturen verschoben, jedoch ist ihr Abfall nicht so stark wie der der A_3-Umwandlungstemperatur. Die Folge davon ist, daß eine unmittelbare Bildung von Perlit, wie sie im Gleichgewicht nur bei der Zusammensetzung des Punktes *S* möglich ist, auch bei anderen Konzentrationen erfolgen kann. So wird Perlit bei beschleunigter Abkühlung schon bei C-Gehalten gebildet, die weit unter der Zusammensetzung 0,80% C liegen.

Dieser Vorgang ist so zu verstehen, daß die voreutektoidische Ausscheidung von α-Fe aus dem Austenit mit zunehmender Abkühlungsgeschwindigkeit immer mehr unterdrückt wird und die Perlitbildung aus unterkühltem Austenit erfolgt. Dadurch tritt eine kennzeichnende Veränderung des perlitischen Gefüges auf. Der Perlit wird immer feinstreifiger und damit im Mikroskop immer schlechter auflösbar, so daß auch bei starker Vergrößerung der lamellare Aufbau des Perlits nicht mehr erkennbar ist. Ein solches Gefüge wird als Sorbit bezeichnet. Bei weiter gesteigerter Abkühlung auf Geschwindigkeiten zwischen 250 bis 500°/sek beginnt die perlitische Umwandlung nicht nur bei sehr tiefen Temperaturen, nämlich 500° und weniger, die Umwandlung vollzieht sich nun auch merklich langsamer. Das umgewandelte Gefüge ist so stark verändert, daß man es nicht mehr als Perlit ansprechen kann. Es wird als Troostit bezeichnet, besteht jedoch immer noch aus äußerst fein verteiltem Ferrit und Zementit. Auch die Umwandlung in Troostit kommt somit in der Perlitstufe zustande.

Wird die Abkühlungsgeschwindigkeit noch weiter gesteigert, so gelingt es schließlich, den Austenit so stark zu unterkühlen, daß seine

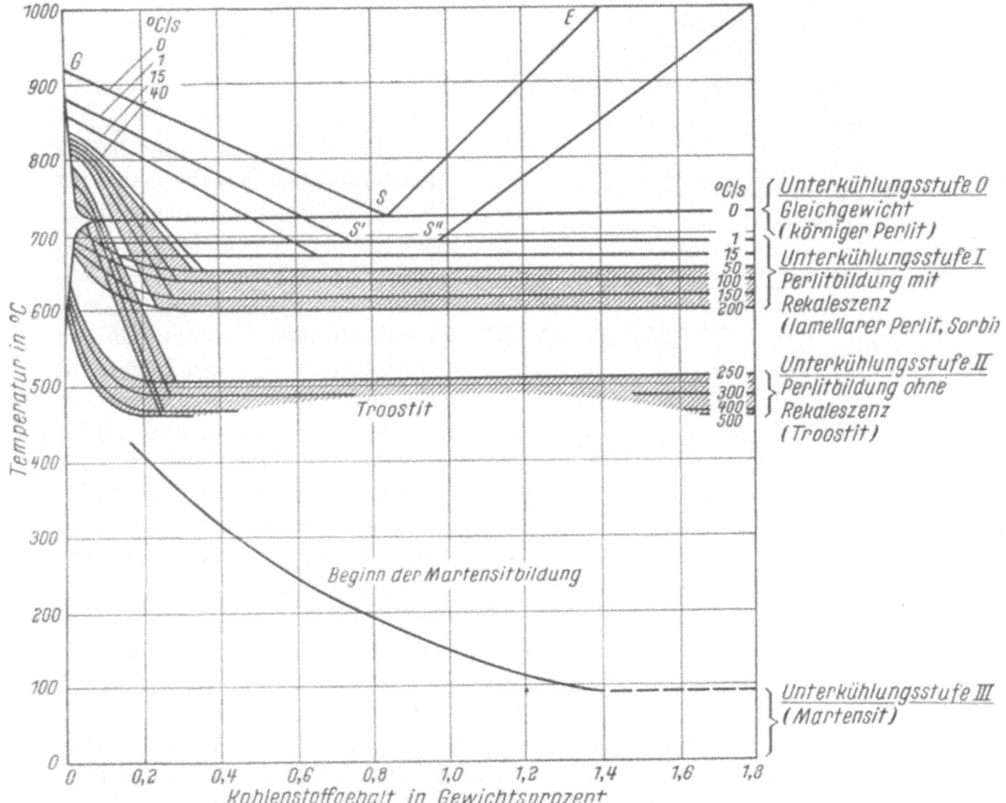

Abb. 25.7.
Verschiebung der Umwandlungspunkte von technisch reinen C-Stählen gegenüber den Gleichgewichtslinien des Fe-C-Diagramms bei kontinuierlicher Abkühlung mit Abkühlungsgeschwindigkeiten von 0 bis 500°/sek (nach Wever und Rose)

Fähigkeit zur Umwandlung praktisch verschwunden ist. Er läßt sich nunmehr unverändert auf verhältnismäßig tiefe Temperaturen abkühlen. Trotzdem ist es nicht möglich (wie bei Hochtemperaturphasen in manchen anderen Systemen), den Austenit durch sehr schroffes Abkühlen unverändert bis auf Zimmertemperatur herunterzubringen. Dies hängt damit zusammen, daß, wie die Abb. 25.7 erkennen läßt, bei einer vom C-Gehalt abhängigen, ganz bestimmten Temperatur ein neuer Vorgang einsetzt; er bewirkt zwar auch eine Umwandlung des Austenits, ist jedoch von anderer Art, als die bisher betrachtete der Perlitstufe. Nunmehr wird eine neue Kristallart gebildet, die im Gleichgewichtsdiagramm Fe-C nicht vorkommt, weil sie thermodynamisch instabil ist. Diese neue Phase wird als Martensit bezeichnet. Die Temperatur, bei der zuerst Martensitbildung erfolgt, heißt Martensittemperatur M_s oder Martensitpunkt; sie sinkt mit steigendem C-Gehalt ab. Die Martensittemperatur entspricht dem Beginn der Martensitbildung, bei weiterem Temperaturabfall wird laufend weiter Martensit gebildet.

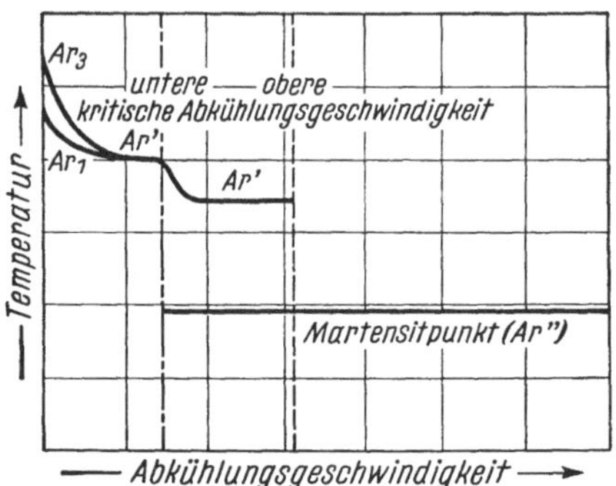

Abb. 25.9. Schematische Darstellung der Umwandlungspunkte in Abhängigkeit von der Abkühlungsgeschwindigkeit für einen untereutektoidischen C-Stahl (nach WIESTER)

Die Martensitkristalle haben plattenförmige Gestalt, so daß im Schliffbild ihre Verschneidung mit der Schliffebene zu einem nadeligen Aussehen führt (vgl. Abb. 25.8, s. S. 266). Weiterhin ist charakteristisch, daß in jedem früheren Austenitkristall diese Nadeln in Gruppen unter ganz bestimmten Winkeln einander parallel liegen. Dies deutet darauf hin, daß der Martensit durch einen kristallographisch gesetzmäßig ablaufenden Vorgang entstanden ist. Man bezeichnet ein solches Gefüge als WIDMANNSTÄTTENsches Gefüge.

Die vorstehend geschilderten Vorgänge sind in Abb. 25.9 nochmals in einer anderen Darstellungsweise wiedergegeben, und zwar bezieht sich dieses Diagramm auf eine untereutektoidische Zusammensetzung mit etwa 0,2% C. Bei sehr niedriger Abkühlungsgeschwindigkeit wird das Gleichgewicht bewahrt. Der A_3-Punkt und der A_1-Punkt sind daher deutlich voneinander getrennt. Es wird voreutektoidisch Ferrit gebildet. Mit zunehmender Abkühlungsgeschwindigkeit erfolgt die schon beschriebene Herabsetzung der Umwandlungstemperaturen. Das raschere Absinken von A_3 hat zur Folge, daß A_3 und A_1 zusammenlaufen, so daß nur noch eine Umwandlungstemperatur Ar' vorhanden ist, bei der sofort Perlitbildung einsetzt.[1] Dieser Perlit ist allerdings, wie schon erwähnt wurde, sehr feinstreifig und in charakteristischer Weise verändert. Wird eine bestimmte Abkühlungsgeschwindigkeit überschritten, die als untere kritische Abkühlungsgeschwindigkeit bezeichnet wird, so wandelt sich nicht mehr aller Austenit in Perlit um, es erfolgt nun vielmehr bei der Martensittemperatur Ar'' die Bildung der ersten

[1] Der Buchstabe *r* weist darauf hin, daß die Proben abkühlen (refroidir).

Martensitkristalle. Über einen gewissen Bereich weiter ansteigender Abkühlungsgeschwindigkeiten hin bleibt auch die Ar'-Temperatur unverändert, die Menge des gebildeten Perlits nimmt daher immer mehr ab, während entsprechend die Menge des Martensits ständig zunimmt. Diese Veränderung vollzieht sich so lange, bis schließlich bei Erreichen der oberen kritischen Abkühlungsgeschwindigkeit keine Umwandlung von Austenit in eine Kristallart der Perlitstufe mehr erfolgt; es wird jetzt nur noch Austenit in Martensit umgewandelt. Da die Martensittemperatur, gekennzeichnet als diejenige Temperatur, bei der die Martensitbildung bei der Abkühlung beginnt, lediglich durch den C-Gehalt des Stahles bedingt ist, bleibt sie durch die Abkühlungsgeschwindigkeit unbeeinflußt.

Versuch: Stahlproben mit verschiedenen C-Gehalten werden, wie in Kap. 251, S. 167, beschrieben wurde, geglüht und aus dem Ofen genommen. In einer zweiten Versuchsserie werden die Proben möglichst rasch aus dem Ofen genommen und sofort in kaltem Wasser abgeschreckt. Nach der Schliffherstellung sind in den verschieden zusammengesetzten und verschieden rasch abgekühlten Proben die vorstehend beschriebenen Gefügebestandteile zu identifizieren.

Literatur

Houdremont, E.: Handbuch der Sonderstahlkunde. 3. Aufl. Berlin/Göttingen/Heidelberg: Springer u. Düsseldorf: Verlag Stahleisen 1956.

Wever, F., u. P. Rose: Atlas zur Wärmebehandlung der Stähle. Düsseldorf: Verlag Stahleisen 1954/58.

253 Zeit-Temperatur-Umwandlungsdiagramme

Die Umwandlung des Austenits in die zur Perlitstufe der Umwandlung gehörenden Gefügearten — grober Perlit, feinstreifiger Perlit, Sorbit, Troostit — die sämtlich (phasenmäßig betrachtet) aus mehr oder weniger fein verteiltem Ferrit (α-Mischkristall) und Zementit bestehen, wird durch Diffusion bewerkstelligt. Der Umwandlungsvorgang benötigt daher eine gewisse Zeit, die von der Temperatur abhängig ist. Bei hoher Temperatur (z. B. 700°) kann der Vorgang zwar rasch ablaufen, doch ist die Instabilität des Austenits hier noch nicht groß. Die geringe Unterkühlung hat zur Folge, daß sich nur wenige Keime bilden. Es vergeht daher eine gewisse Zeit, bis die Umwandlung überhaupt beginnt, und auch der Zeitraum bis zum Ende des Vorgangs ist verhältnismäßig lang. Je tiefer die Temperatur sinkt, um so früher und in um so größerer Zahl werden, bedingt durch die stärkere Unterkühlung, Keime von Perlit gebildet. Der Umwandlungsvorgang setzt nun früher ein und läuft auch rascher ab. Diese Abhängigkeit ändert sich jedoch erneut, wenn bei stärkerer Unterkühlung die Keimzahl wieder zurückgeht[1] und sich der sinkende Wert des Diffusionskoeffizienten verlangsamend bemerkbar macht. Die Umwandlung wird dann in ihrem Beginn wie auch ihrer Dauer stark zu längeren Zeiten verschoben.

Läßt man eine Stahlprobe — und dies soll in einem Versuch geprüft werden — die einen C-Gehalt zwischen 0,8 und 1,5% aufweist, abkühlen,

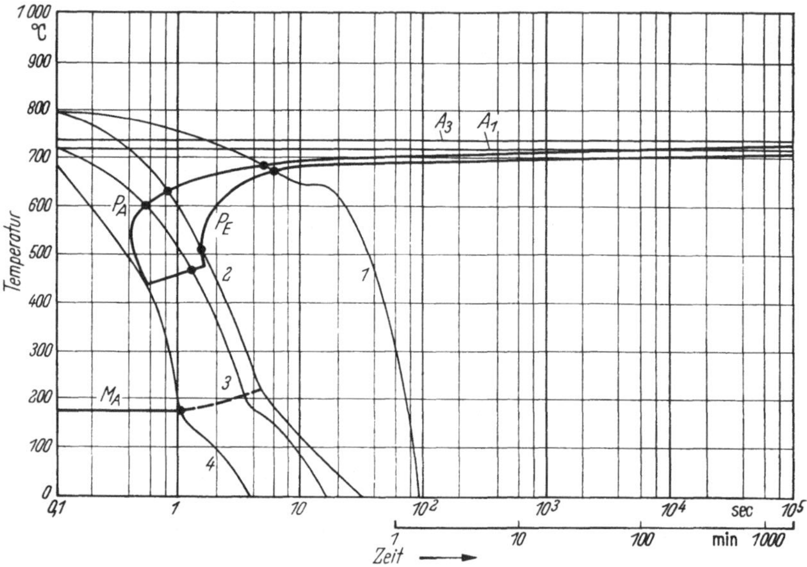

Abb. 25.10. Kontinuierliches ZTU-Diagramm des Stahles C 100 W 1 (1,03% C) bei verschiedenen Abkühlungsgeschwindigkeiten. Die Punkte auf den Linien P_A, P_E und M_A sind Meßpunkte des durchzuführenden Versuches (nach WEVER und ROSE)

z. B. durch Erkalten von der Glühtemperatur im Austenitgebiet (790° in Abb. 25.10) an ruhender Luft und trägt den Verlauf der Abkühlung in Abhängigkeit von der Abkühlzeit in ein Zeit-Temperatur-Diagramm ein (logarithmischer Zeitmaßstab), so kann man Temperatur und Zeit des Beginns und des Endes der Umwandlung auf der Kurve markieren (Kurve 1 in Abb. 25.10), wenn man eine Eigenschaft mißt, die sich bei der Umwandlung stark ändert und dadurch geeignet ist, den Anfang und das Ende der Umwandlung des Austenits in andere Gefügebestandteile anzuzeigen. Da der dem Versuch zugrunde liegende Vorgang immer in einem Übergang von der flächenzentrierten Struktur des γ-Eisens in die raumzentrierte des α-Eisens besteht und diese Umwandlung mit einer beträchtlichen Abnahme des spezifischen Volumens und somit einer Verkürzung der Probe verbunden ist, kommt zur

[1] Vgl. die Abhängigkeit der Keimzahl von der Unterkühlung bei Erstarrung einer Schmelze, Kap. 113, S. 13.

Verfolgung der Umwandlung in erster Linie die dilatometrische Messung in Frage (vgl. Kap. 143, S. 107). Der Versuch der Aufnahme einer Abkühlungskurve mit Festlegung des Beginns und des Endes der Umwandlung wird für mehrere Abkühlungsgeschwindigkeiten wiederholt, z. B. durch Ablöschen in Öl (Kurve 2) oder (mit hoher Abkühlungsgeschwindigkeit) durch Abschrecken in kaltem Wasser (Kurve 3). Hat man solche Versuche, die weitgehend der thermischen Analyse entsprechen (vgl. Kap. 141, S. 91), für verschiedene Abkühlungsgeschwindigkeiten durchgeführt, so kann man die den Anfang und die das Ende der Umwandlung anzeigenden Punkte P_A und P_E durch je eine Linie miteinander verbinden, wie dies in Abb. 25.10 gezeigt ist. Auf diese Weise ist die Umwandlung in der Perlitstufe in einem Zeit-Temperatur-Umwandlungsdiagramm dargestellt (vgl. das in Absatz 1 des Kapitels Gesagte).

Bei der Abkühlungskurve 3 fällt die Temperatur so rasch, daß die den Temperaturabfall angebende Linie die Kurve P_E nicht mehr schneidet. Dies bedeutet, daß die Umwandlung nach der Perlitstufe zwar noch beginnt (Schneiden von P_A), daß sie aber nicht mehr völlig abläuft; die untere kritische Abkühlungsgeschwindigkeit ist überschritten. Wird noch schroffer abgeschreckt (Kurve 4), so geht die Abkühlungslinie auch an der Kurve P_A links vorbei, nunmehr ist auch die obere kritische Abkühlungsgeschwindigkeit überschritten. Die Unterkühlung ist jetzt so groß, daß der Austenit unverändert auf verhältnismäßig tiefe Temperaturen gebracht werden kann. Es wird jetzt die Martensittemperatur M_A oder M_S (S = Start) erreicht, d. h. diejenige Temperatur, bei der die Umwandlung in Martensit anfängt. Dies ergibt für jeden Abkühlungsverlauf, der noch restlichen Austenit mit sich bringt, wiederum einen Punkt im Diagramm. Die für verschiedene Abkühlungsgeschwindigkeiten sich ergebenden Punkte können wieder durch eine Linie verbunden werden. Da die Martensittemperatur unabhängig von der Abkühlungsgeschwindigkeit ist, liegt die Linie M_A parallel zur Abzisse. Lediglich dort, wo schon etwas Austenit in Perlit umgewandelt war und dadurch der Austenit seine Zusammensetzung geändert hat (Kurve 3), steigt die Linie M_A etwas an.

Weitere Martensitbildung ist nach Erreichen von M_A nur von dem bei Fortsetzung der Abkühlung durchlaufenen Temperaturintervall abhängig und somit eine zeitunabhängige Funktion der Temperatur. Es wird daher auch das Ende der Martensitbildung bei einer bestimmten Temperatur erreicht sein, die ebenfalls wieder durch eine Gerade dargestellt werden kann (M_E). Liegt die Martensittemperatur sehr niedrig, so kann (wie dies insbesondere bei übereutektoidischen Zusammensetzungen der Fall ist) die Linie M_E fehlen, weil sie unter Raumtemperatur liegt; dann ist nicht umgewandelter Restaustenit vorhanden.

Das vorstehend besprochene Beispiel behandelt insofern einen sehr einfachen Fall, als bei einem C-Stahl, der bei oder nahe dem Perlitpunkt (S) liegt, die kontinuierliche Abkühlung lediglich zu Perlit oder Martensit führen kann. Wie in Kap. 252 schon besprochen wurde, erfolgt bei geringeren oder höheren C-Gehalten zunächst eine vor-

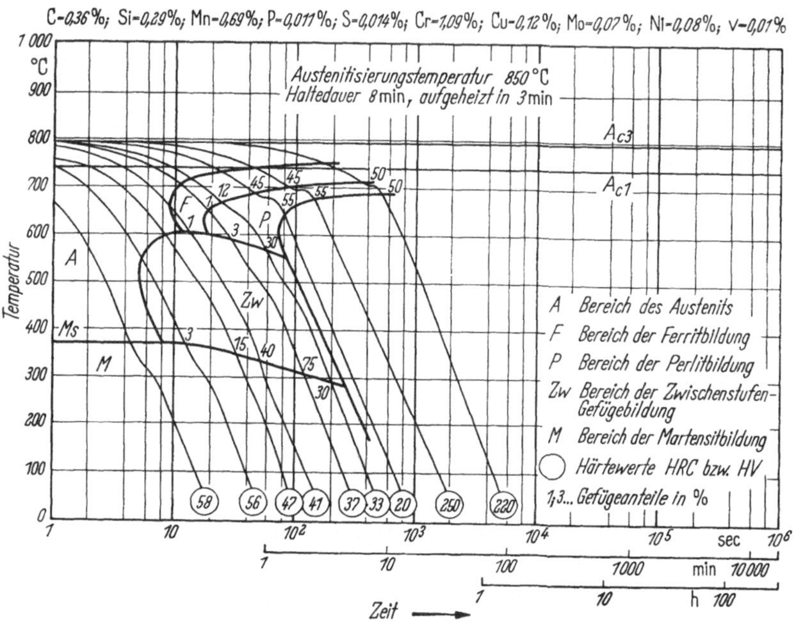

Abb. 25.11. Kontinuierliches ZTU-Diagramm des Stahles 34 Cr 4 (0,36% C, 1,09% Cr) (nach Wever und Rose)

eutektoidische Ausscheidung von Ferrit oder Sekundärzementit. In diesen Fällen liegt im ZTU-Diagramm links oberhalb der Linie P_A eine weitere Linie, die den Beginn eines solchen Vorgangs anzeigt.

Weiterhin sei betont, daß die Lage der Umwandlungslinien im ZTU-Diagramm auch durch die Höhe der Austenitisierungstemperatur, vor allem aber durch zusätzliche Legierungsbestandteile stark verändert werden kann. Insbesondere Zusätze wie Chrom oder Vanadium führen zur Bildung eines weiteren Gefügebestandteils, der als **Zwischenstufengefüge** oder **Bainit** bezeichnet wird. Das kontinuierliche ZTU-Diagramm eines legierten Stahles, der diese Besonderheiten zeigt, ist als Beispiel in Abb. 25.11 wiedergegeben.

Der Vollständigkeit halber sei noch erwähnt, daß es auch sog. *isotherme* ZTU-Diagramme gibt. Sie zeigen das Verhalten von umwandelnden Proben, die isotherm behandelt werden. Bei dieser Arbeitsweise schreckt man die Proben von der Härtetemperatur möglichst rasch auf eine bestimmte Temperatur ab und hält sie bei dieser Temperatur so lange, bis die Umwandlungsvorgänge abgelaufen sind. Das ZTU-Diagramm eines Stahles für kontinuierliche Abkühlung ist dem desselben Materials bei isothermer Umwandlung in der Lage der Linien ähnlich, beide Arten von Diagrammen sind aber wohl voneinander zu unterscheiden.

Versuch: Die Aufnahme eines vollständigen ZTU-Diagramms überschreitet den Rahmen eines Praktikumsversuchs. Infolgedessen genügt es, einzelne Punkte der im Diagramm vorhandenen Linien für verschiedene Abkühlungsgeschwindigkeiten aufzunehmen. Die Austenitisierungstemperatur, von der abgekühlt wird, soll dabei für alle Geschwindigkeiten gleich sein, ebenso sollen die Proben dieselben Abmessungen haben. Wenn auch das Verhalten von reinen C-Stählen am übersichtlichsten ist (z. B. 0,85% C), so haben sie doch den Nachteil, daß die Umwandlung sehr rasch einsetzt und daher schnelles und geschicktes Arbeiten nötig ist. Daher sind legierte Stähle vorzuziehen, obwohl das Auftreten der Zwischenstufe die Vorgänge kompliziert. An sich sind alle Stähle, die härtbar sind, für solche Versuche geeignet. Es empfiehlt sich, eine Zusammensetzung zu wählen, für die das ZTU-Diagramm bereits bekannt ist. Dies ist heute für eine große Zahl von Stählen der Fall. Die Verfolgung der Umwandlungen erfolgt am besten dilatometrisch (vgl. Kap. 143, S. 107).

Literatur

WEVER, F., u. P. ROSE: Atlas zur Wärmebehandlung der Stähle. Düsseldorf: Verlag Stahleisen 1954/58.

254 Stirnabschreckprüfung

Das Verhalten eines Stahles bei der Härtung und die erreichbaren Härtewerte hängen außer von der Zusammensetzung im wesentlichen von der Geschwindigkeit der Abkühlung von der Härtetemperatur ab (vgl. Kap. 252 und 253, S. 168 und 171). Man kann zwar trachten, in jedem Falle maximale Härtung dadurch zu erzielen, daß man möglichst schroff abschreckt, doch ist ein solches Vorgehen insofern nicht immer optimal in der Wirkung, als ein unnötig schnelles Abschrecken zu Härterissen führen kann. Die Härtung kann auch dadurch beeinträchtigt werden, daß in tieferen Schichten von Werkstücken mit großer Wanddicke die kritische Abkühlungsgeschwindigkeit nicht mehr erreicht wird (unzureichende Durchhärtung). Um sich einen Eindruck von den erreichbaren Härten an der Oberfläche und mit zunehmender

Tiefe sowie von den mit abnehmender Abkühlungsgeschwindigkeit auftretenden Gefügeänderungen verschaffen zu können, hat JOMINY einen Versuch vorgeschlagen, der sich allgemein eingebürgert hat und als Stirnabschreckprüfung (JOMINY-Test) bezeichnet wird.

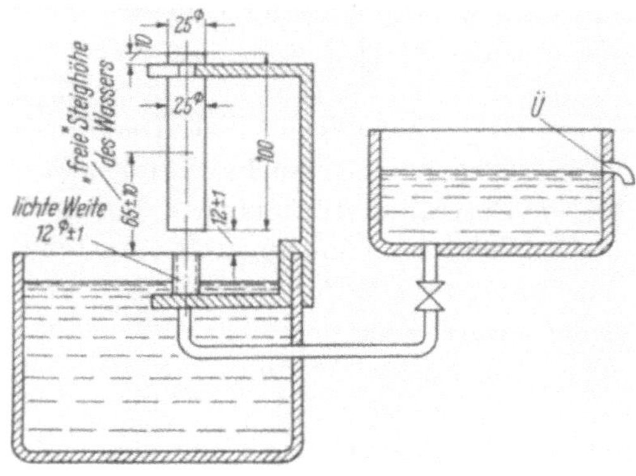

Abb. 25.12. Schematische Darstellung der Stirnabschreckprüfung. Ü = Überlauf (nach JOMINY)

Versuch: Die Abmessungen der zylindrischen Probe, die mit einem Bund zum Aufhängen und einer über die Länge gehenden Abflachung versehen ist, können Abb. 25.12 entnommen werden. Der Versuch läuft so ab, daß die auf Härtetemperatur erhitzte Probe schnell aus dem Ofen genommen und in den Schlitz der Prüfapparatur gehängt wird. Dann öffnet man umgehend eine Blende, die einen Wasserstrahl freigibt, der gleichbleibend in Druck und Menge (vgl. die Abb. 25.12) aus einer Düse strömt und

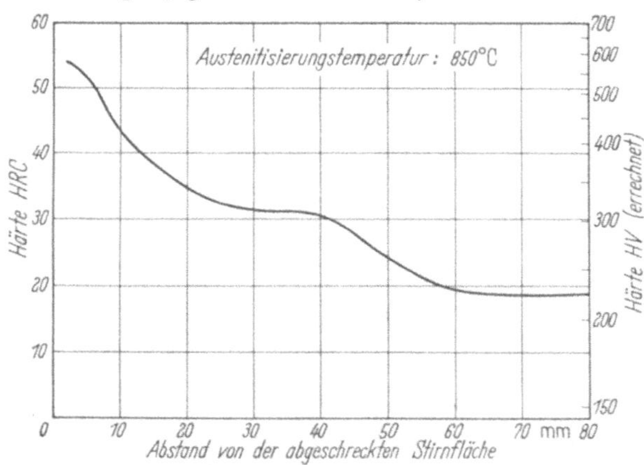

Abb. 25.13. Stirnabschreckkurve des Stahles 34 Cr 4 (0,36% C, 1,09% Cr) (nach WEVER und ROSE)

die Stirnseite der Probe trifft. Die Stirnseite erfährt also eine sehr schroffe Abschreckung, während längs der Probe die Abkühlungsgeschwindigkeit kontinuierlich absinkt und an ihrem Ende etwa einer Abkühlung an ruhender Luft entspricht. Nach beendeter Abkühlung wird die Härte längs der Probe auf der abgeflachten Seite gemessen und in Abhängigkeit von der Entfernung von der Stirnfläche aufgetragen.

Abb. 25.13 zeigt als Beispiel eine solche Kurve, die an einem Stahl mit 0,36% C und 1,09% Cr erhalten wurde. Man kann auf diese Weise sowohl verschiedene Stähle als auch Proben desselben Stahls, z. B. nach Abschreckung von verschiedenen Härtungstemperaturen miteinander vergleichen. Dies ist als Versuch durchzuführen.

Der zweite Teil des Versuchs besteht darin, daß die gehärteten Stirnabschreckproben an der abgeflachten Längsseite angeschliffen, poliert und geätzt werden. Die verschiedenen Gefügearten sind mit den an den entsprechenden Stellen gemessenen Härtewerten zu vergleichen.

Literatur

Wever, F., u. P. Rose: Atlas zur Wärmebehandlung der Stähle. Düsseldorf: Verlag Stahleisen 1954/58.

26 Korrosion

261 Grundlagen der Korrosion und des Korrosionsschutzes

Die meisten Gebrauchsmetalle wie Al, Zn, Cr, Fe, Ni, Cu und ihre Legierungen sind gegenüber den chemischen Bestandteilen der Umgebung, denen sie ausgesetzt werden, thermodynamisch nicht beständig. Schon durch die nahezu allgegenwärtigen Stoffe Sauerstoff und Wasser können sie angegriffen und in ihre Verbindungen überführt werden. Den Ablauf dieser Werkstoffzerstörung durch Reaktion mit der Umgebung nennt man Korrosion. Die Korrosionsgeschwindigkeit verschiedener Metalle gegen das gleiche Angriffsmittel kann sehr unterschiedlich sein. So beträgt die Abtragung in einer 20%igen Salpetersäure bei Raumtemperatur für Eisen und unlegierten Stahl mehr als 3 mm/Tag, für einen Chrom-Nickel-Stahl mit 18% Cr und 10% Ni weniger als 10^{-5} mm/Tag. Der Korrosionsvorgang setzt sich stets aus einer Oxydation des angegriffenen Metalls und einer Reduktion des Angriffsmittels zusammen. In wäßrigen Lösungen (und ähnlich in anderen flüssigen Elektrolyten, z. B. geschmolzenen Salzen) können diese beiden Teilvorgänge gleichzeitig, aber an verschiedenen Orten der Oberfläche des Metalls ablaufen. Bei der Auflösung eines Metalls Me in einer wäßrigen Säurelösung kann so z. B. der anodische Teilvorgang der Metalloxydation

$$\mathrm{Me} \rightarrow \mathrm{Me}^{2+}(a\,q) + 2e^- \tag{26.1}$$

Me^{2+} (aq) zweiwertiges, hydratisiertes Metallion in der Lösung,
e^- Elektron im Metall

und der kathodische Teilvorgang der Reduktion von Wasserstoffionen des Elektrolyten H^+

$$2\,H^+ + 2e^- \rightarrow H_2 \tag{26.2}$$

an verschiedenen Stellen der Metalloberfläche nebeneinander erfolgen. Hat das Metall ein heterogenes Gefüge, so ist es möglich, daß Vorgang (26.1) an einer der Phasen des Gefüges, Vorgang (26.2) an einer anderen bevorzugt abläuft. Man nennt diese örtliche Aufspaltung des Bruttovorgangs der Korrosion Lokalelement-Tätigkeit. Die Elektronen, die bei Ablauf der anodischen Reaktion (26.1) im Metall zurückbleiben, fließen dann von dem einen Gefügebestandteil zu dem anderen, an dem die Kathodenreaktion (26.2) erfolgt (siehe Abb. 26.1). Durch eine Bewegung von Ionen im Elektrolyten wird der Stromkreis geschlossen.

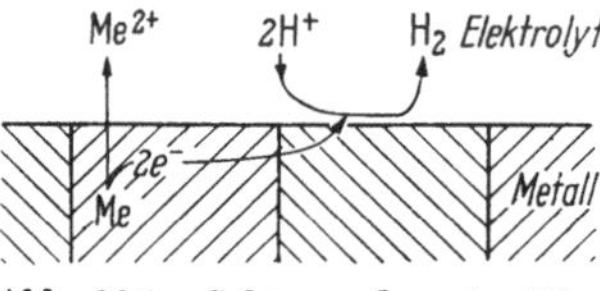

Abb. 26.1. Schema der Ausbildung von Lokalelementen bei der Korrosion eines Metalls mit heterogenem Gefüge

Anode und Kathode eines Korrosionselementes brauchen nicht aus verschiedenen Bestandteilen desselben Gefüges zu bestehen. Gleiche Verhältnisse bilden sich aus, wenn verschiedene Metalle, miteinander leitend verbunden, in den gleichen Elektrolyten eintauchen.

Die Bildung von Korrosionselementen ist jedoch keineswegs eine Voraussetzung für das Eintreten von Korrosion. Auch völlig homogene

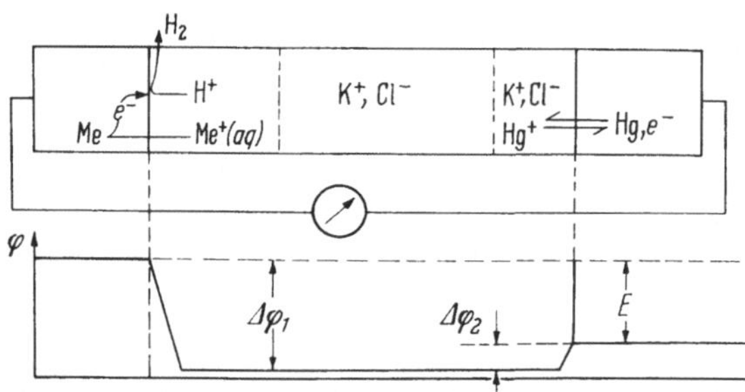

Abb. 26.2. Schema einer Meßzelle zur Bestimmung des Elektrodenpotentials *E* eines korrodierenden Metalls (oben) und Verlauf des elektrischen Potentials in dieser Zelle (unten)

Metalle werden angegriffen. Man muß sich in diesem Fall vorstellen, daß die Teilvorgänge (26.1) und (26.2) zeitlich und örtlich in statistischem Wechsel an den Oberflächenbereichen des Metalls ablaufen.

An der Phasengrenze Metall/Elektrolyt bildet sich, wie allgemein zwischen elektrisch leitenden Medien, ein Sprung des elektrischen Potentials aus. Die Größe dieses Potentialsprungs $\Delta\,\varphi_1$ kann nicht absolut bestimmt werden. Es läßt sich jedoch die Spannung messen, die sich zwischen dem korrodierenden Metall und einer in die gleiche Lösung eintauchenden Vergleichselektrode ausbildet. Diese Spannung ist ein Maß für die Größe des Potentialsprungs zwischen dem korrodierenden Metall und dem Elektrolyten; sie ist gleich der Summe der Potentialsprünge an dem korrodierenden Metall $\Delta\varphi_1$ und an der Vergleichselektrode $\Delta\varphi_2$. Der Potentialsprung $\Delta\varphi_2$ (Vorzeichen beachten!) wird durch den Aufbau der Vergleichselektrode konstant gehalten. Das Schema einer Anordnung zur Messung einer solchen Zellspannung E, die zumeist und nicht ganz korrekt Elektrodenpotential oder kurz Potential des korrodierenden Metalls genannt wird, zeigt Abb. 26.2. Es ist einzusehen, daß die Angabe eines solchen Potentials nur eindeutig ist, wenn Art und Aufbau der Vergleichselektrode angegeben werden.

Die in Abb. 26.2 rechts dargestellte Vergleichselektrode wird Kalomelelektrode genannt. Die Hg^+-Konzentration in der angrenzenden KCl-Lösung wird durch Sättigung dieser Lösung mit Kalomel Hg_2Cl_2 eingestellt.

Das Elektrodenpotential (oder richtiger der dazu proportionale Potentialsprung $\Delta\varphi_1$) des korrodierenden Metalls beeinflußt durch seinen Betrag die Geschwindigkeiten der Reaktionen (26.1) und (26.2), da in beiden Teilvorgängen Ladungen zwischen den Phasen Metall und Elektrolyt ausgetauscht werden. Die Reaktionsgeschwindigkeiten der anodischen und der kathodischen Teilreaktion lassen sich aus dem gleichen Grunde als Ströme i (z. B. in mA) oder als Stromdichten j (in mA/cm^2) angeben. Reaktionsgeschwindigkeit und Strom sind durch das FARADAYsche Gesetz verknüpft. Der Zusammenhang $i = f(E)$ wird Strom-Potential-Kurve genannt. Für den hier betrachteten Korrosionsvorgang ergeben sich schematisch die in Abb. 26.3 dargestellten Strom-Potential-Kurven.

Der Strom des anodischen Vorgangs i_a wird definitionsgemäß positiv, der des kathodischen Vorgangs i_k negativ gerechnet, da in einem Fall positiv geladene Metallionen aus dem Metall in den Elektrolyten übertreten, im anderen Fall negative Elektronen. Beide Reaktionen müssen im stationären Zustand der Korrosion mit äquivalenter Geschwindigkeit bzw. umgekehrt gleichen Strömen ablaufen, damit alle durch Vorgang (26.1) freigesetzten Elektronen durch Vorgang (26.2) abgebunden werden und im Metall keine Ladungsanhäufung erfolgt. Wie man Abb. 26.3 entnimmt, wird der stationäre Zustand nur bei einem Potential, dem Korrosionspotential E_K, erreicht. Mithin stellt sich an dem korrodierenden Metall dieses Potential ein. Der bei diesem Potential fließende Korrosionsstrom i_k entspricht der Korrosionsgeschwindigkeit.

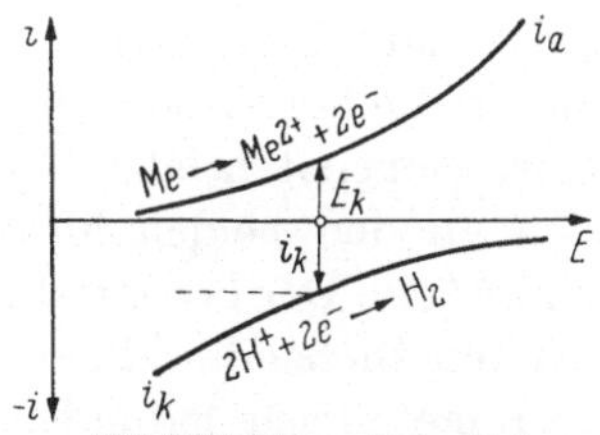

Abb. 26.3. Strom-Potential-Kurven für die Korrosion eines Metalls in einer Säure

Bei der Ausbildung von Korrosionselementen zwischen verschiedenen Gefügebestandteilen einer Legierung oder zwischen verschiedenen, leitend verbundenen und in den gleichen Elektrolyten eintauchenden Metallen, fließt, wie oben dargelegt, zwischen den Anoden und den Kathoden des Elementes ein Strom. Es können also Elektronen zwischen Anoden und Kathoden, den Elektroden des Elementes, ausgetauscht werden. Daher brauchen nun anodische und kathodische Teilreaktionen nicht mehr an jeder der Elektroden einzeln äquivalente Geschwindigkeiten zu haben. Vielmehr ist nun zu fordern, daß die Summe aller im Element ablaufenden anodischen Teilvorgänge den entgegengesetzt gleichen Strom aufbringt wie die Summe aller kathodischen Teil-

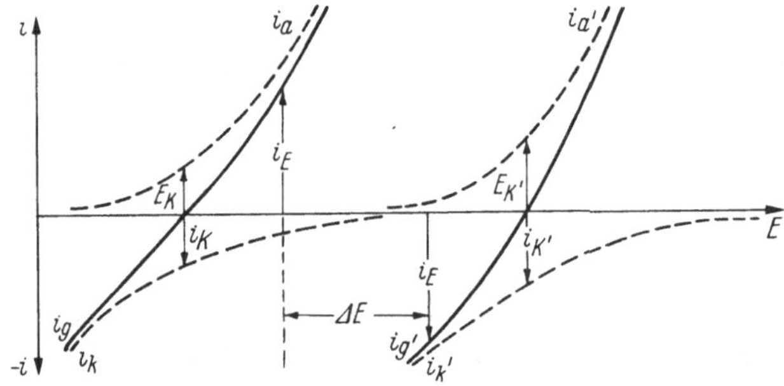

Abb. 26.4. Strom-Potential-Schaubild für die Ausbildung eines Korrosionselementes

reaktionen. Um die Verhältnisse in einem Korrosionselement graphisch darzustellen, ist es zweckmäßig, für jede der beiden Elektroden durch Addition von anodischer und kathodischer Strom-Potential-Kurve die Gesamtstrom-Potential-Kurve $i_g = f(E)$ zu konstruieren. Es ergeben sich dann in dem Element die in Abb. 26.4 schematisch dargestellten Beziehungen.

Die in Abb. 26.4 mit dem Index ′ bezeichneten Größen sind auf das zweite Metall bezogen. Ohne metallische Verbindung miteinander korrodieren die beiden Metalle mit den Korrosionsströmen i_K und $i_{K'}$ bei den Korrosionspotentialen E_K und $E_{K'}$. Mit leitender Verbindung stellen sich an den beiden Metallelektroden des Elementes die Potentiale E und E' ein. Der Potentialunterschied ΔE zwischen beiden Metallen beruht auf dem fließenden Elementstrom i_E und dem Widerstand von Elektrolyt und metallisch leitender Verbindung der beiden Metalle. Durch Abgreifen des zu E und E' gehörenden Betrags von i_a und $i_{a'}$ können die Korrosionsgeschwindigkeiten erhalten werden, die sich für beide Metalle bei kurzgeschlossenem Element ergeben. In der metallischen Verbindung der beiden Metalle kann durch Einschalten eines Amperemeters der Elementstrom i_E gemessen werden. Man sieht, daß das Metall, dessen Korrosionspotential bei geringeren positiven oder höheren negativen

Werten liegt, im Element stärker korrodiert als das andere Metall. Das „edlere" Metall[1] wird durch das „unedlere" geschützt. Da im Element die kathodische Reaktion bevorzugt am edleren Metall abläuft, spricht man vom kathodischen Schutz des edleren Metalls. Das unedlere Metall wird als Opferanode bezeichnet.

Versuch 1: Um die Auswirkung der Elementbildung auf die Korrosion zweier Metalle anschaulich zu machen, kann die in Abb. 26.5 schematisch dargestellte Meßanordnung benutzt werden.

Als Metall Me wird zweckmäßig Eisen oder ein unlegierter Stahl verwendet, als Metall Me′ dient Zink, als Elektrolyt eine 1,5%ige Schwefelsäurelösung mit Zusatz von 10% K_2SO_4 zur Erhöhung der elektrischen Leitfähigkeit. Die Kalomel-Elektrode ist eine handelsübliche Ausführung. Die Elektrode Me soll aus 0,2 bis 0,6 mm starkem Blech bestehen und eine Gesamtoberfläche von etwa 20 cm² haben. Me′ ist ein Zinkstück von 1 bis 3 mm Dicke und etwa 2 cm² Oberfläche. An die Bleche werden Kupferdrähte angelötet. Die Lötstelle und das eintauchende Stück des Kupferdrahtes müssen sorgfältig mit einem Kunstharzlack überzogen werden. Als Meßzelle dient ein Becherglas von etwa 250 cm³ Inhalt.

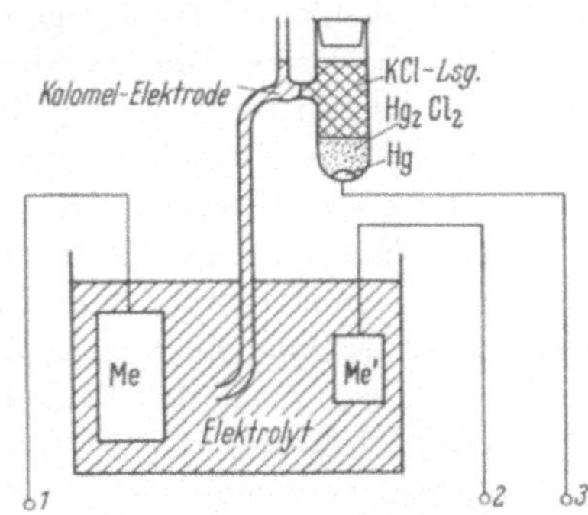

Abb. 26.5. Auswirkung der Elementbildung auf die Metallkorrosion: Meßanordnung

Die Elektroden werden mit Schmirgelpapier fein abgeschliffen und einige Minuten in einem Gemisch von konzentrierter Salzsäure und Wasser (etwa 1 : 1) geätzt, mit Wasser abgespült, gewogen und ohne leitende Verbindung miteinander in das gefüllte Becherglas eingesetzt. Nach $^1/_2$ und 2 Stunden werden durch Auswägen die Korrosionsverluste ermittelt. Über das FARADAYsche Gesetz (1 Mol Metall entspricht jeweils 2 · 96500 A · sek) werden die Korrosionsströme und die Korrosionsstromdichten ermittelt. Während der Versuche wird in regelmäßigen Abständen die Spannung jedes der Metalle gegen die Kalomel-Elektrode mit einem Röhrenvoltmeter oder Kompensator oder einem anderen Spannungsmeßgerät mit einem Innenwiderstand von min-

[1] Als „edler" wird bei der Korrosion das Metall bezeichnet, das einen höheren positiven oder geringeren negativen Betrag des Korrosionspotentials aufweist. Die Unterschiede der Korrosionspotentiale beruhen teils thermodynamisch auf Unterschieden in der Änderung der freien Enthalpie ΔG bei Ablauf der Reaktion (26.1), teils kinetisch auf unterschiedlichem Verlauf der Stromdichte-Potential-Kurven, teils auf Deckschichtbildung.

destens 10^5 Ω/Volt und einem Meßbereich von 1,2 bis 3 Volt gemessen. Diese Messungen liefern das Korrosionspotential der beiden Metalle und die Korrosionsströme bzw. Korrosionsstromdichten. Damit ist je ein Punkt der kathodischen und der anodischen Strom-Potential-Kurve sowie der Gesamtstrom-Potential-Kurve der beiden Metalle festgelegt.

Versuch 2: In einem zweiten, sonst gleichartigen Versuch, werden die beiden Metallelektroden über ein Strommeßgerät (Meßbereich: 10 bis 30 mA bei Vollausschlag) miteinander verbunden. Der Stromfluß, die Potentiale der beiden Metalle gegen die Kalomelelektrode und die Spannung beider Metalle gegeneinander werden in regelmäßigen Abständen abgelesen. Die bei diesem Versuch eingetretenen Gewichtsverluste der Elektroden, der direkt gemessene Elementstrom und die gemessenen Spannungen gestatten es, je einen weiteren Punkt der drei Strom-Potential-Kurven jedes der Metalle festzulegen. Die Strom-Potential-Kurven lassen sich nun in Anlehnung an die Abb. 26.3 und 26.4 halbschematisch zeichnen. Die gemessenen Ströme und Spannungen sind zeitlich nicht konstant, da sich der Oberflächenzustand, z. B. die Rauhigkeit der beiden Metalle, durch die Korrosion ändert. Für die Zeichnung der Strom-Potential-Kurven werden am besten Mittelwerte verwendet. Die Messungen ergeben, daß sich die Strom-Potential-Kurven von Zink und Eisen in Schwefelsäure recht deutlich unterscheiden: Das Eisen ist merklich korrosionsbeständiger. Der Unterschied beruht auf dem unterschiedlich edlen Charakter der beiden Metalle, aber auch darauf, daß die Wasserstoffionen-Reduktion am Eisen verhältnismäßig stark gehemmt ist. Bei kurzgeschlossenem Element wirkt das Zink als Opferanode für das Eisen. Der Elementstrom und die Änderung der Auflösungsgeschwindigkeiten von Zink und Eisen ohne und mit leitender Verbindung sind ein Maß der Wirksamkeit für den kathodischen Schutz.

In neutralen Lösungen, z. B. in Brauch- und Trinkwasser, ist Zink korrosionsbeständiger als Eisen, da es sich hier mit einer Deckschicht aus Korrosionsprodukten überzieht, die die Korrosion behindert. In sauren Lösungen lösen sich diese schichtbildenden Substanzen jedoch auf. Auf die Bedeutung von Deck- und Schutzschichten für die Korrosion wird in den folgenden Abschnitten noch eingegangen.

Versuch 3: Die Ausbildung von Lokalelementen wirkt sich z. B. auf die Korrosion von kupferhaltigem Aluminium stark aus und bewirkt die mangelhafte Korrosionsbeständigkeit dieser Werkstoffe. Um das zu demonstrieren, werden Blechabschnitte aus Reinstaluminium und aus einer kupferhaltigen Aluminiumlegierung von je etwa 20 cm² Oberfläche mit einem Blechstiel als Stromzuführung zugeschnitten und abgeschliffen, in einer Mischung aus 1 Teil konzentrierter Salzsäure und 9 Teilen Wasser kurz geätzt und dann in ein Becherglas mit einem

Gemisch aus einem Teil konzentrierter Salzsäure und 9 Teilen Wasser eingesetzt. Gegen eine Kalomelelektrode wird der Potential-Zeit-Verlauf gemessen. Auswiegen der Elektroden nach $^1/_2$ und 1 Stunde ergibt die Korrosionsgeschwindigkeiten. Die verstärkte Korrosion der kupferhaltigen Legierung beruht darauf, daß sich das Kupfer in der Säure nicht mit auflöst oder auf der Aluminiumoberfläche wieder abscheidet und als Lokalkathode wirkt. Dadurch wird die beim Reinaluminium starke Hemmung der Kathodenreaktion (26.2) vermindert. Die Unterschiede der Korrosionspotentiale des reinen und des kupferhaltigen Aluminiums bestätigen diese Deutung.

Literatur

EVANS, U. R.: An Introduction to Metallic Corrosion. London: Edward Arnold 1963.

KAESCHE, H.: Werkstoffe und Korrosion 10 (1959) 227.

RABALD, E., u. D. BEHRENS: Dechema-Werkstofftabellen. Frankfurt/Main: Verlag Chemie.

RITTER, F.: Korrosionschemische Tabellen metallischer Werkstoffe. Geordnet nach angreifenden Stoffen. Wien: Springer 1958.

STERN, M.: J. electrochem. Soc. 102 (1955) 609.

UHLIG, H. H.: Corrosion and Corrosion Control. New York and London: John Wiley and Sons 1963.

WAGNER, C., u. W. TRAUD: Z. Elektrochem. angew. physik. Chem. **44** (1938) 391.

262 Die Wirkung von Korrosionsinhibitoren

Die Darstellungsweise von Stromdichte-Potential-Kurven und die entsprechende Meßmethodik sind auch geeignet, die Wirkungsweise von Inhibitoren zu veranschaulichen. Inhibitoren sind Hemmstoffe, die die Korrosionsgeschwindigkeit vermindern. Sie werden heute im großen Umfange angewendet, z. B. als Zusätze zu Kühler-Frostschutzmitteln für Kraftfahrzeuge, als Sparbeizmittel bei der Entfernung des Zunders von Metallen durch Säurebäder, zur Verminderung des Angriffs von Trink- und Brauchwasser auf Leitungsrohre aus Stahl oder verzinktem Stahl und in Heizungskreisläufen. Ihre Wirkungsweise ist so verschieden wie ihre Anwendung. Folgende Gruppeneinteilung gibt einen Überblick:

1. Inhibitoren, die durch Adsorption an der Metalloberfläche die anodische Metallauflösung oder die kathodische Reduktion eines Oxydationsmittels am Metall oder beide Teilvorgänge behindern (meist organische Substanzen); Beispiel: Sparbeizen.

2. Inhibitoren, die auf der Metalloberfläche schwerlösliche Salze bilden, z. B. durch Reaktion mit den bei der Anfangskorrosion entstehenden Metallionen (meist anorganische Salze); Beispiel: Phosphate und Silikate als Zusatz zu Trink- und Brauchwasser.

3. Inhibitoren, die stark oxydierend wirken und auf passivierbaren Metallen zur Bildung einer Passivschicht (Oxydschicht) führen (meist anorganische Verbindungen); Beispiel: Mischungen aus Natriumkarbonat und Natriumnitrit als Korrosionsschutz in Heizöl-Lagertanks.

4. Zusätze zum angreifenden Elektrolyten, die einen korrosionsfördernden Bestandteil durch chemische Reaktion aus dem Elektrolyten entfernen (Reduktionsmittel); Beispiel: Hydrazin zum Abbinden von Restsauerstoff in Kesselspeisewässern.

Die ersten drei Typen haben den Nachteil, daß sie bei unzureichender Dosierung zu örtlich verstärkter Korrosion des Metalls führen können. Bei Adsorptionsinhibitoren ist diese Gefahr gering, bei Schichtbildnern deutlich, bei Passivatoren am stärksten. Folgender Handversuch macht das klar:

Versuch 1: In Bechergläsern mit wäßrigen Lösungen mit 3 g/l Natriumchlorid NaCl und 2 g/l Ammoniumpersulfat $(NH_4)_2S_2O_8$[1] als Oxydationsmittel zur Steigerung der Korrosion werden abgebeizte Blechstreifen von etwa 2×10 cm² aus einem unlegierten Stahl zur Hälfte ihrer Länge eingetaucht. Die Lösung wird mit einem Rührwerk oder durch Einleiten von Gas (Luft, O_2, N_2 oder CO_2) schwach gerührt. In einem Versuchsgefäß bleibt die Lösung ohne weiteren Zusatz, den anderen Lösungen werden 2 g/l, 4 g/l und 10 g/l Natriumkarbonat Na_2CO_3 als Inhibitor zugefügt. Die Versuche werden jeweils eine Stunde beobachtet und der Gewichtsverlust durch Auswägen der Blechstreifen ermittelt. Gebildete Deckschichten müssen vor dem Auswägen durch vorsichtiges Abbeizen in 1%iger Salzsäurelösung entfernt werden. Unzureichende Inhibition macht sich durch lochfraßartigen Angriff und verstärkte Korrosion an der Wasserlinie bemerkbar.

Schichtbildner und Passivatoren beeinflussen zumeist den anodischen wie den kathodischen Teilvorgang der Korrosion, Reduktionsmittel nur die kathodische Reaktion. Bei Adsorptionsinhibitoren können einer der beiden Teilvorgänge oder auch beide gehemmt werden. Einen Rückschluß darauf, welcher Teilvorgang am stärksten gehemmt wird, gestattet die Messung der Veränderung des Korrosionspotentials E_K. Abb. 26.6 soll das veranschaulichen (Bezeichnungen wie in Abb. 26.3 und 26.4, Kap. 261, S. 179).

Einer bevorzugten Inhibition des anodischen Teilvorgangs entspricht danach eine Anhebung des Korrosionspotentials, einer bevorzugten Hemmung des kathodischen Teilschrittes eine Absenkung.

Versuch 2: Eine Eisenblechelektrode, die nach den Angaben in Kap. 261, S. 181, vorbereitet und gewogen wurde, und eine Kalomel-

[1] Anstelle der Reduktion von Wasserstoffionen gemäß Formel (26.2) erfolgt als kathodischer Teilvorgang hier die Reduktion des Persulfat-Ions:

$$S_2O_8^{2-} + 2e^- \rightarrow 2\,SO_4^{2-} \qquad (26.2\,a)$$

elektrode werden in einem Becherglas in eine Lösung aus 1 Teil konzentrierter Salzsäure und 4 Teilen Wasser eingesetzt. Durch Auswägen der Elektrode nach etwa 30 Minuten und 2 Stunden wird die Korrosionsgeschwindigkeit ermittelt. Gleichzeitig wird das Elektrodenpotential, d. h. die Spannung zwischen Eisen- und Kalomelelektrode, mit einem hochohmigen Spannungsmeßgerät gemessen. Anschließend wird der Versuch in gleicher Weise wiederholt, jedoch wird nun der Lösung 0,2 g/l β-Naphthochinolin zugesetzt. Dieser organische Inhibitor beeinflußt besonders den anodischen Teilvorgang der Korrosion des Eisens.

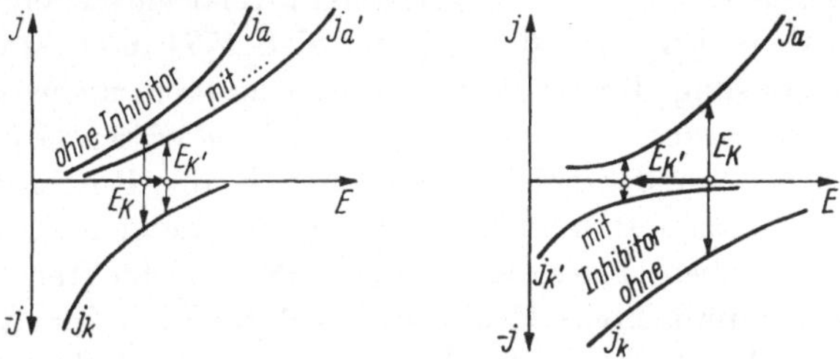

Abb. 26.6. Schematische Darstellung des Einflusses eines Inhibitors auf den anodischen (links) und den kathodischen Teilvorgang (rechts) und die damit verbundene Verschiebung des Korrosionspotentials

Man kann diese Wirkung mit der Annahme deuten, daß eine bevorzugte Adsorption des Hemmstoffs an den anodischen Bereichen der Oberfläche des Eisens erfolgt. Allerdings ist zu berücksichtigen, daß es hier keine präformierten Anoden- und Kathodenbereiche geben kann, da andernfalls die verhältnismäßig gleichmäßige Abtragung des Eisens nicht erklärlich wäre. Anodische und kathodische Bereiche bilden sich vielmehr im Verlauf der Korrosion immer wieder neu, und an einem herausgegriffenen Oberflächenelement erfolgen die beiden Teilreaktionen im zeitlichen Wechsel nebeneinander.

Literatur

Fischer, H., E. Schaaf u. G. Thoresen: Z. Elektrochem. Ber. Bunsenges. physik. Chemie 63 (1959) 427.

263 Einfluß von Deckschichtbildung und Passivität auf die Korrosion der Metalle in Elektrolyten

Der in Kap. 261 und 262 besprochene Mechanismus der Korrosion von Metallen in wäßrigen Lösungen setzt voraus, daß der angreifende Elektrolyt unmittelbar an die Metalloberfläche herantreten kann. Bereits bei der Besprechung der Inhibitoren wurde darauf hingewiesen, daß die Korrosion eines Metalls durch Deckschichten verhindert oder vermindert werden kann. Zu den Deckschichten dieser Art kann in gewisser Hinsicht schon die Adsorptionsschicht eines Inhibitors gerechnet werden. Deckschichten im eigentlichen Sinn sind jedoch Schichten aus kristallisierten Korrosionsprodukten von wenigstens einigen Gitterkonstanten Dicke.

Nach ihrem Bildungsmechanismus unterscheidet man Sekundärschichten und Primärschichten. Sekundärschichten entstehen durch Ausfällung schwerlöslicher Metallsalze auf der Metalloberfläche. Diese Salze bilden sich aus den bei der Korrosion primär entstehenden hydratisierten Metallionen [vgl. Gl. (26.1) in Kap. 261, S. 177] und Bestandteilen der angreifenden Lösung. Derartige Schichten sind stets mehr oder weniger porös und können daher die Korrosion nur in gewissen Grenzen herabsetzen. Zu den Sekundärschichten gehört z. B. der Rost auf Eisen und Stahl, der Weißrost auf Zink und die Patina, die sich auf Kupfer bei der atmosphärischen Korrosion bildet. Primärschichten bilden sich dagegen durch unmittelbare Reaktion des Metalls mit dem angreifenden Medium, ohne daß hydratisierte Metallionen als Zwischenprodukt auftreten. Sie sind porenfrei und verleihen dem Metall einen ausgezeichneten Korrosionsschutz, da sie Angriffsmittel und Metalloberfläche voneinander trennen. Sie wachsen zumeist durch Überführung von Metallionen durch das Gitter der Schichtsubstanz unter dem Einfluß des elektrischen Feldes, das sich wegen des Potentialsprungs an der Phasengrenze Metall/Elektrolyt in der Schicht ausbildet. Die Transportgeschwindigkeit hängt exponentiell von der Feldstärke ab und fällt daher mit wachsender Schichtdicke stark ab. Bei der Korrosion stellt sich eine stationäre Schichtdicke ein, die je nach Angriffsmittel und Metall 10 bis 1000 Å beträgt, da sich die Schicht mit einer zwar geringen, aber doch meßbaren Geschwindigkeit im Elektrolyten auflöst. Die stationäre Dicke ist erreicht, wenn die Geschwindigkeit des Schichtwachstums gleich der Auflösungsgeschwindigkeit geworden ist. Die Auflösungsgeschwindigkeit der Schicht bestimmt daher die Korrosionsgeschwindigkeit des schichtbedeckten Metalls. Derartige Primärschichten werden, besonders wenn an ihrem Aufbau Sauerstoff beteiligt ist, Passivschichten genannt. Zu den passivierbaren Metallen gehören besonders Eisen, Chrom, Nickel, Mangan, Aluminium, Niob, Tantal und Titan. Im allgemeinen wird bei einem passivierbaren Metall Passivität nur erreicht, wenn die Lösung ein gewisses Oxydationsvermögen übersteigt.

Versuch: Eisenblechelektroden (Herstellung und Vorbereitung s. Kap. 261, S. 181) werden zusammen mit einer Kalomelelektrode in Bechergläser eingesetzt, die 0,1 molare Schwefelsäurelösungen mit Zusätzen von 0,3, 1, 3 und 6 Vol.-% Wasserstoffperoxyd H_2O_2 als Oxydationsmittel enthalten. Die Lösungen werden mit einem mechanischen Rührwerk oder durch Einleiten von Gas (Luft, Sauerstoff, Stickstoff oder Kohlendioxyd) schwach gerührt. Durch Wägung der Elektroden wird die Korrosionsgeschwindigkeit ermittelt (Versuchsdauer je etwa $^1/_2$ Stunde). Mit steigendem Gehalt an Oxydationsmittel nimmt die Korrosionsgeschwindigkeit zunächst zu, fällt bei Überschreiten einer Grenzkonzentration aber scharf auf äußerst geringe Werte ab. Bei Überschreiten dieser Grenze der Oxydationsmittelkonzentration steigt das Elektrodenpotential E des Eisens sprunghaft an.

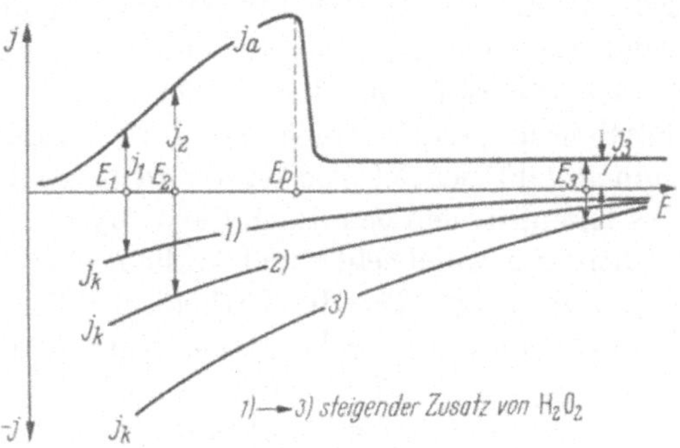

Abb. 26.7. Passivierung von Eisen in Schwefelsäure mit Zusatz von H_2O_2 als Oxydationsmittel

Das in Abb. 26.7 gezeigte Stromdichte-Potential-Schaubild verdeutlicht das beobachtete Verhalten der Eisenelektroden schematisch. Dieser Verlauf der anodischen Stromdichte-Potential-Kurve $j_a = f(E)$ ist typisch für passivierbare Metalle. Eine derartige Kurve erhält man auch aus den Versuchswerten, wenn man die Korrosionsgeschwindigkeiten in Stromdichten umrechnet und gegen die gemessenen Korrosionspotentiale E aufträgt. Nach Abb. 26.7 erfolgt der Eintritt der Passivität – durch den Steilabfall der anodischen Auflösungsstromdichte j_a gekennzeichnet – nicht nur bei Überschreiten einer gewissen Konzentration des Oxydationsmittels, sondern zugleich auch bei Erreichen eines bestimmten Elektrodenpotentials. Das Elektrodenpotential kann als Maß für die oxydierende Wirkung des Elektrolyten angesehen werden. Man kann andererseits auch das Oxydationsmittel durch eine der Elektrode von außen aufgedrückte Spannung ersetzen. Zu diesem Zweck wird die in Abb. 26.8 dargestellte Versuchsanordnung benutzt. Als Elektrolyt verwendet man 0,1 molare Schwefelsäure ohne Zusatz. Die Außenspannung wird einem 4-Volt-Akkumulator entnommen und der Eisenelektrode mit etwa

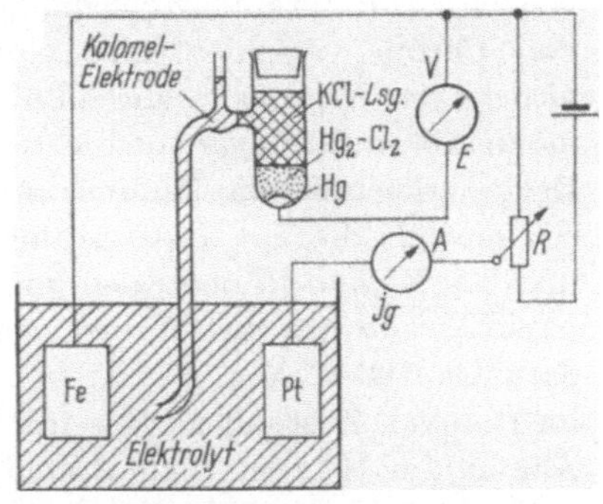

Abb. 26.8. Anordnung zur Passivierung eines Metalls mit einer von außen aufgedrückten Spannung und zur Aufnahme der Gesamtstromdichte-Potential-Kurve des Metalls $j_g = f(E)$

2 cm^2 Oberfläche über einen Spannungsteiler mit einem Widerstand R von etwa 10 Ω und die Platingegenelektrode von einigen cm^2 Oberfläche aufgedrückt. Die Messung erfolgt so, daß das am Voltmeter V abzulesende Elektrodenpotential E vom Korrosionspotential $E_K = E(j_g = 0)$ ausgehend um jeweils etwa 100 mV erhöht und der zugehörige Gesamtstrom nach einigen Minuten am Strommesser A abgelesen wird. Bei einem Elektrodenpotential von etwa +300 mV gegen die Kalomelelektrode tritt Passivierung ein. Umrechnung des gemessenen Stromes auf die Flächeneinheit der Eisenelektrode ergibt die Gesamtstromdichte-Potential-Kurve des Eisens in dem benutzten Elektrolyten, die sich nach Kap. 261, S. 180, additiv aus anodischer und kathodischer Stromdichte-Potential-Kurve zusammensetzt. Da die kathodische Stromdichte in der 0,1molaren Schwefelsäure aber schon beim Korrosionspotential sehr klein ist und mit steigendem Elektrodenpotential des Eisens weiter abnimmt, ist die gemessene Kurve praktisch gleich der in Abb. 26.7 schematisch dargestellten anodischen Teilstromdichte-Potential-Kurve $j_a = f(E)$. Es ist daher möglich, die in der Säure mit H_2O_2-Zusatz gemessenen und auf Stromdichten umgerechneten Werte der Auflösungsgeschwindigkeit des Eisens mit der durch Anlegen einer Außenspannung erhaltenen Kurve zu vergleichen.

Ihrer guten Passivierbarkeit verdanken die Chrom- und Chrom-Nickel-Stähle ihre ausgezeichnete Korrosionsbeständigkeit. Der Zusatz von Chrom verschiebt das Grenzpotential der Passivierung E_P zu niedrigeren Werten, während der Zusatz von Nickel besonders die maximale Auflösungsstromdichte vor Eintritt der Passivität herabsetzt. Beides erleichtert die Passivierung bzw. erniedrigt die Menge an Oxydationsmittel, die zur Passivierung erforderlich ist. Stähle mit 18% Cr und 9% Ni sind in neutralen und schwach sauren Lösungen auch dann passiv, wenn nur das Wasser oder der gelöste Luftsauerstoff als Oxydationsmittel wirken. Das Nickel setzt ferner die Auflösungsstromdichte im passiven Zustand noch weiter herab. Auch andere Metalle, wie z. B. Aluminium, Chrom, Tantal und Titan, bedecken sich in neutralen und schwach sauren bis sauren Lösungen ohne Oxydationsmittelzusatz schon mit einer Passivschicht. Durch Chlorionen können die Passivschichten auf Eisen, Nickel, Chrom und Aluminium örtlich zerstört werden, was zum Eintreten von Lochfraß führt. Diese Metalle sowie auch ihre Legierungen sind daher im passiven Zustand gegen Chloridlösungen empfindlich. Die Beständigkeit der Chrom- und Chrom-Nickel-Stähle gegen chloridhaltige Lösungen wird durch Molybdänzusätze gesteigert.

Der Chromgehalt der Chrom-Nickel-Stähle kann in der Umgebung der Korngrenzen absinken, wenn sich auf den Korngrenzen Chromkarbid ausscheidet. Das tritt ein, wenn die lösungsgeglühte Legierung bei 600 bis 700° angelassen wird, z. B. beim Schweißen. Damit verliert der Stahl an den Korngrenzen sein gutes Passivierungsvermögen, und es kann interkristalline Korrosion, auch Kornzerfall genannt, eintreten. Die Karbidausscheidung und damit der Kornzerfall werden vermieden, wenn der Kohlenstoffgehalt auf weniger als 0,03% abgesenkt oder der Kohlenstoff durch Zusatz von Niob oder Titan als Sonderkarbid abgebunden wird. Lochfraß und Kornzerfall sind Erscheinungen der selektiven Korrosion. Selektive Korrosion setzt voraus, daß an der Metalloberfläche Bereiche mit unterschiedlichem elektrochemischem Verhalten vorkommen. Lochfraß und Kornzerfall treten auf, wenn passive und nichtpassive (aktive) Bereiche der Oberfläche vorhanden sind. Auch bei einer weiteren Form der selektiven Korrosion, der Spannungsrißkorrosion, hat man Ursache anzunehmen, daß sie in vielen Fällen durch eine unvollständige Deckschicht hervorgerufen wird. Bei den Chrom-Nickel-Stählen ist diese Deckschicht wieder die Passivschicht. Bei Gold-Kupfer-Legierungen und bei Messing, die unter gleichzeitigem Einwirken von mechanischen Spannungen und bestimmten Angriffsmitteln gleichfalls Spannungsrißkorrosion zeigen, wirken Schichten aus Gold bzw. aus Kupfer mit, die sich bei der Auflösung der Mischkristalle auf der Oberfläche ablagern.

Literatur

ENGELL, H.-J.: Chemie-Ing. Technik 32 (1960) 22.

VETTER, K. J.: Elektrochemische Kinetik. Berlin/Göttingen/Heidelberg: Springer 1961, S. 602–641.

YOUNG, L.: Anodic Oxide Films. London and New York: Academic Press 1961.

264 Korrosion von Metallen durch Gase

Beim Angriff von Gasen auf Metalle bilden sich stets Primärschichten aus. Von einigen Ausnahmen abgesehen sind diese Schichten wie die Passivschichten porenfrei und trennen daher Metall und Angriffsmittel voneinander ab. Der Ablauf der Korrosion, also das Dickenwachstum der Schichten, ist nur in dem Maße möglich, wie Metall oder Angriffsmittel in Form von Ionen und Elektronen durch das Gitter der Schicht hindurch wandern. Der Transportvorgang besteht bei geringen Schichtdicken ebenso wie bei den Passivschichten vornehmlich in einer elektrischen Überführung. Treibende Kraft ist das elektrische Feld, das sich durch die Chemisorption von Gas an der Oberfläche der Schicht ausbildet. Bei der Oxydation der Metalle z. B. wird Sauerstoff als negatives Ion an der Schichtoberfläche adsorbiert.

Die hierfür nötigen Elektronen fließen vom Metall durch die Oxydschicht; das Metall bleibt positiv geladen zurück. Es bildet sich gewissermaßen ein geladener Kondensator aus, dessen Dielektrikum die Oxydschicht und dessen Belegungen das Metall und die chemisorbierten Sauerstoffionen sind. An der Schicht treten Spannungen bis etwa 1 Volt auf. Die Wanderungsgeschwindigkeit der Gitterbausteine hängt exponentiell von der Feldstärke ab und fällt daher stark mit steigender Schichtdicke. Wird der Gradient des elektrischen Potentials φ in der Schicht $d\varphi/dx$ (x = Ortskoordinate) kleiner als $\frac{kT}{ae}$ (k = BOLTZMANN-Konstante, T = absolute Temperatur, a = Gitterparameter der Schicht, e = Elementarladung), so wird der Beitrag der elektrischen Überführung zum Massentransport durch das Schichtgitter vergleichbar mit der normalen Diffusion. Das ist je nach Gitterparameter und Temperatur bei Schichtdicken von 10 bis 200 Å der Fall. Bis zu diesen Schichtdicken gelten in vielen Fällen Zeitgesetze für das Wachstum der Schichtdicke ξ von der Form $d\xi/dt \sim \exp. \{\xi_0/\xi\}$ (ξ_0 = Konstante). Bei Annäherung an eine Grenzdicke kommt daher das Schichtwachstum praktisch zum Stillstand, falls der Materiestrom durch Diffusion[1] in der Schicht nicht für ein merkliches Weiterwachsen der Schicht ausreicht. Bei höheren Temperaturen, die je nach Struktur der Schichtsubstanz verschieden sind, wächst die Schicht nach Überschreiten der Grenzdicke nach den normalen Gesetzmäßigkeiten der Diffusion weiter. Nun gilt das TAMMANNsche Anlaufgesetz oder parabolische Zeitgesetz $d\xi/dt = k/\xi$ bzw. $\xi = \sqrt{2kt}$.

Die Zunderkonstante k steht in Zusammenhang mit dem Selbstdiffusionskoeffizienten derjenigen Komponenten der Schichtsubstanz, deren Beweglichkeit im Schichtgitter überwiegt. Meist ist dies das Metall, z. B. in den Oxyden FeO, Fe_3O_4, NiO, ZnO und Cu_2O.

Bekanntlich erfolgt die Diffusion in festen, kristallisierten Substanzen im wesentlichen über Gitterbaufehler, wie Leerstellen oder Zwischengitteratome bzw. -ionen. Aus diesem Grunde sind Art und Menge der im Gitter der Schichtsubstanz auftretenden Gitterbaufehler, die sog. Fehlordnung des Gitters, von ausschlaggebender Bedeutung für die Oxydationsbeständigkeit. Daher kommt es auch für die Zunderbeständigkeit des Metalls oder einer Legierung in erster Linie auf die Zusammensetzung der gebildeten Deckschicht an. Eisen-Aluminium- und Eisen-Chrom-Aluminium-Legierungen verdanken ihre Zunderbeständigkeit ebenso wie Kupfer-Aluminium-Legierungen der Bildung einer Al_2O_3-Schicht. Schichten aus Cr_2O_3 bewirken im wesentlichen die Korrosions-

[1] Das Potentialgefälle bleibt als Triebkraft der Transportvorgänge auch bei größeren Schichtdicken erhalten. Die Wanderung der Komponenten läßt sich als ambipolare Diffusion beschreiben.

beständigkeit von reinem Chrom, Eisen-Chrom-, Eisen-Chrom-Nickel- und Nickel-Chrom-Legierungen.

Versuch: Um den Einfluß, den Zusätze von schutzschichtbildenden Metallen auf die Oxydationsbeständigkeit ausüben, zu zeigen, werden Reinkupfer und eine Kupfer-Aluminium-Legierung mit etwa 4% Al an Luft bei 800° jeweils 15 Minuten, 1, 2 und 4 Stunden oxydiert. Die Proben sollen 1 bis 2 mm dick sein und eine Oberfläche von 5 bis 10 cm^2 haben. An einer kleinen Bohrung werden sie an einem Draht aus einer zunderbeständigen Legierung, z. B. einer 80/20-Chrom-Nickel-Legierung oder einer Eisen-Chrom-Aluminium-Legierung (Megapyr oder Kanthal), befestigt und in einen zuvor aufgeheizten Röhrenofen gehängt. Die gebildeten Zunderschichten werden in Salzsäure mit Zusatz von 1% β-Naphthochinolin als Inhibitor zur Verminderung der Metallauflösung abgebeizt. Der Säure wird ferner etwa 1% Ammoniumchlorid als Komplexbildner zugesetzt, um das Ausfallen von Kupfer(I)-chlorid zu verhindern. Die Ablösung der Oxydschicht sollte besonders beim Reinkupfer durch vorsichtiges Schaben mit einer Rasierklinge erleichtert werden. Aus der Differenz der Probengewichte vor und nach dem Versuch errechnet man die abgetragene Kupfermenge. Man erkennt, daß bei der Legierung nur anfänglich eine Gewichtszunahme auftritt. Die Gewichtsverluste Δm des Reinkupfers werden gegen die Wurzel aus der Versuchszeit aufgetragen. Aus der Steigung der annähernd gradlinigen Kurve wird die Zunderkonstante k bestimmt.

Eine weitere Probe der Legierung wird eine Stunde oxydiert. Danach wird ein kleiner Fleck einer wäßrigen Aufschlämmung aus gleichen Teilen Natriumsulfat und Natriumchlorid aufgetüpfelt. Die Probe wird langsam in den Ofen eingehängt, damit die Aufschlämmung antrocknet.

Im Verlauf der Erhitzung der Probe schmilzt das Salzgemisch und überzieht die ganze Probenoberfläche. In diesem Zustand wird die Probe abermals eine Stunde lang oxydiert. Danach wird sie aus dem Ofen genommen und in der oben angegebenen Weise abgebeizt. Ein dunkelblauer Anteil des Zunders, der aus basischen Sulfaten besteht, bleibt dabei ungelöst. Schon vor Abbeizen des Zunders erkennt man, daß sich im Gegensatz zu dem Verhalten der Legierung mit reiner Oberfläche eine dicke Oxydschicht gebildet hat. Eine Betrachtung der Probenoberfläche mit einer Lupe oder einem Mikroskop bei 10- bis 50facher Vergrößerung läßt die starke Anfressung deutlich hervortreten. Die Ursache für diese „katastrophale Oxydation" ist die Bildung eines niedrig schmelzenden Sulfatoxydeutektikums, das die Deckschicht auflöst. Die gleiche Erscheinung kann durch die Aschebestandteile in Kraftwerksanlagen und Verbrennungsmaschinen ausgelöst werden, wobei neben Alkalisulfaten und -chloriden auch Vanadinpentoxydgehalte der Asche von Bedeutung sind.

Literatur

HAUFFE, K.: Oxydation von Metallen und Legierungen. Berlin/Göttingen/Heidelberg: Springer 1956.

KUBASCHEWSKI, O., u. B. E. HOPKINS: Oxidation of Metals and Alloys. London: Butterworth 1962.

PFEIFFER, H., u. H. THOMAS: Zunderfeste Legierungen. Berlin/Göttingen/Heidelberg: Springer 1963.

3 Werkstoffprüfung

31 Mechanische Werkstoffprüfung

311 Härteprüfung

3111 Härteprüfung nach Brinell

Unter Härte versteht man den Widerstand, den ein Werkstoff dem Eindringen eines härteren Prüfkörpers entgegensetzt. In der Praxis haben sich unter vielen Vorschlägen nur wenige Verfahren zur Härteprüfung durchsetzen können. Unter ihnen nimmt der Kugeldruckversuch nach BRINELL den wichtigsten Platz ein.

Eine Kugel aus gehärtetem Stahl mit dem Durchmesser D wird mit einer vorgegebenen Last P senkrecht in die ebene Oberfläche des zu prüfenden Werkstücks eingedrückt (Abb. 31.1). Die Kugel hinterläßt nach dem Entlasten einen Eindruck in der Form einer Kugelkalotte, die um so kleiner ist, je härter der Werkstoff ist. Die Größe der Kugelkalotte kann also als Maß für die Härte benutzt werden, die im vorliegenden Fall als BRINELL-Härte (Kurzzeichen HB) bezeichnet wird.

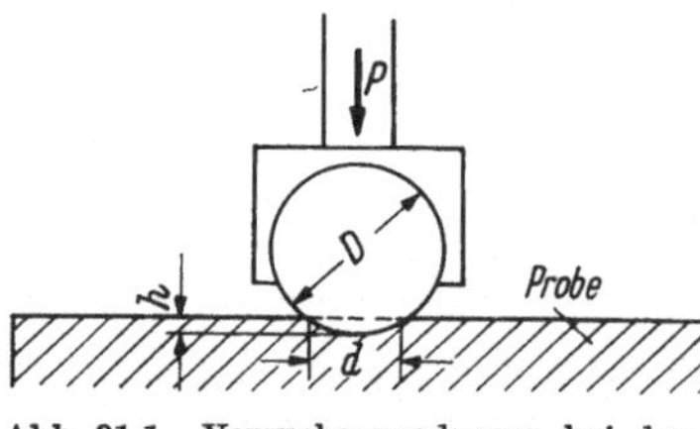

Abb. 31.1. Versuchsanordnung bei der Härteprüfung nach BRINELL

Ihre Definition lautet:

$$HB = \frac{P}{F} \quad [\text{kp/mm}^2], \tag{31.1}$$

dabei ist P die Prüflast und F die Oberfläche der Kugelkalotte. Die Oberfläche F ergibt sich zu

$$F = h\,\pi\,D, \tag{31.2}$$

wobei D der Durchmesser der Prüfkugel ist. Da die Eindringtiefe h (Abb. 31.1) schwer zu ermitteln ist, ersetzt man sie durch den Durchmesser d der Kugelkalotte:

$$h = \tfrac{1}{2}\left(D - \sqrt{D^2 - d^2}\right). \tag{31.3}$$

Die BRINELL-Härte ergibt sich somit zu:

$$HB = \frac{2P}{\pi D(D - \sqrt{D^2 - d^2})} \quad [\mathrm{kp/mm^2}]. \tag{31.4}$$

Da die Last P und der Kugeldurchmesser vorgegeben sind, kann nach Messung des Durchmessers der Kugelkalotte d die BRINELL-Härte errechnet werden. In der Praxis verwendet man Tabellen, mit deren Hilfe aus dem gemessenen Wert d die BRINELL-Härte unmittelbar abgelesen werden kann. Die Wahl der Prüflast P und des Kugeldurchmessers D richten sich nach der Härte des zu untersuchenden Materials. In der Norm für die Bestimmung der BRINELL-Härte [DIN 50351] ist der Durchmesser der Kugelkalotte mit einem Wert zwischen 0,2 und 0,7 des Kugeldurchmessers als zulässig anerkannt. Ist der Eindruck zu groß, so muß entweder die Prüflast P verringert oder eine größere Prüfkugel verwendet werden. Es ist möglich, einen Werkstoff mit verschiedenen Prüfkugeln zu prüfen, allerdings muß dann der Belastungsgrad $x\,D^2$ konstant sein. Für x gelten die Werte 30, 10, 5, 2,5 usw., die mit dem Quadrat des Kugeldurchmessers D multipliziert werden. Sind z. B. der Kugeldurchmesser 10 mm und die Prüflast 3000 kp $= 30D^2$, so ist bei einem Übergang zu einem Kugeldurchmesser von 5 mm eine Last von 750 kp zu wählen, um wieder $30D^2$ zu erhalten. Für die meisten metallischen Werkstoffe gilt ein bestimmter Belastungsgrad als Erfahrungswert. Der charakteristische Zahlenwert wird als Index hinter das Kurzzeichen HB gesetzt (z. B. $HB\,30$).

Stahlkugeln dürfen nur bei Werkstoffen bis zu einer Härte von 400 kp/mm² verwendet werden. Wegen der Gefahr der Abplattung sind bei höherer Härte Hartmetall- oder Diamantkugeln zu verwenden, oder es ist mit der VICKERS-Diamantpyramide nach DIN 50133 zu prüfen.

Zwischen der BRINELL-Härte HB und der Zugfestigkeit σ_B von C-Stählen besteht eine angenäherte Beziehung. Für Stahl gilt in den meisten Fällen

$$\sigma_B \approx 0{,}35 \cdot HB\,30. \tag{31.5}$$

Diese Beziehung ist für die Praxis sehr nützlich, da man so auf einfache Weise einen Anhaltswert für die Zugfestigkeit erhält, ohne den Aufwand, der für die Herstellung von Zerreißstäben erforderlich ist. Es ist jedoch nicht möglich, diese für C-Stähle durchaus brauchbare Beziehung allgemein anzuwenden.

Die **Durchführung der Härteprüfung** erfolgt an metallisch blanken, ebenen Oberflächen. Die Prüffläche muß senkrecht zur Richtung des Lastangriffs liegen. Die Last soll langsam und stoßfrei aufgebracht werden. Für Stähle und einige NE-Metalle ist eine Lastdauer von 10 Sekunden einzuhalten. Für weichere Metalle, die unter der Prüflast fließen, ist die Prüfdauer auf 30 Sekunden und länger auszudehnen. War die Prüfdauer länger als 10 Sekunden, so ist dies dem Zeichen *HB* hinter einem waagerechten Strich anzufügen, z. B. *HB* 10/5—30, wenn die Belastung $10D^2$, die Kugel $D = 5$ mm und die Lastdauer 30 Sekunden betrugen.

Nach Wegnahme der Last wird der Durchmesser der Kugelkalotte auf 0,01 mm genau gemessen. Man mißt zwei senkrecht aufeinanderstehende Durchmesser, um auch bei unrunden Eindrücken einwandfreie Werte zu erzielen. Die Härte wird einer Tabelle entnommen. Es sind von einer Probe immer mehrere, mindestens jedoch zwei Eindrücke auszumessen. Der Abstand zweier Eindrücke ist so groß zu wählen, daß sie sich nicht gegenseitig beeinflussen. Er muß mindestens $2d$ betragen. Bei dünnen Blechen darf auf der Rückseite der Probe keinerlei Verformungswirkung erkennbar sein.

Als Prüfeinrichtungen kommen Universalprüfmaschinen und besondere Härteprüfeinrichtungen in Frage. Bei der Härteprüfung mit Hilfe von Universalprüfmaschinen wird die obere Druckbacke durch die Halterung für die Prüfkugel ersetzt. Auf die untere Druckbacke wird die zu untersuchende Probe gelegt, und zwar so, daß die Oberfläche senkrecht zur Angriffsrichtung der Kraft P steht. Bei Proben mit verwickelter Form kann man z. B. einen Maschinenschraubstock zum Einspannen verwenden. Die Maschine wird dann hochgefahren, bis die Kraft P den geforderten Wert erreicht hat. Man hält dann die Kraft 10 Sekunden oder mehr konstant und entlastet. Die Vermessung der Kugelkalotte geschieht mit Hilfe von Meßlupen oder Meßmikroskopen.

Die Mehrzahl aller Härtemessungen geschieht mit besonderen Härteprüfmaschinen. Sie gestatten die verschiedenen für die BRINELL-Härteprüfung üblichen Lasten langsam aufzubringen. Viele dieser Maschinen sind mit Vorrichtungen ausgerüstet, die auf optischem Wege die direkte Ausmessung der Kugelkalotte gestatten. In diesem Fall wird die Oberfläche der Probe auf eine Mattscheibe projiziert und scharf eingestellt. Während des Belastens ist die Optik durch einen Schwenkmechanismus ausgeschwenkt und kann nach dem Entlasten wieder eingeschwenkt werden. Die Projektion erlaubt nunmehr die direkte Vermessung des Durchmessers d der Kugelkalotte. Die Vermessung von Härteeindrücken kann auch mit Hilfe von Meßmikroskopen und bei größeren Härteeindrücken mit Hilfe von Meßlupen erfolgen.

Versuch 1: Auf einer Stahlplatte aus einem weichen Stahl (St 37) werden 10 Härteeindrücke aufgebracht, um einen Überblick über die bei der Härteprüfung auftretende Streuung zu gewinnen. Als Belastung P ist $30D^2$ zu wählen. Es ist der mittlere Fehler zu errechnen.

Versuch 2: An derselben Stahlplatte ist die Härte in Abhängigkeit von der Belastung zu messen. Geprüft wird mit einer Kugel von 10 mm

Durchmesser. Als Laststufen sind $30D^2$, $10D^2$, $5D^2$, $2{,}5D^2$ und $1{,}0D^2$ zu wählen. Das Ergebnis der Härtemessung mit den verschiedenen Belastungen ist zu vergleichen und nachzuprüfen, wie weit die einzelnen Messungen der Norm entsprechen.

Versuch 3: An einer Reihe von C-Stählen mit verschiedenen C-Gehalten, deren Zugfestigkeit σ_B bekannt ist, wird die BRINELL-Härte gemessen und das Verhältnis σ_B/HB bestimmt. Es ist mit einer Kugel von 10 mm Durchmesser und einer Belastung von $30D^2$ zu prüfen.

Versuch 4: Die BRINELL-Härte von technischem Weichblei ist in Abhängigkeit von der Belastungszeit zu bestimmen. Als Belastungszeiten kommen 0, 10, 30, 60 Sekunden, 5, 20 Minuten zur Anwendung.

Die Stahlproben müssen vor der Härteprüfung mit Schmirgelpapier bis zur Körnung 00 vorgeschliffen werden, um einwandfreie Ergebnisse zu erhalten. Die Probe aus Pb wird zweckmäßigerweise plangefräst. Die Versuche werden mit einem Härteprüfer durchgeführt, der mit einer Einrichtung versehen ist, die die Projektion des Eindrucks auf eine Mattscheibe erlaubt.

Literatur

Normblätter DIN 51200, 51225, 50351 und 50132 aus: Materialprüfnormen für metallische Werkstoffe, 3. Aufl. Berlin: Beuth-Vertrieb 1961.

HENGEMÜHLE, W., in: E. SIEBEL, Handbuch der Werkstoffprüfung, Bd. I, S. 247, Bd. II, S. 386. Berlin/Göttingen/Heidelberg: Springer 1955.

3112 Die Härteprüfung nach Vickers

Bei der Härteprüfung nach VICKERS dient als Prüfkörper eine regelmäßige Diamantpyramide mit quadratischer Grundfläche. Der Öffnungswinkel der Diamantpyramide beträgt 136° (s. Abb. 31.2). Sie wird senkrecht in das zu untersuchende Werkstück mit einer vorgegebenen Prüflast P gedrückt. Nach Entlasten hinterläßt der Prüfkörper einen Eindruck in der Form des Prüfkörpers. Die Abmessungen des Eindrucks E, der quadratisch ist, können als Maß für die Härte benutzt werden. Je größer der Eindruck, desto kleiner ist die Härte. Definiert ist die VICKERS-Härte (Kurzzeichen HV) in Analogie zur BRINELL-Härte zu:

$$HV = \frac{\text{Prüflast } P}{\text{Oberfläche des Eindruckes } F}. \quad (31.6)$$

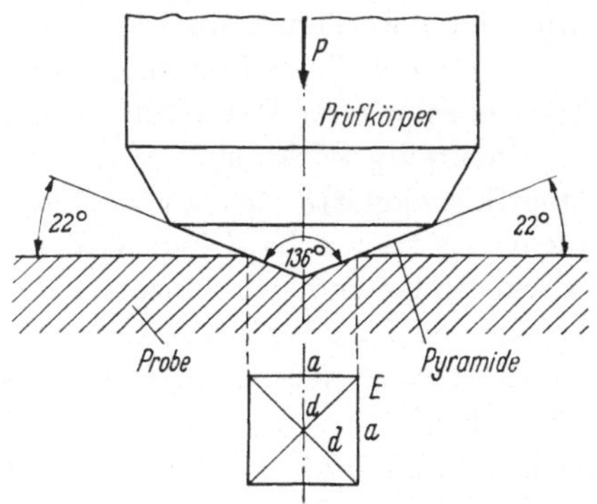

Abb. 31.2. Versuchsanordnung bei der Härteprüfung nach VICKERS

Sie wird in kp/mm² angegeben. Wie bei der Bestimmung der BRINELL-Härte wird der Eindruck nicht mit Hilfe der Eindrucktiefe, sondern aus der Grundfläche des pyramidenförmigen Eindrucks ermittelt (Abb. 31.2). Man mißt die Diagonale d (nicht jedoch die Kantenlänge a) der quadratischen Grundfläche. Dies hat folgende Gründe:

1. Die Diagonalen sind um den Faktor 1,41 größer als die Kanten a; die Meßgenauigkeit ist also höher.

2. Die Eindrücke haben häufig keine exakte quadratische Grundfläche, sie ist vielmehr oft rhombisch, kissenförmig oder tonnenförmig verzerrt. In diesen Fällen ergibt die Messung der Kanten a im Gegensatz zu der Diagonalen d keine eindeutigen Ergebnisse.

Errechnet man die Oberfläche des Härteeindrucks aus der Größe der Diagonalen der Basisfläche, so ergibt sich (s. Abb. 31.2):

$$F = \frac{d^2}{2\cos 22°} \tag{31.7}$$

und somit:

$$HV = \frac{P \cdot 1{,}8544}{d^2}. \tag{31.8}$$

Gegenüber der Härteprüfung nach BRINELL weist die Härteprüfung nach VICKERS folgende Vorteile auf:

1. Die Eindrücke, die mit den verschiedensten Prüflasten erzeugt werden, sind geometrisch ähnlich. Es können daher Ergebnisse verglichen werden, die mit verschiedenen Lasten ermittelt worden sind. Die VICKERS-Härteprüfung ist somit lastunabhängig.

2. Die Härteeindrücke sind, verglichen mit den Eindrücken der BRINELL-Härtebestimmung, sehr klein. Dieses Verfahren ist somit auch für dünne Bleche sowie dünne Plattier- und Einsatzhärtungsschichten geeignet.

3. Die relativ kleinen Eindrücke beeinträchtigen in besonders geringem Maße das Aussehen von Fertigteilen, wodurch die Härteprüfung nach VICKERS weitgehend als zerstörungsfreies Prüfverfahren angesehen werden kann.

4. Da der Diamantprüfkörper selbst eine sehr hohe Härte besitzt, können sehr harte Werkstoffe, wie gehärtete Stähle, untersucht werden.

Nachteilig wirkt sich aus, daß bei kleinen Eindrücken eine bessere Oberflächenglätte des zu prüfenden Werkstoffs erforderlich ist. Die niedrigen Lasten bewirken, daß bei grobkörnigem Material nur wenige Körner oder nur ein einzelner Gefügebestandteil erfaßt werden und bei kleinen Lasten nur die Härte der Oberflächenschicht ermittelt wird.

Es ergeben sich somit zwei einander widersprechende Forderungen. So sind einerseits möglichst große Lasten zur Mittelwertbildung über viele Körner und zur Ausschaltung der verfestigten Oberfläche nötig. Andererseits müssen kleine Lasten gewählt werden, wenn z. B. der Härteverlauf in einer Einsatzhärtungsschicht möglichst feinstufig verfolgt werden soll oder um möglichst viele Härteeindrücke auf einer Probe unterbringen zu können. Bei der Wahl der Prüflast ist also in den praktischen Fällen ein Kompromiß zu schließen, der alle Forderungen möglichst gut erfüllt.

Als Prüflast werden Lasten bis zu 120 kp verwendet. Die gebräuchlichsten Prüflasten sind: 1, 2, 5, 10, 30, 40, 50, 62,5, 100 und 120 kp. Es ist üblich, die Last durch einen Index anzuzeigen (z. B. HV_{30}). Wie für die BRINELL-Härteprüfung, so gibt es auch für die VICKERS-Härteprüfung Tabellen, mit deren Hilfe man nach Bestimmung der Eindruckdiagonalen die VICKERS-Härte direkt ablesen kann. Es ist ferner möglich, VICKERS- und BRINELL-Härtewerte miteinander zu vergleichen, wofür es Umrechnungstabellen gibt.

In stärkerem Maße als für die Härtemessung nach BRINELL ist für die Durchführung der VICKERS-Härteprüfung eine einwandfreie, blanke, sauber plangeschliffene Oberfläche erforderlich. Durch den Schleifvorgang kann allerdings eine dünne Oberflächenschicht kaltverfestigt werden, was bei kleinen Prüflasten und weichen Werkstoffen zu falschen Ergebnissen führen kann. Bei hohen Lasten, wo relativ große Eindringtiefen erzielt werden, ist der Einfluß der Oberflächenverfestigung vernachlässigbar. Da sie sich um so stärker auswirkt, je kleiner die Last ist, muß bei kleinen Lasten die verfestigte Schicht durch Ätzen entfernt werden. Falls eine Wärmebehandlung vorgesehen ist, kann es sinnvoll sein, die Proben vorher für die Härteprüfung zu schleifen.

In die blanke Oberfläche muß der Diamantprüfkörper senkrecht eindringen. Die Last ist wie bei der Härteprüfung nach BRINELL in etwa 15 Sekunden stoßfrei aufzubringen. Für Stahl ist, wie bei der BRINELL-Härte, eine Lastdauer von 10 Sekunden vorgeschrieben. Weiche Werkstoffe, deren Rekristallisationstemperatur in der Nähe der Raumtemperatur liegt, zeigen auch hier eine Abhängigkeit von der Belastungsdauer. Nach Entlasten werden die Diagonalen des Härteeindrucks ausgemessen. Es ist erforderlich, beide Diagonalen zu messen und den Mittelwert zu bilden. Besonders bei Proben mit anisotropen Werkstoffeigenschaften treten Unterschiede der Diagonalen auf.

Sollen auf einem Werkstück mehrere Härtemessungen durchgeführt werden, dürfen die einzelnen Eindrücke nicht so nahe beieinanderliegen, daß sie sich gegenseitig beeinflussen. Das Normblatt DIN 50133 schreibt vor, daß der Abstand zwischen der Mitte eines Eindrucks und dem Umfang eines benachbarten Eindrucks oder dem Rand der Probe mindestens gleich $3d$ ist. Die Länge der Diagonalen d ist bei Längen bis zu 0,5 mm auf 0,002 mm genau zu bestimmen, bei Längen über 0,5 mm ist eine Unsicherheit von 0,005 mm zulässig.

Grundsätzlich können für die VICKERS-Härtebestimmung die gleichen Typen von Prüfmaschinen benutzt werden, die auch für die BRINELL-

Härtebestimmung Verwendung finden, nur ist in diesen Fällen die Halterung für die Prüfkugel durch die Halterung für den Diamantprüfkörper ersetzt.

Vielfach sind die Prüfmaschinen für die Durchführung von Härtemessungen nach BRINELL und VICKERS eingerichtet. In diesem Fall können die verschiedenen, für beide Prüfarten notwendigen Lasten wahlweise eingestellt werden.

Versuch 1: An einem Blech aus einer aushärtbaren Al-Cu-Mg-Legierung ist die VICKERS-Härte in Abhängigkeit von der Belastung zu untersuchen. Es wird mit Lasten gemessen von 1 bis 120 kp. Die Probe ist vor dem Versuch mit Schmirgelpapier bis zur Körnung 00 zu schleifen. Um eine blanke Oberfläche zu erhalten, ist es ratsam, das Schmirgelpapier mit Kernseife einzureiben. Es wird eine graphische Darstellung der Härte in Abhängigkeit von der Last aufgestellt. Eine gleichartige Versuchsreihe wird mit einer Legierung gleichen Typs durchgeführt, die jedoch mit einer Plattierschicht aus Reinaluminium versehen ist.

Versuch 2: An einem einsatzgehärteten Zahnrad aus einem Einsatzstahl, z. B. Ck 15, ist die VICKERS-Härte in Abhängigkeit vom Abstand vom Außenrand zu bestimmen und die Härtetiefe zu ermitteln. Es ist herauszufinden, welche maximale Prüflast verwendet werden kann, mit der eine einwandfreie Kurve der Härte in Abhängigkeit vom Abstand vom Außenrand gemessen werden kann.

Versuch 3: Es ist die Härte eines Stahldrahtes aus einem C-Stahl mit einem Durchmesser von 2 mm zu messen. Die Drähte werden in ein organisches Einbettmittel eingebettet (z. B. Plexigum, Araldit oder Pallatal). Nach Erhärten des Einbettmittels können die Proben geschliffen und die VICKERS-Härte mit kleiner Last gemessen werden. Es ist zu untersuchen, mit welcher Prüflast die Härtemessungen durchgeführt werden können, so daß der der Norm entsprechende Abstand vom Probenrand noch eingehalten wird. Da man auf der Stirnfläche eines Drahtes nur jeweils einen Härteeindruck unterbringen kann, ist es zweckmäßig, viele Drahtstücke gebündelt einzubetten und dann die Härte als Mittelwert vieler Einzelbestimmungen zu ermitteln.

Für die Härtebestimmung soll ein Härteprüfer zur Verfügung stehen, der mit einer Einrichtung zur optischen Messung der Eindruckdiagonalen versehen ist. Er ist umschaltbar für Laststufen von 1 bis 120 kp.

Literatur

Normblätter DIN 51200, 51225 und 50133 aus: Materialprüfnormen für metallische Werkstoffe, 3. Aufl. Berlin: Beuth-Vertrieb 1961.

HENGEMÜHLE, W., in: E. SIEBEL, Handbuch der Werkstoffprüfung, Bd. I, S. 247, Bd. II, S. 386. Berlin/Göttingen/Heidelberg: Springer 1955.

3113 Die Härteprüfung nach Rockwell

Wie bei den bisher beschriebenen Härteprüfverfahren nach BRINELL und VICKERS wird auch bei der Härteprüfung nach ROCKWELL der Widerstand, den der zu prüfende Werkstoff dem Eindringen eines härteren Prüfkörpers entgegensetzt, als Maß für die Härte gewertet. Zum Unterschied von diesen beiden Prüfverfahren mißt man bei der Härteprüfung nach ROCKWELL die Eindringtiefe des mit einer Last P aufgebrachten Prüfkörpers. Die grundsätzliche Schwierigkeit bei der Messung der Eindringtiefe besteht darin, die Oberfläche als Nullpunkt genau festzulegen, da um den Härteeindruck meist ein Wulst entsteht. Um dieser Schwierigkeit zu begegnen, wird der Prüfkörper zunächst mit einer Teillast als Vorlast P_0 an die Oberfläche gedrückt. Dann erst wird die eigentliche Prüflast P_1 zusätzlich aufgebracht und die gesamte Belastung einige Zeit konstant gehalten. Anschließend wird die Prüflast P_1 wieder weggenommen, so daß nur noch die Vorlast P_0 bleibt. Die Eindringtiefe ist dann die Differenz der Tiefenanzeigen, gemessen bei der Vorlast P_0 vor und nach Wegnahme der Prüflast P_1.

Es gibt viele Arten, nach denen die ROCKWELL-Härte geprüft werden kann. Am bekanntesten sind ROCKWELL $B = HR_B$ und ROCKWELL $C = HR_C$. Für die Prüfung weicher Werkstoffe (mit BRINELL-Härten bis zu 450 kp/mm²) wird als Prüfkörper eine Hartmetallkugel mit einem Durchmesser von $^1/_{16}$ Zoll benutzt. Die Vorlast P_0 beträgt 10 kp, die Prüflast P_1 90 kp. Die dabei gemessene Härte wird als ROCKWELL-Härte B bezeichnet (Kurzzeichen HR_B)[1]. Die Definition der ROCKWELL-Härte B lautet

$$HR_B = 130 - e. \tag{31.9}$$

Darin bedeutet e die durch die Prüflast P_1 bewirkte bleibende Eindringtiefe. Die Eindringtiefe und damit auch die ROCKWELL-Härte werden in ROCKWELL-Einheiten gemessen: 1 ROCKWELL-Einheit beträgt 0,002 mm. In Abb. 31.3 ist das Schema der ROCKWELL-B-Härteprüfung angegeben: Abb. 31.3a zeigt den Prüfkörper über der Probenoberfläche ohne Belastung. Zunächst wird nun die Vorlast P_0 aufgebracht (Abb. 31.3b) und die Anzeige für die Eindringtiefe auf Null gestellt. Die Prüflast P_1 wird aufgebracht (Abb. 31.3c) und wieder weggenommen (Abb. 31.3d), so daß nunmehr wieder mit der Vorlast P_0 belastet wird. Die Meßuhr zeigt die Eindringtiefe e in ROCKWELL-Einheiten an.

Für harte Werkstoffe mit BRINELL-Härten über 300 kp/mm² wird als Prüfkörper ein Diamantkegel mit abgerundeter Spitze verwendet. Sein Öffnungswinkel beträgt 120°, der Spitzenradius 0,2 mm. Die

---

[1] Der Index B bedeutet ball = Kugel.

Vorlast beträgt hier auch 10 kp, die Prüflast P_1 jedoch 140 kp. Die hierbei gemessene Härte ist die ROCKWELL-Härte C (Kurzzeichen HR_C)[1]. Ihre Bestimmung ist der der ROCKWELL-Härte B ganz analog. Die Definition der ROCKWELL-Härte C lautet:

$$HR_C = 100 - e. \tag{31.10}$$

HR_C und e werden wie die ROCKWELL-Härte B in ROCKWELL-Einheiten gemessen (1 RE = 0,002 mm).

Die Härtemessung nach ROCKWELL bietet eine Reihe von Vorteilen gegenüber den anderen Verfahren, so daß sie in der Praxis eine große

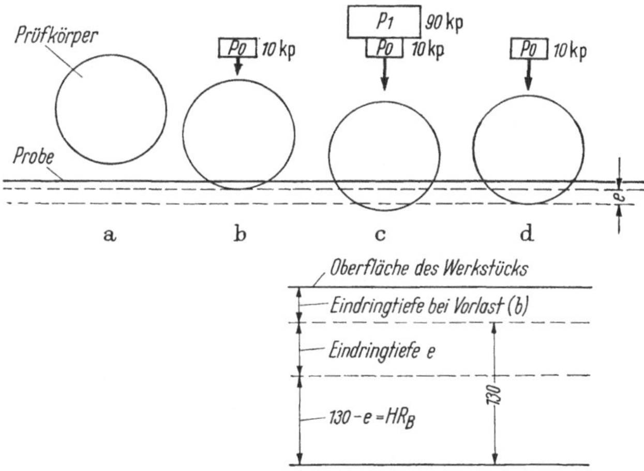

Abb. 31.3. Schema der ROCKWELL-B-Härteprüfung

Bedeutung hat. Die Messung der Eindringtiefe erfolgt direkt mit Hilfe von Meßuhren und ermöglicht somit eine schnelle Prüfung und ist daher für eine laufende Kontrolle geeignet. Es sind auch keine blanken Oberflächen erforderlich, was weiterhin den Aufwand an Vorbereitungszeit verkürzt. Die Härteeindrücke sind klein, sie beeinträchtigen das Aussehen der Werkstücke nicht, und durch die geringe Eindringtiefe können auch dünne Einsatzhärteschichten geprüft werden. Die Kleinheit der Eindrücke ist andererseits insofern ein Nachteil des Verfahrens, als bei grobem Korn u. U. nur die Härte eines Korns oder nur eines Gefügebestandteils gemessen wird. Nachteilig wirkt sich auch die Auflagerempfindlichkeit der ROCKWELL-Härte-Prüfverfahren aus: Gibt das zu prüfende Werkstück unter Einwirkung der Prüflast etwas nach (z. B. ein Nachfedern der Auflager), so wirkt sich dies bei der Härteprüfung nach BRINELL und VICKERS nicht aus, solange die Prüflast ihren vorgeschriebenen Wert erreicht. Bei der Härteprüfung nach

[1] Der Index C bedeutet cone = Kegel.

ROCKWELL geht dagegen der „Federweg“ in voller Höhe als Fehler ein. Es muß daher darauf geachtet werden, daß bei der ROCKWELL-Härteprüfung der Prüfling satt aufliegt.

Für die Härteprüfung nach ROCKWELL benutzt man besondere Härteprüfmaschinen oder solche, die für ein wahlweises Arbeiten nach BRINELL, VICKERS und ROCKWELL eingerichtet sind. Auf einem Auflagetisch wird das zu prüfende Werkstück aufgelegt und mit Hilfe einer Spindel und eines Handrades vorsichtig an den Prüfkörper gefahren. Prüfkörper und Halterung sind in vertikaler Richtung verschiebbar. Man drückt das Prüfstück gegen den Prüfkörper bis der Prüfkörper mit der Halterung einwandfrei aufliegt. Das Gewicht von Prüfkörper und Halterung entspricht gerade der Vorlast P_0. An der Meßuhr kann abgelesen werden, ob die Vorlast ihren vollen Wert erreicht hat (die Meßuhr steht dann auf Null). Sodann wird die Prüflast P_1 aufgebracht. Meist geschieht dies durch Umlegen eines Handhebels. Wenn der Fließvorgang zur Ruhe gekommen ist, was an der Anzeige der Meßuhr beobachtet werden kann, wird die Prüflast P_1 wieder weggenommen (durch Zurücklegen des Handhebels). Die Eindringtiefe e wird dann an der Meßuhr abgelesen. Meist ist die Meßuhr direkt in ROCKWELL-Einheiten geeicht, so daß die ROCKWELL-Härte unmittelbar abgelesen werden kann.

Versuch: Es ist die Beziehung zwischen BRINELL-Härte und ROCKWELL-Härte zu untersuchen. Eine Reihe von Proben mit BRINELL-Härten zwischen 40 und 400 kp/mm² werden sauber geschliffen und sowohl der Härteprüfung nach BRINELL wie nach ROCKWELL B unterworfen. Als Probenmaterial eignen sich für BRINELL-Härtewerte unter 120 kp/mm² Leichtmetallegierungen, für BRINELL-Härtewerte über 120 kp/mm² Stähle mit verschiedenen C-Gehalten. Die Leichtmetalllegierungen sind bei der BRINELL-Härteprüfung mit einer Belastung von $10\,D^2$ zu prüfen, die Stähle mit $30\,D^2$. An jeder Probe sind je 5 Härtemessungen nach ROCKWELL B und nach BRINELL durchzuführen. In Abhängigkeit von der BRINELL-Härte sind die ROCKWELL-Härte sowie der mittlere Fehler der Einzelmessung bei beiden Verfahren graphisch darzustellen.

Literatur

Normblätter DIN 51224 und 50103 aus: Materialprüfnormen metallischer Werkstoffe, 3. Aufl. Berlin: Beuth-Vertrieb 1961.

HENGEMÜHLE, W., in: E. SIEBEL, Handbuch der Werkstoffprüfung, Bd. I, S. 247, Bd. II, S. 386. Berlin/Göttingen/Heidelberg: Springer 1955.

3114 Mikrohärteprüfung

Bei den Härteprüfungen nach BRINELL und VICKERS ist anzustreben, möglichst viele Kristalle bei der Messung zu erfassen, um bei Anwesenheit mehrerer Gefügebestandteile und ausgeprägter Anisotropie der einzelnen Kristalle einen Durchschnittshärtewert zu erhalten. Oft ist es aber auch erwünscht, die Härte einzelner Gefügebestandteile zu messen. Mit den normalen Härteprüfverfahren ist dies jedoch nur bei sehr grobem Korn möglich, bei dem die einzelnen Kristalle mit bloßem Auge sichtbar sind. Bei feinem Korn sind die Eindrücke für die Härtebestimmung einzelner Gefügebestandteile viel zu groß, so daß besondere Prüfverfahren erforderlich werden, die zwei Forderungen erfüllen müssen:

1. Der Härteeindruck soll so klein sein, daß er ganz in dem zu untersuchenden Korn liegt und die Umgebung dieses Korns keinen Einfluß auf die Messung ausübt.

2. Die Prüfeinrichtung muß gestatten, den Härteeindruck genau an die zu untersuchende Stelle zu setzen.

Die mit solchen Prüfverfahren gemessene Härte wird als Mikro- oder Kleinlasthärte bezeichnet. Das gebräuchlichste Härtemeßverfahren entspricht der Härtemessung nach VICKERS. Es wird eine der VICKERS-Pyramide gleiche Diamantpyramide mit einem Öffnungswinkel von 136° benutzt. Die Prüflasten sind, verglichen mit den Lasten bei der VICKERS-Härteprüfung, allerdings wesentlich geringer: sie liegen zwischen 5 und 500 p.

Da es sich um die Härtemessung mikroskopisch kleiner Teile handelt, müssen die Prüfgeräte stets Kombinationen von Metallmikroskop und Härteprüfer sein, um die oben genannten beiden Forderungen erfüllen zu können. Im Mikroskop wird die zu prüfende Stelle aufgesucht und dorthin gebracht, wo der Diamantprüfkörper eindringt. Der Diamant wird mit der Prüflast P, deren Größe sich nach der Korngröße und nach der Art des Werkstoffs richtet, langsam aufgebracht. Nachdem die Prüfkraft einige Sekunden eingewirkt hat, wird entlastet und die Größe des Eindrucks mikroskopisch vermessen. Es ist auf diese Weise möglich, einwandfreie Härteeindrücke herunter bis zu wenigen μ Größe zu erhalten.

Wenn auch das Mikroverfahren der VICKERS-Härteprüfung stark ähnelt, so treten doch erhebliche Unterschiede bei der Berechnung der Härte aus derartig kleinen Eindrücken auf. Bei Berechnung der Härte nach derselben Beziehung wie die makroskopische VICKERS-Härte würden die Härtewerte mit abnehmender Prüflast zunehmen, was auf den mit sinkender Last steigenden Einfluß der elastischen Rückfederung zurückzuführen ist. Bei Prüflasten über 1 kp ist dieser Einfluß praktisch bedeutungslos. Erweitert man die Formel für die Definition der VICKERS-Härte durch die Einfügung eines Zusatzgliedes im Nenner, so kann sie auch für die Härtemessung bei kleinen Lasten verwendet werden:

$$HV = \frac{1{,}8544\,P}{(d+c)^2}\,. \tag{31.11}$$

c ist eine Materialkonstante, die von den elastischen Eigenschaften des Werkstoffs abhängt; sie beträgt etwa $1\,\mu$. Mit steigender Last wird der Einfluß des Zusatzgliedes c immer geringer, so daß dann ein allmählicher Übergang in die bekannte Formel für die VICKERS-Härte erreicht wird. Bestimmt wird die Größe c, indem man die Eindruckdiagonalen bei verschiedenen Prüflasten mißt und die einzelnen Härtewerte einander gleichsetzt:

$$HV = \frac{1{,}8544\,P_1}{(d_1 + c)^2} = \frac{1{,}8544\,P_2}{(d_2 + c)^2} = \frac{1{,}8544\,P_3}{(d_3 + c)^2} \,. \qquad (31.11\,\mathrm{a})$$

Bei praktischen Untersuchungen ist es oft nicht erforderlich, die gefundenen Härtewerte den makroskopischen Werten anzugleichen. Es genügt meist, die relativen Unterschiede der Härte der einzelnen Gefügebestandteile oder einzelner Körner bei konstanter Prüfkraft zu ermitteln.

Die unterschiedlichen Werte von Mikro- und Makrohärte sind durch die elastischen Eigenschaften der Metalle zwangsläufig gegeben. Daneben können verschiedene Ergebnisse, vor allem durch eine Kaltverfestigung der Oberfläche, entstehen (s. S. 197), die bei der Herstellung der für die Mikrohärtebestimmung notwendigen, geschliffenen Oberfläche nur zu vermeiden ist, wenn elektrolytisch poliert wird.

Neben der Bestimmung der Härte einzelner Gefügebestandteile können mit dem Mikroverfahren durch Messung der Härte an verschiedenen Stellen innerhalb eines Kristalls Kristallseigerungen festgestellt werden. Weiterhin sind Mikrohärtemessungen anstelle von makroskopischen Messungen zu empfehlen, wenn die Härte dünner Schichten, z. B. Nitrierschichten, galvanischer Überzüge usw. oder sehr dünner Bleche bestimmt werden soll.

Die Prüfgeräte sehen äußerlich Metallmikroskopen ähnlich. Sie sind mit einer Zentriervorrichtung versehen, die es gestattet, die zu untersuchende Stelle in das Fadenkreuz des Mikroskops zu bringen, an der dann der Prüfkörper eindringt. Das Aufbringen der Diamantpyramide kann auf verschiedene Weise erfolgen. Es kann z. B. der Diamantprüfkörper in die Frontlinse des Objektivs eingelassen sein. Nach Aufsuchen und Zentrieren des zu untersuchenden Korns wird das Objektiv mit der gewünschten Prüflast abgesenkt. Bei einer anderen Bauart kann das Objektiv nach dem Zentrieren ausgeschwenkt und durch die Härteprüfeinrichtung ersetzt werden. Nach dem Entlasten wird das Objektiv wieder eingeschwenkt. Für das Ausmessen der Eindruckdiagonalen ist im Okular des Mikroskops der Maßstab eingraviert. Die Prüflast kann in allen Fällen durch eine Reihe von Auflagegewichten variiert werden. Nach Messung der Eindruckdiagonalen kann die Härte einer Tabelle entnommen werden.

Versuch 1: An einem weichen Stahl (C = 0,03%) ist die Härte in Abhängigkeit von der Prüflast nach der für die makroskopische

Härte gültigen Formel (31.6) zu bestimmen und graphisch darzustellen. Die Last wird zwischen 5 und 500 p variiert. Die erhaltenen Werte sind mit der makroskopisch gemessenen VICKERS-Härte bei 30 kp Prüfkraft zu vergleichen. Es ist die Größe der Konstanten c zu ermitteln.

Versuch 2: An einer unveredelten Legierung Al-Si mit eutektischer Zusammensetzung ist die Härte der beiden Gefügebestandteile zu bestimmen.

Versuch 3: Es ist die Härte eines Messingblechs mit einer Stärke von 0,05 mm zu ermitteln.

Die Proben werden zunächst mit Schmirgelpapier abnehmender Körnung feingeschliffen, wobei starkes Aufdrücken zu vermeiden ist, um eine Oberflächenverfestigung zu verhindern. Anschließend werden die Proben mechanisch poliert, zuerst mit Chromgrün, sodann mit Tonerdeaufschlämmungen (näheres im Kap. 1221, S. 33). Ein Ätzen der Proben ist in den obigen drei Fällen nicht erforderlich.

Literatur

HENGEMÜHLE, W., in: E. SIEBEL, Handbuch der Werkstoffprüfung, Bd. I, S. 247, Bd. II, S. 386. Berlin/Göttingen/Heidelberg: Springer 1955.

SCHULZ, F., u. H. HANEMANN: Z. Metallkde. 33 (1941) 124.

312 Der Zugversuch

3121 Bestimmung von Zugfestigkeit, Dehnung und Einschnürung

Unter den Verfahren der mechanischen Werkstoffprüfung spielt, soweit es sich um die Prüfung metallischer Werkstoffe handelt, der Zugversuch die wichtigste Rolle. Beim Zugversuch wird auf einen Probestab eine stetig zunehmende Zugbeanspruchung ausgeübt, die dazu führt, daß nach einer mehr oder weniger starken bleibenden Dehnung schließlich ein Zerreißen des Stabes stattfindet. Die wichtigste Eigenschaft, die im Zugversuch ermittelt wird, ist die Zerreißfestigkeit oder Zugfestigkeit.

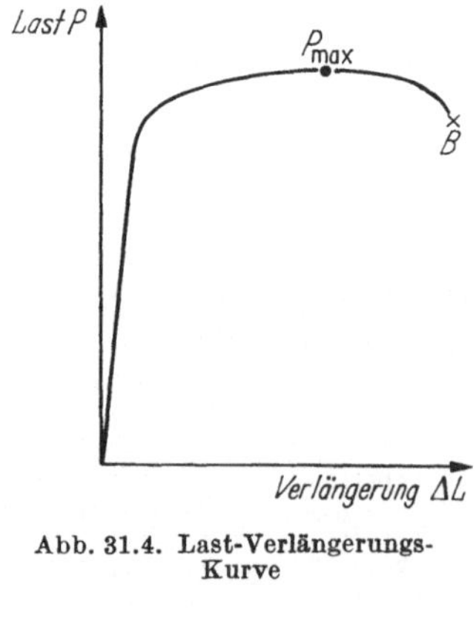

Abb. 31.4. Last-Verlängerungs-Kurve

Zwecks Durchführung des Zugversuchs werden besonders geformte, meistens zylindrische Zerreißstäbe mit verdickten Einspannenden in eine Maschine eingespannt, die den Stab zunehmend auf Zug beansprucht. Verfolgt man während des Versuchs die Längenänderung des Stabes in Abhängigkeit von der Zugkraft, so erhält man ein Kraft-Verlängerungs-Diagramm, wie es in Abb. 31.4 dargestellt ist. Zunächst steigt die Last steil an; sie ist in diesem Bereich der Verlängerung proportional. Diese Gesetzmäßigkeit wird durch das HOOKEsche Gesetz zum Ausdruck gebracht:

$$\frac{P}{F_0} = \varepsilon E \qquad (31.12)$$

Hierin bedeuten:

P Kraft [kp]
F_0 Ausgangsquerschnitt [mm²]
ε Längenänderung
E Elastizitätsmodul [kp/mm²].

Die Größe E ist ein Materialkennwert, der als Elastizitätsmodul bezeichnet wird. Er gibt die Verlängerung pro Einheit der Belastung an, ist also maßgebend für die Neigung der HOOKEschen Geraden.

Es sei betont, daß die in diesem Bereich des Diagramms auftretende Dehnung rein elastischer Natur ist, d. h., die Dehnung geht vollständig wieder zurück, wenn die Last auf Null absinkt. In Tab. 31.1 ist der Elastizitätsmodul für eine Reihe von metallischen Werkstoffen angegeben. Man erkennt, daß beispielsweise Stahl einen E-Modul hat, der mit einem Wert von 21000 kp/mm² etwa dreimal größer ist als der des Al. Das bedeutet, daß unter einer gleichen spezifischen Zugkraft ein Stab aus Al eine dreimal so große elastische Verlängerung aufweist wie ein Stab aus Fe.

Tabelle 31.1. Elastizitätsmodul verschiedener metallischer Werkstoffe

Werkstoff	W	Stahl	Cu	Al	Grauguß	Mg
Elastizitäts-modul kp/mm²	41530	21000	12500	7200	~5000	4500

Während eine elastische Formänderung allen Werkstoffen eigen ist, stellt die bleibende, plastische Verformung eine Besonderheit der metallischen Werkstoffe dar. Die bleibende Formänderung, also die plastische Dehnung, tritt am Versuchsstab erst dann auf, wenn ein bestimmter Spannungswert erreicht ist. Dieser Wert wird als Elastizitätsgrenze bezeichnet. Da aber die bleibende Formänderung nur ganz allmählich beginnt und zunächst unmeßbar klein ist, läßt sie sich praktisch nicht bestimmen. Man hat daher für die praktische Werkstoffprüfung den Begriff der Dehngrenzen eingeführt, welche die Spannung angeben, bei der ein bestimmter Wert an bleibender Dehnung erreicht ist. Insbesondere hat die 0,2%-Dehngrenze Bedeutung, die auch als Streckgrenze bezeichnet wird. Eine andere häufig bestimmte Dehngrenze ist die 0,01%-Dehngrenze (technische Elastizitätsgrenze).

Es sei besonders darauf hingewiesen, daß der Beginn der bleibenden Dehnung nicht bedeutet, daß nun hinsichtlich der bei geringeren

Belastungen allein vorhandenen elastischen Dehnung eine grundsätzliche Änderung eintritt. Die elastische Dehnung wird also durch das Hinzukommen der bleibenden Dehnung weder auf einem konstanten, weiterhin nicht mehr zunehmenden Wert gehalten, noch nimmt sie ab; die elastische Dehnung steigt vielmehr unabhängig von dem Hinzukommen der plastischen Dehnung weiter an, solange sich die Spannung im Stab vergrößert. Erst dann, wenn eine Entlastung auftritt, insbesondere durch Zerreißen des Stabes, verschwindet die elastische Dehnung, so daß am zerrissenen Stab ausschließlich die plastische Dehnung ermittelt werden kann.

Wie die Kurve in Abb. 31.4 zeigt, vergrößert sich die plastische Dehnung mit zunehmendem Kräfteanstieg zunächst nur langsam. Je weiter der Versuch fortschreitet, desto größer wird der Anteil der plastischen Verformung und desto flacher verläuft die Kurve, bis schließlich die Kraft nicht mehr ansteigt, sondern einen Maximalwert P_{max} erreicht. Von da ab beginnt die zur weiteren Verformung notwendige Kraft wieder abzufallen, bis im Punkt B der Kurve der Bruch erfolgt. Während die elastische Dehnung des Versuchsstabs im allgemeinen so gering ist, daß sie nicht besonders auffällt, erreicht die plastische Dehnung meistens Beträge, die zu einer deutlich sichtbaren Verlängerung des Stabes und Verminderung des Stabdurchmessers führen. Solange die Kraft ansteigt, breitet sich die Dehnung im zylindrischen Teil (Meßlänge) gleichmäßig im ganzen Stab aus, man spricht von einer Gleichmaßdehnung. Das Auftreten des Höchstlastpunktes geht einher mit der beginnenden Bildung einer örtlichen Einschnürung am Stab. Innerhalb dieser Einschnürung erfolgt schließlich der Bruch.

Die auf den Zerreißstab wirkende Zugkraft berücksichtigt nicht den Querschnitt des Stabes. Dividiert man die Zugkraft durch den Querschnitt, so erhält man die auf den Einheitsquerschnitt bezogene Spannung. Solange nur kleine Dehnungen und damit geringe Querschnittsverminderungen vorhanden sind, kann die Spannung unter Zugrundelegung des Ausgangsquerschnitts F_0 ermittelt werden. Sind größere Dehnungen vorhanden, so muß für die Berechnung der Spannung (auch als wahre Spannung bezeichnet) der jeweilige Querschnitt berücksichtigt werden.

Aus dem geschilderten Ablauf ergibt sich, daß im Zerreißversuch eine Reihe von Materialkenngrößen ermittelt werden können:

1. Die Zugfestigkeit

$$\sigma_B = \frac{P_{max}}{F_0} \quad [\text{kp/mm}^2]. \tag{31.13}$$

Die Zugfestigkeit ergibt sich also dadurch, daß die im Höchstlastpunkt erreichte Kraft P_{max} auf den Ausgangsquerschnitt des Stabes F_0 bezogen wird. Der tatsächlich vorhandene Querschnitt, der zur Ermittlung der wahren Spannung bei der Höchstlast eingesetzt werden müßte, ist infolge der plastischen Verformung wesentlich geringer. Obwohl also die Zugfestigkeit keine wirkliche Spannung angibt, hat sie große praktische Bedeutung und ist die wichtigste Materialkenngröße, die im Zugversuch ermittelt wird.

2. Die Streckgrenze gibt (s. auch Kap. 3122, S. 211), soweit es sich um eine 0,2%-Dehngrenze ($\sigma_{0,2}$) handelt, die Spannung an, bei der eine bleibende Dehnung von 0,2% im Stab erreicht worden ist. Eine bleibende Dehnung von 0,2% ist einerseits noch so gering, daß man diese Grenze mit der Elastizitätsgrenze vergleichen kann, andererseits aber doch so groß, um sie mit verhältnismäßig einfachen Hilfsmitteln messen zu können. Allerdings kann die 0,2%-Dehngrenze normalerweise nicht unmittelbar beim Zugversuch entnommen werden, weil sich, solange der Versuch läuft und der Stab unter Zugspannung steht, die vorhandene Dehnung aus dem elastischen und dem plastischen Dehnungsanteil zusammensetzt. Die jeweils vorhandene Gesamtdehnung ist also größer als die bleibende Dehnung allein.

Es sei noch bemerkt, daß sich bei C-Stählen häufig bei Beginn der plastischen Verformung eine auffällige Besonderheit zeigt, die darin besteht, daß der Kraftanstieg plötzlich zum Stillstand kommt und bei gleichzeitigem, unstetigem Beginn der plastischen Dehnung ein vorübergehendes Gleichbleiben der Last eintritt. Man bezeichnet diesen Punkt als Streckgrenze, häufig zum Unterschied von der 0,2%-Dehngrenze auch als natürliche Streckgrenze (σ_s). Es sei darauf hingewiesen, daß diese natürliche Streckgrenze eine Anomalie darstellt, die nur bei wenigen Werkstoffen und auch dort nur bei besonderen Werkstoffzuständen auftritt und keineswegs als charakteristisch für metallische Werkstoffe zu gelten hat.

3. Die Dehnung oder Bruchdehnung ist die Längenzunahme, die am zerrissenen, also spannungsfreien Stab vorhanden ist. Es handelt sich dabei also ausschließlich um die bleibende, plastische Dehnung, die sich zusammensetzt aus der Gleichmaßdehnung und der Einschnürdehnung. Die Dehnung wird als prozentuale Zunahme der Ausgangslänge l_0 (Länge nach dem Bruch l_1) angegeben

$$\delta = \frac{l_1 - l_0}{l_0} \cdot 100 \quad [\%]. \tag{31.14}$$

4. Die Einschnürung. Als 4. Größe, die im Zerreißversuch ermittelt werden kann, ist die Brucheinschnürung ψ zu nennen. Man versteht darunter die prozentuale Querschnittsverminderung an der engsten Stelle des Stabes. Die Brucheinschnürung ist insofern eine wichtige Größe, als sie eine Aussage über die Formänderungsfähigkeit des Werkstoffs macht. Sie ist hierfür besser geeignet als die Dehnung, die meistens zur Beurteilung der Formänderungsfestigkeit herangezogen wird.

Die **Abmessungen der Zerreißstäbe** sind genormt, da nur Ergebnisse an ähnlichen Probestäben verglichen werden können. Normalstäbe sind zylindrische Stäbe mit verdickten Einspannenden. In Deutschland sind zwei Probenformen genormt:

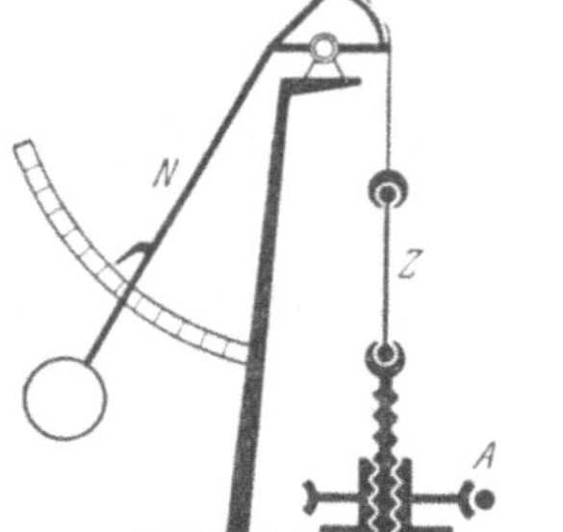

Abb. 31.5. Schema einer Zerreißmaschine mit mechanischem Antrieb oder Antrieb von Hand und Neigungspendel
A Antrieb; *N* Neigungspendel zur Kraftanzeige; *Z* Zerreißstab (aus MELCHIOR und EMSCHERMANN, in: Handbuch der Werkstoffprüfung)

a) der kurze Normalstab $l_0 = 5 d_0$,
b) der lange Normalstab $l_0 = 10 d_0$.

Wenn man aus dem zu untersuchenden Werkstück keine Rundstäbe fertigen kann, finden Proportionalstäbe Verwendung, d. h. Zerreißstäbe mit quadratischem oder rechteckigem Querschnitt, die gleichen Querschnitt und gleiche Meßlänge wie die Normalstäbe besitzen. Für diese Stäbe ist

$l_0 = 5{,}65 \sqrt{F_0}$ kurzer Proportionalstab,
$l_0 = 11{,}3 \sqrt{F_0}$ langer Proportionalstab.

Da die Dehnung von der Probenlänge abhängt (die Einschnürdehnung ist in allen Fällen gleich groß), wird ihr ein Index beigefügt

δ_5 = Dehnung am kurzen Normal- oder Proportionalstab,
δ_{10} = Dehnung am langen Normal- oder Proportionalstab.

Zu beachten ist ferner die Beschaffenheit der Probenoberfläche, da Riefen oder andere Oberflächenfehler als Kerben wirken können. Aus diesem Grunde ist die Oberflächenbeschaffenheit der Zerreißstäbe durch die Norm DIN 50125 festgelegt.

Als **Prüfmaschinen** dienen Zerreißmaschinen. Sie können auf mechanischem oder hydraulischem Wege Zugkräfte erzeugen (letztere im allgemeinen durch Öldruck). Zerreißmaschinen werden gebaut für Meßbereiche von 1 kp bis zu mehreren 100 Mp. Während die Maschine für geringe Lasten im allgemeinen mechanisch angetrieben wird (Abb. 31.5), gibt man bei großen Meßbereichen (etwa ab 2 Mp) dem hydraulischen Antrieb (Abb. 31.6) den Vorzug. Die Lastanzeige erfolgt bei mechanischem Antrieb meist nach dem Prinzip der Neigungsgewichtswaage. Bei hydraulischen Maschinen wird durch eine Druckmessung des Öls die Kraft gemessen. Der Zerreißstab wird in geeignete Einspannbacken eingespannt. Eine einfache Schreibvorrichtung gestattet die Aufzeichnung des Last-Verlängerungs-Diagramms. Die Bewegung der einen Koordinate ist mit der Kraftanzeige gekoppelt, die zweite zeigt (meist mittels Seilzug) die Änderung der Meßlänge an.

Versuch 1: An einer Reihe von C-Stählen mit verschiedenem C-Gehalt sowie an einem Stab aus Mn-Hartstahl sind Zugversuche durchzuführen.

Mit Hilfe einer Mikrometerschraube werden die Durchmesser der Stäbe, insbesondere die maximalen Abweichungen vom Sollmaß, kontrolliert. Eine Anreißmaschine gestattet es, die Meßlänge von 100 mm anzureißen und mit einer Teilung von 10 zu 10 mm zu versehen. Ist eine solche Maschine nicht vorhanden, kann man die Meßlänge durch zwei leichte Körnerschläge festlegen oder auf verhältnismäßig einfache Weise eine Teilung mit Hilfe eines Maßstabs und eines Lineals herstellen. Auf Probestäben aus dünnen Blechen oder kerbempfindlichen Werkstoffen ist es nicht zulässig, die Meßlänge durch Anreißen oder Körnerschläge zu markieren, da sonst ein vorzeitiger Bruch an den Anreißstellen durch Kerbwirkung auftreten könnte. Hier ist es zweckmäßig, die Meßlänge mittels Kopierstift zu markieren. Die so vorbereiteten Stäbe werden in die Zerreißmaschine eingespannt (zweckmäßigerweise eine 10 Mp-Maschine). Nachdem man die Nullstellung kontrolliert und die Schreibvorrichtung für das Last-Verlängerungs-Diagramm angestellt hat, wird die Maschine in Gang gesetzt. Während der Stab belastet wird, ist darauf zu achten, daß die Dehnung nicht zu schnell erfolgt (es sind die Normbedingungen einzuhalten), da ein zu schnell durchgeführter Versuch ein anderes Ergebnis liefert. Auf die Kraftanzeige ist während des Versuchs zu achten.

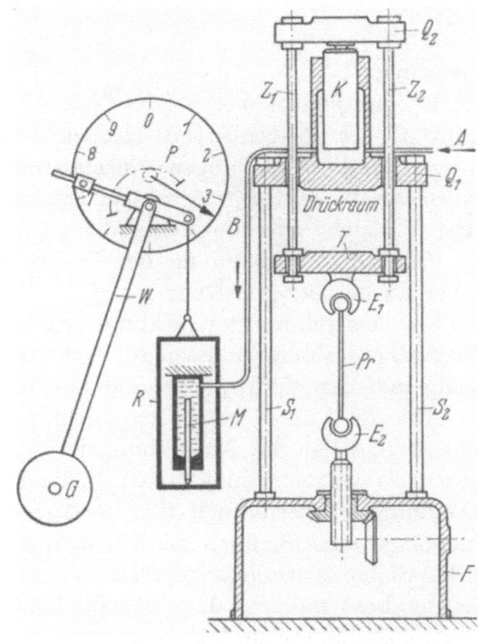

Abb. 31.6. Schema einer Universalprüfmaschine (aus MELCHIOR und EMSCHERMANN, in: Handbuch der Werkstoffprüfung)
A Ölzulauf von der Pumpe; B Ölrohr zum Pendelmanometer; E_1 obere Einspannung; E_2 untere Einspannung, einstellbar; F Fuß; G Pendelgewicht; K Arbeitskolben; M Meßkolben; P Kraftanzeige mit vergrößerter Pendelbewegung; Pr Zerreißstab; Q_1 Querhaupt mit Zylinder; Q_2 oberes Querhaupt; R Rahmen zum Übertragen der Meßkolbenkraft; S_1 und S_2 Tragsäulen; T Tisch; W Winkelhebel, zugleich Pendelstange; Z_1 und Z_2 Zugstangen

In das Meßprotokoll werden eingetragen:

d_0 = Ausgangsdurchmesser

l_0 = Ausgangslänge

P_S = Kraft bei der Streckgrenze

P_{max} = Höchstlast

nach dem Bruch

l_1 = Länge des zerbrochenen Stabes
d_1 = Durchmesser in der Einschnürstelle

Aus diesen Größen werden die Kenngrößen

$$\sigma_B, \sigma_S, \delta_{10}, \psi$$

errechnet.

Es sind gleiche Versuche an je drei Stäben durchzuführen. Um den Einfluß der Probenlängen kennenzulernen, verwendet man je einen kurzen und einen langen Normalstab. Der dritte Stab, ein langer Normalstab, soll extrem schnell zerrissen werden. Die Ergebnisse der drei Versuche sind untereinander zu vergleichen.

Versuch 2: Aufstellung der Verfestigungskurve für einen Stab aus einer aushärtbaren Al-Legierung.

Zur Aufstellung der „wahren" Spannungs-Verformungs-Kurve oder Verfestigungskurve müssen für jeden Punkt die jeweils wirkende Spannung und der Verformungsgrad bestimmt werden.

Aus der Last-Verlängerungs-Kurve, die die Maschine automatisch mitschreibt, ist die Aufstellung der Verfestigungskurve auf zeichnerischem Wege meist nicht möglich, da im Diagramm nicht prozentuale Dehnung, sondern auch die Verlängerung im Gebiet außerhalb der Meßlänge einschließlich der Einspannenden wiedergegeben wird. Man geht daher zweckmäßigerweise so vor, daß man zu verschiedenen Zeitpunkten während des Versuchs Last und Querschnitt bestimmt und daraus Spannung und Querschnitt berechnet. Durch Verbinden der so erhaltenen Punkte erhält man die Verfestigungskurve. Man kann dabei zwei Verfahren anwenden, nämlich entweder laufend unter Last messen, so daß sich die Verfestigungskurve als wahre Spannung in Abhängigkeit von der Gesamtdehnung (elastischer und plastischer Anteil) ergibt, oder den Stab stufenweise dehnen und die Last ablesen. Dann entlastet man bis auf eine geringe Vorlast und bestimmt nun den Querschnitt.

Beim letzten Verfahren erhält man die Abhängigkeit der bleibenden Dehnung von der Spannung (ohne den Anteil an elastischer Dehnung). Wir wählen dieses Verfahren zur Aufstellung der Verfestigungskurve für einen Al-Stab. Der Stab wird in eine Zerreißmaschine gespannt, und die Last wird stufenweise gesteigert. Nach jedem Belasten wird auf eine geringe Vorlast entlastet und mittels einer Mikrometerschraube der Durchmesser bestimmt. Eine gewisse Schwierigkeit besteht, wenn die Höchstlast überschritten ist, denn dann fällt die Last mit weiterer Verformung. Um auch für diesen Bereich Meßpunkte zu bekommen, ist es von Vorteil, nach einem gewissen Lastabfall plötzlich völlig zu entlasten. Aus dem Durchmesser und der Lastanzeige im Augenblick des Entlastens kann man auch für diesen Fall Spannung und Verformung errechnen. In der graphischen Darstellung werden die Spannung in Abhängigkeit von der bleibenden Querschnittsabnahme und zum Vergleich dazu, die Last dividiert durch den Ausgangsquerschnitt ebenfalls in Abhängigkeit von der bleibenden Querschnittsabnahme aufgetragen.

Literatur

Normblätter DIN 50145, 50146, 50125 und 50114 aus: Materialprüfnormen für metallische Werkstoffe, 3. Aufl. Berlin: Beuth-Vertrieb 1961.

KÖRBER, F., u. A. KRISCH, in: E. SIEBEL, Handbuch der Werkstoffprüfung, Bd. II, S. 35. Berlin/Göttingen/Heidelberg: Springer 1955.

MELCHIOR, P., u. H. H. EMSCHERMANN, in: E. SIEBEL, Handbuch der Werkstoffprüfung, Bd. I, S. 15. Berlin/Göttingen/Heidelberg: Springer 1955.

3122 Bestimmung der 0,2%-Dehngrenze

Man versteht unter der 0,2%-Dehngrenze die Spannung, bei der eine bleibende Dehnung von 0,2% auftritt:

$$\sigma_{0,2} = \frac{P_{0,2}}{F_0}\,. \tag{31.15}$$

Es muß die Last $P_{0,2}$ bestimmt werden, bei der die bleibende Dehnung den Wert von 0,2% gerade erreicht. Hierzu sind Feinmeßgeräte erforderlich. In der für diesen Versuch maßgebenden Norm DIN 50144 wird verlangt, daß die Meßvorrichtung die Ablesung einer Dehnung von 0,05% erlaubt. Die dazugehörige Spannung soll auf $\pm 0{,}5\,\text{kp/mm}^2$ genau bestimmt werden können. Wie im Kap. 3121, S. 205, gezeigt wurde, tritt während des Zugversuchs die bleibende Dehnung stets gemeinsam mit der elastischen Dehnung auf. Wenn beispielsweise in Abb. 31.7 der Stab bis zum Punkt B gedehnt worden ist, so ist keineswegs die gesamte Dehnung AD bleibender Art, sondern nur der Abschnitt AC. Der Anteil CD ist die elastische Dehnung, die verschwindet, wenn entlastet wird. Die Größe der elastischen Dehnung CD ist durch das HOOKEsche Gesetz gegeben. BC ist eine Parallele zur HOOKEschen Geraden, solange die bleibende Dehnung klein ist. Bei großen Dehnungen ist BC nicht mehr parallel AB, da sich dann der Querschnitt stark ändert und bei manchen Werkstoffen durch die plastische Verformung der Elastizitätsmodul verändert wird.

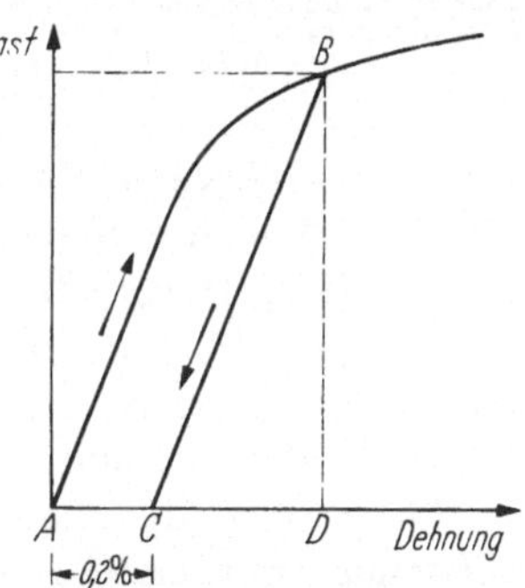

Abb. 31.7. Last-Verlängerungs-Kurve im Bereich von 0,2% bleibende Dehnung

Abb. 31.7 läßt bereits erkennen, wie die Last $P_{0,2}$ gefunden werden kann. Hierzu wird der Zerreißstab in die Zerreißmaschine eingespannt und belastet, wobei die Belastung in kleinen Stufen erfolgt. Nach jeder Laststeigerung wird der Stab entlastet und nach dem Entlasten mit

Hilfe eines Dehnungsmeßgerätes die bleibende Dehnung gemessen, bis sie schließlich den Wert von 0,2% erreicht hat. Es ist zweckmäßig, beim Entlasten nicht auf die Last 0 zurückzugehen, sondern eine geringe Vorlast als Ausgangspunkt der Messung zu wählen, auf die man auch nach jeder Laststufe zurückgeht. Die Vorlast muß natürlich wesentlich geringer sein als $P_{0,2}$ und auf jeden Fall noch im elastischen Bereich liegen. Weiterhin ist es zweckmäßig, die Last in Abhängigkeit von der bleibenden Dehnung in einer graphischen Darstellung aufzutragen, um auf diese Weise die 0,2%-Dehngrenze genau zu ermitteln.

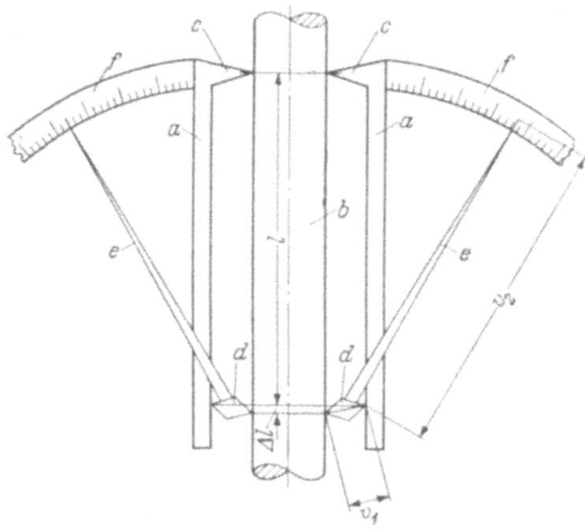

Abb. 31.8. Dehnungsmesser nach MARTENS-KENNEDY
l Meßlänge (aus HUGGENBERGER und SCHWAIGERER, in: Handbuch der Werkstoffprüfung)

Das verhältnismäßig umständliche Verfahren des häufigen Entlastens kann man sich ersparen, wenn es sich um einen Werkstoff handelt, bei dem die HOOKEsche Gerade des elastischen Bereichs sehr ausgeprägt ist. Hier genügt es, die Last-Dehnungs-Kurve genau zu bestimmen, d. h., die Last in Abhängigkeit von der Gesamtdehnung aufzunehmen und die Meßpunkte graphisch darzustellen. Durch Ziehen einer Parallelen zur HOOKEschen Geraden durch C im Abstand $AC = 0{,}2\%$ erhält man den gesuchten Punkt B und kann nunmehr die zur bleibenden Verformung von 0,2% zugehörige Last $P_{0,2}$ finden.

Als Probestäbe dienen dieselben Stäbe, die auch im Zugversuch verwendet werden. Es empfiehlt sich, nur solche Zerreißmaschinen zu benutzen, die eine Einrichtung zur Lastkonstanthaltung besitzen, mit der die einzelnen Laststufen leicht eingestellt werden können.

Mit Ausnahme weniger, ganz moderner Zerreißmaschinen, deren automatisch aufgenommenes Last-Verlängerungs-Diagramm sich unmittelbar für die zeichnerische Ermittlung der 0,2%-Dehngrenze eignet, ist die Benutzung von besonderen Dehnungsmeßeinrichtungen erforderlich. Man verwendet hierbei im allgemeinen mechanische, neuerdings auch in zunehmendem Maße elektrische Meßeinrichtungen. Die am häufigsten benutzte Ausführung ist der Dehnungsmesser nach MARTENS-KENNEDY (Abb. 31.8). Zwei Meßschienen a werden mit einer Halteklammer an den Stab b geklemmt. An ihrem einen Ende befindet sich je eine feste Schneide c. Am anderen Ende befindet sich eine Lagerung, in die je eine bewegliche rhombische Schneide *d* eingesetzt wird, die mit Zeigern *e* fest verbunden ist. Bei einer Dehnung Δl des Stabes werden die Schneiden gedreht und damit die Zeiger bewegt. Die Zeigerbewegung kann auf einer Skala *f* abgelesen werden. Die Anzeige auf der Skala ist der Dehnung annähernd proportional. Das Übersetzungsverhältnis Verlängerung zu Zeigerweg ist durch die Schneidenbreite v_1 und die Länge der Zeiger v_2 gegeben mit v_2/v_1.

Versuch: Es ist die 0,2%-Dehngrenze einer Messinglegierung zu bestimmen. Als Hilfsmittel stehen eine 10 Mp-Zerreißmaschine mit auswechselbaren Meßbereichen und ein MARTENS-KENNEDY-Gerät zur Verfügung. Der zu untersuchende Werkstoff liegt in Form von Normalstäben von 10 mm ∅ und 100 mm Meßlänge vor.

Zunächst wird mit einem zweiten Probestab ein normaler Zugversuch durchgeführt, um in erster Annäherung die Last festzustellen, bei der plastisches Fließen beginnt. Sodann wird der Stab in die Prüfmaschine eingespannt, eine Vorlast von 100 kp eingestellt und stufenweise weiter belastet. Nach jeder Laststufe wird der Stab entlastet und die Vorlast wieder eingestellt. Im Meßprotokoll ist zu jeder Last die Dehnungsanzeige am MARTENS-KENNEDY-Gerät unter Last und nach Entlasten auf die Vorlast zu notieren. Als Laststufen wählt man anfänglich 100 kp, bei Annäherung an die 0,2%-Dehngrenze 20 kp, bis die bleibende Dehnung den Wert von 0,2% überschritten hat. Die Auswertung kann auf zwei verschiedene Weisen erfolgen: Einmal wird die Last in Abhängigkeit von der bleibenden Dehnung aufgetragen; dies sind die bei der Vorlast gemessenen Dehnungswerte. Der Schnittpunkt der so gewonnenen Kurve mit der Parallelen zur Ordinate im Abstand 0,2% ergibt den genauen Wert der Last, bei der die bleibende Dehnung den Wert von 0,2% erreicht hat, und somit nach Division durch den Ausgangsquerschnitt die 0,2%-Dehngrenze.

Zum anderen kann die Auswertung auch so erfolgen, daß die Last in Abhängigkeit von der Gesamtdehnung dargestellt wird, die durch die unter Last gemessenen Dehnungswerte gegeben ist. Die so aufgenommene Kurve ist ein Teil der Verfestigungskurve. Man erhält die gesuchte Last, indem man eine Parallele zu dem linearen Anfangsteil der Verfestigungskurve, der HOOKEschen Geraden, zeichnet, die auf der Abzisse um 0,2% verschoben ist. Wo diese Parallele die Verfestigungskurve trifft, liegt die gesuchte Lastanzeige.

Literatur

Normblatt DIN 50144 aus: Materialprüfnormen für metallische Werkstoffe, 3. Aufl. Berlin: Beuth-Vertrieb 1961.

HUGGENBERGER, A. U., u. S. SCHWAIGERER, in: E. SIEBEL, Handbuch der Werkstoffprüfung, Bd. I, S. 371. Berlin/Göttingen/Heidelberg: Springer 1955.

Körber, F., u. A. Krisch in: E. Siebel, Handbuch der Werkstoffprüfung, Bd. II, S. 35. Berlin/Göttingen/Heidelberg: Springer 1955.
Sachs, G., u. G. Fiek: Der Zugversuch, Leipzig: Akad. Verlagsgesellschaft 1926.

3123 Bestimmung der technischen Elastizitätsgrenze

Wie in Kap. 3121, S. 205, ausgeführt wurde, wird als technische Elastizitätsgrenze die Spannung bezeichnet, bei der eine bleibende Dehnung von 0,01% auftritt. Für den Fall, daß die Dehnung von 0,01% noch zu groß ist und eine noch feinere Dehngrenze bestimmt werden soll, ist nach der Norm DIN 50143 die 0,005%-Dehngrenze vorzusehen. Die Meßeinrichtung, die zur Bestimmung der 0,01% bzw. 0,005%-Dehngrenze benutzt wird, muß gestatten, eine Dehnung von 0,001% festzustellen. Außerdem ist es unbedingt erforderlich, Meßgeräte doppelseitig am Stab anzusetzen, da sonst bei geringen Biegebeanspruchungen, wie sie durch die Zerreißmaschine oder durch leichte Verbiegungen des Probestabs verursacht werden können, falsche Ergebnisse vorgetäuscht werden.

Das Meßprinzip ist analog dem zur Bestimmung der 0,2%-Dehngrenze. Man belastet den Probestab zunächst wieder mit einer Vorlast, die weit unter der Elastizitätsgrenze liegen muß, und von da an zuerst in großen, bei Annäherung an die Elastizitätsgrenze aber in kleineren Stufen. Nach jeder Laststeigerung wird die Vorlast wieder eingestellt und die Größe der bleibenden Verlängerung gemessen, bis die bleibende Dehnung den Wert von 0,01 bzw. 0,005% erreicht und überschritten hat. Durch eine graphische Darstellung der Last in Abhängigkeit von der bleibenden Dehnung ist es dann möglich, den genauen Wert der Last und nach Division durch den Ausgangsquerschnitt die Größe der technischen Elastizitätsgrenze zu ermitteln. Auch hier genügt es häufig, wie bei der Bestimmung der 0,2%-Dehngrenze, nur den Verlauf der Last-Dehnungs-Kurve zu bestimmen, indem Last und Gesamtdehnung genau ermittelt werden. Die Lage der Elastizitätsgrenze wird dann durch Ziehen einer Parallelen zur Hookeschen Geraden zeichnerisch ermittelt. Es ist hierzu eine Parallele zum linearen Anfangsteil der Last-Dehnungs-Kurve im Abstand 0,01 bzw. 0,005% auf der Dehnungskoordinate herzustellen. Man kann in diesem Fall auch auf das häufige Entlasten verzichten, das mit großem Zeitaufwand verbunden ist. Da jedoch die Größe der dabei mitgemessenen elastischen Dehnung ein Mehrfaches der zu ermittelnden bleibenden Dehnung beträgt, ist dieses Verfahren wesentlich ungenauer als das zuerst beschriebene Meßverfahren.

Zur Bestimmung der Elastizitätsgrenze werden Zerreißstäbe benutzt, und die Last wird am Kraftmesser der Zerreißmaschine abgelesen. Das klassische Gerät zur Dehnungsmessung ist der Martenssche Spiegelapparat, der in Abb. 31.9 schematisch dargestellt ist. Das Meßprinzip ähnelt dem des MARTENS-KENNEDY-Apparats. Zwei Meßschienen *a* (in Abb. 31.9 nur eine gezeichnet), die an einem Ende je eine feste Schneide *d* tragen, werden an den Stab mit einer Haltevorrichtung *g* geklemmt. An ihrem anderen Ende befindet sich jeweils ein Lager *e* für eine Schneide *b*. Diese Schneiden tragen zum Unterschied vom MARTENS-KENNEDY-Apparat keine Zeiger, sondern ebene Spiegel *c*. Wird der Stab gedehnt, so drehen sich die Spiegel. Der Schwenkwinkel ist ein Maß für die Dehnung. Bei kleinen Dehnungen besteht Proportionalität zwischen der Dehnung und dem Schwenkwinkel der Spiegel. In einiger Entfernung von den Spiegeln ist ein Fernrohr *i* aufgestellt, mit dessen Hilfe man über die Spiegel die Skala einer Meßlatte *k* beobachtet. Wenn der Stab auf der Länge *l* um Δl gedehnt wird, werden die Spiegel geschwenkt. Man sieht im Fadenkreuz des Fernrohrs jetzt einen anderen Zahlenwert auf der Meßlatte. Aus der Differenz *A* der Anzeige auf der Skala vor und nach der Dehnung und der Größe des Abstandes Spiegel–Fernrohr *L* kann der Winkel errechnet werden, um den der Spiegel gekippt ist. Aus diesem und aus der Schneidenbreite *h* erhält man die Verlängerung. Es gilt

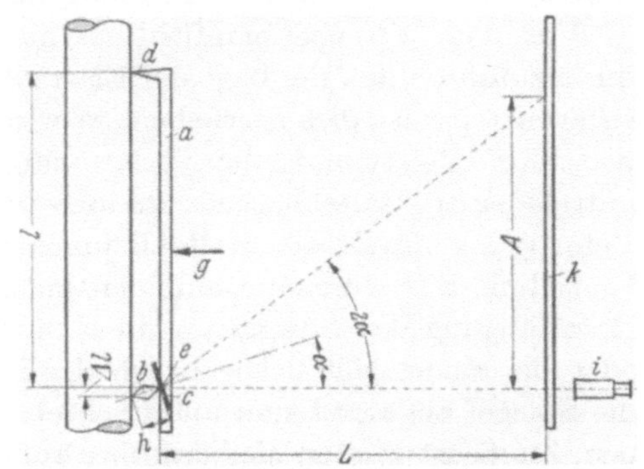

Abb. 31.9. MARTENSsches Spiegelgerät (aus HUGGENBERGER und SCHWAIGERER, in: Handbuch der Werkstoffprüfung)

$$\frac{A}{L} = \tan 2\alpha \tag{31.16}$$

$$\frac{\Delta l}{h} = \sin \alpha . \tag{31.17}$$

Da α ein kleiner Winkel ist, kann man setzen:

$$\tan 2\alpha = 2 \sin \alpha . \tag{31.18}$$

Die Dehnung ergibt sich somit zu

$$\delta = \frac{\Delta l}{l} = \frac{h\,A}{2\,L\,l} = 0{,}01\,\% . \tag{31.19}$$

In dieser Beziehung sind α, h, L und l (Meßlänge) vorgegeben. Daraus kann nunmehr die Differenz A errechnet werden, bei der die Dehnung den Betrag von 0,01% erreicht. Der Abstand A ist bei gleicher Dehnung um so größer, je kleiner die Schneidenbreite h und je größer der Abstand Fernrohr-Spiegel L ist. A ist proportional l. Es ist daher zweckmäßig, lange Zerreißstäbe zu benutzen. Die üblicherweise benutzte Meßlänge beträgt 200 mm. Das Verhältnis l/A ist das Übersetzungsverhältnis:

$$\frac{l}{A} = \frac{h}{2L}. \qquad (31.20)$$

Zur Erleichterung der Rechnung ist es zweckmäßig, den Abstand a so zu wählen, daß das Übersetzungsverhältnis einen einfachen Zahlenwert (üblicherweise 1 : 500 oder 1 : 1000) annimmt.

Vor dem Versuch empfiehlt es sich, einen einfachen Zugversuch durchzuführen, um die Lage der Elastizitätsgrenze in erster Annäherung zu ermitteln. Ist dies geschehen, so wird der Probestab in die Zerreißmaschine eingespannt, die Vorlast eingestellt und der Spiegelapparat mittels einer Halteklammer an den Probestab angeklemmt. Da die Befestigung durch die Halteklammer sehr labil ist, bindet man die Einzelteile mit dünnen Bindfäden an der Maschine lose an, um eine Beschädigung des Spiegelapparates durch Herabfallen beim Justieren oder bei einem plötzlichen Bruch des Probestabs zu verhindern. Wenn die Spiegel angesetzt und ausgerichtet sind, kann die Justierung beginnen. Zunächst werden die Fernrohre auf die Spiegel gerichtet und so eingestellt, daß die Mitte der Spiegel im Fadenkreuz der Fernrohre zu sehen ist. Sodann werden die Spiegel mittels kleiner Stellschrauben so einjustiert, daß der Nullpunkt der Skala a auf der Meßlatte im Fadenkreuz des Fernrohrs erscheint. Ist die Justierung auf beiden Seiten erfolgt, so kann stufenweise belastet werden. Nach jeder Laststufe wird mit der Belastung auf die Vorlast zurückgegangen. Im Meßprotokoll werden die Last und der Skalenwert eingetragen, der sich beim Entlasten auf die Vorlast im Fadenkreuz einstellt. Bei Annäherung an die Elastizitätsgrenze wählt man kleinere Laststufen, um den Wert der Elastizitätsgrenze möglichst genau bestimmen zu können. Hat die bleibende Dehnung den Wert 0,01 bzw. 0,005% überschritten, so werden die Spiegel abgenommen und der Versuch beendet.

Aus der graphischen Darstellung der Last in Abhängigkeit von der bleibenden Dehnung kann diejenige Last bestimmt werden, bei der die bleibende Dehnung gerade den Wert von 0,01 oder 0,005% erreicht hat. Durch Division durch den Ausgangsquerschnitt erhält man die technische Elastizitätsgrenze.

Versuch: Es ist die technische Elastizitätsgrenze an einer ausgehärteten Al-Legierung zu bestimmen.

Literatur

Normblätter DIN 50107 und 50143 aus: Materialprüfnormen metallischer Werkstoffe, 3. Aufl. Berlin: Beuth-Vertieb 1961.

Huggenberger, A. U., u. S. Schwaigerer, in: E. Siebel, Handbuch der Werkstoffprüfung, Bd. I, S. 371. Berlin/Göttingen/Heidelberg: Springer 1955.

KÖRBER, F., u. A. KRISCH, in: E. SIEBEL, Handbuch der Werkstoffprüfung, Bd. II, S. 35. Berlin/Göttingen/Heidelberg: Springer 1955.

LEHMANN, H.: Werkstoffprüfung, Bd. I Metalle, 2. Aufl., Leipzig: Fachbuchverlag 1953.

313 Der Druckversuch

Im Druckversuch wird das Verhalten eines Werkstoffs bei Druckbeanspruchung untersucht. Er stellt eine Umkehrung des Zugversuchs dar. Zylindrische Proben werden zwischen zwei Druckbacken gestaucht. Dabei bleibt in Analogie zum Zugversuch die Beanspruchung bei niedrigen Drucken einachsig und die Verformung rein elastisch. Bei Erreichen der Elastizitätsgrenze, die nicht unbedingt mit der Elastizitätsgrenze des Zugversuchs übereinzustimmen braucht, beginnt das Material sich auch plastisch zu verformen. Nach Entlastung wird eine bleibende Stauchung beobachtet. Im Verlauf der weiteren Verformung bleibt die zylindrische Probenform vorerst gewahrt, mit fortschreitender Verformung jedoch wird eine Ausbauchung der Proben beobachtet. Es treten Risse ein, bis schließlich ein Bruch erfolgt. Die Größe der Ausbauchung hängt von der Probenform, den Werkstoffeigenschaften und von der Größe der Reibung zwischen Probe und Druckbacken der Prüfmaschine ab. Bei duktilen Werkstoffen ist oft ein Bruch beim Druckversuch nicht zu erreichen. Die Proben lassen sich in diesen Fällen zu dünnen Platten zusammendrücken, ohne daß ein Ende des Versuchs angegeben werden kann. Besondere Bedeutung hat der Druckversuch vor allem für spröde Werkstoffe wie Grauguß. Hier ist die Kerbwirkung der Graphitlamellen im Gegensatz zur Zugbeanspruchung ohne Einfluß.

Üblicherweise werden solche Kenngrößen ermittelt, die zu denen des Zugversuchs analog sind:

1. *Druckfestigkeit*

$$\sigma_{dB} = \frac{P_{max}}{F_0} \quad [\text{kp/mm}^2]. \tag{31.21}$$

Der Index d bedeutet, daß die betreffende Meßgröße im Druckversuch ermittelt wurde. P_{max} ist die Höchstlast, F_0 der Ausgangsquerschnitt.

2. *Quetschgrenze*

$$\sigma_{dS} = \frac{P_S}{F_0} \quad [\text{kp/mm}^2]. \tag{31.22}$$

Sie steht in Analogie zur Streckgrenze und ist bei Stählen oft ausgeprägt. In den anderen Fällen mißt man auch hier eine 0,2%-Grenze.

3. *Stauchung*

$$\varepsilon = \frac{h_0 - h_1}{h_0} \cdot 100 \quad [\%]. \tag{31.23}$$

Diese Größe ist ein Maß für die Verformung. h_0 ist hierbei die Länge der Proben vor dem Versuch, h_1 die Probenlänge nach Ablauf des Versuchs.

Daneben ist es bei Benutzung von Feinmeßgeräten möglich, Feindehnungsmessungen vorzunehmen. Es ist üblich, eine Fließkurve für Druckbelastung (Abb. 31.10) aufzunehmen. Sie ist der Last-Dehnungs-Kurve des Zugversuchs ähnlich. Abweichungen treten vornehmlich bei hohen Verformungsgraden auf. Hier steigt infolge der Ausbauchung der Proben der wirksame Querschnitt stark an, und damit wächst auch die Fließlast, während beim Zugversuch durch die örtliche Einschnürung der wirksame Querschnitt geringer wird, was zu einer Lastabnahme führt. Abb. 31.10 zeigt schematisch eine solche Fließkurve für Druck- und Zugbelastung eines weichen Stahls. Es sind Streckgrenze und Quetschgrenze zu erkennen, die sich in einer Störung des Kurvenverlaufs bemerkbar machen.

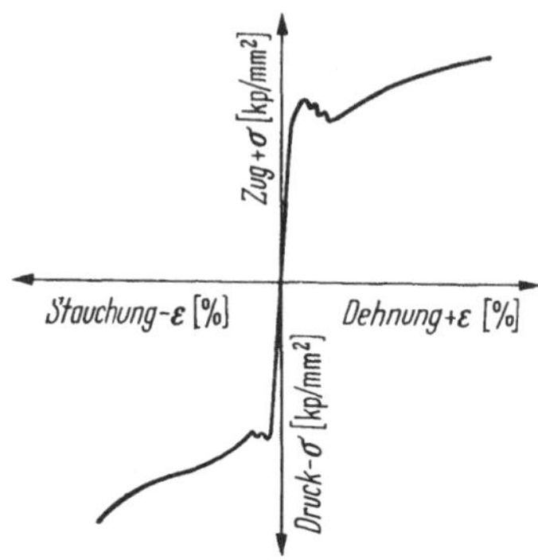

Abb. 31.10. Zug-Druck-Schaubild für weichen Stahl (aus LEHMANN: Werkstoffprüfung)

Als **Prüfmaschinen** dienen Druckpressen, die mechanisch oder hydraulisch angetrieben sein können. Daneben sind auch viele Zerreißmaschinen als Universalprüfmaschinen gebaut, d.h., sie sind auch zur Durchführung von Druckversuchen geeignet. Sie besitzen dann außer den Einspannvorrichtungen für Zerreißproben Druckbacken. Die Druckbacken sollen eben, poliert und wesentlich härter als das zu prüfende Material sein. Die Druckanzeige kann mit Pendelmanometern, Meßbügeln oder induktiv erfolgen. Die Stauchungsmessung kann mechanisch erfolgen mittels Seilzug (hauptsächlich an Universalprüfmaschinen), mittels Meßuhren und schließlich ebenfalls induktiv. Die elektrischen Meßverfahren ermöglichen eine sehr hohe Meßgenauigkeit.

In der Regel werden zylindrische **Proben** verwendet. Der Probendurchmesser d beträgt meistens 10 bis 30 mm. Er richtet sich nach den Abmessungen des zu untersuchenden Werkstoffs, nach seinen Eigenschaften und nach der zur Verfügung stehenden Prüfmaschine. Die Länge h der Proben richtet sich nach dem Formänderungsvermögen des zu untersuchenden Materials. Man verwendet:

1. Normalproben $h = d$ 2. Langproben $h = xd$

wobei $x = 1 - 3$ ist. Bei langen Proben besteht die Gefahr des Ausknickens. Vergleichbar sind nur solche Meßergebnisse, die an ähnlichen Proben ermittelt wurden.

Als Fehlerquellen sind zu beachten:

1. Unebene Stirnflächen der Probe, durch die die Verformung ungleichmäßig erfolgt und die Gefahr des Ausknickens besonders groß wird.

2. Aufstellung der Probe außerhalb der Mitte der Druckbacken, durch die wiederum ungleichmäßige Verformung und Ausknicken bewirkt werden.

3. Rauhe Druckbacken, die das Fließen an den Preßflächen behindern und damit zu besonders starkem Ausbauchen der Probe führen.

4. Das von der Prüfmaschine selbsttätig aufgezeichnete Last-Stauchungs-Diagramm ist wegen der kleinen Meßlängen beim Stauchen oft fehlerhaft.

Versuch: Es sind Druckversuche an Gußeisen und einer Al-Cu-Mg-Legierung durchzuführen. Dabei soll der Einfluß der Probenform ermittelt werden. Zunächst werden zylindrische Proben mit konstantem Durchmesser, aber verschiedener Höhe hergestellt (10 mm Durchmesser und jeweils 10,15, 20 und 25 mm Höhe). Die Stirnflächen werden sauber plangedreht oder gegebenenfalls durch Schleifen mit Schmirgelpapier bis zur Körnung 240 plangeschliffen. Anschließend wird mit Hilfe einer 10 Mp-Druckpresse oder -Universalprüfmaschine der Druckversuch durchgeführt. Es wird die Druckfestigkeit bestimmt und die Last-Stauchungs-Kurve aufgenommen. Die Backen der Prüfmaschine, die völlig eben sein müssen, werden zweckmäßigerweise mit einem Öl-Graphit-Gemisch geschmiert, um den Einfluß der Reibung zu verringern. Nunmehr kann der Versuch beginnen. Nachdem die Proben mit Hilfe einer Mikrometerschraube genau vermessen und in die Maschine eingespannt sind, wird die Last stufenweise gesteigert, z. B. um jeweils 100 kp. Nach jeder Lasterhöhung wird die Probe entlastet und die Stauchung mit Hilfe der Mikrometerschraube gemessen. Das Ende des Versuchs ist gegeben, wenn der Bruch eintritt oder wenn bei gut verformbarem Material die Probe völlig flachgedrückt ist.

Viele Prüfmaschinen sind schon zur selbsttätigen Aufzeichnung eines Druck-Stauchungs-Diagramms eingerichtet, doch ist, wegen der dabei auftretenden Ungenauigkeit, in den meisten Fällen dem oben beschriebenen Verfahren der Vorzug zu geben.

In das Versuchsprotokoll werden die Last und die jeweils dazugehörige Probenlänge eingetragen; außerdem wird die Bruchlast bestimmt. Aus diesen Größen werden die Last-Stauchungs-Kurve sowie die Druckfestigkeit errechnet. Für beide Werkstoffe sind graphisch darzustellen:

1. Druckfestigkeit in Abhängigkeit vom Verhältnis Probenhöhe/Probendurchmesser.

2. Last-Stauchungs-Kurven. Als Parameter der Kurven wird das Verhältnis h/d gewählt.

Literatur

Normblatt DIN 50106 aus: Materialprüfnormen für metallische Werkstoffe, 3. Aufl. Berlin: Beuth-Vertrieb 1961.

KÖRBER, F., u. A. KRISCH, in: E. SIEBEL, Handbuch der Werkstoffprüfung, Bd. II, S. 92. Berlin/Göttingen/Heidelberg: Springer 1955.

LEHMANN, H.: Werkstoffprüfung, Bd. I Metalle, 2. Aufl., Leipzig: Fachbuchverlag 1953.

MELCHIOR, P., u. H. H. EMSCHERMANN, in: E. SIEBEL, Handbuch der Werkstoffprüfung, Bd. I, S. 15. Berlin/Göttingen/Heidelberg: Springer 1955.

314 Der Biegeversuch

Der Biegeversuch gibt Auskunft über das Verhalten eines Werkstoffs bei Biegebeanspruchung. Ein Probestab mit rechteckigem oder rundem Querschnitt wird auf zwei Auflager gelegt und durch eine mittig angreifende Last P von einem Druckstück auf Biegung beansprucht (Abb. 31.11). Ein plastisch gut verformbarer Werkstoff läßt sich dabei beliebig weit durchbiegen. Praktische Bedeutung hat der Biegeversuch daher nur für spröde Werkstoffe erlangt; er wird heute in erster Linie für die Prüfung von Grauguß verwendet.

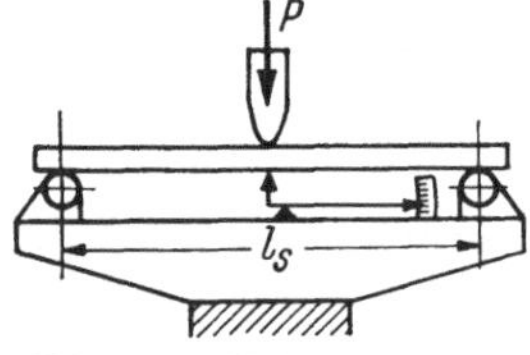

Abb. 31.11. Versuchsanordnung im Biegeversuch (aus KÖRBER und KRISCH, in: Handb. d. Werkstoffprfg.)

Wird ein Probestab in der in Abb. 31.11 dargestellten Weise belastet, so erfährt er eine Durchbiegung f, und es entstehen an der Oberseite des Stabes Druckspannungen, während an der Unterseite Zugspannungen wirken (s. Abb. 31.12). Von oben nach unten erfolgt ein stetiger Übergang von der Druckseite zur Zugseite und an einer bestimmten

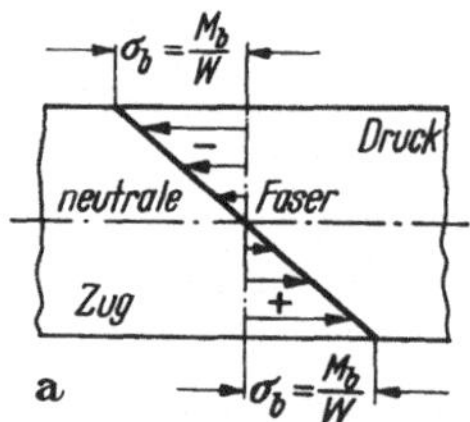

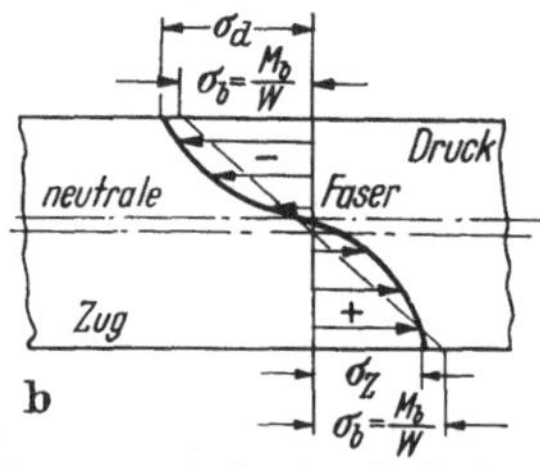

Abb. 31.12 a u. b. Spannungsverhältnisse beim Biegeversuch für den Fall elastischer (a) und plastischer (b) Biegung (aus LEHMANN: Werkstoffprüfung)

Stelle (bei symmetrischem Querschnitt in der Mitte) gibt es eine Linie, an der keinerlei Spannungen wirken. Sie wird als neutrale Faser bezeichnet. Die Spannungsverteilung im Stab ist davon abhängig, ob die Biegung rein elastisch ist, oder ob auch plastische Verformungen auftreten. Für den Fall rein elastischer Biegung sind die Spannungen proportional den dabei auftretenden elastischen Biegungen und Stauchungen (HOOKEsches Gesetz). Da diese proportional dem Abstand von der neutralen Faser sind, besteht auch zwischen der Größe der Spannungen und dem Abstand von der neutralen Faser Proportionalität (Abb. 31.12a). Treten dagegen bei der Biegung auch plastische Verformungen auf, so nimmt die Spannung zum Rande hin, wo die plastischen Verformungen auftreten, schwächer zu als im Innern, wo die Verformung elastisch bleibt. Die Form der Kurve für die Spannungsverteilung ist in diesem Falle durch die Verfestigungskurven des Werkstoffs gegeben. Die stärksten Spannungen treten aber auch in diesem Falle am Rande auf, wo die Entfernung von der neutralen Faser am größten ist. Die Größe der maximalen Spannung beträgt:

$$\sigma_b = \frac{M_b}{W} \quad [\mathrm{kp/mm^2}]. \tag{31.24}$$

In dieser Beziehung ist σ_b die maximale Biegespannung, M_b das Biegemoment und W das Widerstandsmoment des verwendeten Probestabs. Das Biegemoment ist für den in Abb. 31.11 dargestellten Belastungsfall mit der Last P und der Stützweite l_s:

$$M_b = \frac{P\, l_s}{4} \quad [\mathrm{mkp}]. \tag{31.25}$$

Das Widerstandsmoment beträgt für einen Stab mit rechteckigem Querschnitt

$$W_{\square} = \frac{b\, h^2}{6} \tag{31.26}$$

worin b Breite und
h Höhe des Probestabes sind.

Für einen Rundstab ist entsprechend zu setzen:

$$W_{\circ} = \frac{\pi\, d^3}{32} \approx 0{,}1\, d^3. \tag{31.27}$$

Hierin ist d der Durchmesser des Probestabs.

Bei der Durchführung des Biegeversuchs wird der Stab auf die Auflager gelegt und durch eine mittig angreifende Last P steigend beansprucht, bis von der Zugspannungsseite ausgehend der Bruch eintritt. Ist einmal ein Anriß vorhanden, so wirkt er als Kerbe, und der Bruch schreitet schnell fort. Die im Augenblick des Bruches wirkende, maximale Biegespannung wird als Biegefestigkeit bezeichnet:

$$\sigma_{bB} = \frac{M_{b\,\max}}{W} = \frac{P_{\max}\, l_s}{4\, W}. \tag{31.28}$$

Eine weitere Kenngröße des Biegeversuchs ist der Biegepfeil, d. h. das Verhältnis der Durchbiegung in der Stabmitte zur Stützweite.

Es ist auch möglich, im Biegeversuch den Elastizitätsmodul E zu bestimmen (vgl. Kap. 1422, S. 98). Er ergibt sich zu:

$$E = \frac{P\, l_s^3}{48 f J}, \tag{31.29}$$

wobei f die Durchbiegung ist. Das in Gl. (31.29) benötigte Flächenträgheitsmoment J beträgt für den Rundstab

$$J_{\circ} = \frac{\pi d^4}{32} \tag{31.30}$$

und für den Stab mit rechteckigem Querschnitt

$$J_{\square} = \frac{b h^3}{12}. \tag{31.31}$$

Die Probestäbe haben rechteckigen oder runden Querschnitt. Die Normstäbe sind Rundstäbe, ihre Maße gehen aus Tab. 31.2 hervor. In diese Tabelle sind außerdem die Radien für die zu benutzenden Auflagerrollen angegeben. Die Probestäbe werden entweder an das Gußstück mit angegossen oder getrennt gegossen. Im ersten Fall haben sie dieselben Eigenschaften wie die Gußstücke; im zweiten besteht nur

Tabelle 31.2. *Probenabmessungen und Versuchsdaten für den Druckversuch*

Nenndurchmesser d [mm]	Mindestlänge l [mm]	Stützweite l_s [mm]	Durchmesser der Auflager [mm]	Durchmesser des Druckstückes [mm]	Vorlast P_0 [kg]
10	220	200	20—30	20—30	2—4
13	300	260	20—30	20—30	4—8
20	450	400	50—60	50—60	10—20
30	650	600	50—60	50—60	20—40
45	1000	900	50—60	50—60	40—80

dann Sicherheit, daß ihre Eigenschaften mit denen der Gußstücke übereinstimmen, wenn sie aus demselben Gießpfanneninhalt stammen. Die Stäbe werden dem Biegeversuch in unbearbeitetem Zustand unterworfen.

Biegeversuche werden an Universalprüfmaschinen durchgeführt, die einen Biegetisch für die Durchführung der Biegeversuche besitzen (vgl. Abb. 31.6 und 31.11). Auf dem Biegetisch sind die beiden Auflagerstützen angebracht, verstellbar für verschiedene Stützweiten l_s. Die Auflagerstützen tragen an der Oberseite Auflagerrollen, deren Radien aus Tab. 31.2 hervorgehen. Die obere Druckbacke der Universalprüfmaschine wird für die Durchführung des Biegeversuchs durch das Druckstück ersetzt, mit dessen Hilfe die Prüfkraft aufgebracht werden kann. Das Druckstück ist wie die Auflagerstützen abgerundet. Die Last wird wie üblich an einem Pendelmanometer abgelesen. Für die Anzeige der Durchbiegung dient ein am Querhaupt angebrachter Maßstab mit Nonius. Daneben kann die Durchbiegung auch aus dem von der Maschine aufgezeichneten Diagramm entnommen werden. Die

Durchbiegung entspricht genau der Bewegung des Querhauptes. Neben den Universalprüfmaschinen gibt es auch besondere Biegepressen.

Versuch: Es ist ein Biegeversuch an Grauguß durchzuführen. Hierzu stehen angegossene Probestäbe mit einem Nenndurchmesser von 30 mm und einer Gesamtlänge von 650 mm in unbearbeitetem Zustand und eine Universalprüfmaschine zur Verfügung. Es sind die Biegefestigkeit σ_{bB}, der Biegepfeil und der Elastizitätsmodul E zu bestimmen, daneben ist die Biegespannung σ_b in Abhängigkeit von der Durchbiegung f aufzunehmen.

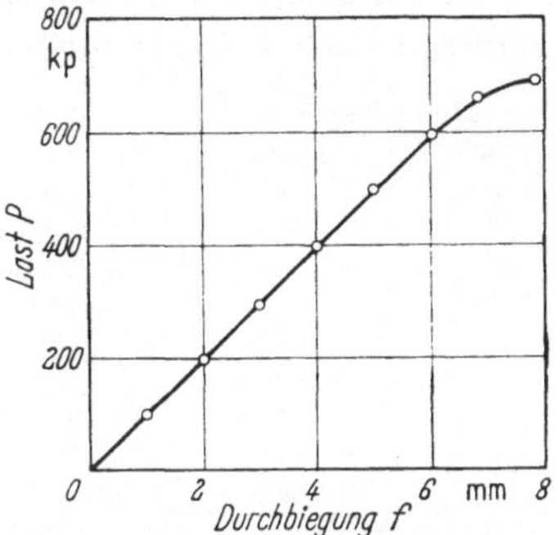

Abb. 31.13. Last-Durchbiegungs-Diagramm eines Gußeisenstabes

Zunächst muß die Stützweite l_s auf den für die gegebenen Probestäbe vorgeschriebenen Wert von 600 mm eingestellt werden. Der Stab wird auf die Auflager gelegt und mit der Vorlast von 20 kp belastet. Sofern kein Fanggitter für die Stabenden vorhanden ist, müssen die Stäbe mit starken Bindfäden am Biegetisch an mehreren Stellen angebunden werden, damit beim Bruch des Stabes herausspringende Teile keinen Schaden verursachen können. Die Last wird in Stufen von je 50 kp gesteigert; nach jeder Steigerung werden Last und Durchbiegung gemessen, bis der Bruch eintritt.

Zur Bestimmung des Elastizitätsmoduls nach Beziehung (31.29) können nur die Meßpunkte verwendet werden, bei denen die Durchbiegung rein elastisch ist, d. h. solange noch das HOOKEsche Gesetz gilt (Abb. 31.13).

Literatur

Normblatt DIN 50110 aus: Materialprüfnormen für metallische Werkstoffe, 3. Aufl. Berlin: Beuth-Vertrieb 1961.

KÖRBER, F., u. A. KRISCH, in: E. SIEBEL, Handbuch der Werkstoffprüfung, Bd. II, S. 92. Berlin/Göttingen/Heidelberg: Springer 1955.

MELCHIOR, P., u. H. H. EMSCHERMANN, in: E. SIEBEL, Handbuch der Werkstoffprüfung, Bd. I, S. 15. Berlin/Göttingen/Heidelberg: Springer 1955.

315 Der Kerbschlagbiegeversuch

Mit Hilfe der statischen Werkstoffprüfverfahren ist es möglich, das Verhalten eines Werkstoffs für den Fall zu kennzeichnen, daß die Belastung langsam gesteigert wird. Sie erlauben jedoch keine Aussagen über das Verhalten bei Anwesenheit räumlicher Spannungszustände und schlagartiger Beanspruchung. In der Praxis spielen diese Fälle eine erhebliche Rolle. Räumliche Spannungszustände entstehen sehr häufig, z. B. auch durch Kerben, Lunker und Einschlüsse. In sehr vielen Fällen werden Werkstoffe schlagartig belastet. Dazu kommt, daß es Vorgänge im Material gibt, die sich nur bei dieser Art der Beanspruchung überhaupt bemerkbar machen und mit Hilfe von statischen Prüfverfahren nicht untersucht werden können.

Es sind daher Prüfverfahren entwickelt worden, bei denen künstlich ein räumlicher Spannungszustand geschaffen wird. Das wichtigste dieser Prüfverfahren ist der Kerbschlagbiegeversuch. Man zerschlägt eine mit einem definierten Kerb versehene Probe im allgemeinen mit Hilfe eines Pendelschlagwerks. Als Meßgröße dient die zum Zerschlagen verbrauchte spezifische Schlagarbeit, Kerbschlagzähigkeit genannt,

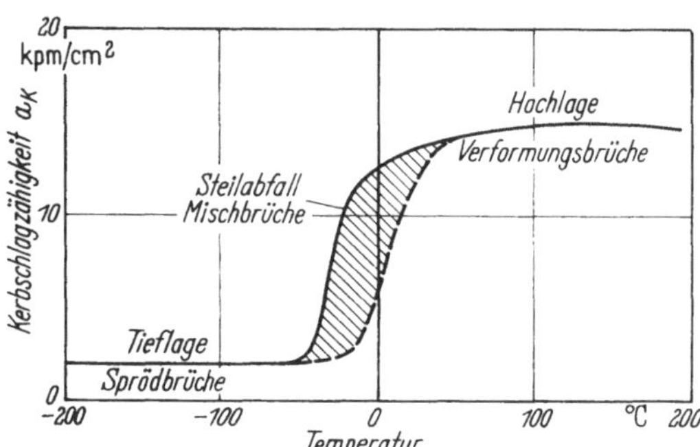

Abb. 31.14. Temperaturabhängigkeit der Kerbschlagzähigkeit nichtaustenitischer Stähle

$$a_k = \frac{A}{F}, \qquad (31.32)$$

wobei a_k die Kerbschlagzähigkeit, A die zum Zerschlagen verbrauchte Schlagarbeit und F der gefährdete Querschnitt bedeuten.

Obwohl die Kerbschlagzähigkeit keine für Konstruktionsunterlagen brauchbare Rechengröße ist und darüber hinaus sehr stark von der Probenform abhängt, ist dem Kerbschlagbiegeversuch eine erhebliche praktische Bedeutung zuzumessen. Er gestattet, die Gleichmäßigkeit des Gefüges zu kontrollieren, daneben die Neigung z. B. von Stählen zum Sprödbruch, die Alterungsanfälligkeit bei Stählen und die Neigung zur Anlaßsprödigkeit zu untersuchen.

Es hat sich gezeigt, daß die Werte der Kerbschlagzähigkeit nichtaustenitischer Stähle sehr stark temperaturabhängig sind. Wie Abb. 31.14 zeigt, mißt man bei Temperaturen oberhalb Raumtemperatur große Werte der Kerbschlagzähigkeit, wobei dem Bruch eine erhebliche Verformung der Probe an der beanspruchten Stelle vorausgeht (*Verformungsbruch*). Bei tiefen Temperaturen ist die Kerbschlagzähigkeit sehr gering, es tritt ein verformungsloser *Sprödbruch* auf, auch *Trennbruch* genannt. Man spricht von einer *Hochlage* bei höheren Temperaturen und einer *Tieflage* bei niedrigeren Temperaturen.

Der Übergang von der Hochlage zur Tieflage erfolgt keinesfalls kontinuierlich, sondern die Kerbschlagzähigkeit fällt von den großen Werten der Hochlage zu den sehr geringen Werten der Tieflage in einem verhältnismäßig kleinen Temperaturintervall ab. Hier treten Mischformen der Spröd- und Verformungsbrüche, *Mischbrüche* genannt, auf.

Der Steilabfall erfolgt bei Stählen im normalisierten Zustand weit unterhalb des Gefrierpunktes. Im gealterten Zustand ist die Kerbschlagzähigkeit allgemein geringer. Der Steilabfall wird zu höheren Temperaturen verschoben, so daß u. U. schon bei Temperaturen in der Nähe des Gefrierpunktes ein Sprödbruch auftreten kann. Um die Alterungsanfälligkeit eines Stahles zu untersuchen, führt man den Zustand der Alterung künstlich herbei, indem man das zu untersuchende Material um 10% durch Walzen oder Recken verformt und die Proben anschließend einige Stunden bei 250° auslagert. So erreicht man den Zustand, der sich sonst erst nach langer Zeit einstellen würde. Eine Normalisierung wirkt verbessernd auf die Kerbschlagzähigkeit, während sie durch Überhitzen des Stahles verschlechtert wird.

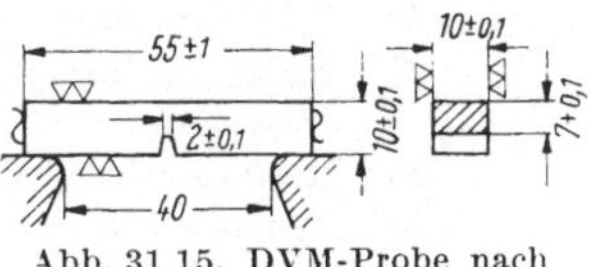

Abb. 31.15. DVM-Probe nach DIN 50115

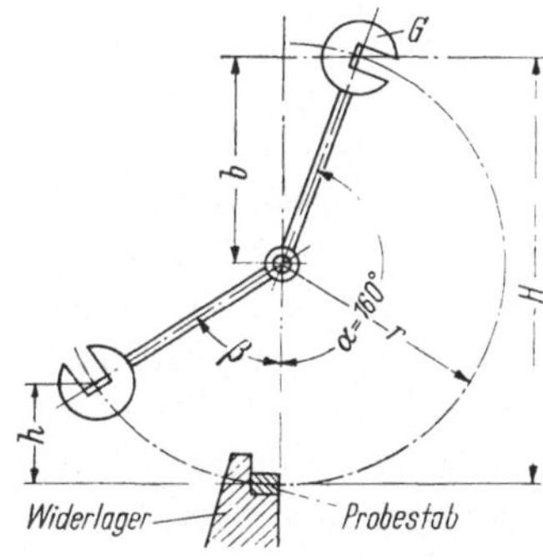

Abb. 31.16. Pendelschlagwerk (die Größen *b*, *α* und *r* bleiben hier unberücksichtigt) (aus LEHMANN: Werkstoffprüfung)

Wie bei keinem anderen Prüfverfahren spielt hier die Probenform eine große Rolle. Die Kerbschlagzähigkeit ist um so geringer, je schärfer der Kerb ist. Man kann daher auch nur solche Ergebnisse miteinander vergleichen, die an Proben gleicher Form ermittelt worden sind. Es sind eine ganze Reihe von Probenformen gebräuchlich. Die in Deutschland gebräuchlichste Probenform ist die DVM-Probe, deren Abmessungen aus Abb. 31.15 hervorgehen.

Der Kerbschlagbiegeversuch wird normalerweise mit Hilfe eines Pendelschlagwerks durchgeführt (Abb. 31.16). Das mit einer Schneide versehene Pendel *G* wird aus der Ruhelage *H* fallengelassen, die Schneide schlägt gegen die dem Kerb gegenüberliegende Kante der Probe, zerschlägt diese und steigt dann bis zur Endlage *h* an, die durch einen Schleppzeiger markiert wird. Die Größe des Endausschlagwinkels β ist ein Maß für die verbrauchte Schlagarbeit. Je größer β, desto geringer ist die verbrauchte Arbeit. Dieser Wert der Schlagarbeit wird entweder aus dem Winkel β errechnet oder kann bei entsprechender Eichung direkt abgelesen werden. Durch Division der Schlagarbeit durch den gefährdeten Querschnitt erhält man den Wert der Kerbschlagzähigkeit.

Versuch: Es soll die Kerbschlagzähigkeit eines Stahles St 37 untersucht werden. Es soll weiterhin die Alterungsanfälligkeit dieses Werkstoffs und die Wirkung einer Normalisierung untersucht werden.

Ein Teil des Versuchsmaterials wird um 10% gewalzt und bei 250° geglüht, ein Teil durch eine Erhitzung auf 920° normalisiert, der Rest im Walzzustand belassen. Aus den drei Posten werden DVM-Proben hergestellt und die Kerbschlagzähigkeit bei verschiedenen Temperaturen bestimmt. Es werden folgende Hilfsmittel benutzt, um die Proben auf die betreffende Temperatur zu bringen:

für −184° flüssige Luft
−72° Kältemischung Kohlensäureschnee + Alkohol
~ −21° Kältemischung Kochsalz + Eis
0° Eiswasser
20° Raumtemperatur
100° siedendes Wasser
200° Salzbad

Es sind jeweils zwei gleichartig behandelte Proben zu verwenden. Im Prüfprotokoll sind Prüftemperatur, Kerbschlagzähigkeit und Bruchaussehen einzutragen. In einer graphischen Darstellung wird die Kerbschlagzähigkeit a_k in Abhängigkeit von der Temperatur aufgezeichnet.

Es muß bei der Durchführung der Versuche darauf geachtet werden, daß der Pendelhammer genau auf die dem Kerb gegenüberliegende Stelle auftrifft. Manche Pendelschlagwerke haben zu diesem Zweck eine Zentriervorrichtung. Weitere Fehler entstehen schon dadurch, daß die Proben die Versuchstemperatur noch nicht angenommen haben. Dann ist unbedingt auf die Unfallgefahr bei Arbeiten mit Pendelschlagwerken hinzuweisen. Vor allem bei Vorführungsversuchen vor Gruppen mehrerer Personen ist es notwendig, sich zu überzeugen, daß niemand vom Pendel getroffen werden kann.

Literatur

Normblätter DIN 50115 und 50122 aus: Materialprüfnormen für metallische Werkstoffe, 3. Aufl. Berlin: Beuth-Vertieb 1961.

Amedick, E., u. K. H. Bussmann, in: E. Siebel, Handbuch der Werkstoffprüfung, Bd. I, S. 81. Berlin/Göttingen/Heidelberg: Springer 1955.

Fink, K., u. C. Rohrbach, in: E. Siebel, Handbuch der Werkstoffprüfung, Bd. II, S. 140. Berlin/Göttingen/Heidelberg: Springer 1955.

Mailänder., R., in: E. Siebel, Handbuch der Werkstoffprüfung, Bd. II, S. 174. Berlin/Göttingen/Heidelberg: Springer 1955.

Späth, W.: Der Schlagversuch in der Werkstoffprüfung. Stuttgart: A. W. Genter 1957.

316 Der Standversuch

Wird ein metallischer Werkstoff unter einer konstanten ruhenden Beanspruchung gehalten, so tritt zunächst eine Verformung ein, wie sie z. B. auf Grund des Last-Dehnungs-Schaubildes zu erwarten ist. Hält man die Beanspruchung über längere Zeiten konstant, so beobachtet man eine weitere Verformung, die als Kriechen oder Fließen bezeichnet wird. Das Kriechen tritt vornehmlich bei solchen Temperaturen auf, die nahe der Rekristallisationstemperatur des betreffenden Werkstoffs liegen. Die Messung des Kriechens erfolgt im Standversuch, der auch als Zeitstandversuch oder Dauerstandversuch bezeichnet wird (Vorsicht vor Verwechslung mit dem Versuch zur Bestimmung der Dauerfestigkeit oder Dauerwechselfestigkeit).

Ein Probestab wird einer ruhenden Beanspruchung, z. B. einer Zugbelastung, ausgesetzt. Als Meßgröße dient die auftretende Dehnung in Abhängigkeit von der Versuchsdauer. Es wird eine Zeit-Dehnungs-Kurve aufgestellt, die auch Kriechkurve genannt wird. Je nach Größe der wirkenden Belastung nimmt die Zeit-Dehnungs-Kurve einen ganz charakteristischen Verlauf. Abb. 31.17 zeigt den Verlauf von Zeit-Dehnungs-Kurven für vier verschiedene Belastungen für ein und denselben Werkstoff. Bei der Belastung σ_1 nimmt die Dehnung unmittelbar nach dem Belasten einen bestimmten Anfangswert an, erhöht sich dann jedoch im Verlauf der Zeit nur wenig. Das Kriechen kommt zum Stillstand. Die höheren Lasten σ_2 und σ_3 bewirken zunächst eine höhere Anfangsdehnung. Im weiteren Verlauf steigt die Dehnung langsam an. Schließlich wird auch hier die Dehnungszunahme immer geringer, und das Kriechen kommt zum Stillstand. Bei der höchsten Belastung σ_4 liegt die anfängliche Dehnung am höchsten. Sie steigt dann im Laufe der Zeit an, jedoch wesentlich schneller als bei den niedrigeren Lasten σ_1 bis σ_3. Nach langen Zeiten ist hier kein Abklingen des Kriechens zu erwarten, sondern das Kriechen nimmt sogar wieder zu (tertiäres Kriechen) und führt schließlich zum Bruch (in der Kurve σ_4 nicht mehr dargestellt).

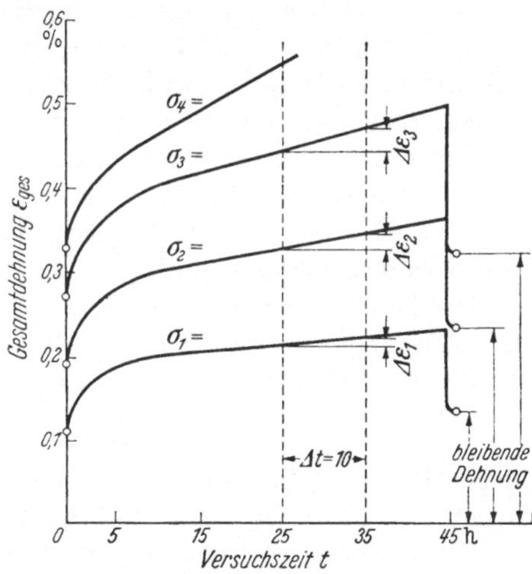

Abb. 31.17. Zeitdehnlinien (DIN 50117) (nach Pomp)

Wählt man eine höhere Versuchstemperatur, so nimmt die Kriechkurve schon bei geringeren Lasten das Aussehen der Kurve für die Belastung σ_4 an. Die Höhe der Versuchstemperatur ist für den Verlauf der Kriechkurve von entscheidender Bedeutung. Man muß deshalb bei der Aufstellung einer Kriechkurve stets die Versuchstemperatur angeben.

Besonders wichtig ist der Standversuch für die Untersuchung von Werkstoffen bei erhöhten Temperaturen. Oberhalb der Erholungstemperatur ist ein Abklingen des Kriechens nur bei sehr kleinen Lasten zu erwarten, während weit unterhalb dieser Temperatur ein Kriechen überhaupt nur bei Belastungen in der Nähe der Zugfestigkeit möglich ist. Der Temperaturbereich, bei dem der Standversuch sinnvoll angewendet wird, hängt somit in erster Linie von der Lage der Erholungs- und Rekristallisationstemperatur des betreffenden Werkstoffs ab. Diese Temperaturen können jedoch durchaus bei Raumtemperatur liegen, wie dies bei Pb- und Zn-Legierungen der Fall sein kann. Grundsätzlich kann man jede Art gleichbleibender Beanspruchung für die Durchführung eines Standversuchs heranziehen. So können die Proben auf Druck, Zug, Biegung oder Scherung beansprucht werden, jedoch gibt man fast immer einer Zugbelastung den Vorzug. Die in den Normen festgelegten Kenngrößen sind daher fast ausschließlich Meßgrößen für eine Zugbelastung. Die wichtigsten Kenngrößen des Standversuchs und ihre Normbezeichnung sind:

Die Zeitstandfestigkeit, d. h. die ruhende Belastung bezogen auf den Ausgangsquerschnitt P/F_0, die nach einer bestimmten Zeit den Bruch der Probe hervorruft. Z. B.

$$\sigma_{B/10000} = 7\ \mathrm{kp/mm^2}$$

hieße: Bei einer Belastung von 7 kp/mm² tritt nach 10000 Stunden der Bruch der Probe ein. Die Zeitangabe gilt stets in Stunden.

Die Zeitbruchdehnung ist die bleibende Dehnung, gemessen vom Beginn des Belastens bis zum Bruch nach der Zeit t. War der Standversuch bei erhöhten Temperaturen durchgeführt worden, so wird die Dehnung nach Erkalten der Probe bei Zimmertemperatur gemessen. So bedeutet z. B.

$$\delta_{5/10\,000} = 30\%.$$

Die Dehnung des kurzen Normalstabs (vgl. Kap. 3121, S. 208) beträgt 30% beim Bruch nach 10000 Stunden.

Ganz entsprechend wird die Zeitbrucheinschnürung gebildet. Als Zeitstanddehngrenzen bezeichnet man die Belastungen, dividiert durch den Ausgangsquerschnitt, die nach einer bestimmten Versuchszeit eine vorgegebene Verformung hervorrufen. Die Angabe

$$\sigma_{0,2/10\,000} = 10\ \mathrm{kp/mm^2}$$

heißt, eine Belastung von 10 kp/mm² ruft nach 10000 Stunden eine bleibende Verformung von 0,2% hervor. In analoger Weise werden andere Zeitstanddehngrenzen ermittelt, wie z. B. $\sigma_{1,0/10\,000}$.

Eine für die Untersuchung von Stählen wichtige Kenngröße ist die DVM-Kriechgrenze. Sie gibt die maximale Spannung an, bei der die Dehngeschwindigkeit in der 25. bis 35. Stunde einen Wert von $10 \cdot 10^{-4}\%/h$ nicht übersteigt und bei der nach 45 Stunden Belastungszeit die bleibende Dehnung einen Betrag von 0,2% nicht übersteigt.

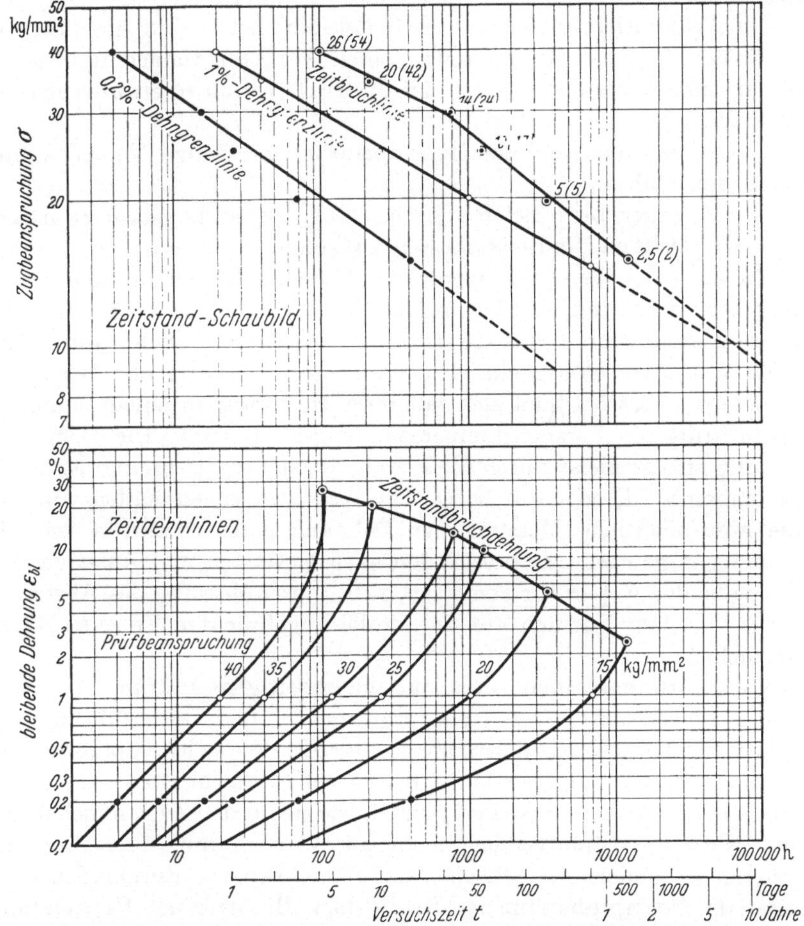

Abb. 31.18. Zeitstandschaubild (DIN 50118) (statt kg muß es kp heißen)

Einen Überblick über das Verhalten eines Werkstoffs bei ruhenden Belastungen gibt das Zeitstandschaubild. Abb. 31.18 zeigt ein solches Zeitstandschaubild. In doppelt-logarithmischer Darstellung sind hier die Größen des Standversuchs in Abhängigkeit von der Versuchsdauer aufgetragen. Man erhält auf diese Weise die *Zeitbruchlinie*, die *Dehngrenzlinien* für verschiedene Dehnungsbeträge (z. B. 0,2% und 1%) und den Verlauf der *Zeitbruchdehnung*. Die Größe der Zeitstandfestigkeit und der Zeitdehngrenzen nehmen mit zunehmender Standzeit ab. Die

Zeitbruchdehnung braucht jedoch nicht, wie es hier gezeigt ist, ebenfalls eine mit steigender Standzeit fallende Tendenz zu haben. Das Zeitstandschaubild gilt natürlich jeweils für eine bestimmte Temperatur. Für eine andere Temperatur ergeben sich andere Werte.

Die Prüfeinrichtungen für den Zeitstandversuch sind entsprechend der großen Zahl von Möglichkeiten, einen Werkstoff ruhend zu belasten, sehr mannigfacher Art. Es ist eine Meßeinrichtung erforderlich, die gestatten muß:

1. Die gewünschte Versuchstemperatur über lange Versuchszeiten genau einzuhalten,
2. die vorgegebene Belastung über lange Zeiten konstant zu halten,
3. die Dehnung laufend messen zu können.

Da die bei höheren Temperaturen üblichen Lasten im allgemeinen nicht sehr groß sind, werden meist Prüfmaschinen benutzt, bei denen die Belastung durch direkte Gewichtsbelastung erreicht wird. Man erzielt auf diese Weise eine hervorragende Konstanz der Belastung. Die Probe selbst befindet sich mit ihrer Halterung in einem Ofen, mit dessen Hilfe die Versuchstemperatur eingestellt wird. Die Dehnungsmessung erfolgt meist durch Meßuhren, auf die die Dehnung der Probe übertragen wird, oder auf optischem Wege. In vielen Fällen wird auf eine kontinuierliche Messung der Dehnung ganz verzichtet und die Dehnung in gewissen Zeitabständen nach Entlasten und Ausbauen der Probe aus der Apparatur gemessen, z. B. durch Messung des Abstandes zweier vor dem Versuch auf der Probe angebrachter VICKERS-Härteeindrücke.

Viele Prüfmaschinen sind zur gleichzeitigen Prüfung mehrerer Proben eingerichtet. Das Hauptproblem bei der Durchführung von Standversuchen besteht darin, die gewünschte Versuchstemperatur über die ganze Probe und über lange Zeiten genau einzuhalten. Als Probestäbe werden ähnliche Stäbe verwendet, wie sie für den Zugversuch üblich sind. Wird der Standversuch nicht als Versuch mit einer Zugbeanspruchung, sondern als Biege- oder Druckversuch durchgeführt, so finden die Normproben für den Druck -bzw. Biegeversuch Verwendung.

Versuch 1: Es ist die DVM-Kriechgrenze an einem Stahl der Qualität St 35.8 zu bestimmen. Die Versuchstemperatur soll 450° betragen. Es steht eine Prüfmaschine für Zeitstandversuche zur Verfügung, die die laufende Ablesung der Dehnung erlaubt. Es handelt sich um eine Maschine für Zugbelastung.

Die Abmessungen der Probestäbe richten sich nach der Prüfkraft, die die zur Verfügung stehende Prüfmaschine liefert, und nach der Größe der zu erwartenden DVM-Kriechgrenze. Nach der Norm für diesen Stahl soll bei 450° eine Mindestkriechgrenze von 5 kp/mm^2 vorhanden sein. Es ist daher zweckmäßig, die Probengröße so zu wählen, daß mindestens ein Mehrfaches der durch die Norm gegebenen Kriechgrenze eingestellt werden kann. Zunächst wird der Stab mit einer hohen Last, in diesem Falle etwa 10 kp/mm², belastet und die Kriechkurve aufgenommen. Nach 45 Stunden wird der Versuch abgebrochen, falls die Probe nicht schon vorher zu Bruch gegangen ist. Anschließend wird der Versuch mit geringeren Lasten wiederholt, bis die Kriechgeschwindigkeit in der 25. bis 35. Stunde einen Wert unter $10 \cdot 10^{-4}$%/h und die bleibende Dehnung nach 45 Stunden einen Wert unter 0,2% annehmen. Da die Prüfmaschine nur die Messung der Gesamtdehnung erlaubt, muß der Anteil an elastischer Dehnung nach dem HOOKEschen Gesetz rechnerisch ermittelt und subtrahiert werden. Für den Elastizitätsmodul ist nach dem Normblatt DIN 17175 ein Wert von 17000 kp/mm² für eine Temperatur von 450° einzusetzen. Die Kriechgeschwindigkeit wird nach der Beziehung

$$C = \frac{\delta_{25} - \delta_{35}}{10} \quad [\%/h] \tag{31.33}$$

errechnet. Hierin bedeuten δ_{25} die Dehnung nach 25 Stunden Belastungsdauer, δ_{35} die Dehnung nach 35stündiger Belastungsdauer, C die Kriechgeschwindigkeit. Die so für verschiedene Belastungen ermittelten Werte der Kriechgeschwindigkeit in der 25. bis 35. Stunde (s. Abb. 31.17) und der bleibenden Dehnung nach 45 Stunden werden in Abhängigkeit von der Belastung graphisch dargestellt. Aus diesen beiden Kurven werden die beiden Belastungswerte ermittelt, bei denen die Kriechgeschwindigkeit den Wert von $10 \cdot 10^{-4}$%/h bzw. die bleibende Dehnung nach 45 Stunden Belastungszeit gerade 0,2% erreicht. Die kleinere dieser beiden Belastungen bezogen auf den Ausgangsquerschnitt ergibt die gesuchte DVM-Kriechgrenze.

Versuch 2: Für Walzmaterial aus Hüttenweichblei ist ein Zeitstandschaubild aufzustellen. Es sollen die Zeitbruchlinie, die 1,0%-Dehngrenzlinie und der Verlauf der Zeitbruchdehnung aufgenommen werden. Der Versuch ist bei Raumtemperatur durchzuführen bis zu einer Versuchsdauer von 200 Stunden. Aus dem Versuchsmaterial werden Probestäbe gefertigt. An die Proben wird ein Dehnungsmeßgerät angeklemmt (z. B. das im Kap. 3122, S. 212, beschriebene MARTENS-KENNEDY-Gerät). Die Proben werden dann durch Anhängen von Gewichten belastet. Mit Hilfe einer Probe kann je ein Wert der Zeitbruchlinie, der 1,0%-Dehngrenze und der Kurve für die Zeitbruchdehnung ermittelt werden. Hat die Dehnung einer Probe den Wert von einem Prozent erreicht, so ergibt die Zeitdauer, nach der dies geschehen ist, einen Punkt der 1,0%-Dehngrenzlinie. Nach Abnehmen des Dehnungsmessers kann die Probe unter gleicher Last weiterhin gehalten werden, bis der Bruch eintritt. Man erhält dann einen Meßpunkt für die beiden anderen Kurven des Zeitstandschaubildes. Bei der Bestimmung der 1,0%-Dehngrenzlinie wird bei der Ablesung der Verformung am Dehnungsmeßgerät der Anteil der elastischen Dehnung vernachlässigt. Die Messung der Zeitbruchdehnung erfolgt nach dem Bruch. Die Meßlänge ist vor dem Versuch an den Probestäben anzuzeichnen.

Literatur

Normblätter DIN 50117, 50119 u. 50118 aus: Materialprüfnormen für metallische Werkstoffe, 3. Aufl. Berlin: Beuth-Vertrieb 1961.

Pomp, A., in: E. Siebel, Handbuch der Werkstoffprüfung, Bd. II, S. 279, Berlin/Göttingen/Heidelberg: Springer 1955.

317 Die Untersuchung der Dauerfestigkeit

Es ist bekannt, daß ein Werkstoff eine Belastung, die er einmal ausgehalten hat, ohne zu Bruch zu gehen, nicht beliebig oft ertragen kann. Vielmehr kann der Werkstoff, wenn er häufig be- und entlastet, also schwingend beansprucht wird, schon bei Belastungen zu Bruch gehen, die unterhalb der Streckgrenze, also noch im Bereich der elastischen Verformung liegen.

Dabei geht der Bruch meistens von irgendwelchen bereits vorhandenen Kerben aus, nimmt im Laufe der Zeit immer weiter zu (Wachsen des Dauerbruchs), bis der Querschnitt an dieser Stelle soweit geschwächt ist, daß der Stab zerbricht (Restbruch). Der Dauerbruch unterscheidet sich im Aussehen in charakteristischer Weise vom normalen Gewaltbruch, wie er bei der Durchführung des Zugversuchs auftritt. Er zeigt ein glattes Bruchaussehen, während der Gewaltbruch normalerweise stark zerklüftet ist. Der Restbruch ist wieder ein Gewaltbruch.

Nun spielen Fälle, wo ein Werkstoff einer schwingenden Beanspruchung ausgesetzt ist, in der Praxis eine große Rolle. Die Mehrzahl aller Brüche an Maschinen sind derartige Dauerbrüche. Es ist daher wichtig, das Verhalten eines jeden Werkstoffs bei schwingender Beanspruchung zu kennen. Jedoch besteht keine Möglichkeit, das Verhalten eines Werkstoffs bei schwingender Belastung aus den Kenngrößen statischer Prüfverfahren zu ermitteln. Daher sind besondere dynamische Prüfmethoden entwickelt worden, bei denen der Werkstoff schwingend belastet wird und so besondere Kenngrößen für das Verhalten unter diesen Bedingungen liefert. Die Belastung nimmt dabei einen zeitlich sinusförmigen Verlauf. Es gibt verschiedene Möglichkeiten, eine Probe dynamisch zu belasten, auf die zunächst eingegangen werden soll.

In Abb. 31.19 ist der allgemeine Fall einer periodisch schwingenden Beanspruchung wiedergegeben. Die Belastung wechselt sinusförmig zwischen der Oberspannung σ_o und der Unterspannung σ_u mit dem Spannungsausschlag σ_a:

$$2\sigma_a = \sigma_o - \sigma_u. \tag{31.34}$$

Das vollständige Durchlaufen einer Sinusschwingung nennt man ein Lastspiel. In dem in Abb. 31.19 gezeigten Fall überlagert sich die Schwingungsbeanspruchung einer ruhenden Belastung, der Mittelspannung σ_m:

$$\sigma_m = \frac{\sigma_o + \sigma_u}{2}. \tag{31.35}$$

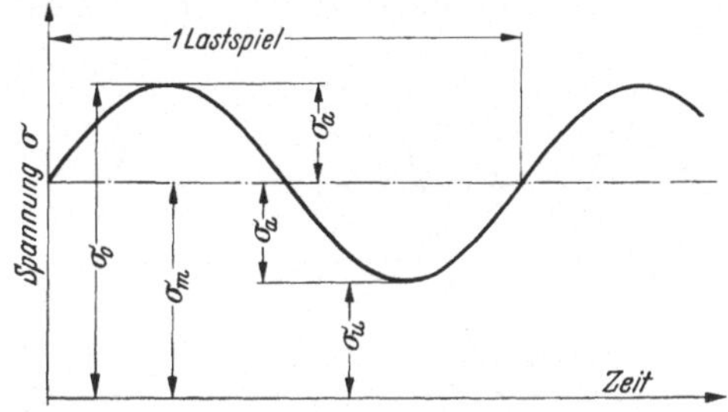

Abb. 31.19. Periodisch schwingende Beanspruchung (allgemeiner Fall)

In diesem Fall spricht man von einer Beanspruchung im Schwellbereich. Steht der Werkstoff dabei (wie in Abb. 31.20a dargestellt) ständig unter Zugspannungen, so handelt es sich um eine Beanspruchung im Zug-Schwellbereich, bei Druckspannungen (Abb. 31.20b) um eine Beanspruchung im Druck-Schwellbereich (üblicherweise werden in den in den Abbildungen gezeigten Diagrammen Zugspannungen positiv, Druckspannungen negativ aufgetragen).

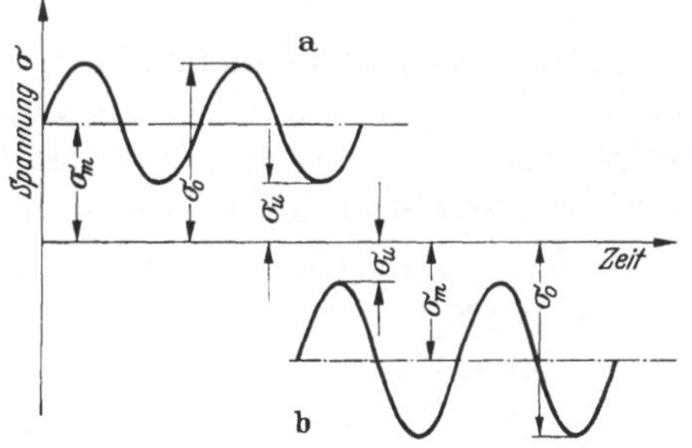

Abb. 31.20. Periodisch schwingende Beanspruchung im Schwellbereich unter Zug (a) und Druck (b)

Treten bei einer Beanspruchung sowohl Zug- wie auch Druckspannungen auf, so handelt es sich um eine Wechselbeanspruchung. Die reine Wechselbeanspruchung (Abb. 31.21) ist dadurch gekennzeichnet, daß die Oberspannung σ_o positiv, die Unterspannung σ_u dagegen negativ und die Mittelspannung $\sigma_m = 0$ ist. Bei der Beanspruchung im Wechselbereich (Abb. 31.22) haben Ober- und Unterspannung zwar entgegengesetzte Vorzeichen, sind aber nicht mehr gleich groß, so daß

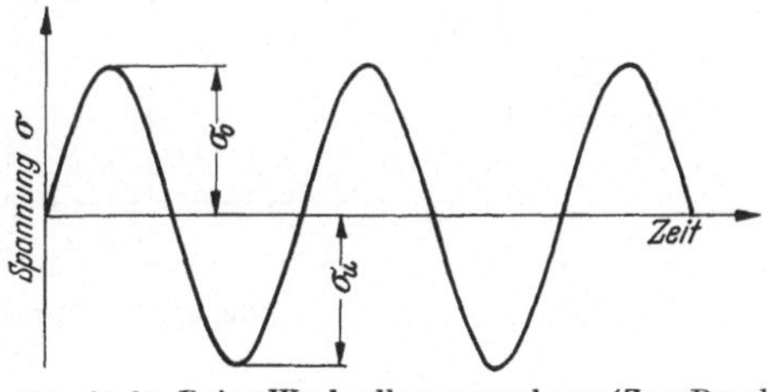

Abb. 31.21. Reine Wechselbeanspruchung (Zug-Druck-Belastungen gleich groß)

die Mittelspannung σ_m ungleich 0 ist. In dem in Abb. 31.22 dargestellten Fall hat die Mittelspannung einen positiven Wert.

Allgemein ist der Belastungszustand σ durch die Mittelspannung σ_m und die Wechselamplitude σ_a gegeben. Die hierbei übliche Schreibweise ist:

$$\sigma = \sigma_m \pm \sigma_a. \tag{31.36}$$

Soll ein Werkstoff im Dauerversuch geprüft werden, so wird der Probestab in eine Prüfmaschine eingespannt, die für die Durchführung von Dauerversuchen geeignet ist, und ein bestimmter Belastungszustand, gegeben durch σ_m und σ_a, eingestellt. Sodann wird der Probestab so oft belastet, bis der Bruch eintritt. Meßgröße ist dabei die Zahl der ausgehaltenen Lastspiele bis zum Bruch. Man prüft jedoch nicht nur das Verhalten bei einer Belastung, sondern man prüft nacheinander bei verschieden großer Wechselamplitude σ_a, aber konstant gehaltener Mittelspannung σ_m. Man mißt jeweils die Zahl der vom Probestab ausgehaltenen Lastspiele. Trägt man die Größe der Wechselamplitude auf in Abhängigkeit von der Zahl der Lastspiele,

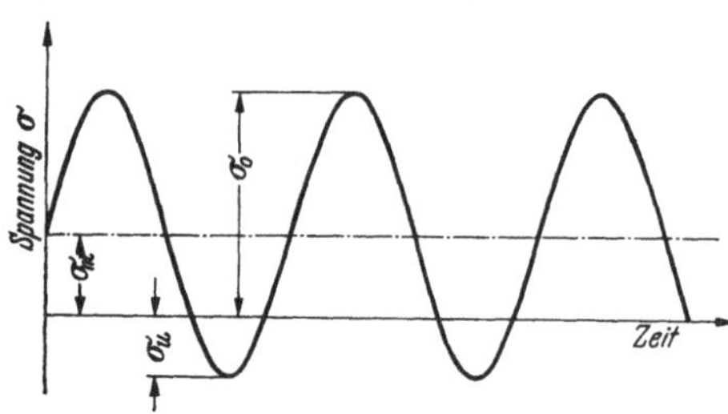

Abb. 31.22. Beanspruchung im Wechselbereich mit ungleich großer Zug- und Druckbeanspruchung

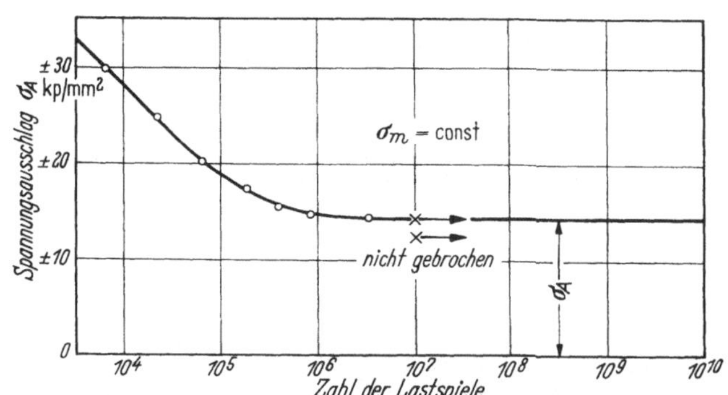

Abb. 31.23. WÖHLER-Kurve

so erhält man die sog. WÖHLER-Kurve. Der Abzissenmaßstab wird mit einer logarithmischen Einteilung versehen. Abb. 31.23 zeigt schematisch eine WÖHLER-Kurve. Der Spannungsausschlag σ_a fällt mit der Zahl der Lastspiele zunächst ab, um sich dann einem Grenzwert zu nähern, der Dauerfestigkeit σ_A. Die Dauerfestigkeit ist demnach die maximale

Wechselbelastung σ_a, die ein Werkstoff bei vorgegebener Mittelspannung σ_m beliebig oft aushalten kann, ohne zu Bruch zu gehen. Theoretisch müßte man bei der Prüfung unendlich große Lastspielzahlen anwenden; in der Praxis hat es sich jedoch gezeigt, daß es genügt, mit endlichen Lastspielzahlen zu prüfen. Hat ein Werkstoff bei einer bestimmten Belastung eine zwar große, aber endliche Zahl von Lastspielen ertragen, so wird er überhaupt nicht zu Bruch gehen, falls die Zahl der Lastspiele bei der Prüfung einen vom Werkstoff abhängenden Mindestwert erreicht hat. Die Lastspielzahl, die bei der Prüfung erreicht werden muß, beträgt für die verschiedenen Werkstoffe erfahrungsgemäß:

Stahl $10 \cdot 10^6$ Lastspiele,
Messing, Cu-Legierungen } $30 \cdot 10^6$ Lastspiele,
Leichtmetallegierungen $10 \cdot 10^6$ Lastspiele.

Nimmt man an, daß die Prüfmaschinen in der Minute 3000 Lastspiele ermöglichen, so muß man für die Aufstellung einer WÖHLER-Kurve einschließlich der Meßpunkte für geringe Lastspielzahlen Zeiten von etwa zwei Wochen rechnen.

Die Größe der Dauerfestigkeit ist auch von der Wahl der Mittelspannung σ_m abhängig. Die Dauerfestigkeit ist um so kleiner, je weiter sich die Mittelspannung σ_m nach oben oder nach unten von Null entfernt. Sie erreicht ihren Höchstwert, wenn die Mittelspannung Null ist. Der Zusammenhang zwischen der Größe der Dauerfestigkeit und der Größe der Mittelspannung ist durch das **Dauerfestigkeitsdiagramm**, z. B. in der Darstellungsweise nach SMITH, gegeben (Abb. 31.24). Es erfordert für seine Aufstellung die Ermittlung der Dauerfestigkeit für verschiedene Werte der Mittelspannung σ_m, ist daher mit erheblichem Zeitaufwand verbunden. Für die Praxis spielt jedoch nicht das gesamte Gebiet des Dauerfestigkeitsdiagramms eine Rolle (gestrichelte Linien), sondern man bricht das Diagramm auf der Zugseite an der Streckgrenze (σ_s) und auf der Druckseite an der Quetschgrenze (σ_{ds}) ab, da Belastungen, bei denen plastische Verformungen auftreten, sowieso normalerweise nicht zulässig sind.

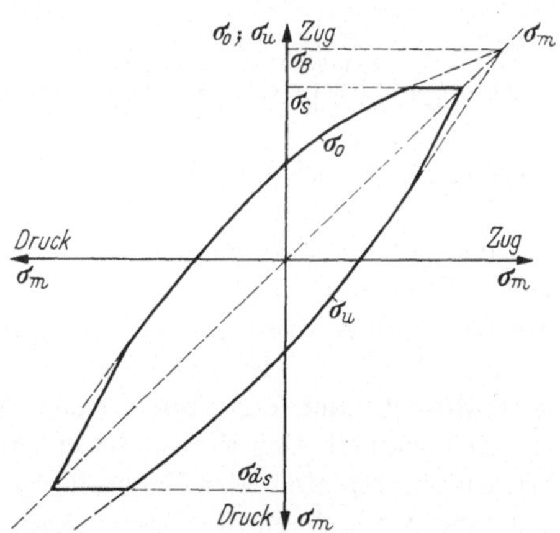

Abb. 31.24. Dauerfestigkeitsdiagramm nach SMITH (DIN 50100)

Die Art der Dauerfestigkeitsprüfmaschinen ist sehr mannigfaltig. Es sind Zugschwell-, Druckschwell-, Zugdruck-, Biege-, und Verdrillbeanspruchungen zur Anwendung gekommen.

Eine Reihe von Universalprüfmaschinen sind als sog. Pulsatoren für Dauerfestigkeitsuntersuchungen eingerichtet. Sie können meist nur im Zugschwell- oder Biegeschwellbereich arbeiten. Es sind hydraulisch angetriebene Maschinen. Der Öldruck wechselt mit Hilfe einer exzentrisch arbeitenden Pumpe zwischen dem Maximal- und dem Minimalwert, deren Größen variiert werden können.

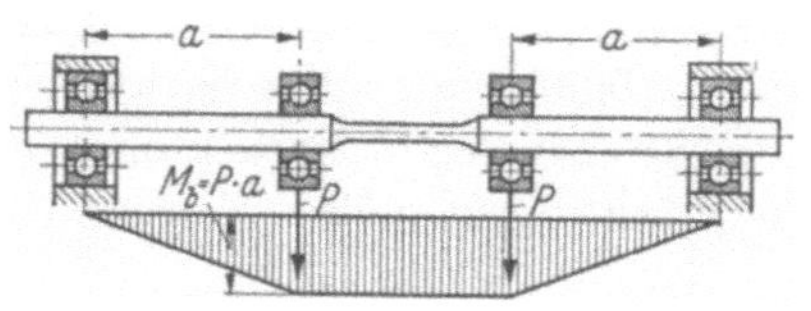

Abb. 31.25. Umlaufbiegemaschine (Abb. 31.25 u. 31.26 aus Oschatz und Hempel, in: Handbuch der Werkstoffprüfung) a Lastarm; M_b Biegemoment

Andere Pulsatoren erlauben auch das Arbeiten im Wechselbereich. Sie sind häufig magnetisch angetrieben, was höhere Prüffrequenzen, also kürzere Prüfzeiten ermöglicht.

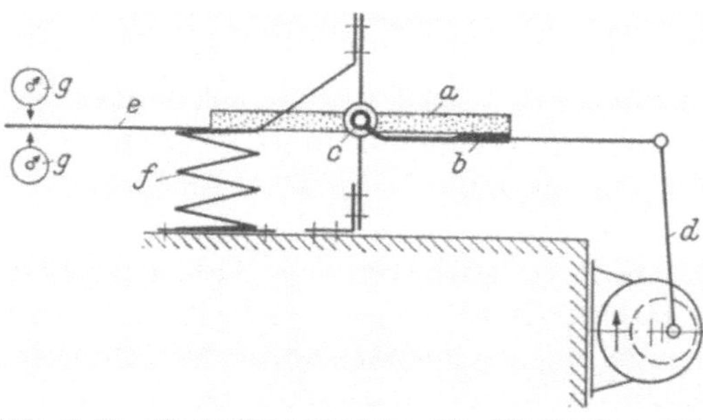

Abb. 31.26. Wechselbiegemaschine für Flachproben von Erlinger, Bauart Schenck
a Probe; b Schwinge; c Drehpunkt in der neutralen Faser der Probe; d Antrieb; e Meßschwinge

Die meistverbreiteten Maschinen sind die Umlaufbiegemaschinen. Ihr Prinzip ist in Abbildung 31.25 wiedergegeben. Ein Rundstab wird von einem Motor in Rotation versetzt. Der Stab ist in vier Lagern gelagert. Die beiden äußeren Lager sind fest, während die inneren Lager in vertikaler Richtung verschiebbar sind und durch Gewichte P belastet werden können. Dies ruft eine Biegung des Stabes hervor. Ein Punkt an der Oberfläche des Probestabs nimmt in streng sinusförmigem Verlauf abwechselnd Zug- und Druckspannungen auf. Jede Umdrehung ist ein Lastspiel. Der Vorteil dieser Prüfmaschinen ist ihre sehr einfache Bauweise. Ihm steht der Nachteil gegenüber, daß mit diesen Maschinen nur eine reine Wechselbeanspruchung realisiert werden kann, d. h. die Mittelspannung σ_m ist stets Null. Andere Beanspruchungen sind bei dieser Maschine nicht möglich. In allen anderen Fällen müssen exzentrisch arbeitende Maschinen verwendet werden, wie die Flachbiegemaschine, deren Prinzip Abb. 31.26 zeigt. Ein Flachstab (a) wird einseitig an der exzentrisch bewegten Antriebsschwinge (b) befestigt, auf der anderen Seite ist der Stab eingespannt und mit Meßgeräten (g und f) versehen. Bei einer Rotation der Welle wird der Stab einer sinusförmig verlaufenden Biegebelastung unterworfen. Die Mittelspannung kann durch Verstellen des festen Lagers eingestellt werden.

Entsprechend den vielen Möglichkeiten, eine Probe im Dauerversuch zu prüfen, sind auch die verschiedensten Probeformen verwendet worden. Eine wesentliche Rolle spielt bei Dauerfestigkeitsuntersuchungen die Oberflächenbeschaffenheit. Die Proben müssen eine sauber polierte Oberfläche besitzen; es dürfen keinerlei Drehriefen vorhanden sein, da von diesen eine Kerbwirkung ausgehen würde, die zu einer erheblichen Verminderung der Dauerfestigkeit führen würde. Die Probeform selbst hängt in erster Linie von der Bauart der Prüfmaschine ab.

Versuch: Es ist eine WÖHLER-Kurve aufzustellen für einen C-Stahl. Als Hilfsmittel steht eine Umlaufbiegemaschine zur Verfügung. Es handelt sich daher um reine Wechselbeanspruchungen. Die Mittelspannung ist in allen Fällen Null. Die Probestäbe werden zunächst, falls noch Drehriefen vorhanden sind, mit feinem Schmirgelpapier längspoliert. Für die verschiedenen Belastungen wird die Biegespannung errechnet nach der Beziehung

$$\sigma_b = \frac{M_b}{W} \quad [\mathrm{kp/mm^2}] \qquad (31.37)$$

wobei M_b das Biegemoment, W das Widerstandsmoment ist (s. auch Kap. 314, S. 221). Nachdem in einem Vorversuch die Streckgrenze des Werkstoffs bestimmt worden ist, werden nun die Probestäbe nacheinander bei verschiedenen Belastungen dem Dauerversuch unterworfen. Zweckmäßigerweise beginnt man mit einer hohen Belastung, wobei die maximale Biegespannung dicht unterhalb der Streckgrenze liegen soll. Ist der Stab gebrochen, so wird an einem Zählwerk die Zahl der Lastspiele abgelesen. Ist die Maschine nicht mit einem Zählwerk ausgestattet, so kann die Lastspielzahl aus der Tourenzahl der Maschine und der Umlaufzeit bis zum Bruch, die mit einer Stoppuhr gemessen werden kann, ermittelt werden. Sodann wird ein weiterer Stab mit einer geringeren Belastung geprüft, bis schließlich die Zahl der Lastspiele einige 10^6 erreicht. Man kann die WÖHLER-Kurve mit etwa 6 bis 8 Probestäben aufstellen.

Literatur

Normblätter DIN 50100, 50113 u. 50142 aus: Materialprüfnormen für metallische Werkstoffe, 3. Aufl. Berlin: Beuth-Vertrieb 1961.

OSCHATZ, H., u. M. HEMPEL, in: E. SIEBEL, Handbuch der Werkstoffprüfung, Bd. I, S. 167. Berlin/Göttingen/Heidelberg: Springer 1955.

SIGWART, H., in: E. SIEBEL, Handbuch der Werkstoffprüfung, Bd. II, S. 201. Berlin/Göttingen/Heidelberg: Springer 1955.

318 Die Prüfung dünner Bleche

Der Verarbeitung von Feinblechen zu Fertigteilen dienen die Verfahren der Blechumformung. Sie ermöglichen die Herstellung großer Stückzahlen zu niedrigen Preisen. Die bei diesen Verfahren vorkommenden Verformungsgrade sind aber z. T. wesentlich höher als die Verformungsgrade beim Zugversuch. Es sind daher für die Prüfung solcher Bleche besondere Prüfverfahren notwendig. Von einem Blech für Tiefziehzwecke werden folgende Eigenschaften gefordert:

1. Hohe Umformungsfähigkeit,
2. Niedrige Fließgrenze, um den Kraftbedarf niedrig zu halten und einen geringen Werkzeugverschleiß zu erreichen,
3. Hohe Festigkeit, damit bei der Verformung kein Bruch eintritt,
4. Feinkörnigkeit, da sich bei grobkörnigem Material die Anisotropie der Einzelkristalle ungünstig auswirkt,
5. Regellose Orientierung, da eine Textur zu Zipfeln führt.

Mit Hilfe der statischen Prüfverfahren, wie z. B. des Zugversuchs, ist es nicht möglich, festzustellen, ob ein Werkstoff diese Forderungen erfüllt. Es werden daher für die Blechprüfung solche Prüfverfahren herangezogen, die die bei den Umformungsvorgängen auftretende Beanspruchung nachahmen. Man kann auf diese Weise empirisch feststellen, ob ein Werkstoff für den Tiefziehvorgang geeignet ist. Die wichtigsten Prüfverfahren sind der Tiefungsversuch nach Erichsen und der Näpfchenziehversuch.

3181 Der Tiefungsversuch nach Erichsen

Die für den Tiefungsversuch nach Erichsen benutzte Versuchseinrichtung ist in Abb. 31.27 dargestellt. Sie besteht im wesentlichen aus der Matrize B mit einer lichten Weite von 27 mm, dem beweglichen Stößel A, an dessen Spitze eine Kugel mit einem Durchmesser von 20 mm befestigt ist, und dem Faltenhalter C. In der Ausgangsstellung ist der Stößel nach oben zurückgezogen. Der Abstand zwischen Matrize und Faltenhalter kann mit Hilfe eines Spindeltriebs durch Drehen eines Handrades (s. Abb. 31.28) verändert werden. Ein Blechstreifen mit einer Länge und Breite von mindestens je 70 mm aus dem zu untersuchenden Blech wird zwischen Matrize und Faltenhalter fest eingespannt. Sodann wird das Handrad so weit zurückgedreht, daß ein Spiel von 0,05 mm entsteht. Jetzt wird der Stößel A in das Blech gedrückt und zwar

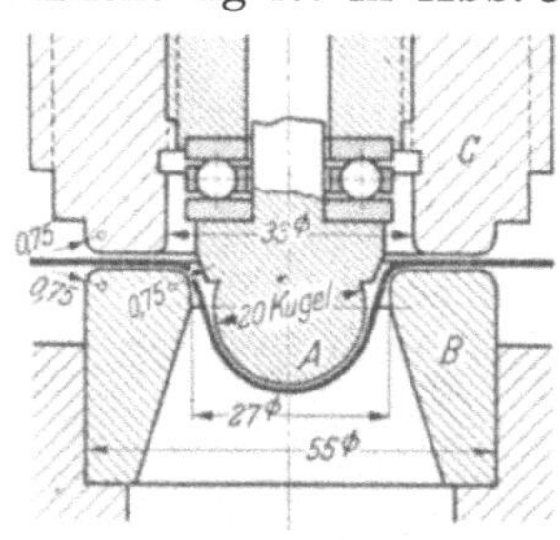

Abb. 31.27. Tiefungsversuch nach Erichsen (DIN 50101, Normaleinrichtung) (aus Wellinger, in: Handb. d. Werkstoffprfg.)

entweder ebenfalls mit Hilfe eines Spindeltriebs mit Handrad oder mittels eines elektrischen Antriebs. Dabei erfährt das Blech eine Einbeulung in der Form einer Kugelkalotte (dick ausgezogen in Abbildung 31.27). Die hierbei entstehende Vergrößerung der Oberfläche erfolgt zum geringeren Teil durch Nachfließen von Material zwischen Matrize und Faltenhalter, zum größten Teil jedoch aus der Wandstärke

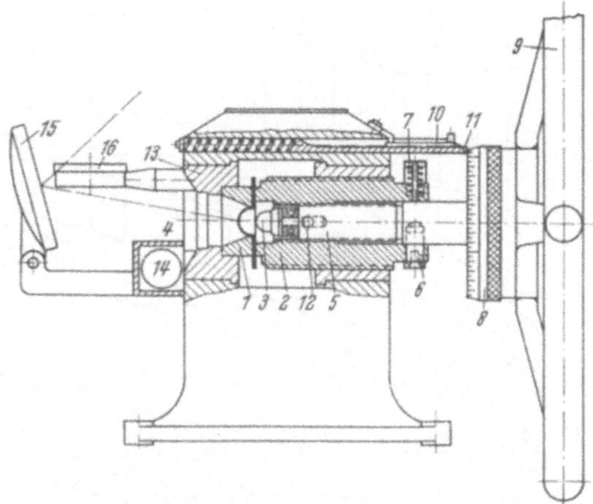

Abb. 31.28. ERICHSEN-Tiefungsgerät (aus OEHLER: Das Blech und seine Prüfung)
1 Matrize; *2* Blechhalter; *6* Rastbolzen; *11* Skalenschieber; *12* Bolzenstiftung; *13* Kraftmesser; *14* Beleuchtungseinrichtung

des Bleches, so daß an den stark verformten Stellen die Wandstärke laufend abnimmt, bis nach einer bestimmten Eindringtiefe ein Bruch in der Kugelkalotte eintritt. Die zum Vorwärtstreiben des Stößels notwendige Kraft nimmt infolge der Kaltverfestigung während des Versuchs stetig zu, um allerdings bei Eintreten des Bruches plötzlich abzunehmen. Die Tiefe der bis zum ersten Anriß entstehenden Kugelkalotte bezeichnet man als die Tiefung t_e. Sie ist ein Maß für die Eignung eines Werkstoffs für Tiefziehverfahren: je größer die Tiefe, desto besser das Blech. Während des Eindringens des Stößels wird mit einer Beleuchtungseinrichtung (s. Abb. 31.28) die Oberfläche des Prüflings beobachtet. Der Versuch ist beendet, wenn der erste Anriß sichtbar wird. Neben der Bestimmung der Tiefung t_e gibt der Versuch über die Korngröße Aufschluß: Grobes Korn führt zu einer Aufrauhung der Blechoberfläche, die bei feinem Korn glatt bleibt.

Die Tiefung ist keine Materialkenngröße, da sie einer ganzen Reihe von Einflüssen unterliegt. So ist sie außer vom Werkstoff vor allem von der Blechstärke, der Korngröße, der Oberflächengüte und vom Verformungsgrad abhängig. Der große Vorteil der Tiefung liegt in der Einfachheit der Probe und der Versuchsdurchführung, so daß man in wenigen Sekunden einen Anhaltspunkt dafür hat, ob ein Blech für Tiefziehzwecke geeignet ist oder nicht. Abb. 31.29 zeigt die Größe der Mindestwerte der Tiefung t_e für verschiedene Werkstoffe in Abhängigkeit von der Blechstärke. Liegen die im Versuch ermittelten

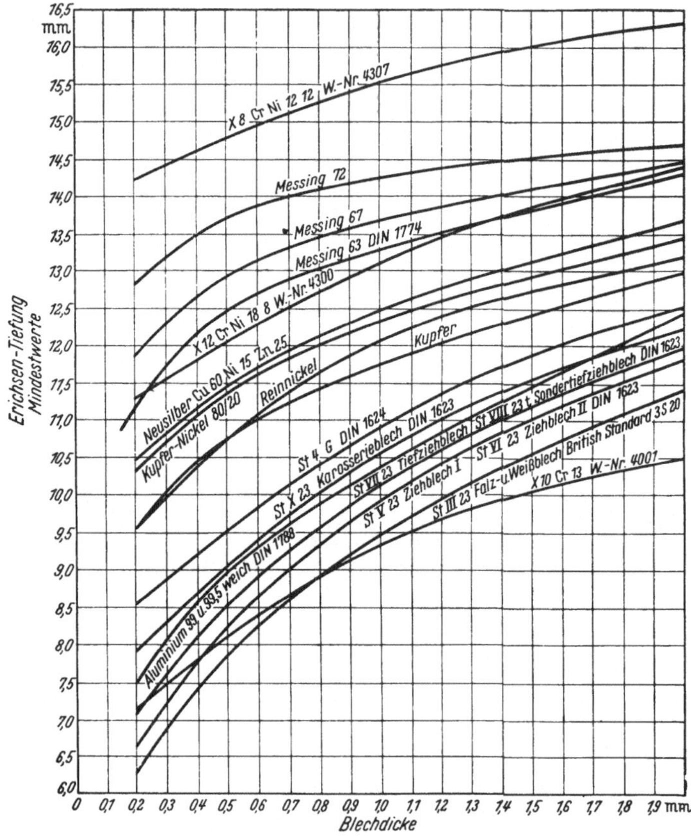

Abb. 31.29. ERICHSEN-Tiefung für verschiedene Werkstoffe in Abhängigkeit von der Blechdicke (nach ERICHSEN)

Werte oberhalb der Kurve für den betreffenden Werkstoff, so ist er für Tiefziehzwecke geeignet, liegen sie unterhalb der Kurve, so kann er nicht für Tiefziehzwecke verwendet werden.

Eine für die Durchführung von Tiefungsversuchen typische **Prüfeinrichtung** ist in Abb. 31.28 dargestellt. Durch Drehen des Handrades *9* nach rechts wird das Blech *4* festgespannt. Die anschließende Einstellung des notwendigen Spieles von 0,05 mm geschieht mit Hilfe einer am Handrad angebrachten Skala *8*. Der Spindeltrieb *5* für den Vorschub des Stößels (der auch für den Faltenhalter dient) erfolgt durch Drehen des Handrades nach Lösen des Kupplungsrings *7*. Die

Beleuchtungseinrichtung *14* mit dem Spiegel *15* gestattet, die Blechoberfläche während des Prüfungsvorgangs zu beobachten. Die für den Vorschub des Stößels *3* erforderliche Kraft kann an der Meßuhr *16* abgelesen werden. Die Grobablesung der Tiefungswerte geschieht an der Skala *10*, der genaue Wert wird an der Skala *8* am Handrad abgelesen. Eine Umdrehung des Handrades entspricht einer Tiefung von 5 mm. Die Skala *8* erlaubt die Ablesung der Tiefung auf 0,05 mm genau.

Versuch: Es soll die Tiefung für Messingbleche in Abhängigkeit von der Blechdicke und vom Verformungsgrad ermittelt werden. Als Ausgangsmaterial dienen Messingbleche mit einem Cu-Gehalt von 63% (Ms 63). Die Bleche liegen im weichgeglühten, halbharten und harten Zustand vor. Es sind Bleche von 2, 1,5, 1 und 0,5 mm zu prüfen. Die Blechstreifen werden zugeschnitten und vor dem Versuch beiderseitig mit Vaseline dünn eingeschmiert. Unterläßt man das Schmieren, so ergeben sich infolge Reibung zwischen Stößel und Blech zu niedrige Werte für die Tiefung. Die Blechstreifen sind so einzusetzen, daß von der Mitte der Kugelkalotte mindestens in jeder Richtung 35 mm Material vorhanden ist. Die Tiefung ist nach Normvorschrift auf 0,1 mm genau abzulesen. Ein Vergleich mit Abb. 31.29 zeigt, in welchem Zustand das Material für Tiefziehversuche geeignet ist. Auf die Oberflächenbeschaffenheit ist besonders zu achten.

3182 Der Näpfchenziehversuch

Während der Erichsen-Tiefungsversuch in einfacher Weise die Eignung eines Bleches für Tiefziehzwecke erkennen läßt, gibt das Näpfchenziehverfahren quantitativ an, wie stark ein Werkstoff tiefziehfähig ist und welche Ziehoperationen mit ihm durchführbar sind. Es gestattet darüber hinaus, Angaben darüber zu machen, ob das Blech eine Textur aufweist.

Beim Näpfchenziehversuch werden aus runden Blechen, den sog. Ronden, zylindrische Näpfchen gezogen. Dabei verwendet man dieselben Prüfmaschinen wie für die Tiefung, nur wird ein anderes Ziehwerkzeug benutzt. Abb. 31.30 zeigt die Anordnung des Stempels *A*, und des Faltenhalters *C* sowie der Matrize *B*, deren Durchmesser so groß ist, daß zwischen ihr und dem Stempel ein Spiel von der Größe der Blechstärke bleibt. Es sind daher für die Untersuchung verschieden starker Bleche mehrere Matrizen bei Verwendung desselben Stempels erforderlich. Die Ronde wird mit Hilfe des Handrades zwischen Matrize und Faltenhalter so fest eingespannt, daß beim Ziehen keine Falten entstehen. Beim Vordringen des Stempels wird die Ronde ohne Veränderung der Blechstärke zu einem Näpfchen umgeformt, wobei der Materialfluß zwischen Matrize und Faltenhalter vom Rand der Ronde her erfolgt. Je besser ein Blech zum Tiefziehen geeignet ist, desto tiefer kann das Näpfchen gezogen werden, ohne daß ein Bruch eintritt. Bei Beibehaltung desselben Stempels heißt dies, je besser der Werkstoff ist, um so größer können die Ronden sein, von denen man beim Ziehen

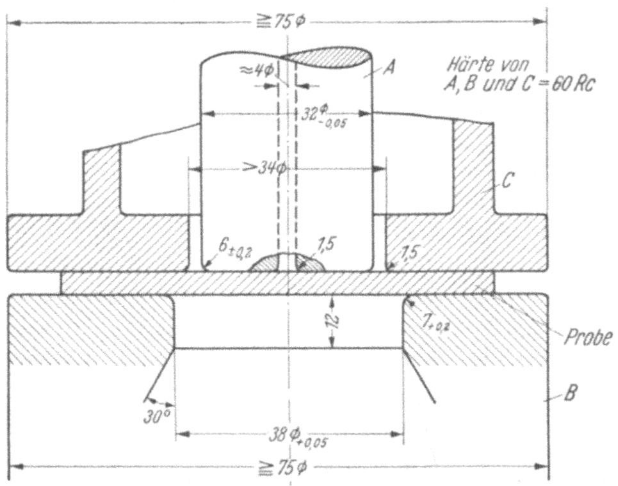

Abb. 31.30. Näpfchenziehversuch (Normvorschlag) (aus WELLINGER, in: Handbuch der Werkstoffprüfung)

ausgehen darf, ohne daß ein Bruch zu befürchten ist. Als Meßgröße dient dabei das sog. Ziehverhältnis:

$$\beta = \frac{D}{d}. \tag{31.38}$$

Darin sind D der Durchmesser der Ronde und d der Durchmesser des daraus gezogenen Näpfchens. Bei der Prüfung verändert man β und stellt auf diese Weise fest, bei welchem Ziehverhältnis gerade noch gearbeitet werden kann, ohne daß das Blech reißt. Bei dem am meisten angewandten Verfahren geht man von drei verschieden großen Ronden mit Durchmessern von 55, 64 und 70 mm aus und zieht sie zu Näpfchen von 33 mm Durchmesser. Können alle drei Ronden ohne Riß durchgezogen werden, so wird die Prüfung weiter verschärft, indem die Näpfchen einen Weiterschlag erhalten, d. h., sie werden auf noch kleineren Durchmesser (25 mm) gebracht. Man erhält so Näpfchen für drei weitere Ziehverhältnisse β. Wenn das Blech auch diese Prüfung ohne Riß erträgt, so hat man es mit einem ganz hervorragend tiefziehfähigen Werkstoff zu tun. In den meisten Fällen erfolgt jedoch bei einem der gewählten Ziehverhältnisse ein Riß.

Der genaue Wert des eben noch möglichen Ziehverhältnisses wird graphisch ermittelt, indem entsprechend Abb. 31.31 die beim Ziehversuch auftretenden maximalen Ziehkräfte in Abhängigkeit vom Ziehverhältnis β aufgetragen werden. Im Beispiel der Abb. 31.31 erhält man dabei für die beiden nicht gerissenen Näpfchen die Punkte A_1 und A_2. Das gesuchte maximale Ziehverhältnis β_{max} erhält man durch Ziehen des Lotes vom Punkt A_3 auf die Abzisse. Der Punkt A_3 ist der Schnittpunkt der extrapolierten Kurve durch 0, A_1 und A_2 mit der Parallelen zur Abzisse durch P_{z3}, der maximalen Ziehkraft beim Riß des dritten Näpfchens.

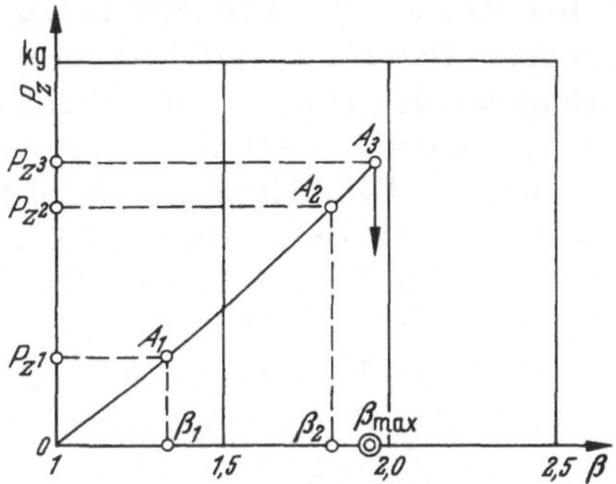

Abb. 31.31. Ermittlung von β_{max} (aus OEHLER: Das Blech und seine Prüfung) (statt kg muß es heißen kp)

Wichtig ist der Näpfchentiefziehversuch auch für den Fall, daß Texturen vorliegen. Dann macht sich die Anisotropie der Festigkeitseigenschaften des Einzelkristalls durch die Bildung von Zipfeln bemerkbar. Die Zipfelbildung ist in der Praxis unerwünscht, da sie erhöhten Abfall bedingt, denn die unebenen Ränder müssen abgeschnitten werden. So ist man bestrebt, regellos orientiertes Material zu verwenden, das ein quasiisotropes Verhalten zeigt und daher ebene Ränder ergibt. Ein anderer Weg besteht in der Forderung von mehreren Texturen, deren Zipfel sich ausgleichen.

Die Neigung zur Zipfelbildung kann beim Näpfchentiefziehversuch bestimmt werden. Das Maß hierfür ist die Zipfelhöhe H.

$$H = \frac{h_{max} - h_{min}}{h_{min}} \cdot 100 \quad [\%] \qquad (31.39)$$

Hierin bedeuten h_{max} die größte und h_{min} die kleinste Höhe des Näpfchens.

Versuch: Es sind die Tiefziehfähigkeit und die Neigung zur Zipfelbildung je eines Messingblechs und eines Stahlblechs in Tiefziehqualität zu bestimmen. Die Bleche liegen in Form von Ronden von 55, 64 und 70 mm Durchmesser vor. Zunächst werden die Blechstärke mit Hilfe einer Mikrometerschraube bestimmt und der Stempel sowie die für die betreffende Blechstärke notwendige Matrize in die Prüfmaschine eingesetzt. Stempel, Matrize und Ronde werden sorgfältig mit Vaseline eingefettet. Die Prüfung beginnt mit der kleinsten Ronde, die eingesetzt und mit dem Faltenhalter festgespannt wird. Der Faltenhalterdruck soll nur so groß sein, daß beim Ziehen des Näpfchens keine Falten entstehen können. Es ist darauf zu achten, daß die Ronde genau zentrisch eingesetzt wird, da sonst ein Näpfchen mit ungleicher Höhe entsteht, das zur Auswertung nicht brauchbar ist. Nachdem die Nullstellung kontrolliert und die Anzeige für die Tiefe des Näpfchens auf Null gestellt ist, wird der Stempel langsam (0,1 mm/sek) vorwärtsgetrieben, bis ein Riß eintritt oder das Näpfchen ohne zu reißen ganz durchgezogen ist. Trifft letzteres zu, so wird der Versuch mit der nächstgrößeren Ronde und evtl. bis zum Weiterschlag wiederholt. Beim Weiterschlag werden ein anderer Faltenhalter, ein anderer Stempel und eine andere Matrize verwendet. Im Versuchsprotokoll ist anzugeben, bei welchem Ziehverhältnis das Näpfchen noch ohne Riß tiefziehbar ist. Überdies muß die maximale Ziehkraft, die an der Meßuhr abgelesen werden kann, für jedes Ziehverhältnis aufgeführt sein, damit nach dem Schema in Abb. 31.31 das maximal mögliche Ziehverhältnis bestimmt werden kann. Ferner sind Zipfelhöhe und die Lage der Zipfel zur Walzrichtung des Bleches anzugeben.

Literatur

Normblatt DIN 50101 aus: Materialprüfnormen für metallische Werkstoffe, 3. Aufl. Berlin: Beuth-Vertrieb 1961.

OEHLER, G.: Das Blech und seine Prüfung. Berlin/Göttingen/Heidelberg: Springer 1953.

WELLINGER, K., in: E. SIEBEL, Handbuch der Werkstoffprüfung, Bd. II, S. 445. Berlin/Göttingen/Heidelberg: Springer 1955.

32 Zerstörungsfreie Werkstoffprüfung

321 Verfahren zur zerstörungsfreien Prüfung auf Fehler an der Metalloberfläche

Es gibt eine Reihe von sehr einfachen zerstörungsfreien Prüfverfahren, die vornehmlich für die Auffindung von Oberflächenfehlern geeignet sind und die mit geringstem Aufwand durchführbar sind. Das Prinzip dieser Verfahren beruht auf der Tatsache, daß Risse, Gasblasen und Lunker an der Oberfläche eines Werkstücks auf Flüssigkeiten eine starke Kapillarwirkung ausüben. Taucht man ein fehlerhaftes Stück in eine benetzende Flüssigkeit und wischt die Flüssigkeit anschließend wieder ab, so werden in den Fehlstellen Reste der Flüssigkeit zurückbleiben, die in geeigneter Weise sichtbar gemacht werden können und auf diese Weise die Oberflächenfehler hervorheben. Die wichtigsten Verfahren sind:

Die Beizprobe, die Fluoreszenzprobe und die Ölkochprobe.

3211 Die Beizprobe

Bei der Beizprobe wird das Werkstück in eine Flüssigkeit getaucht, die es chemisch angreift. Nachdem das Beizmittel längere Zeit eingewirkt hat, können die Oberflächenfehler sichtbar gemacht werden, weil an den Rissen eine geringere chemische Beständigkeit vorhanden ist, insbesondere aber können infolge der Kapillarkräfte die Reaktionsprodukte nicht weggespült werden. Ein bekanntes Beispiel dafür ist das Sichtbarmachen von Rissen an Stählen mit heißer Salzsäure und an Leichtmetallegierungen mit heißer Natronlauge. Daneben gibt es noch eine große Zahl weiterer Prüfflüssigkeiten für die einzelnen Werkstoffe.

Insbesondere für Gußstücke ist ein Verfahren geeignet, bei dem das zu untersuchende Werkstück in eine Beize von 80°, bestehend aus 2% Ammonazetat, 15% Kaliumbichromat und 83% Wasser, eingetaucht wird. Nach einer Einwirkungsdauer von etwa einer halben Stunde wird das Werkstück mit kaltem Wasser abgespült und schnell getrocknet. Bei der anschließenden Lagerung an Luft werden die Fehlstellen durch eine intensive Gelbfärbung angezeigt, verursacht durch das aus den Fehlstellen austretende Bichromat.

3212 Die Fluoreszenzprobe

Hier macht man sich die Eigenschaft fluoreszierender Stoffe zunutze, die bei der Bestrahlung mit ultraviolettem Licht aufleuchten. Die zu prüfenden Werkstücke werden in eine Flüssigkeit getaucht, der fluoreszierende Substanzen zugesetzt sind. Die Flüssigkeit muß eine Zeit einwirken, damit die fluoreszierende Substanz eindringen kann. Anschließend wird die Prüfflüssigkeit wieder abgewischt, wobei an den Fehlstellen durch die Kapillarwirkung Reste der Flüssigkeit hängenbleiben. Bei einer Bestrahlung mit ultraviolettem Licht (Quecksilberdampflampe) leuchten die fluoreszierenden Stoffe an den Fehlstellen auf.

Die Fehlererkennbarkeit kann durch ein Filter vor der Lichtquelle verbessert werden, das das sichtbare Licht absorbiert, das ultraviolette Licht jedoch durchläßt.

3213 Die Ölkochprobe

Die Ölkochprobe spielt ebenfalls vor allem für die Prüfung von Gußstücken eine Rolle. Die zu untersuchenden Stücke werden in Öl gekocht. Der Siedepunkt der dabei verwendeten Öle beträgt etwa 130° bis 160°. Nach einer Kochzeit von einer halben Stunde wird das Öl abgewischt. Hierzu eignen sich am besten Sägespäne, die dann anschließend mit Preßluft abgeblasen werden. Die so behandelten Prüfstücke werden dann mit einer Aufschlämmung von Schlämmkreide in Spiritus oder von Talkum in Tetrachlorkohlenstoff dünn bestrichen. Nach dem Verdunsten des Lösungsmittels sind die Werkstücke mit einer dünnen weißen Schicht überzogen. Das durch die Kapillarkräfte in den Rissen, Gasblasen und Lunkern festgehaltene Öl bewirkt eine Braunfärbung an diesen Stellen, womit eine Fehlersichtbarmachung erreicht wird. Ein Nachteil dabei ist die Eigenschaft des Öls, zu kriechen, so daß die braunen Stellen sich mit der Zeit vergrößern. Man ist daher gezwungen, die Fehler gleich nach dem Sichtbarwerden zu markieren.

Literatur

Lehmann, H.: Werkstoffprüfung, Bd. 1, Metalle, 2. Aufl., Leipzig: Fachbuchverlag 1953.

Müller, E. A. W.: Stahl und Eisen 69 (1949) 273.

3214 Das Magnetpulverfahren

Die Magnetpulverprüfung wird angewandt, um feine Risse an der Oberfläche oder in ihrer Nähe zu ermitteln. Das zu untersuchende Werkstück wird hierzu magnetisiert, so daß am Verlauf der magnetischen Feldlinien Risse und Einschlüsse zu erkennen sind. Das Verfahren eignet sich selbstverständlich nur für ferromagnetische Werkstoffe. Es hat insbesondere für Stahl erhebliche praktische Bedeutung erlangt.

Die Grundlage für die Rißprüfung auf magnetischem Wege besteht darin, daß die magnetischen Feldlinien beim Durchgang durch Stellen

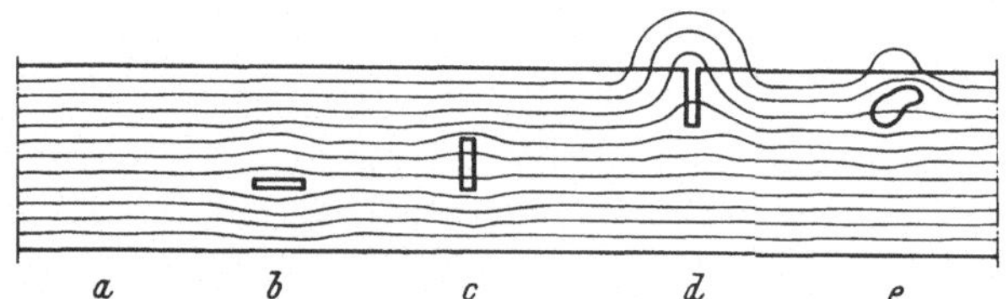

Abb. 32.1. Längsmagnetisierung in einem Längsschnitt mit verschiedenen Fehlern (aus Lehmann: Werkstoffprüfung)

veränderter Permeabilität abgelenkt werden. An Rissen, Blasen oder Einschlüssen ist die Permeabilität gegenüber ungestörten Stellen (Abb. 32.1 *a*) wesentlich verringert. Abb. 32.1 *d* zeigt den Verlauf der Feldlinien an einem Riß in schematischer Darstellung. An dieser Stelle werden die Feldlinien teilweise in den noch ungestörten Teil des Querschnittes verdrängt, zum Teil nehmen sie den Weg durch die Luft. Wird ein leicht magnetisierbares Pulver auf das vorher magnetisierte Werkstück gebracht, so haftet das Pulver an diesen Stellen, da es den Durchgang der Feldlinien erleichtert. Es sind also dort, wo die Pulverpartikel haftenbleiben,

Fehler zu erwarten. Die Kraft, mit der ein Pulverpartikel festgehalten wird, ist durch die Verringerung der magnetischen Streufeldenergie durch das betreffende Partikel gegeben. Diese Kraft muß um so größer sein, je größer die äußeren, auf das Pulver wirkenden Kräfte sind (z. B. die Kräfte, mit denen es weggeschlämmt oder abgeblasen wird, bzw. die Schwerkraft).

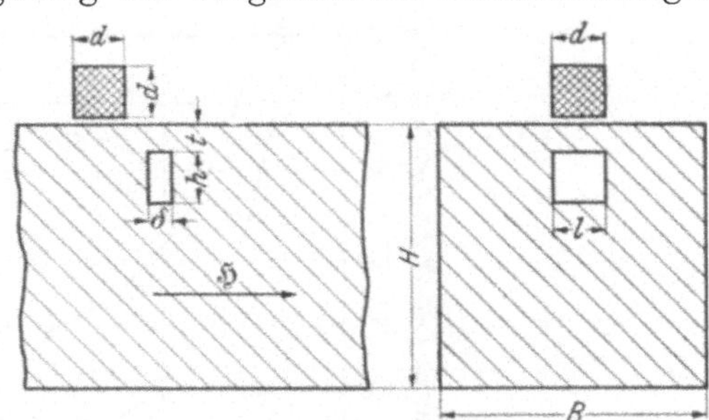

Abb. 32.2. Bedeutung der in Abb. 32.3 und 32.4 auftretenden Größen (aus BERTHOLD und VAUPEL, in: Handbuch der Werkstoffprüfung) H, B Querschnittsmaße des Werkstücks; h Fehlerhöhe; l Fehlerlänge; δ Fehlerbreite; t Tiefenlage des Fehlers; ℌ Richtung des magnetischen Feldes; d Kantenlänge des (würfelförmig angenommenen) Magnetpulverteilchens

Die Fehlererkennbarkeit hängt beim Magnetpulververfahren im wesentlichen von der Stärke des Magnetfeldes ab. Abb. 32.3 und 32.4 geben die Größe des kleinsten noch erkennbaren Fehlers in Abhängigkeit von der Feldstärke wieder (s. auch Abb. 32.2). Mit zunehmender Feldstärke wird die Fehlererkennbarkeit zunächst stark, dann in schwächerem Maße besser. Allerdings spielt, vor allem bei Rissen, die Lage des Fehlers eine Rolle, d. h., es können nur Fehler an der Oberfläche ermittelt werden. Außerdem ist die Lage des Fehlers zur Richtung des Magnetfeldes von entscheidender Bedeutung. Während der Längsriß bei der längsmagnetisierten Probe in Abb. 32.1b kaum eine Veränderung des magnetischen Flusses bewirkt, tritt durch den Querriß (Abb. 32.1c) eine starke Störung auf. Aus diesem Grunde werden bei der Magnetpulveruntersuchung zwei Arten der Magnetisierung verwendet: Längsmagnetisierung zur Auffindung von Querrissen und Ringmagnetisierung für die Ermittlung von Längsrissen (Abb. 32.5). Zur Längs-

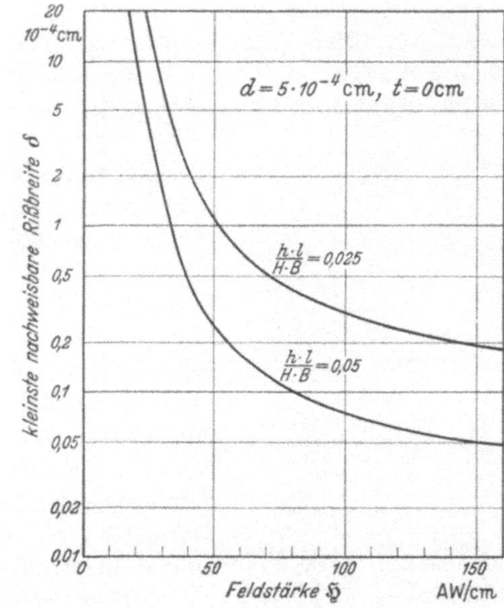

Abb. 32.3. Nachweisbarkeit von Rissen in Abhängigkeit von der Feldstärke, s. auch Abb. 32.2

magnetisierung wird die Probe zwischen die Pole eines Magneten gebracht (Polmagnetisierung), der im einfachsten Fall ein Dauermagnet

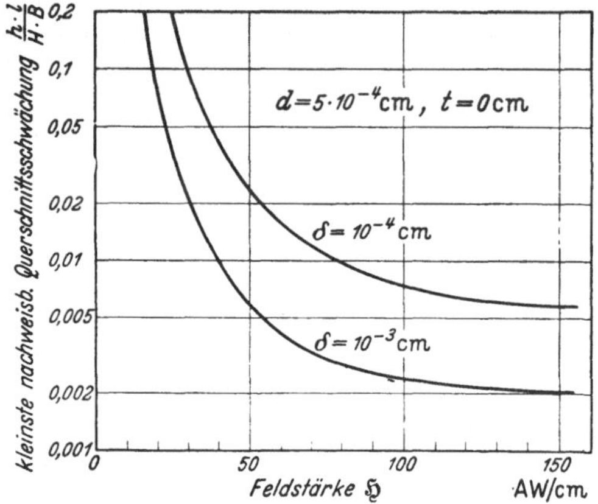

Abb. 32.4. Kleinste nachweisbare Querschnittsschwächung in Abhängigkeit von der magnetischen Feldstärke, s. auch Abb. 32.2

sein kann. Meist verwendet man jedoch Elektromagnete. Die Prüfung kann mit Gleich- oder Wechselstrom erfolgen. Häufig genügt der nach einer kurzzeitigen Magnetisierung durch einen Stromstoß anwesende Restmagnetismus. Ein Magnetfeld mit ringförmig verlaufenden Feldlinien wird durch die Methode der Eigenerregung (auch Stromdurchflutung) ersetzt. Wird der Prüfling von einem starken Strom durchflossen, so umgibt er sich mit einem Magnetfeld mit ringförmig verlaufenden Feldlinien (Selbstdurchflutung). Bei der Prüfung von Hohlkörpern wird durch den Prüfling ein stromdurchflossener Leiter gesteckt, der im Prüfling ein Ringfeld erzeugt (Hilfsdurchflutung). Es ist schließlich auch möglich, den Prüfling als Sekundärwicklung eines Transformators zu schalten und die Durchflutung auf induktivem Wege zu erreichen.

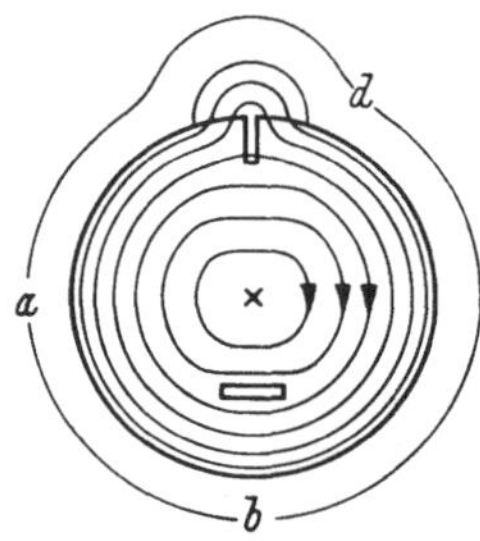

Abb. 32.5. Ringmagnetisierung in einem Querschnitt mit Fehlern (aus LEHMANN: Werkstoffprüfung)
a ungestörter Verlauf des magnetischen Flusses;
b parallel zu den Linien liegender und daher kaum bemerkbarer Fehler;
d Längsriß, bei dem die Linien in die Luft austreten und der deshalb bemerkbar ist

Zur Längsmagnetisierung (Polmagnetisierung) wird der Prüfling zwischen die Polschuhe eines magnetischen Joches (Jochmagnetisierung) oder ins Innere einer stromdurchflossenen Spule gebracht (Spulenmagnetisierung). Die Polmagnetisierung wird meistens mit Gleichstrom bewirkt. Um die für das Aufbringen eines hinreichend starken Feldes notwendigen Amperewindungen zu erreichen, sind relativ unhandliche, schwere Spulen erforderlich, so daß meist ortsfeste Anlagen üblich sind.

Der Abstand der Pole ist veränderlich, um Prüflinge verschiedener Länge prüfen zu können. Sie bestehen aus den Elektromagneten mit verschiebbaren Polschuhen, den Hilfsmitteln zum Aufspannen der Proben und den notwendigen Meß- und Steuereinrichtungen. Sie sind vielfach auch gleich für die Spulenmagnetisierung eingerichtet. Die Spulen zur Magnetisierung der Prüflinge sind als Zylinderspulen ausgeführt. Es ist nicht erforderlich, daß die Spulen so lang sind wie der Prüfling, da dieser langsam durch die Spule geschoben und abschnittsweise geprüft werden kann.

Prüfgeräte, die nur für die Spulenmagnetisierung geeignet sind, können auch als tragbare Geräte ausgeführt sein, z. B. zum abschnittweisen Prüfen von langen Rohren.

Die Gleichspannung für die Längsmagnetisierung kann dem Netz, besonderen Gleichrichtern oder Akkumulatoren entnommen werden. Die Stromdurchflutung, bei der ein Ringfeld aufgebaut werden muß, erfordert sehr große Stromstärken, um zu einer hinreichend hohen Feldstärke zu gelangen. Sie wird mit Wechselspannungen durchgeführt. Die hohen Ströme werden Transformatoren entnommen, die die Netzspannung auf wenige Volt heruntertransformieren. Über starke Kabel wird die Niederspannung an die Enden des Prüflings gelegt. Die Stellen, an denen der Stromübergang vom Kabel auf den Prüfling erfolgt, sind infolge der hohen Stromstärke besonders stark beansprucht. Sie werden häufig gekühlt. Wendet man eine Hilfsdurchflutung an, so wird die Niederspannung nicht an den Prüfling, sondern an die Enden eines Leiters gelegt, den man durch den Prüfling hindurchgesteckt hat (bei der Prüfung von Hohlkörpern). Ortsfeste Prüfeinrichtungen sind häufig für Jochmagnetisierung, Spulenmagnetisierung und Stromdurchflutung wahlweise geeignet.

Als Pulver werden Fe, Magnetit (Fe_3O_4) oder Fe_2O_3 verwendet. Sie können trocken aufgestreut werden. In den meisten Fällen werden sie jedoch in Öl aufgeschlämmt (Magnetöl). Neuerdings verwendet man auch fluoreszierende Zusätze, die bei Betrachtung in ultraviolettem Licht die Fehlersuche erleichtern. Die Teile der Prüfeinrichtungen sind in einer Wanne angeordnet, so daß das Magnetöl wieder aufgefangen werden kann.

Zur Aufnahme der Fehlstellen kann das an den Fehlern zurückbleibende Magnetpulver nach dem Ablaufen des überschüssigen Magnetöls auf saugfähigem Papier abgedrückt und evtl. nach einer Trocknung mit Lack festgehalten werden. Ein anderer Weg besteht darin, das Magnetpulver auf gummiertem Cellophan (wie z. B. Tesafilm) abzuziehen und auf ein Blatt Papier zu kleben. Eine fotografische Aufnahme der Magnetpulveruntersuchung ergibt keine wesentlich besseren Bilder, außerdem ist sie mit einem erheblichen Mehraufwand verbunden.

Literatur

Normblatt DIN 54121 aus: Materialprüfnormen für metallische Werkstoffe, 3. Aufl. Berlin: Beuth-Vertrieb 1961.

BERTHOLD, R., u. O. VAUPEL, in: E. SIEBEL, Handbuch der Werkstoffprüfung, Bd. I, S. 609. Berlin/Göttingen/Heidelberg: Springer 1955.

VAUPEL, O.: Bildatlas für die zerstörungsfreie Materialprüfung. Berlin: Ernst Höppner 1956.

322 Werkstoffprüfung mit Röntgenstrahlen

Bei der Röntgengrobstrukturprüfung durchstrahlt man das zu prüfende Werkstück zwecks Erzeugung eines Schattenbildes. Hierbei wird die Strahlung in ihrer Intensität vermindert. Es ist

$$I = I_0\, e^{-\mu d}. \tag{32.1}$$

d Dicke des Werkstückes
I_0 Intensität der auffallenden Strahlung
I Intensität der austretenden Strahlung
μ Schwächungskoeffizient

Die Schwächung der Röntgenstrahlen ist somit eine Funktion der Dicke des Werkstücks und der Dichte des durchstrahlten Materials. μ setzt sich zusammen aus dem Absorptionskoeffizienten u und dem Streuungskoeffizienten σ

$$\mu = u + \sigma. \tag{32.2}$$

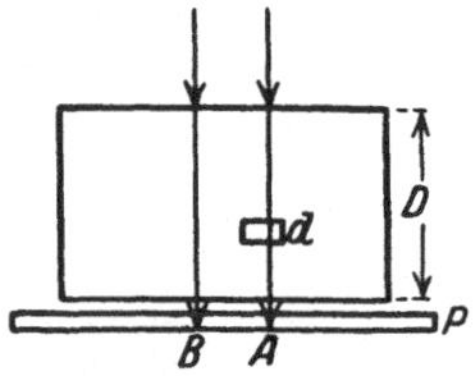

Abb. 32.6. Unterschiedliche Schwächung des Röntgenstrahls durch Bereiche der Probe mit und ohne Fehler (aus GLOCKER: Materialprüfung mit Röntgenstrahlen)

Weist das Werkstück einen Fehler auf, z. B. einen Lunker oder nichtmetallischen Einschluß, so wird die Intensität auf Grund des unterschiedlichen Schwächungskoeffizienten von Metall und Fehler verschieden stark herabgesetzt. Der Unterschied ist um so ausgeprägter, je größer der Dichteunterschied zwischen gesundem Material und Fehler ist. Abb. 32.6 zeigt schematisch ein Werkstück der Dicke D, in welchem sich ein Fehler mit der Dicke d befindet. Das Verhältnis der Intensität I_1 eines Röntgenstrahls (B), der den Fehler nicht berührt, zu der eines Strahles (A), der durch den Fehler geht, I_2, beträgt nach Beziehung (32.1):

$$\frac{I_1}{I_2} = \frac{I_0\, e^{-\mu_M D}}{I_0\, e^{-\mu_M (D-d) = \mu_F d}} \tag{32.3}$$

$$\frac{I_1}{I_2} = e^{-(\mu_M \quad \mu_F) d}. \tag{32.4}$$

Hierbei sind:

μ_M Schwächungskoeffizient im Metall
μ_F Schwächungskoeffizient im Fehler
D Dicke des metallischen Werkstückes
d Durchmesser des Fehlers

Die unterschiedliche Intensität macht sich in einer unterschiedlichen Schwärzung des dem Werkstück anliegenden Filmes (P) bemerkbar.

Je mehr das Intensitätsverhältnis I_1/I_2 von 1 verschieden ist, desto größer ist dieser Unterschied.

Für Röntgengrobstrukturuntersuchungen wird „weißes" Röntgenlicht verwendet, das Röntgenröhren mit W-Anoden ausstrahlen (mit einem kontinuierlichen Spektrum von Wellenlängen). Je höher die angelegte Spannung ist, desto härter, d. h. um so kurzwelliger und damit durchdringungsfähiger wird die Strahlung. Durch die Heizstromstärke wird der Elektronenstrom und damit die Intensität der Röntgenstrahlung geregelt.

Von der Bildgüte ist die Fehlererkennbarkeit abhängig; sie wird durch geringe Bildunschärfe und hohen Kontrast erreicht.

Zwischen zwei verschieden stark geschwärzten Stellen eines Filmes befindet sich ein Übergangsgebiet (Halbschattengebiet), das man als *Randunschärfe* U_r bezeichnet (Abb. 32.7). Die Größe des Halbschattengebietes hängt von der Ausdehnung des Brennflecks der Röhre D, vom Abstand a Brennfleck-Objekt ($D - x$) und vom Abstand b Objekt-Film ($x - B$) ab. Sie ist um so kleiner, je größer der Abstand a bzw. je kleiner der Abstand b und je geringer die Ausdehnung des Brennflecks sind. Da man jedoch aus Gründen der Schonung der Anodenoberfläche gezwungen ist, Brennflecke mit mehreren Millimeter Durchmesser zu verwenden, bietet sich als Möglichkeit, die Randunschärfe zu verringern, nur die Vergrößerung des Abstandes Brennfleck-Objekt. Dabei müssen jedoch Intensitätsverluste in Kauf genommen werden. Die Entfernung Objekt-Film wird stets so klein wie möglich gehalten, doch wird ein Röntgenbild selbst unter günstigsten Bedingungen stets eine gewisse Unschärfe behalten. Sie hängt von der Härte der Strahlung und von der Körnigkeit des verwendeten Filmmaterials ab (U_i). Während man die Randunschärfe U_r durch geeignete Wahl der Größen a und b beliebig verkleinern kann, ist U_i vorgegeben. Man bringt daher den Film möglichst nahe an das Objekt. Den Abstand Brennfleck-Objekt richtet man so ein, daß die Randunschärfe gleich der inneren Unschärfe wird.

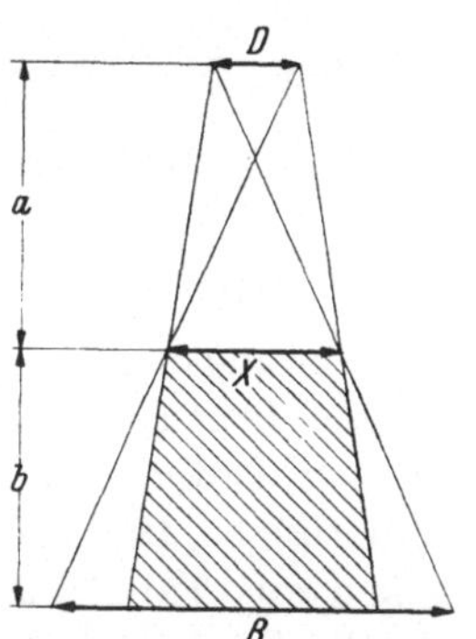

Abb. 32.7. Brennfeldgröße und Zeichenschärfe (aus GLOCKER: Materialprüfung mit Röntgenstrahlen)

Ein größerer Abstand bringt keine Verbesserung des Röntgenbildes, sondern nur einen Intensitätsverlust. Man bezeichnet diesen Abstand als den optimalen Bildabstand (s. S. 254).

Eine weitere wichtige Größe ist der *Kontrast*. Er hängt in erster Linie von der Härte der Strahlung ab. Die Meßgröße hierfür ist das Intensitätsverhältnis I_1/I_2. Es ist nach Gl. (32.4) um so mehr von 1 verschieden, je größer die Absorption, d. h., je weicher die Strahlung ist. Daher ist die Spannung nur so hoch zu wählen, wie nötig ist, um das Werkstück zu durchdringen. Man wählt die Spannung so, daß der Kontrast noch ausreichend und die Belichtungszeit erträglich ist.

Sind auf einer Röntgenaufnahme, z. B. von einer Schweißnaht, keine Einzelheiten oder Fehler zu erkennen, so kann dies zwei Ursachen haben. Entweder ist das Werkstück wirklich fehlerfrei, oder aber die Aufnahme ist so schlecht (unscharf oder kontrastarm), daß vorhandene Fehler nicht erkannt werden können. Um festzustellen, welche Fehler noch erkennbar sind, legt man auf die dem Film abgewandte Seite des Prüflings Drahtstege. Ein solcher Drahtsteg enthält jeweils 7 Drähte verschiedenen Durchmessers aus demselben Werkstoff wie das Prüfstück, die in einem schwach absorbierenden Werkstoff eingebettet sind. Er trägt (in Bleiblech) das DIN-Zeichen und die Gruppenbezeichnung. Als Fehlererkennbarkeit definiert man die Stärke des dünnsten auf der Aufnahme noch erkennbaren Drahtes bezogen auf die Stärke des Prüflings. Man nennt dieses Maß die Drahterkennbarkeit *DE*

$$DE = \frac{\text{Durchmesser des kleinsten erkennbaren Drahtes}}{\text{Materialdicke}} \cdot 100 \quad [\%].$$

Die in DIN 54110 festgelegten Gruppenbezeichnungen, Aufbau und Anwendungsbereiche der Drahtstege sind in Tab. 32.1 dargestellt.

Bei Prüfstücken bis zu 10 mm Dicke müssen in beiden Bildgüteklassen Drähte von 0,15 mm Durchmesser erkennbar sein. Die Anforderungen an die Drahterkennbarkeit für Materialdicken über 10 mm gehen aus Tab. 32.2 hervor.

Die Röntgengrobstrukturverfahren finden vielseitige Anwendung bei der zerstörungsfreien Prüfung von Werkstücken. Die in Frage kommenden Fehler wie Lunker, Einschlüsse, Risse und Gasblasen bewirken alle eine geringere Absorption der Röntgenstrahlung. Sie zeigen sich daher auf dem Röntgenfilm als besonders stark geschwärzte Stellen. Der Film gibt also ein genaues Abbild des Fehlers. Es ist nicht möglich, die Vielzahl der Anwendungsgebiete hier aufzuzählen. Allgemein kann gesagt werden, daß die Röntgenuntersuchung überall da angewandt wird, wo es auf eine genaue zerstörungsfreie Prüfung ankommt und wo besonders hohe Beanspruchungen vorliegen. Eine besonders wichtige Anwendung ist die Prüfung von Schweißnähten. Da in zunehmendem

Tabelle 32.1. *Bestimmung der Fehlererkennbarkeit*

Werkstoff des Prüflings	Werkstoff der Drähte	Gruppenbezeichnung der Drahtstege	Drahtdurchmesser [mm]	Materialstärke (mm) bei Bildgüte 1	2
Aluminium und seine Legierungen	Al	DIN AL 1	0,1/0,15–0,4	0–30	0– 25
		DIN AL 2	0,3/0,4 –0,9	30–60	25– 50
		DIN AL 3	0,6/0,8 –1,8	>60	50–100
		DIN AL 4	1,0/1,5 –4,0		>100
Eisen und seine Legierungen	Fe	DIN FE 1	0,1/0,15–0,4	0–30	0– 25
		DIN FE 2	0,3/0,4 –0,9	30–60	25– 50
		DIN FE 3	0,6/0,8 –1,8	>60	50–100
		DIN FE 4	1,0/1,5 –4,0		>100
Kupfer, Zink und ihre Legierungen	Cu	DIN CU 1	0,1/0,15–0,4	0–30	0– 25
		DIN CU 2	0,3/0,4 –0,9	30–60	25– 50
		DIN CU 3	0,6/0,8 –1,8	>60	50–100
		DIN CU 4	1,0/1,5 –4,0		>100

Tabelle 32.2. *Anforderungen an die Drahterkennbarkeit bei Materialdicken über 10 mm*

Materialdicke in mm		11–30	31–50	51–100	>100
Drahterkennbarkeit	Bildgüte				
in %	1	1,5	1,2	1,2	1,2
mindestens	2	1,5	1,5	2	3

Maße geschweißte Konstruktionen verwendet werden, müssen Röntgenuntersuchungen oft auch an fertigen Konstruktionen durchgeführt werden.

Die einfachste Schaltung einer **Röntgenanlage** findet man bei der Halbwellenapparatur. Sie besteht im wesentlichen aus der Röntgenröhre, einem Transformator zur Erzeugung der Hochspannung und den notwendigen Meß- und Steuereinrichtungen. Die Apparatur ist meistens an der Anode geerdet, um eine Gefahr für das Bedienungspersonal zu vermeiden. Die Anode ist mit Öl oder Wasser zu kühlen. Die vom Transformator erzeugten Wechselspannungen werden durch die als Ventil wirkende Röntgenröhre gleichgerichtet. Da aus der kalt gehaltenen Anode keine Elektronen austreten können, ist ein Stromfluß in umgekehrter Richtung nicht möglich. Man kann natürlich nur eine Halbwelle des hochgespannten Wechselstroms ausnutzen. Der Vorteil dieser Schaltung ist ihre Einfachheit. Eine Verbesserung bringt die Einfügung eines Ventils, das dann die Aufgabe der Gleichrichtung übernimmt. Bei den in der Praxis verwendeten Geräten hoher Spannung werden kompliziertere Schaltungen verwendet. Wegen der Notwendigkeit, Röntgendurchstrahlungen an großen, nicht beweglichen, oft fest eingebauten Werkstücken (Kessel, Brücken, Stahlkonstruktionen) vornehmen zu müssen, werden transportable Apparaturen verwendet. Die kleinsten Ausführungen (bis zu 260 kV) sind die Eintankgeräte. Hier sind Röntgenrohr und Hochspannungstransformator in einem Gehäuse untergebracht. Sie benötigen kein (schweres und unhandliches) Hochspannungskabel und wiegen nur etwa 60 bis 100 kg. Größere Anlagen sind in einzelne, transportable Stücke unterteilt.

Es ist sehr wichtig, beim Betrieb von Röntgenanlagen die zum Schutz vor Schädigungen durch Röntgenstrahlen behördlich erlassenen Strahlenschutz-Vorschriften genau einzuhalten. An Plätzen, wo sich Personen aufhalten, darf die Wochendosis 0,3 r nicht überschreiten. Es ist daher streng darauf zu achten, daß Stellen, an denen eine stärkere Strahlung vorhanden ist oder die gar der Strahlung direkt ausgesetzt sind, abgesperrt werden. Es ist eine Reihe handlicher Geräte entwickelt worden, mit deren Hilfe es leicht möglich ist, die vorhandene Strahlungsintensität überall zu messen. Justierarbeiten an Anlagen sollen so weit wie möglich bei abgeschalteter Spannung vorgenommen werden. Die Strahlenschutzvorschriften sind im Normblatt DIN 54113 enthalten, ferner in den Bekanntmachungen und Bedingungen für die Bauartprüfung und -zulassung von Röntgenröhren und -hauben zur Verwendung in nichtmedizinischen Betrieben durch die Physikalisch-Technische Bundesanstalt vom 23.1.1954 und die entsprechenden Bekanntmachungen der zuständigen Behörden.

Versuch: Es sind Röntgenaufnahmen einer Schweißnaht an einem 30 mm-Blech aus einer Al-Legierung herzustellen. Es steht eine 150 kV-Röntgengrobstrukturanlage zur Verfügung. Zunächst wird der optimale Bildabstand $e_{\min}$ bestimmt

$$e_{\min} = \frac{b(d_B + U_i)}{U_i}. \tag{32.5}$$

b Abstand Werkstückoberfläche-Bildschicht
d_B Durchmesser des Brennflecks
U_i Innere Unschärfe

Die innere Unschärfe U_i ist durch das Filmmaterial vorgegeben. Die für die Durchführung der Aufnahmen notwendigen Belichtungsdaten können Tabellen oder Belichtungskurven entnommen werden. Abb. 32.8 zeigt als Beispiel solche Kurven für Stahl (a) und Al (b). Es ist darin für jede Materialstärke und für jede Spannung die notwendige „Belichtungsgröße“ angegeben. Die Belichtungsgröße ist das Produkt aus Röhrenstrom und Belichtungszeit, gemessen in mA · sek. Die eingetragenen Werte gelten für einen Abstand Brennfleck-Film von 500 mm, pulsierende Spannung und zwei Verstärkerfolien. Für andere Bildabstände kann die Belichtungsgröße aus den Kurven mit Hilfe eines Abstandschiebers ermittelt werden. Man wählt die Spannung so, daß die Belichtungszeit bei Einhaltung der für die Röhre zulässigen Röhrenstromstärke in der Größe 3 bis 15 Minuten liegt. Bei noch abgeschalteter Spannung wird der Prüfling justiert. Auf der dem Film abgekehrten Seite wird der für diese Materialstärke erforderliche Drahtsteg aufgelegt. Der Film wird direkt an den Prüfling gelegt. Er bleibt in schwarzes Papier oder in einer Gummikassette eingepackt. Die Umgebung der Anlage wird aus Gründen des Strahlenschutzes mit Bleiwänden gesichert. Nachdem das Kühlwasser angestellt ist, kann die Anlage eingeschaltet werden. Es empfiehlt sich, auch bei Einhaltung aller Strahlenschutzmaßnahmen die Umgebung der Anlage mit Hilfe eines Strahlenmeßgerätes zu kontrollieren. Ist die Belichtungszeit abgelaufen, so wird die Anlage abgeschaltet. Der Film kann nun entwickelt werden.

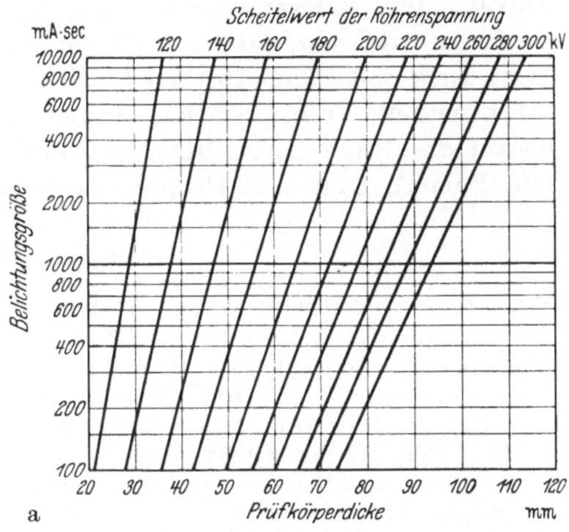

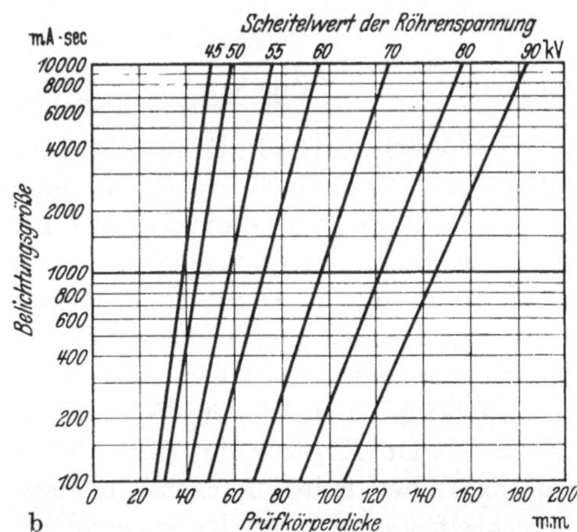

Abb. 32.8a und b. Belichtungsgrößen für Stahl (a) und Al (b) nach MÜLLER (aus GLOCKER: Materialprüfung mit Röntgenstrahlen)

Zur Verkürzung der Belichtungsdauer können Verstärkerfolien verwendet werden. Als Verstärkerfolien dienen Metallfolien und fluoreszierende Salzemulsionen. Sie bewirken eine erhebliche Verkürzung der Aufnahmedauer bei nur unwesentlicher Verschlechterung der Bildqualität. Die Folien werden unter die Filme gelegt. Als Filmmaterial werden beidseitig begossene Filme genommen. Es werden zur Entwicklung der Filme besondere Röntgenentwickler verwandt. Dünnes Material kann auch ohne Verwendung eines Filmes direkt im Leuchtschirm geprüft werden. Die Leuchtschirmbeobachtung erfordert wesentlich geringere Zeiten als die Herstellung von Filmen, ist jedoch wesentlich weniger genau. In neuerer Zeit ist die Leuchtschirmbeobachtung durch die Einführung der Röntgenbildverstärker erheblich verbessert worden.

Werden Verstärkerfolien verwendet, so ändern sich die Belichtungsgrößen. Für die Herstellung von Aufnahmen mit Folien gibt es besondere Tabellen und Kurven.

Im Prüfbericht sind anzugeben: Anordnung von Strahlenquelle, Werkstück und Film, Abstand Werkstückoberfläche-Film und Abstand Strahlenquelle-Film, Art und Abmessungen des Werkstücks, Durchmesser des Brennflecks, Röhrenspannung, Aufnahmehilfsmittel (Filme und Folien), Lage und Gruppe der Drahtstege, Beurteilung der Aufnahme.

Literatur

Normblätter DIN 54110, 54111, 54112 u. 54113 aus: Materialprüfnormen für metallische Werkstoffe, 3. Aufl. Berlin: Beuth-Vertrieb 1961.

Berthold, R., O. Vaupel u. F. Förster, in: E. Siebel, Handbuch der Werkstoffprüfung, Bd. I, S. 575. Berlin/Göttingen/Heidelberg: Springer 1955.

Glocker, R.: Materialprüfung mit Röntgenstrahlen, 4. Aufl. Berlin/Göttingen/Heidelberg: Springer 1958.

Vaupel, O.: Bildatlas für die zerstörungsfreie Materialprüfung. Berlin: Ernst Höppner 1956.

Widemann, M.: Röntgen-Werkstückuntersuchungen. Berlin: Gebr. Borntraeger 1944.

323 Materialprüfung mit Ultraschall

Die Werkstoffprüfung mit Ultraschall gestattet, Fehler wie Lunker, Risse und Einschlüsse im Innern eines Werkstoffs aufzufinden.

Zur Erzeugung der Ultraschallwellen werden *piezoelektrische Quarzkristalle* benutzt (sog. Schwingquarze). Ordnet man einen solchen Kristall in einem elektrischen Wechselfeld derart an, daß die Feldrichtung mit der piezoelektrischen Achse des Kristalls zusammenfällt (z. B. wenn man den Quarz zwischen die Platten eines Plattenkondensators bringt, der an eine Wechselspannungsquelle angeschlossen ist), so wird der Kristall im Takt der elektrischen Wechselfrequenz zu mechanischen Schwingungen angeregt. Bei Resonanz der elektrischen Wechselfrequenz mit der mechanischen Eigenfrequenz des Quarzes erreicht die Amplitude ihren Maximalwert. Die Eigenfrequenz der Dickenschwingung errechnet sich zu

$$N_d = \frac{1}{2s}\sqrt{\frac{C_{11}}{\varrho}}, \tag{32.6}$$

wobei C_{11} der für die Schwingungsart und -richtung maßgebliche Elastizitätsmodul, s die Dicke und ϱ die Dichte des Quarzes sind. Trifft ein solches, leicht divergentes Schallwellenbündel in einem metallischen Werkstück auf einen Riß, Lunker oder Einschluß, so wird die gesamte Schallenergie oder ein Teil von ihr reflektiert. Schon ein Riß von nur 1 μ Dicke genügt, um bei den in der Werkstoffprüfung üblichen Wellenlängen (10^6 Hertz) Totalreflexion zu erreichen.

Die zwischen Sendequarz und Metall befindliche dünne Luftschicht würde gleichfalls bereits einen Durchgang der Ultraschallwellen verhindern, da an der Grenzfläche Quarz-Luft Totalreflexion eintritt. Man muß daher die Luftschicht durch ein Kopplungsmittel mit größerem Schallwellenwiderstand (Wasser, Maschinenöl) ersetzen.

Der Piezoeffekt ist umkehrbar: Regt man einen Schwingquarz zu erzwungenen mechanischen Schwingungen an, so bildet sich zwischen den Platten des Kondensators ein elektrisches Wechselfeld, ohne daß dazu eine äußere elektrische Spannung erforderlich ist.

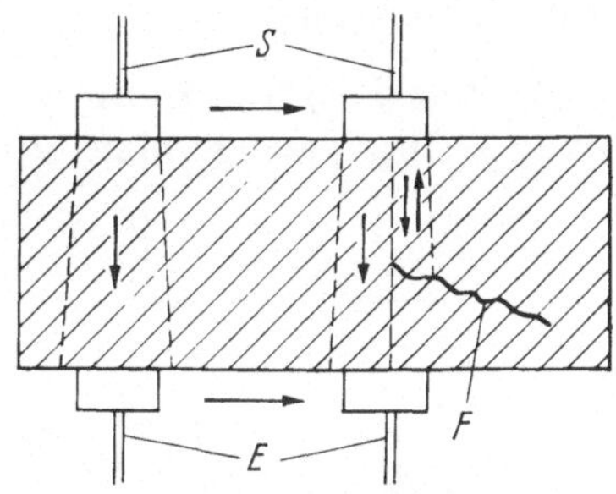

Abb. 32.9. Versuchsanordnung beim Durchschallungsverfahren (aus J. und H. KRAUTKRÄMER: Werkstoffprüfung mit Ultraschall)
S Sendequarz; *E* Empfängerquarz; *F* Fehler

Wird ein solcher Empfängerquarz auf eine Stelle der Metalloberfläche gesetzt, wo Ultraschallwellen ankommen (die von einem anderen Quarz erzeugt wurden), so erzeugt er ein elektrisches Wechselfeld, dessen Stärke von der ankommenden Ultraschallenergie abhängt.

In der praktischen Werkstoffprüfung werden zwei Meßverfahren angewendet:

1. Das Durchschallungsverfahren: Abb. 32.9 zeigt schematisch ein fehlerhaftes Werkstück mit parallelen Begrenzungsflächen. Auf eine der Flächen wird ein Quarz (S) gesetzt und zu Schwingungen angeregt. Er sendet ein Schallwellenbündel aus. Die Divergenz ist in den meisten Fällen gering (etwa 5°). Auf der gegenüberliegenden Stelle wird ein zweiter Quarz (E) als Empfänger gesetzt, der dort die ankommende mechanische Energie in elektrische Energie umwandelt. Die empfangene Intensität kann elektrisch verstärkt und optisch mit Hilfe eines BRAUNschen Rohres oder akustisch angezeigt werden.

Verschiebt man die beiden Quarze auf dem Werkstück, so nimmt der Empfänger eine konstante Intensität auf, solange der Ausbreitung der Ultraschallwellen kein Hindernis entgegengesetzt wird. Befindet sich jedoch zwischen Sender und Empfänger ein Riß oder eine sonstige Ungänze, so wird daran die Schallenergie ganz oder teilweise reflektiert. Die im Empfänger gemessene Intensität wird verringert oder geht auf Null zurück. Bei der Prüfung eines Bleches wird mit dem Quarzpaar die gesamte Oberfläche abgetastet. Wird an einer Stelle die empfangene Intensität plötzlich geringer, so kann man darauf schließen, daß an dieser Stelle ein Fehler vorhanden ist. Man kann so leicht große Flächen abtasten, z. B. Bleche auf Dopplungen untersuchen, und fehlerhafte Stücke ausscheiden, ehe größere Weiterverarbeitungskosten entstehen. Der relativ einfache Versuchsaufbau ist der Vorteil dieses Verfahrens. Nachteilig wirkt sich aus, daß man keine Aussage über die Tiefenlage der Fehler machen kann. Bei dünnen Blechen ist das ohne Belang, bei kompakten Stücken vermeidet man diesen Nachteil durch das Impuls-Echo-Verfahren.

2. Das Impuls-Echo-Verfahren. Bei diesem Verfahren (Abbildung 32.10a) erzeugt man nicht kontinuierliche Wellen, sondern kurz-

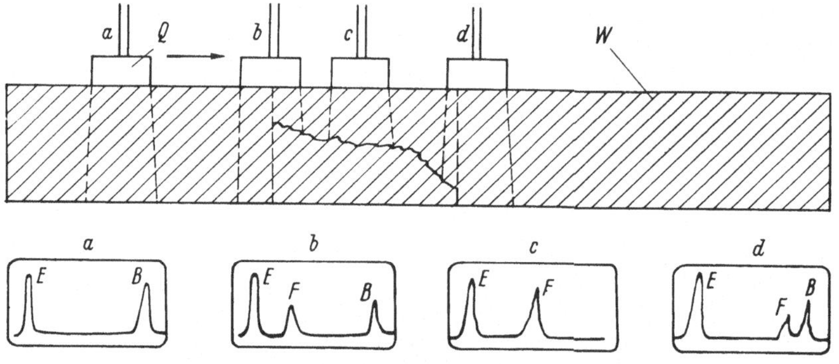

Abb. 32.10. Versuchsanordnung (oben) und Fehlerbild (unten) beim Impuls-Echo-Verfahren (aus J. und H. KRAUTKRÄMER: Werkstoffprüfung mit Ultraschall)

a Werkstück (W) ohne Fehler; E Eingangsecho; B Bodenecho; b Fehler im Werkstück nahe der Oberfläche (Fehlerecho F liegt nahe Eingangsecho E); c Totalreflexion der Schallwellen am Fehler. Es treten nur das Eingangsecho E und ein Fehlerecho F auf; d Fehler nahe Bodenfläche (Fehlerecho F nahe Bodenecho B)

zeitig abklingende Wellenzüge, sog. Impulse. Die Impulse gelangen durch das Kopplungsmittel in das Werkstück (W). Dort läuft der Wellenzug mit Schallgeschwindigkeit zur gegenüberliegenden Begrenzungsfläche. An der Grenzfläche Metall-Luft tritt Totalreflexion ein, der Wellenzug läuft zurück zum Quarz (Q). Dieser ist inzwischen als Empfänger geschaltet und erzeugt mit Hilfe des Piezoeffektes aus den mechanischen Wellen ein elektrisches Wechselfeld. Derselbe Quarz wirkt also alternierend als Sender und als Empfänger. Die Zeitdauer, die der Wellenzug vom Senden bis zum Empfangen braucht, ist der Länge des im Metall zurückgelegten Weges proportional und kann als Maß für die Dicke des Materials benutzt werden:

$$t = \frac{2D}{v}. \tag{32.7}$$

t Laufzeit
D Dicke des Materials
v Schallgeschwindigkeit

Die handelsüblichen Ultraschallgeräte senden in einer Sekunde einige hundert Impulse aus.

Das zeitliche Nacheinander von Senden und Empfangen kann mit Hilfe einer BRAUNschen Röhre in ein räumliches Nebeneinander verwandelt werden. Man sieht auf dem Leuchtschirm des BRAUNschen Rohres (Abb. 32.10a, unten) zunächst die Anzeige des Eingangsechos (E), da von vorneherein nur ein kleiner Teil der Schwingungsenergie des Quarzes an das metallische Werkstück abgegeben werden kann. Nach einer bestimmten Laufzeit t, d. h. hier in einer gewissen Entfernung auf dem Leuchtschirm, sieht man eine zweite Zacke, die von dem Impuls herrührt, der im Werkstück einmal hin- und hergelaufen ist. Man nennt diese Anzeige das Bodenecho (B). Der Abstand von Eingangs- und Bodenecho ist der im Metall von den Schallwellen zurückgelegten Wegstrecke proportional. In vielen Fällen ist die Anzeige schon in Laufweglänge, z. B. für Stahl, geeicht. Auch das Bodenecho wird nur von einem Teil der zum Quarz zurückkehrenden mechanischen Energie gebildet. Der Rest wird nach Durchlaufen des Werkstücks an der Grenzfläche Quarz-Metall wiederum reflektiert und kann das Werkstück erneut durchlaufen und bildet dann das zweite Bodenecho. In analoger Weise können weitere Bodenechos gebildet werden, die jeweils in Abständen auftreten, die gleich dem Abstand Eingangsecho-1. Bodenecho sind. Je größer der Schallweg ist, dem 1 cm auf dem BRAUNschen Rohr entspricht, desto mehr Bodenechos werden angezeigt. In der Werkstoffprüfung spielen die Mehrfachechos jedoch keine wesentliche Rolle. Da man den Maßstab für den Laufweg verändern kann, richtet man es so ein, daß auf dem Leuchtschirm (wie in Abb. 32.10a, unten) das Eingangsecho und das 1. Bodenecho zu sehen sind.

Befindet sich im Schallweg ein Materialfehler, so kehrt ein Teil des Schallimpulses nicht erst nach Durchlaufen des gesamten Werkstücks zum Quarz zurück, sondern wird schon an der Fehlstelle reflektiert. Dieser Anteil hat demnach einen kürzeren Weg im Metall zurückgelegt und kehrt nach einer entsprechend kürzeren Laufzeit zum Quarz zurück. Auf dem BRAUNschen Rohr wird dieser Impuls entsprechend der kürzeren Laufzeit vor dem Bodenecho angezeigt (Abb. 32.10b).

Aus der Lage des Fehlerechos (F) auf dem Leuchtschirm ist daher die Lage des Fehlers im Werkstück in einfacher Weise zu bestimmen. Ist die Ausdehnung des Fehlers so groß, daß die gesamte Schallenergie daran reflektiert wird, so verschwindet das Bodenecho (Abb. 32.10c), während in den Fällen, wo nur ein Teil der Schallenergie an der Fehlstelle reflektiert wird, ein verkleinertes Bodenecho neben dem Fehlerecho vorhanden ist (Abb. 32.10d). Je ausgedehnter der Fehler ist, desto größer erscheint die Anzeige des Fehlers. Allgemein kann man sagen: Tritt zwischen Eingangsecho und Bodenecho eine weitere Anzeige auf, so kann man schließen, daß ein Fehler vorhanden ist, und zwar in einer Tiefe, die durch die Lage des Fehlerechos gegeben ist.

Bei der Prüfung wird der Quarz verschoben, so daß die gesamte Fläche des zu prüfenden Werkstücks überstrichen wird. Man beobachtet, ob ein Fehlerecho auftritt. Ist ein Fehler vorhanden, so kann durch Abtasten der Umgebung des Fehlers Lage und Ausdehnung des Fehlers ermittelt werden. Abb. 32.10 zeigt als schematisches Beispiel das Aussehen der Anzeige bei einem schräg im Werkstück verlaufenden Riß. Auf gleiche Weise können auch andere Materialfehler aufgefunden werden. Die Anzeigeempfindlichkeit ist sehr groß. Besonders geeignet ist das Verfahren für die Untersuchung größerer Mengen gleichartiger, einfach gestalteter Werkstücke. Für komplizierter geformte Stücke finden neben den üblichen Quarzsendern auch solche Schwingquarze Verwendung, die das Schallstrahlenbündel nicht senkrecht, sondern schräg zur Oberfläche in das Werkstück senden. In diesen Fällen ist die Prüfung nicht so einfach, da man auch von Bohrungen, Vorsprüngen usw. Echos erhält. Man muß in diesen Fällen, auf die hier nicht näher eingegangen werden kann, aus der Geometrie des Strahlengangs schließen, welche Echos durch die Gestalt des Werkstücks bedingt sind und wann ein Fehlerecho vorliegt.

Das Ultraschallverfahren ist brauchbar für die Prüfung von Walz- und Knetwerkstoffen aus Stählen und Nichteisenmetallen. Es versagt meistens bei Gußeisen und anderen Gußwerkstoffen, bei denen durch eine Reflexion der Schallwellen an den Korngrenzen Fehler vorgetäuscht werden können, so daß eine Prüfung unmöglich wird.

Die handelsüblichen Ultraschallgeräte für die Werkstoffprüfung sind tragbare Geräte, die mit Netzspannung betrieben werden. Die Schwingquarze sind über flexible Leitungen an das Gerät angeschlossen und mit Halterungen versehen, die eine leichte Handhabung ermöglichen. Das Ultraschallgerät enthält außerdem eine Reihe von Schaltknöpfen, mit deren Hilfe Nullpunkt, Maßstab und Verstärkung der Leuchtschirmanzeige sowie Frequenz und Stärke der Impulse variiert werden können. Die Einstellung ist empirisch so zu wählen, daß eine möglichst gute Fehleranzeige möglich ist.

Der Maßstab, d. h. das Maß für den Laufweg im Metall, richtet sich nur nach der Metalldicke. Die Frequenz richtet sich nach der Art des Werkstoffs. Grobkörniges Material kann von langwelliger Strahlung besser durchdrungen werden, während kurzwellige Strahlung in feinkörnigem Material eine bessere Fehlerauflösung ergibt. Für jede Frequenz ist ein gesonderter Schwingquarz erforderlich.

Versuch: Als Untersuchungsmaterial sind einfach geformte Walz-, Guß- und Schmiedestücke geeignet. Die Durchschallbarkeit der Proben wird mit verschiedenen Impulsstärken, Frequenzen und Verstärkungen erprobt. Als Kopplungsmedium dienen Wasser und dünnflüssiges Maschinenöl. In einer Tabelle wird festgehalten, ob eine Prüfung überhaupt möglich ist und wie die optimalen Prüfbedingungen sind. In die Proben werden durch Sägeschnitte und Bohrungen künstliche Fehler gebracht, deren Auffindbarkeit mittels Ultraschall ausprobiert wird. Durch geschickte Anordnung der Sägeschnitte und Bohrungen kann man verschiedenartige Fehler nachahmen und eine Vorstellung bekommen, wie die in Wirklichkeit vorhandenen Fehler bei der Prüfung in Erscheinung treten. Um die Ultraschallprüfung praktisch zu erproben, ist es ebenfalls zweckmäßig, die Prüfung zunächst an solchen Stücken zu üben, deren Fehler bekannt sind.

Literatur

Bergmann, L.: Der Ultraschall und seine Anwendung in Wissenschaft und Technik, 6. Aufl. Stuttgart: S. Hirzel 1954

Berthold, R., u. O. Vaupel, in: E. Siebel, Handbuch der Werkstoffprüfung, Bd. I, S. 575. Berlin/Göttingen/Heidelberg: Springer 1955.

Krautkrämer, J., u. H. Krautkrämer: Werkstoffprüfung mit Ultraschall. Berlin/Göttingen/Heidelberg: Springer 1959.

Mundry, E.: Ultraschall. Berlin: Gesellschaft zur Förderung zerstörungsfreier Prüfverfahren e. V. 1961.

Vaupel, O.: Bildatlas für die zerstörungsfreie Materialprüfung. Berlin: Ernst Höppner 1956.

Bild-Anhang

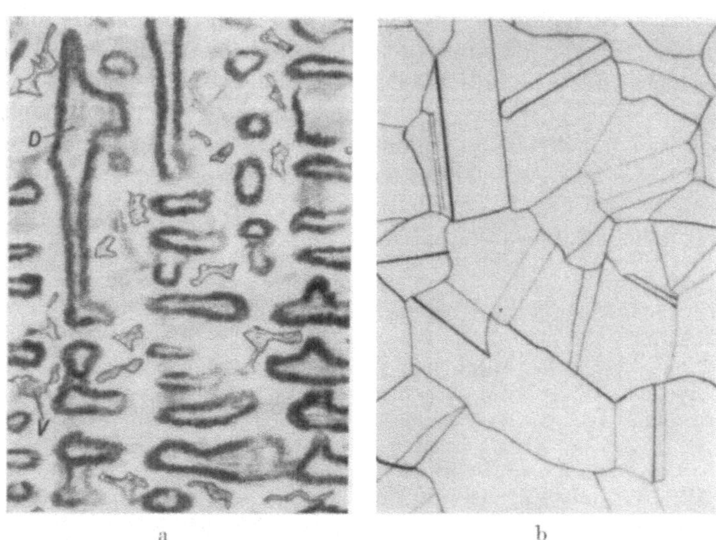

a b

Abb. 11.8 a u. b. Gefüge einer Cu-Sn-Legierung mit 10 Gew.-% Sn
a Gußzustand, $V = 150$; b 10 Stunden bei 650° homogenisiert, $V = 300$*

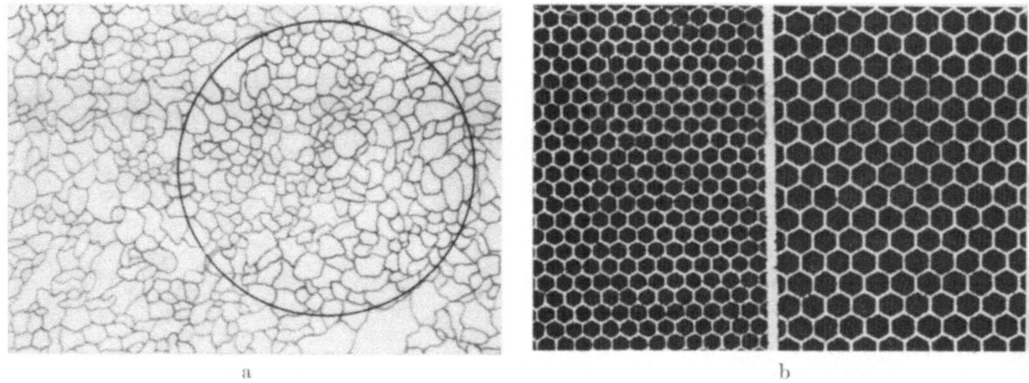

a b

Abb. 12.5 a u. b. Korngrößenbestimmung an einer McQuaid-Ehn-Probe mit einer Ehn-Korngröße von 7 bis 8
a Schliffbild, $V = 100$ b ASTM-Größen 7 und 8 für $V = 100$

---

* Alle Gefügebilder, mit Ausnahme von Abb. 23.13 b, 23.14 b, 23.15 b und 25.8, sind Zeichnungen nach Aufnahmen von Schliffen.

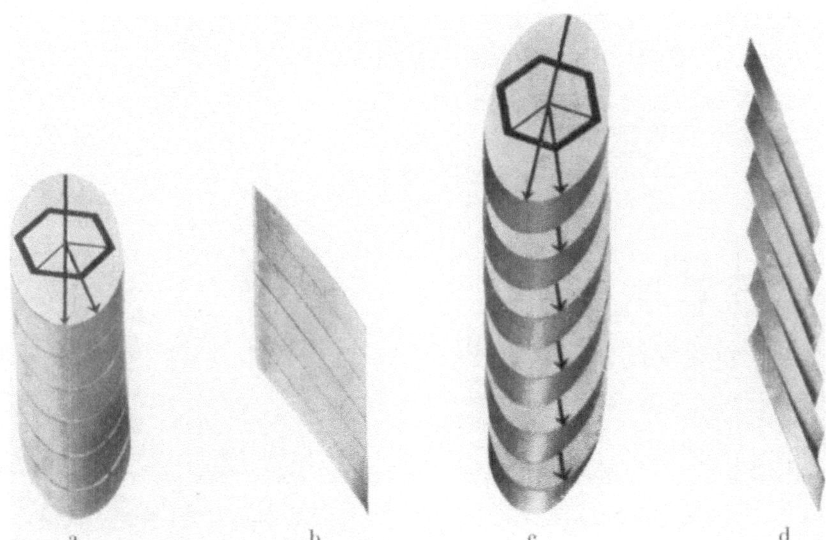

Abb. 23.2 a–d. Modell der Dehnung eines Zinkkristalls durch Gleitung (nach SCHMID und BOAS)
a und b Ausgangszustand; c und d gedehnter Zustand

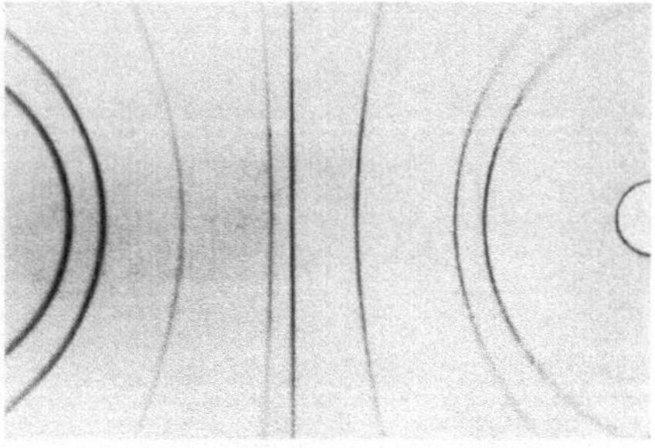

a

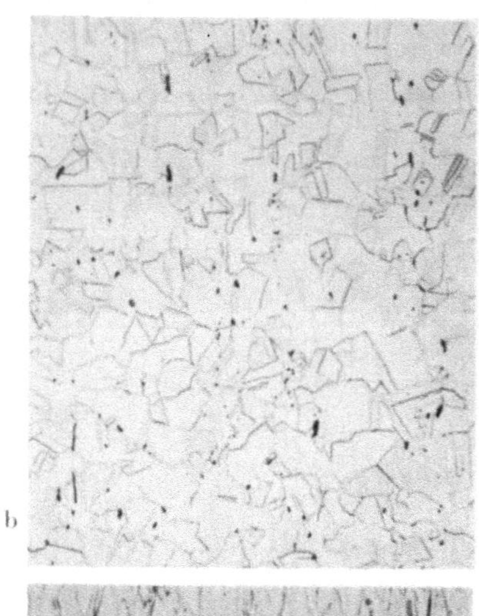

b

Abb. 23.13 a u. b
Ausgangszustand

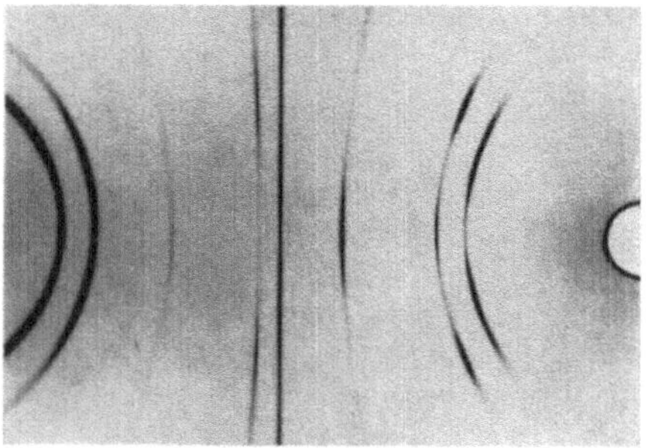

a

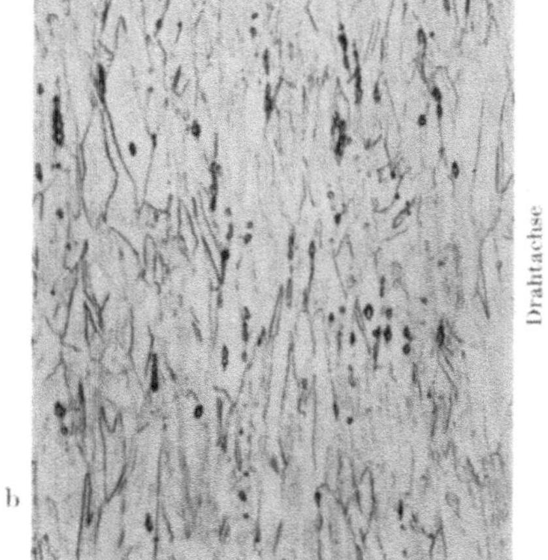

b

Abb. 23.14 a u. b
60 % Ziehgrad

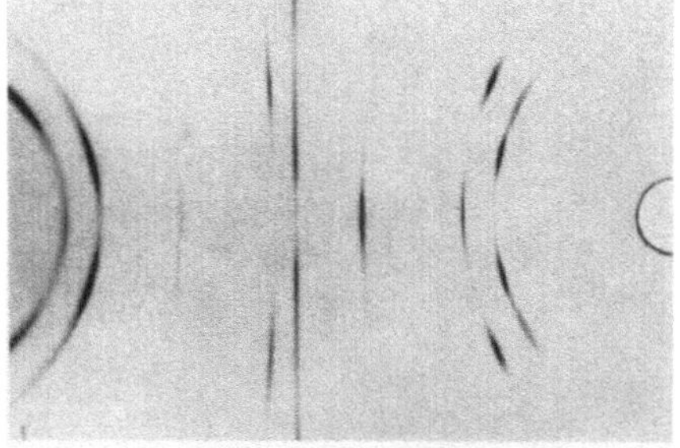

a

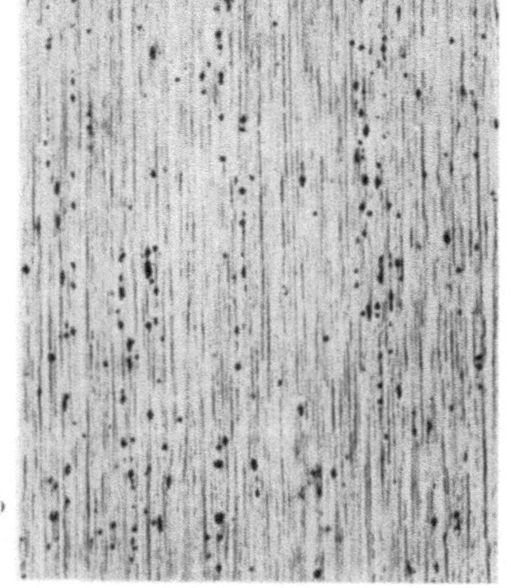

b

Abb. 23.15 a u. b
95 % Ziehgrad

Abb. 23.13–15 a u. b. Textur- (a) und Gefügeveränderungen (b) von Cu mit steigendem Ziehgrad $V = 225$

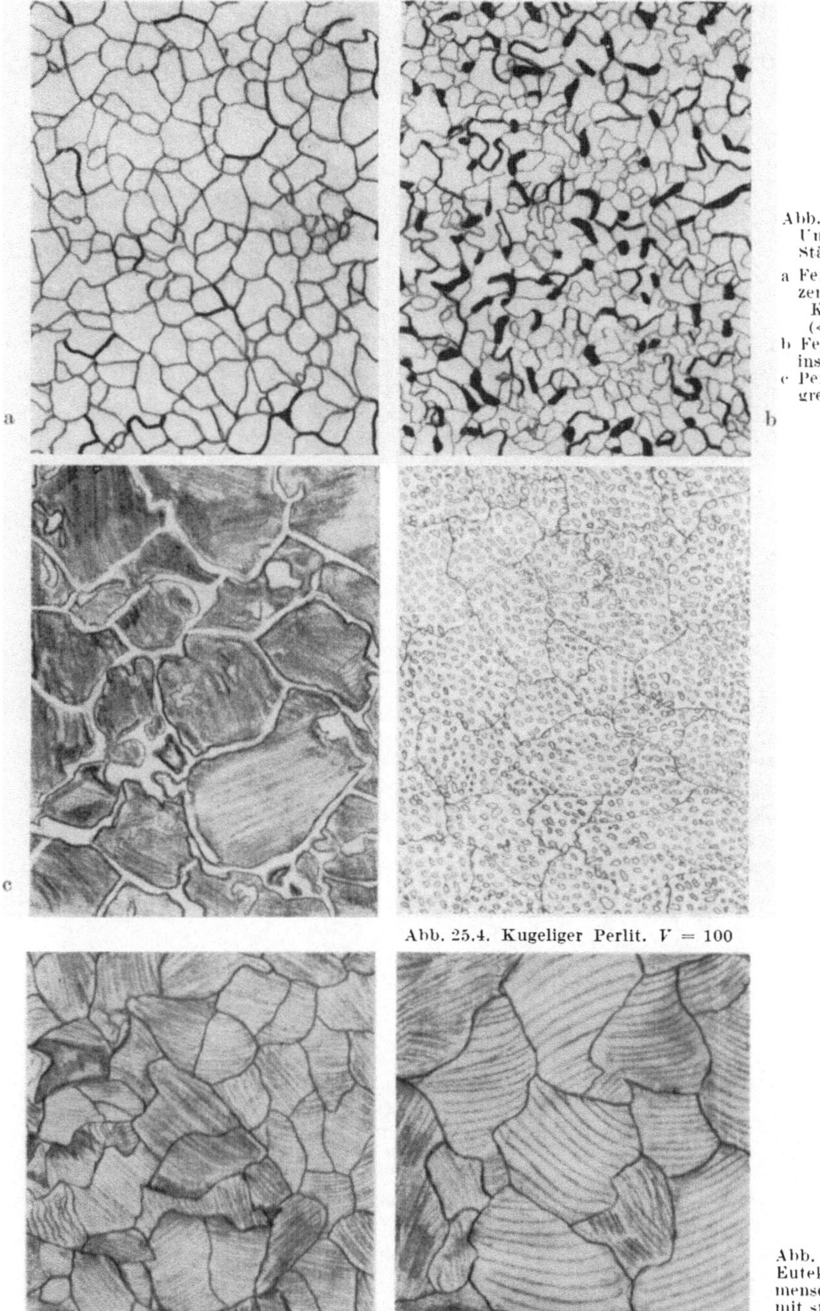

Abb. 25.2 a – c. Untereutektoide Stähle. $V = 100$

a Ferrit mit Tertiärzementit an den Korngrenzen (< 0,02 % C)
b Ferrit mit Perlitinseln bei 0,2 % C
c Perlit mit Korngrenzenferrit bei 0,55 % C

Abb. 25.4. Kugeliger Perlit. $V = 100$

Abb. 25.3 a – b. Eutektoide Zusammensetzung (0,8 % C) mit streifigem Perlit

a $V = 100$;
b $V = 500$

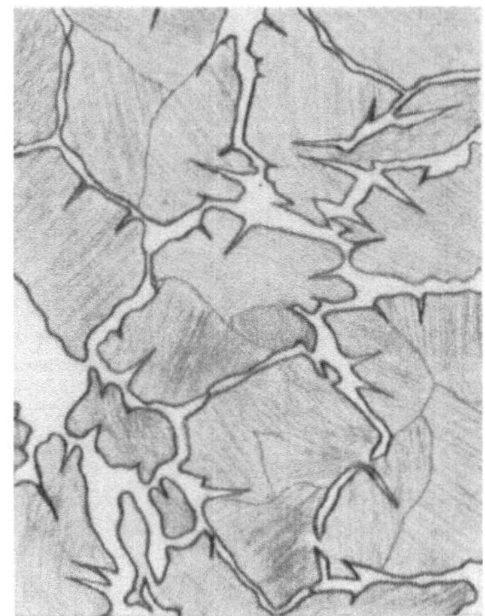

Abb. 25.5
Perlit und Sekundärzementit in einer übereutektoiden Legierung. $V = 100$

Abb. 25.8
Martensit und Restaustenit in einem Werkzeugstahl mit 1,57 % C. $V = 350$ (nach BICKE

a

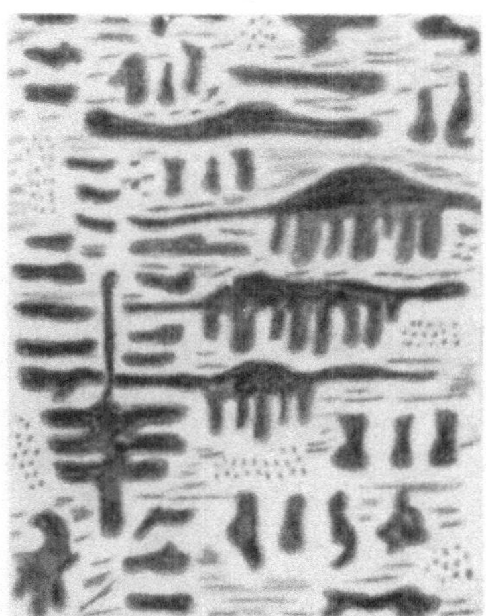

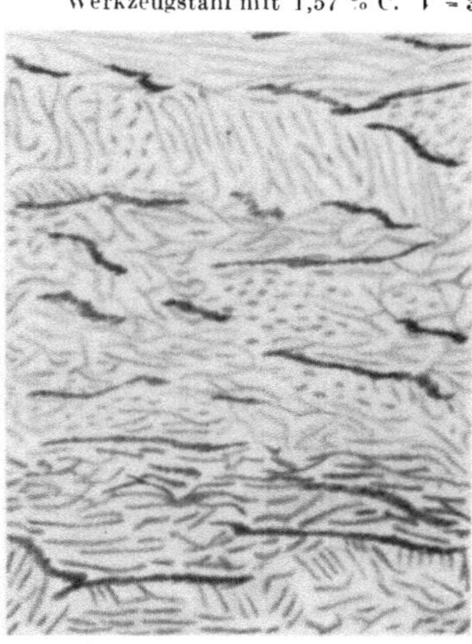

b

c

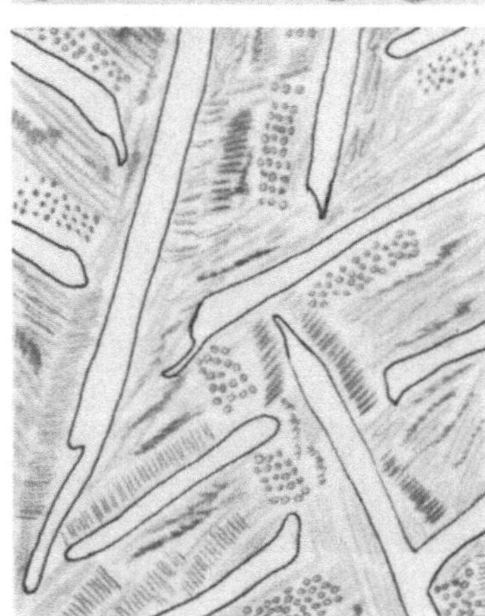

Abb. 25.6a – c. Stähle mit mehr als 2,06 % C. $V = 100$

a Untereutektische Zusammensetzung mit primär ausgeschiedenen und bei der Abkühlung zerfallenen γ-Mischkristallen und Ledeburiteutektikum; b eutektische Zusammensetzung mit Ledeburit; c übereutektische Zusammensetzung mit Primärzementit und Ledeburiteutektikum

Sachverzeichnis

Wird ein Stichwort auf zwei oder mehr unmittelbar folgenden Seiten abgehandelt, so ist jeweils nur die erste dieser Seiten angegeben. Seitenzahlen, auf denen das Stichwort hauptsächlich besprochen wird, sind *kursiv* gedruckt.

721/33/65 – III/18/203